工业和信息化**精品系列**教材

Web Design and Production Project Tutorial

2nd Edition

网页设计与制作

项目教程

(HTML+CSS+JavaScript) 第2版

黑马程序员 编著

人民邮电出版社

北京

图书在版编目（CIP）数据

网页设计与制作项目教程 ：HTML+CSS+JavaScript / 黑马程序员编著. -- 2版. -- 北京 ：人民邮电出版社，2022.2（2024.6重印）
工业和信息化精品系列教材
ISBN 978-7-115-56598-3

Ⅰ. ①网… Ⅱ. ①黑… Ⅲ. ①超文本标记语言－程序设计－高等学校－教材②网页制作工具－高等学校－教材③JAVA语言－程序设计－高等学校－教材 Ⅳ. ①TP312.8②TP393.092.2

中国版本图书馆CIP数据核字(2021)第100711号

内 容 提 要

本书从初学者的角度出发，以实用的案例、通俗易懂的语言详细介绍了使用 HTML、CSS 及 JavaScript 进行网页制作的一般技巧。

本书分为 8 个项目，结合 HTML、CSS 和 JavaScript 的基础知识及应用，提供了 7 种不同类型的网页设计案例。其中，项目 1 介绍了 HTML、CSS 和 JavaScript 的基础知识，包括 Web 基本概念、HTML 简介、CSS 简介、JavaScript 简介、Dreamweaver 工具的使用等；项目 2～项目 8 为 7 个完整的网页设计项目，涉及“博客”“网店”“家居”“教育”“婚恋”“视频”“美食”多个方向，有助于读者掌握不同网站的设计风格和制作技巧。本书以项目为导向，通过项目将相关知识点串联起来，学完项目内容就能基本掌握如何制作一个完整的项目页面，从而极大地激发读者的学习兴趣。

本书附有源代码、习题、教学课件等资源，并且为了帮助初学者更好地学习，编者还提供了在线答疑，希望可以帮助更多的读者。

本书既可作为高等院校本、专科相关专业的网页设计与制作课程的教材，也可作为网页平面设计的培训教材，还可作为网页制作、美工设计、网站开发、网页编程等行业从业人员的参考读物。

◆ 编　　著　黑马程序员
责任编辑　范博涛
责任印制　彭志环

◆ 人民邮电出版社出版发行　　北京市丰台区成寿寺路 11 号
邮编　100164　　电子邮件　315@ptpress.com.cn
网址　https://www.ptpress.com.cn
大厂回族自治县聚鑫印刷有限责任公司印刷

◆ 开本：787×1092　1/16
印张：19.25　　2022 年 2 月第 2 版
字数：474 千字　　2024 年 6 月河北第 9 次印刷

定价：59.80 元

读者服务热线：(010)81055256　印装质量热线：(010)81055316
反盗版热线：(010)81055315
广告经营许可证：京东市监广登字 20170147 号

FOREWORD

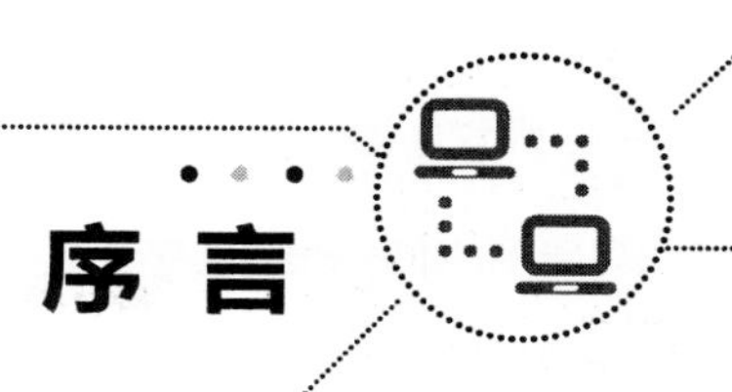

本书的创作公司——江苏传智播客教育科技股份有限公司（简称“传智教育”）作为我国第一个实现 A 股 IPO 上市的教育企业，是一家培养高精尖数字化专业人才的公司，主要培养人工智能、大数据、智能制造、软件开发、区块链、数据分析、网络营销、新媒体等领域的人才。传智教育自成立以来贯彻国家科技发展战略，讲授的内容涵盖了各种前沿技术，已向我国高科技企业输送数十万名技术人员，为企业数字化转型、升级提供了强有力的人才支撑。

传智教育的教师团队由一批来自互联网企业或研究机构，且拥有 10 年以上开发经验的 IT 从业人员组成，他们负责研究、开发教学模式和课程内容。传智教育具有完善的课程研发体系，一直走在整个行业的前列，在行业内树立了良好的口碑。传智教育在教育领域有 2 个子品牌：黑马程序员和院校邦。

一、黑马程序员——高端 IT 教育品牌

黑马程序员的学员多为大学毕业后想从事 IT 行业，但各方面的条件还达不到岗位要求的年轻人。黑马程序员的学员筛选制度非常严格，包括了严格的技术测试、自学能力测试、性格测试、压力测试、品德测试等。严格的筛选制度确保了学员质量，可在一定程度上降低企业的用人风险。

自黑马程序员成立以来，教学研发团队一直致力于打造精品课程资源，不断在产、学、研 3 个层面创新自己的执教理念与教学方针，并集中黑马程序员的优势力量，有针对性地出版了计算机系列教材百余种，制作教学视频数百套，发表各类技术文章数千篇。

二、院校邦——院校服务品牌

院校邦以“协万千院校育人、助天下英才圆梦”为核心理念，立足于中国职业教育改革，为高校提供健全的校企合作解决方案，通过原创教材、高校教辅平台、师资培训、院校公开课、实习实训、协同育人、专业共建、“传智杯”大赛等，形成了系统的高校合作模式。院校邦旨在帮助高校深化教学改革，实现高校人才培养与企业发展的合作共赢。

（一）为学生提供的配套服务

1. 请同学们登录“传智高校学习平台”，免费获取海量学习资源。该平台可以帮助同学们解决各类学习问题。

2. 针对学习过程中存在的压力过大等问题，院校邦为同学们量身打造了 IT 学习小助手——邦小苑，可为同学们提供教材配套学习资源。同学们快来关注“邦小苑”微信公众号。

（二）为教师提供的配套服务

1. 院校邦为其所有教材精心设计了“教案+授课资源+考试系统+题库+教学辅助案例”的系列教学资源。教师可登录“传智高校教辅平台”免费使用。

2. 针对教学过程中存在的授课压力过大等问题，教师可添加“码大牛” QQ（2770814393），或者添加“码大牛”微信（18910502673），获取最新的教学辅助资源。

前言 PREFACE

本书在编写的过程中，结合党的二十大精神进教材、进课堂、进头脑的要求，在每个任务的设计上都体现出时代的特色，包括博客页面制作、教育网站页面制作、视频网站页面制作等，让学生在学习新技术的同时了解网页技术的新应用，提升学生的认知和创新能力；在案例的展现上，本书加入了素质教育的内容，引导学生树立正确的世界观、人生观和价值观，进一步提升学生的专业素养，落实德才兼备、高素质和高技能的人才培养要求。

HTML、CSS 和 JavaScript 是网页制作技术的核心和基础，也是每个网页制作者都应掌握的基本知识，它们在网页设计中不可或缺。本书是在第 1 版《网页设计与制作项目教程（HTML+CSS+JavaScript）》的基础上修订而成的，在优化原书内容的同时，又新增了以下内容。

（1）增加了 HTML5 部分基础标签和 CSS3 新属性的讲解和应用。

（2）增加了网页视听技术的应用，主要包括音频、视频的嵌入和动画效果。

（3）调整了 JavaScript 部分知识点的顺序，更符合由浅入深、循序渐进的学习思路。

（4）更换了部分案例，增强了本书的实用性。

◆ 为什么要学习本书

一种技术的入门教程，最重要也最难的一件事情就是要将一些复杂、难以理解的思想和问题简单化，让初学者能够轻松理解并快速掌握。本书对每个知识点都进行了深入分析，并针对每个知识点精心设计了相关案例，然后模拟这些知识点在实际工作中的运用，真正做到了知识的由浅入深、由易到难。

◆ 如何使用本书

本书从网页设计与制作初学者的角度出发，以项目+任务式的编写体例规划理论知识点，并用实际操作展示学习过程，通过实际操作让读者掌握项目中的技能点。本书全面贯彻“理论→实例→实验实训→综合评价”4 阶段教学模式。在内容选择、结构安排上更加符合读者的认知习惯，从而达到老师易教、学生易学的目的。

本书分为 8 个项目，结合 HTML、CSS 和 JavaScript 的基础知识及应用，提供了 7 种不同类型的网页设计案例，具体介绍如下。

➢ 项目 1 为“网页制作基础知识”，介绍了 HTML、CSS 和 JavaScript 的基础知识，包括 Web 基本概念、HTML 简介、CSS 简介、JavaScript 简介、Dreamweaver 工具的使用等。

➢ 项目 2 为“博客”页面制作，要求读者掌握 HTML 基础知识，学会制作图文混排页面。

➢ 项目 3 为“网上花店”专题页制作，要求读者掌握 CSS 基础知识，能够运用 CSS 控制页面中的文本外观样式。

➢ 项目 4 为“爱家居”企业网站首页制作，要求读者掌握盒子模型相关知识，能够使用<div>标签和浮动样式对页面进行布局。

➢ 项目 5 为“优课教育”网站首页制作，要求读者掌握列表和超链接相关知识，能够使用链接伪类控制页面中超链接的样式。

➢ 项目 6 为“千年之恋”注册页面制作，要求读者掌握表格和表单的相关知识，能够通过控制表单样式美化表单界面。

➢ 项目 7 为“视频 8”首页制作，要求读者掌握音频、视频的嵌入和网页动画效果的设置，能够设置丰富的网页效果。

➢ 项目 8 为“甜蜜约会”首页制作，要求读者掌握 JavaScript 基础知识，能够使用 JavaScript 代码设置页面的交互效果。

在本书的 8 个项目中，项目 2～项目 8 为 7 个完整的网页设计案例，按照网页结构细化知识点，用案例带动知识点的学习。在学习这些项目时，读者需要多上机实践，以加深对项目中所涉及知识点的理解。

教师在使用本书时，可以结合教学设计，采用情境化的教学模式，寓教于乐，激发学生的学习兴趣。在课时顺序的安排上，教师可以按照教材划分的小节，分阶段完成整个项目的设计和制作。

◆ 致谢

本书的编写和整理工作由江苏传智播客教育科技股份有限公司高教产品研发部完成，主要参与人员有王哲、孟方思、李凤辉、刘晓强等，全体人员在近一年的编写过程中付出了辛勤的汗水，在此一并表示衷心的感谢。

◆ 意见反馈

尽管编者尽了最大的努力，但本书中难免会有疏漏和不妥之处，欢迎各界专家和读者朋友来信给予宝贵意见，编者将不胜感激。读者在阅读本书时，如发现任何问题或不认同之处，可以通过电子邮件与编者联系。

请发送电子邮件至 itcast_book@vip.sina.com。

黑马程序员

2023 年 6 月

目录
CONTENTS

项目 1

网页制作基础知识

知识目标

★ 了解 Web 标准，对网页的结构、表现、行为有基本的认识。

★ 熟悉 HTML、CSS 和 JavaScript 语言的发展历史。

技能目标

★ 掌握 Dreamweaver 工具的基本操作。

★ 掌握 Dreamweaver 工具的初始化设置。

随着互联网技术的不断发展，网页制作的需求越来越大。然而网页制作究竟是什么？许多刚刚接触网页制作的初学者并不是很清楚。因此，在学习网页制作之前，先要了解一些网页制作的基础知识。本章将从认识网页、网页制作入门技术和 Dreamweaver 工具的使用三个方面详细讲解网页制作的基础知识。

【任务 1-1】认识网页

需求分析

说到网页，其实大家并不陌生。人们上网时浏览新闻、查询信息、翻看图片等都是在使用网页。在制作网页之前，先要对网页有一个基本的认识。本节将对网页的构成、网页的相关名词和 Web 标准进行详细讲解，引领读者认识网页。

知识储备

1. 网页的构成

为了使读者更好地认识网页，先来认识网页的构成。打开谷歌浏览器，输入一个网站地址，按“Enter”键，此时浏览器中显示的页面一般为网站的首页，如图 1-1 所示为黑马程序员教程网站首页。

图 1-1　黑马程序员教程网站首页

从图 1-1 可以看出，该网站的首页主要由文字、图片和超链接（超链接是指单击后可以跳转到其他页面的网页元素）等元素构成。当然，除了这些元素，网页中还可以包含音频、视频、动画等元素。

为了让大家进一步了解网页的结构，下面来查看一下网页的源代码，在谷歌浏览器中打开网页，按“F12”快捷键，即可打开“开发者工具”并显示当前网页的源代码，如图 1-2 所示。

```
Elements  Console  Sources  Network  Performance  Memory  Application  Security  Audits
<!DOCTYPE html>
<html class=" ">
▶<head>…</head>
…▼<body> == $0
  ▶<div id="__nuxt">…</div>
  ▶<script>…</script>
   <script src="/_nuxt/b1f5d06….js" defer></script>
   <script src="/_nuxt/07f08df….js" defer></script>
   <script src="/_nuxt/7c4ad6d….js" defer></script>
   <script src="/_nuxt/bd13b2d….js" defer></script>
   <script src="/_nuxt/6231742….js" defer></script>
   <script type="text/javascript" charset="UTF-8" src="//webchat.7moor.com/online?accessId=cafb78d0-a15d-11ea-a846-2b886c083260…rrer=&callbackF=getChatConfig&action=getOnlineStates&sid=&_=1592198004777">
   </script>
  ▶<div>…</div>
  ▶<div>…</div>
  ▶<div>…</div>
  ▶<div>…</div>
   <script type="text/javascript" src="//user-analysis.7moor.com/service?action=page.load&data=%7B%22userId%22%…
html  body
```

图 1-2　当前网页的源代码

图 1-2 中显示的是当前网页的源代码，它是一个纯文本文件，仅包含一些特殊的符号和文本。而人们浏览网页时看到的图片、视频等是这些代码被浏览器渲染后的结果。

除了首页外，一个网站还包含多个子页面，各页面之间通过超链接形成跳转关系。例如，单击图 1-1 所示网站首页的导航，会跳转到其他子页面（包括学习教程、面试宝典等）。将多个页面通过超链接集合在一起就形成了网站。在网站中，网页与网页之间可以通过超链接互相访问。

网页有静态和动态之分。所谓静态网页是指用户无论何时何地访问，都会显示固定信息的网页，除非网页源代码被重新修改。静态网页内容更新不方便，但是访问速度快。而动态网页显示的内容则会随着用户操作和时间的不同而变化，这是因为动态网页可以与服务器数据库进行实时的数据交换。

现在互联网上的大部分网站都是由静态网页和动态网页混合组成的，两者各有特色，读者在开发网站时可以根据需求酌情选择。本书讲解的 HTML、CSS、JavaScript 都是静态网页搭建技术。

2. 网页的相关名词

对于从事网页制作工作的人员来说，有必要了解一些与网页相关的名词。例如，Internet、WWW、URL 等，具体介绍如下。

（1）Internet

Internet 就是人们经常说的互联网，是由一些使用公用语言互相通信的计算机连接而成的网络。简单地说，互联网就是将世界范围内不同国家、不同地区的众多计算机连接起来形成的网络平台。

互联网实现了全球信息资源的共享，形成了一个人们能够共同参与、相互交流的互动平台。通过互联网，远在千里之外的朋友可以相互发送邮件，共同完成一项工作，共同娱乐。因此，互联网最大的成功并不在于技术层面，而在于对人类生活的影响，可以说，互联网的出现是人类通信技术史上的一次革命。

（2）WWW

WWW（World Wide Web）中文译为“万维网”。但 WWW 不是网络，也不代表互联网，它只是互联网提供的一种服务——网页浏览服务，人们上网时通过浏览器浏览网页内容就是在使用 WWW。WWW 是互联网最主要的服务，其他许多网络功能（如网上聊天、网上购物等）都基于 WWW 实现。

（3）URL

统一资源定位符（Uniform Resource Locator，URL）其实就是 Web 地址，也称“网址”。网站中的所有文件（包括 HTML、CSS、图片、音乐、视频等）都有唯一的 URL。用户只要知道文件的 URL，就能够对该文件进行访问。URL 可以是“本地磁盘”，也可以是局域网上的某一台计算机，还可以是互联网上的站点。图 1-3 中方框所圈的内容就是百度的 URL。

图 1-3　百度的 URL

（4）DNS

域名系统（Domain Name System，DNS）是互联网的一项服务。在互联网上域名与 IP 地址是一一对应的。域名（如淘宝网域名“taobao.com”）虽然便于用户记忆，但计算机只能识别 IP 地址（如 100.4.5.6）。将容易记忆的域名转换成 IP 地址的过程被称为域名解析。DNS 就是进行域名解析的系统。

（5）HTTP 和 HTTPS

超文本传输协议（Hypertext Transfer Protocol，HTTP）详细规定了浏览器和万维网服务器之间互相通信的规则。HTTP 是非常可靠的协议，具有强大的自检能力，可以保证所有用户请求的文件在到达客户端时，都是准确无误的。

由于 HTTP 传输的数据都是未加密的，因此使用 HTTP 传输隐私数据非常不安全，为了保证这些隐私数据能加密传输，网景（Netscape）公司设计了安全套接字协议（Secure Sockets Layer，SSL），该协议用于对 HTTP 传输的数据进行加密，从而诞生了 HTTPS。

简单地说，HTTPS 是由 SSL 和 HTTP 构建的可进行加密传输、身份认证的协议，要比 HTTP 更安全。

（6）Web

Web 本意是网的意思。对于普通网络用户来说，Web 仅仅是一种环境——互联网的使用环境。而对于网站制作者来说，Web 是一系列技术的复合总称，包括网站的前台布局、后台程序、数据库开发等。

（7）W3C

万维网联盟（World Wide Web Consortium，W3C）是国际知名的标准化组织，其最重要的工作是发展 Web 标准。自 1994 年成立以来，W3C 已经发布了 200 多项影响深远的 Web 技术标准和实施指南。例如，超文本标记（标签）语言（Hypertext Markup Language，HTML）、可扩展标记（标签）语言（eXtensible Markup Language，XML）等。这些技术标准和实施指南有效地促进了 Web 技术的兼容，对互联网的发展和应用起到了支撑作用。

3. Web 标准

由于不同的浏览器对同一个网页文件解析出来的效果可能不一致，为了让用户能够看到正常显示的网页，网站制作者常常为需要兼容多个版本的浏览器而苦恼，当使用新的硬件（如移动电话）和软件（如微浏览器）浏览网页时，这种兼容问题会变得更严重。为了 Web 的长久发展，在开发新的应用程序时，浏览器开发商和网站制作者共同遵守一定的标准就显得十分重要，为此 W3C 与其他标准化组织共同制定了一系列的 Web 标准。Web 标准是一系列标准的集合，主要包括结构、表现和行为三个部分，具体介绍如下。

（1）结构

结构用于对网页中用到的信息进行分类和整理。在结构中用到的技术主要包括 HTML、XML 和 XHTML。

- HTML 是一种超文本标记（标签）语言，其设计的目的是创建结构化文档并提供文档的语义。目前最新版本的超文本标记（标签）语言是 HTML5。
- XML 是一种可扩展标记（标签）语言。XML 最初的设计目的是弥补 HTML 的不足，该语言具有强大的扩展性（如 XML 能够自定义标签），可用于数据的转换和描述。
- XHTML（eXtensive HTML）是可扩展超文本标记（标签）语言。XHTML 是在 HTML4.0 的基础上，用 XML 的规则对其进行扩展建立起来的。XHTML 的设计目的是实现 HTML 向 XML 的过渡。目前 XHTML 已逐渐被 HTML5 所取代。

图 1–4 为网页焦点轮播图的结构示例，该结构使用 HTML5 搭建，4 张图片按照从上到下的次序罗列，没有任何布局样式。

图 1–4　网页焦点轮播图的结构示例

（2）表现

表现是指网页展示给访问者的外在样式，一般包括网页的版式、颜色、字体大小等。在制作网页时，通常使用 CSS 来设置网页的样式。

CSS 标准建立的目的是以 CSS 为基础进行网页布局，控制网页的样式。图 1–5 所示为网页焦点轮播图加入 CSS 样式后的效果，此时网页焦点轮播图只显示第一张图片，剩余的图片被隐藏。

图 1–5　网页焦点轮播图加入 CSS 样式后的效果

在制作网页时，可以使用 CSS 对文字、图片、模块背景和模块布局进行相应的设置，后期如果需要更改样式只需调整 CSS 代码即可。

（3）行为

行为是指网页模型的定义和交互效果的实现，包括 ECMAScript、BOM、DOM 三个部分，具体介绍如下。

- ECMAScript：JavaScript 的核心，由欧洲计算机制造商协会（European Computer Manufacturers Association，ECMA）联合浏览器厂商制定。ECMAScript 规定了 JavaScript 的语法规则和核心内容，是所有浏览器厂商共同遵守的一套 JavaScript 语法标准。
- BOM：全称为 Browser Object Model，中文翻译为“浏览器对象模型”。通过 BOM 可以操作浏览器窗口。例如，弹出对话框、控制浏览器导航条跳转等。
- DOM：全称为 Document Object Model，中文翻译为“文档对象模型”。其允许程序和脚本动态地访问和更新文档的内容、结构和样式，即通过 DOM 可对网页中的各种元素进行操作。例如，设置元素的大小、颜色、位置等。

图 1-6 所示为网页焦点轮播图加入 JavaScript 代码后的效果截图。每隔一段时间，网页焦点轮播图就会自动切换。当用户将鼠标指针移至按钮上时，网页焦点轮播图会显示与该按钮对应的图片。当用户将鼠标指针移开后，网页焦点轮播图又会按照默认的设置自动轮播，这就是网页的一种行为。

图 1-6　网页焦点轮播图加入 JavaScript 代码后的效果截图

【任务 1-2】网页制作入门技术

需求分析

HTML、CSS 和 JavaScript 是网页制作的基本应用技术，也是本书学习的重点。本任务将对 HTML、CSS 和 JavaScript 的发展历史、流行版本等内容进行详细讲解，使读者对这些网页制作入门技术有基本的认识。

知识储备

1. HTML 简介

HTML 主要通过 HTML 标签对网页中的文本、图片、声音等内容进行描述。HTML 提供了许多标签，如段落标签、标题标签、超链接标签、图片标签等。网页中需要定义什么内容，就用相应的 HTML 标签描述即可。

HTML 之所以称为超文本标签语言，不仅是因为它通过标签来描述网页内容，更是由于其文本中包含了超链接。HTML 通过超链接将网页和各种网页元素链接起来，构成了丰富多彩的网站。下面通过图 1-7 所示的一段网页源代码截图来简单地认识 HTML。

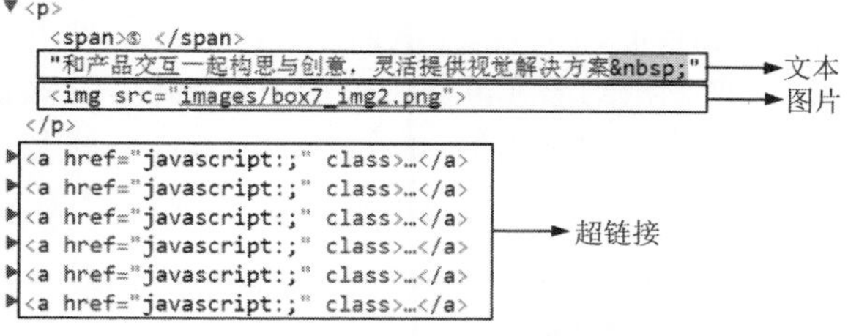

图 1-7　网页源代码截图

通过图 1–7 可以看出，网页内容是通过 HTML 指定的标签（图 1–7 中带有“< >”的内容被称为标签，这里了解即可）描述的，网页文件其实是一个纯文本文件。

作为一种描述网页内容的语言，HTML 的历史可以追溯到 20 世纪 80 年代末。1989 年，HTML 首次被应用到网页制作后，便迅速崛起并成为网页制作的主流语言。到了 1993 年，HTML 首次以草案的形式发布，之后众多不同版本的 HTML 开始在全球被陆续使用，这些初具雏形的版本可以看作 HTML 的第 1 版。在后续的十几年中，HTML 飞速发展，从 2.0 版（1995 年）到 3.2 版（1997 年）、4.0 版（1997 年），再到 4.01 版（1999 年）。在版本更替的过程中，HTML 功能得到了极大丰富。与此同时，W3C 也掌握了对 HTML 的控制权。

由于 HTML4.01 版本相对于 HTML 4.0 版本没有什么本质差别，只是提高了兼容性并删减了一些过时的标签，业界普遍认为 HTML 已经到了发展的瓶颈期，对 Web 标准的研究也开始转向了 XML 和 XHTML。但是目前仍有大量网站是使用 HTML 制作的，因此一部分人成立了网页超文本应用技术工作组（Web Hypertext Application Technology Working Group，WHATWG），仍然致力于 HTML 的研究。

2006 年，W3C 又重新介入 HTML 的研究，并于 2008 年发布了 HTML5 工作草案。由于 HTML5 具备较强的解决实际问题的能力，一经推出便得到各大浏览器厂商的支持，HTML5 的规范也得以持续完善。2014 年 10 月底，W3C 宣布 HTML5 正式定稿，网页技术进入了 HTML5 开发的新时代。本书所讲解的 HTML 就是最新的 HTML5 版本。

2. CSS 简介

层叠样式表（Cascading Style Sheets，CSS）主要用于设置 HTML 页面中的文本内容（如字体、大小、对齐方式等）、图片外形（如宽度、高度、边框样式、边距等）、版面布局等外观显示样式。例如，图 1–8 所示的“会员模块”效果图，图中的文字颜色、字体样式、背景效果、行间距、文字版式等都是通过 CSS 控制的。

图 1–8　“会员模块”效果图

CSS 的发展历史不像 HTML5 那样曲折。1996 年 12 月，W3C 发布了第一个关于网页样式的标准 CSS1。随后 W3C 不断更新和强化 CSS 的功能，在 1998 年 5 月发布了 CSS2。在 1999 年 W3C 又着手 CSS3 的制订，并于 2001 年 5 月 23 日完成了 CSS3 的工作草案。CSS3 的语法规则是建立在 CSS 原始版本基础上的，因此旧版本的 CSS 属性在 CSS3 版本中依然适用。

CSS3 中增加了很多新样式，如圆角效果、阴影效果、透明效果、渐变效果、自定义字体、过渡、变形、动画等，这些新样式将会在后面的项目中逐一讲解。

3. JavaScript 简介

JavaScript 是一种运行在客户端的脚本语言。在网页制作中，HTML 用于搭建页面结构，CSS 用于设置页面样式，JavaScript 则用于为页面添加动态交互效果。人们在浏览网页时，见到的网页焦点轮播图切换、下拉菜单等都可以通过 JavaScript 实现。例如，图 1–9 所示的 tab 栏就是通过 JavaScript 实现的。当用户将鼠标指针分别移至“公告”“规则”“论坛”等选项上时，tab 栏就会切换到对应的内容。

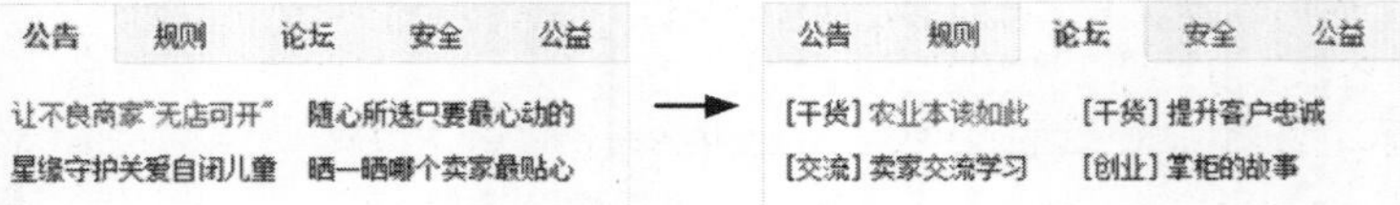

图 1–9　tab 栏

JavaScript 的前身是 LiveScript，最初由网景公司的布兰登·艾奇（Brendan Eich）设计，后来网景公司出于营销考虑，与 Sun 公司达成协议，将其改名为 JavaScript。为了取得技术优势，微软（Microsoft）公司也推出了 JScript。JScript 与 JavaScript 一样，可以在浏览器上运行。为了互用性，ECMA 国际创建了 ECMA-262 标准（ECMAScript），目前流行的 JavaScript、JScript 可认为是 ECMAScript 的扩展。

多学一招：JavaScript 与 Java 的关系

JavaScript 这一名称最初是受到 Java 的启发。因为当时 Java 非常热门，但 LiveScript 却籍籍无名，为了让这门新生语言能够更好地传播，网景公司将其名字改成了 JavaScript。因此，JavaScript 只是名字与 Java 比较像，其语言风格与 Java 相去甚远。JavaScript 在设计时并未参考 Java，而是参考了 Self 和 Scheme。

4. 常见浏览器介绍

浏览器是网页运行的平台，只有经过浏览器渲染，所制作的网页才能呈现出美丽的效果。常见的浏览器有 IE 浏览器、火狐浏览器、谷歌浏览器、Edge 浏览器、Safari 浏览器和 Opera 浏览器（即欧朋浏览器）等，如图 1-10 所示。

但对于一般的网站而言，只要兼容 IE 浏览器、火狐浏览器和谷歌浏览器，即可满足绝大多数用户的需求。下面将对这 3 种常用的浏览器进行详细讲解。

（1）IE 浏览器

IE 浏览器的英文全称是“Internet Explorer”，由微软公司推出，直接绑定在 Windows 操作系统中，无须下载安装。IE 浏览器有 6.0、7.0、8.0、9.0、10.0 等版本，目前最新的版本是 11.0。但是由于各种原因，一些用户仍然在使用低版本的 IE 浏览器（如 IE8.0、IE9.0 等），所以在制作网页时，也要考虑低版本 IE 浏览器的兼容问题。

说起 IE 浏览器就不得不提到 Edge 浏览器。Edge 浏览器同样由微软公司推出。2015 年 3 月，微软公司放弃 IE 浏览器，转而在 Windows 10 操作系统上内置 Edge 浏览器作为替代品。Edge 浏览器拥有比 IE 浏览器优化程度更高的代码结构，因此 Edge 浏览器的速度更快。

（2）火狐浏览器

火狐浏览器的英文名称为“Mozilla Firefox”（简称 Firefox），由 Mozilla 公司开发。火狐浏览器是一个自由并开源的网页浏览器，其可开发程度很高。任何一个具有编程知识的人都可以为火狐浏览器编写代码并增加一些个性化功能，因此火狐浏览器受到许多人的青睐。在不少媒体和用户的口中，火狐浏览器一度成为优秀浏览器的代名词。

尽管火狐浏览器在不断优化，但是它现在的境况却难以与昔日相比。据 2020 年百度统计披露的国内浏览器市场份额报告显示，谷歌浏览器已经成为浏览器市场的绝对主流。虽然火狐浏览器已逐渐走向没落，但它依然是网页制作中不可或缺的调试工具。

（3）谷歌浏览器

谷歌浏览器的英文名称为“Chrome”，由 Google（谷歌）公司开发。谷歌浏览器吸收了其他开源软件的优点，极大地提升了浏览器的稳定性、安全性和响应速度，并创造出简单高效的用户界面。

谷歌浏览器虽然没有国产浏览器内置的功能丰富，但是谷歌浏览器的优点恰恰就体现在其超简约的界面上。虽然界面简约，但强大的扩展插件让谷歌浏览器简约而不简单。谷歌浏览器凭借其简约的界面、极快的响应速度、优秀的屏蔽广告功能深受广大用户青睐。图 1-11 所示为 2020 年 5 月百度统计披露的国内浏览器市场份额，其中谷歌浏览器占国内市场份额的 38.1%，在浏览器市场具有绝对的优势。

谷歌浏览器应用非常广泛，因此绝大部分网页制作人员都将谷歌浏览器作为网页制作的调试工具。本书涉及的案例全部在谷歌浏览器中运行演示。

在谷歌浏览器中调试网页代码也非常简单，打开谷歌浏览器（以谷歌浏览器 83.0.4103.106 版本为例），按“F12”快捷键，即可打开调试窗口，如图 1-12 所示。

图 1–10　常见的浏览器

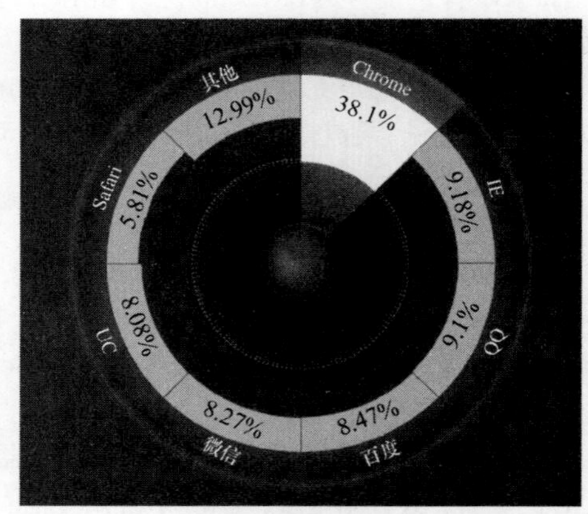

图 1–11　百度统计披露的国内浏览器市场份额

在图 1–12 所示的调试窗口中，可以查看网页的内容结构和临时显示样式。当单击按钮后，将鼠标指针悬浮在网页中的某个模块上，即可查看该模块的网页代码。图 1–13 所示为华为 Logo 模块的代码。

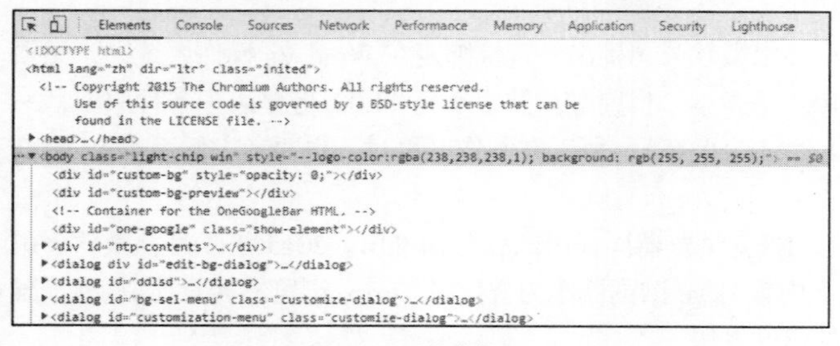

图 1–12　调试窗口

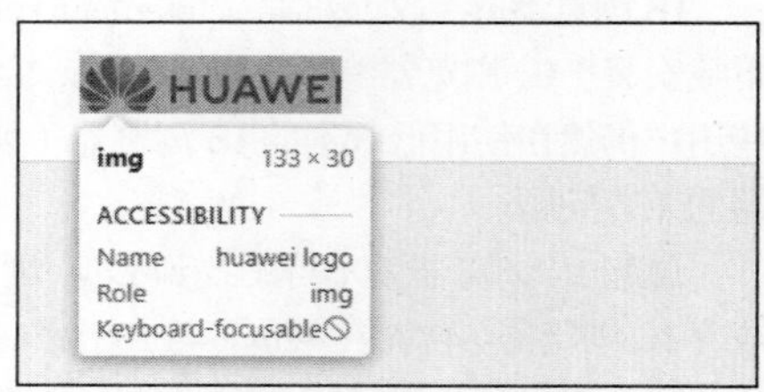

图 1–13　华为 Logo 模块的代码

多学一招：什么是浏览器内核

不同浏览器之间最根本的差异就在于浏览器的内核，什么是浏览器的内核呢？浏览器内核也被称为“渲染引擎”，是浏览器最核心的部分，主要负责渲染网页（渲染网页可以简单理解为“翻译”网页代码，使其显示为图文效果）。在渲染网页的过程中，浏览器内核决定了浏览器如何显示网页的内容和页面的布局。不同的浏览器内核对网页代码的解释也是不同的，因此同一网页在不同内核的浏览器中渲染（显示）效果也可能不同。目前常见的浏览器内核有 Trident、Gecko、Webkit、Presto、Blink，具体介绍如下。

- Trident 内核：代表浏览器是 IE 浏览器，因此 Trident 内核又被称为 IE 内核。Trident 内核只能用于 Windows 平台，并且该内核不是开源的。
- Gecko 内核：代表浏览器是火狐浏览器。Gecko 内核是开源的，其最大优势是可以跨平台。
- Webkit 内核：代表浏览器是 Safari 浏览器（即苹果设备的浏览器）及老版本的谷歌浏览器。Webkit 内核是开源的。
- Presto 内核：代表浏览器是 Opera 浏览器，Presto 内核是世界公认的渲染速度最快的引擎，但其缺点是为了达到很快的速度而丢掉了一部分网页兼容性。在 2013 年之后，Opera 宣布加入谷歌阵营，弃用了 Presto 内核。
- Blink 内核：由谷歌和 Opera 共同开发，于 2013 年 4 月发布。最新版的谷歌浏览器都使用 Blink 内核。

国内的一些浏览器大多采用双内核，如 360 浏览器、猎豹浏览器采用 Trident（兼容模式）+Webkit（高速模式）。目前最新版本的 Edge 浏览器也采用 Blink 内核。

【任务 1–3】Dreamweaver 的使用

需求分析

为了便于制作网页，人们通常会选择一些较便捷的辅助工具，如 HBuilder、Sublime、Visual Studio Code、Dreamweaver 等。其中，前 3 种工具更偏向于 Web 开发，而 Dreamweaver 则依靠其可视化的网页制作模式，极大地降低了网站建设的难度，使得不同技术水平的设计人员，都能搭建出美观的页面。本任务将简单介绍 Dreamweaver 的使用。

知识储备

1. Dreamweaver 界面介绍

本书使用的版本是 Adobe Dreamweaver CS6，软件的安装可直接按照窗口提示进行，接下来讲解软件安装后如何使用。Dreamweaver 的具体操作步骤如下。

（1）双击运行桌面上的 Dreamweaver 软件图标，进入软件欢迎界面。这里建议用户依次选择菜单栏中的“窗口→工作区布局→经典”选项，将软件界面设置为经典布局，如图 1–14 所示。

（2）选择菜单栏中的“文件→新建”选项，弹出“新建文档”对话框，如图 1–15 所示。在“文档类型”下拉列表中选择“HTML5”选项，单击“创建”按钮，即可创建一个空白的 HTML5 文档，如图 1–16 所示。

图 1–14　将软件界面设置为经典布局

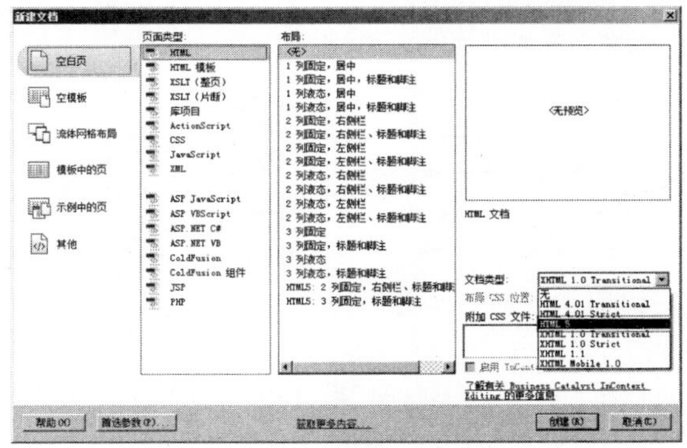

图 1–15　“新建文档”对话框

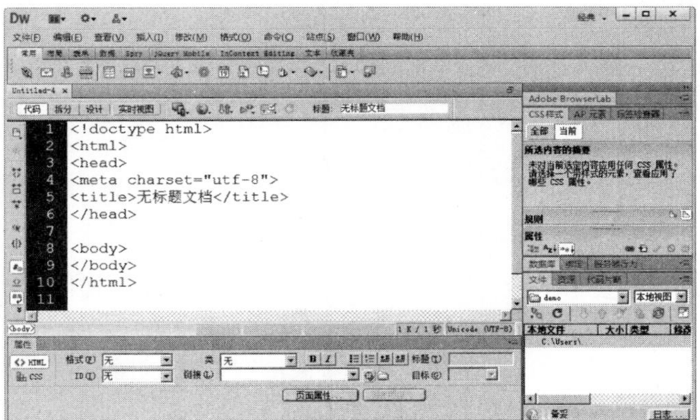

图 1–16　空白的 HTML5 文档

用户如果是初次安装使用 Dreamweaver，创建空白 HTML 文档时可能会进入图 1-17 所示的空白界面，此时单击“代码”按钮即可进入图 1-16 所示的界面。

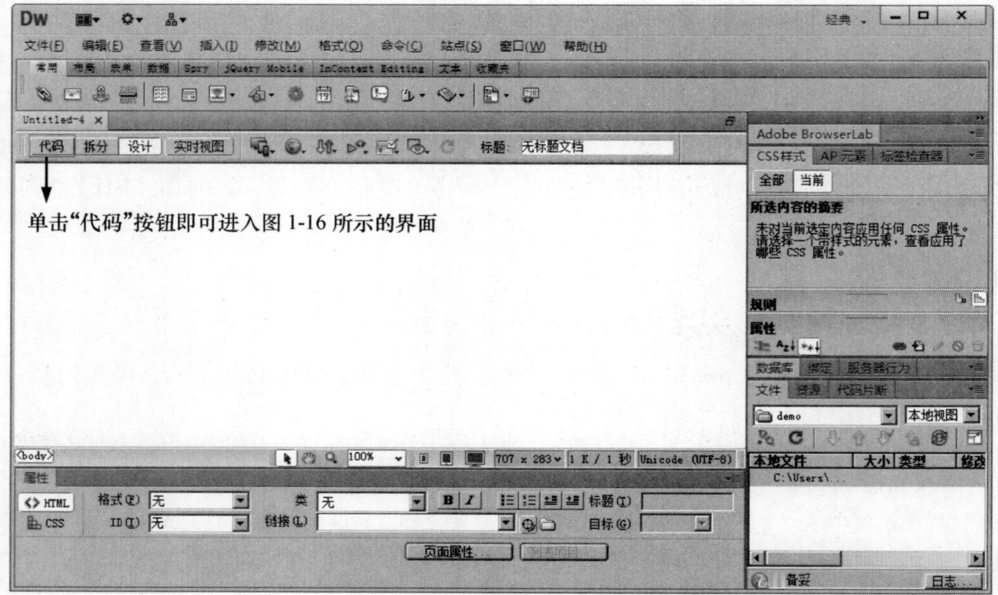

图 1-17　Dreamweaver 空白界面

Dreamweaver 操作界面主要由 6 个部分组成，包括菜单栏、插入栏、文档工具栏、文档窗口、“属性”面板和常用面板，如图 1-18 所示。

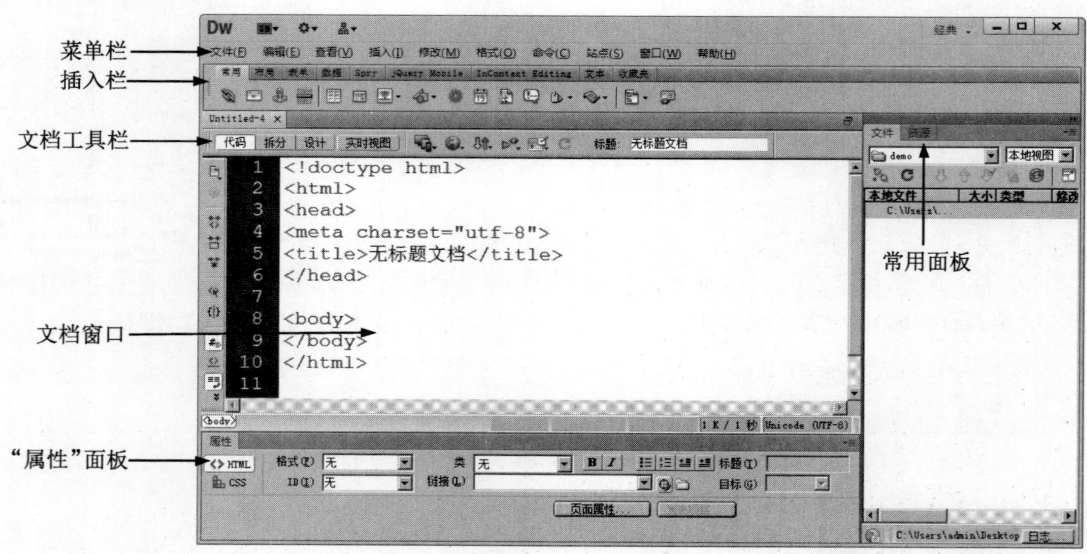

图 1-18　Dreamweaver 操作界面

下面对图 1-18 中的菜单栏、插入栏、文档工具栏、文档窗口、“属性”面板和常用面板进行详细讲解，具体如下。

① 菜单栏。菜单栏由各种菜单构成，包括“文件”“编辑”“查看”“插入”“修改”“格式”“命令”“站点”“窗口”“帮助”10 个菜单，如图 1-19 所示。

文件(F)　编辑(E)　查看(V)　插入(I)　修改(M)　格式(O)　命令(C)　站点(S)　窗口(W)　帮助(H)

图 1–19　菜单栏

下面对图 1–19 中的各菜单进行详细介绍。

- “文件”菜单：包含文件操作的标准菜单选项。例如，“新建”“打开”“保存”等。“文件”菜单还包括其他菜单选项，用于查看当前文档或对当前文档执行操作。例如，“在浏览器中预览”“多屏预览”等。
- “编辑”菜单：包含文件编辑的标准菜单选项。例如，“剪切”“拷贝”“粘贴”等。此外“编辑”菜单还包括“选择”和“查找”菜单选项，并且提供软件快捷键编辑器、标签库编辑器和首选参数编辑器的访问。
- “查看”菜单：用于选择文档的视图方式。例如，“设计”视图、“代码”视图等。此外“查看”菜单还可以用于显示或隐藏不同类型的页面元素和工具。
- “插入”菜单：用于将各个对象插入文档。例如，插入图像、Flash 等。
- “修改”菜单：用于更改选定页面元素的属性。使用此菜单可以编辑标签属性、更改表格和表格元素，并且可以为库和模板执行不同的操作。
- “格式”菜单：用于设置文本的各种格式和样式。
- “命令”菜单：提供对各种命令的访问。例如，设置代码格式、优化图像、排序表格等命令。
- “站点”菜单：包括站点操作的各个菜单选项，这些菜单选项可用于创建、打开和编辑站点，以及管理当前站点中的文件。
- “窗口”菜单：提供对 Dreamweaver 中所有面板、检查器和窗口的访问。
- “帮助”菜单：提供对 Dreamweaver 帮助文档的访问，包括 Dreamweaver 使用帮助、Dreamweaver 的支持系统和扩展管理，以及各种语言的参考材料等。

② 插入栏。插入栏集成了多种网页元素，包括超链接、图像、表格、多媒体等，如图 1–20 所示。在使用 Dreamweaver 建设网站时，对于一些经常使用的标签，可以直接单击插入栏中的相关按钮来进行插入。这些按钮一般都与菜单中的命令相对应。

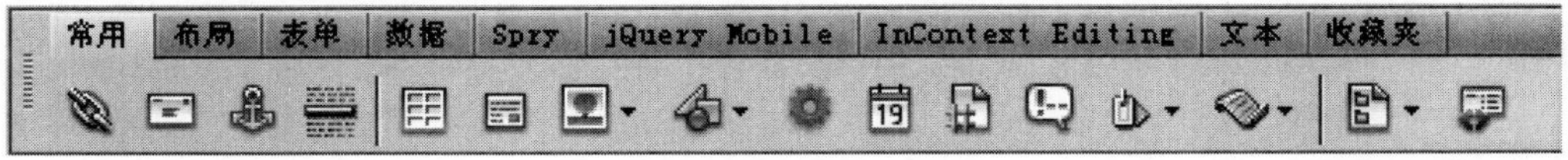

图 1–20　插入栏

选择插入栏上方相应的选项（如“布局”“表单”等），插入栏下方会出现不同的工具组，单击工具组中不同的按钮，可以创建不同的网页元素。

③ 文档工具栏。文档工具栏提供了各种文档视图窗口，例如，“代码”“拆分”“设计”等。文档工具栏还提供了各种查看选项和一些常用操作，如图 1–21 所示。

图 1–21　文档工具栏

下面介绍文档工具栏中几个常用的按钮，具体如下。

- 代码 “显示代码视图”：单击“代码”按钮，文档窗口中将只保留“代码”视图，关闭“设计”视图。
- 拆分 “显示代码和设计视图”：单击“拆分”按钮，文档窗口中将同时显示“代码”视图和“设计”视图，两个视图中间以一条间隔线分隔，拖曳间隔线可以改变两个视图区域所占的比例。
- 设计 “显示设计视图”：单击“设计”按钮，文档窗口会关闭“代码”视图只保留“设计”视图。
- “在浏览器中预览/调试”：单击该按钮可选择对网页进行预览或调试的浏览器。
- “刷新”：在“代码”视图中进行更改后，单击该按钮可刷新文档的“设计”视图。

- 标题: 无标题文档 “标题”：此处可以修改文档的标题，也就是修改源代码头部<title>标签中的内容，默认标题内容为“无标题文档”。

在 Dreamweaver 中，文档工具栏是可以隐藏的，选择“查看→工具栏→文档”选项，当“文档”为勾选状态时（图 1–22），显示文档工具栏，取消勾选状态则会隐藏文档工具栏。

图 1–22 “文档”为勾选状态

④ 文档窗口。文档窗口是 Dreamweaver 最常用的区域之一，此处会显示所有打开的文档。单击文档工具栏中的“代码”按钮、“拆分”按钮、“设计”按钮、“实时视图”按钮可变换区域的显示状态。例如，图 1–23 为“拆分”状态下的文档窗口显示状态，左边是代码区，右边是视图区。

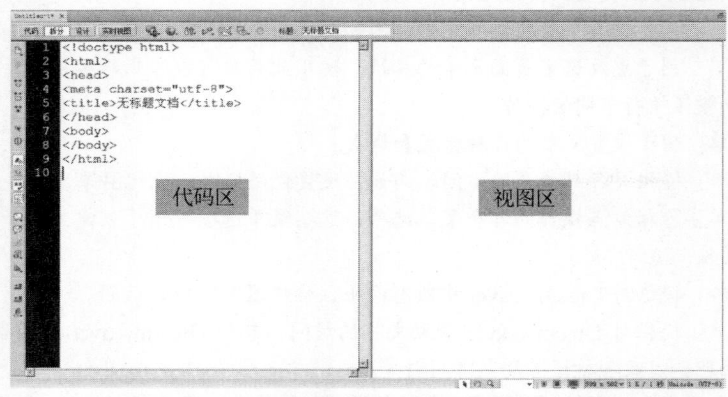

图 1–23 “拆分”状态下的文档窗口显示状态

⑤ “属性”面板。“属性”面板主要用于设置文档窗口中选中元素的参数。在 Dreamweaver 中允许用户在“属性”面板中直接对元素的属性进行修改。选中的元素不同，“属性”面板中的内容也不一样。例如，图 1–24 和图 1–25 所示分别为表格的“属性”面板和图像的“属性”面板。

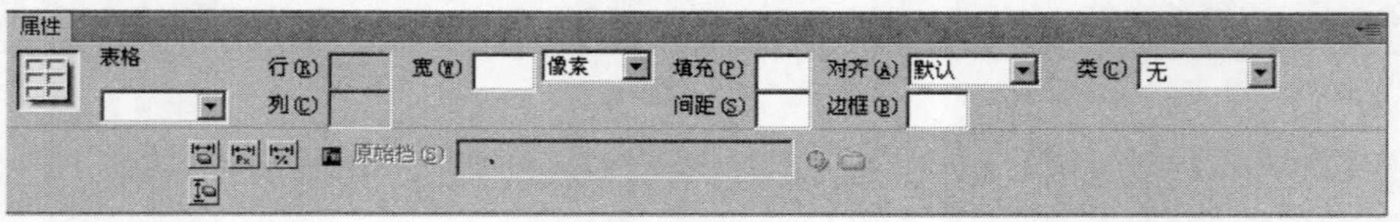

图 1–24 表格的“属性”面板

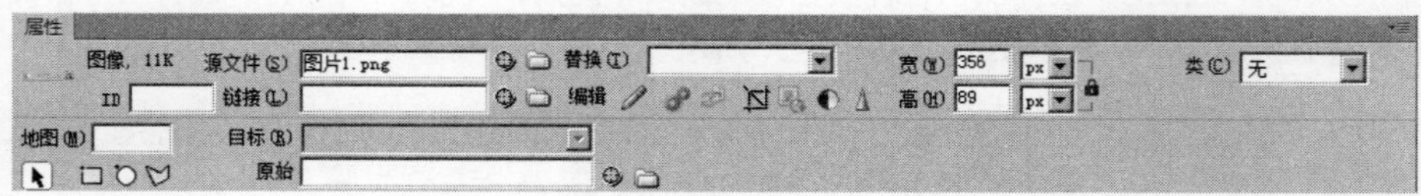

图 1–25 图像的“属性”面板

在两个“属性”面板右上角均有图标，单击该图标可以打开对应的选项菜单。如果不小心关闭对应的“属性”面板，可以从菜单栏中选择“窗口→属性”选项重新打开，也可以按“Ctrl+F3”快捷键直接调出“属性”面板。

⑥ 常用面板。常用面板中集合了网站编辑与建设过程中一些常用的工具。用户可以根据需要自定义该区域的功能面板，通过这样的方式既能够很容易地使用所需面板，也不会使工作区域变得混乱。用户可以通过“窗口”菜单选择需要打开的功能面板，并且将鼠标指针置于面板名称栏上，拖曳这些面板，可使它们浮动在界面上。

2. Dreamweaver 的初始化设置

在使用 Dreamweaver 时，为了便于操作，通常都会做一些初始化设置。Dreamweaver 的初始化设置通常包含以下内容。

（1）设置工作区布局

进入 Dreamweaver 工作界面，选择菜单栏里的“窗口→工作区布局→经典”选项。

（2）添加必备面板

设置为“经典”模式后，需要调出常用的三个面板，即“插入”面板、“属性”面板和“文件”面板，这些面板均可以通过“窗口”菜单打开，如图 1–26 所示。

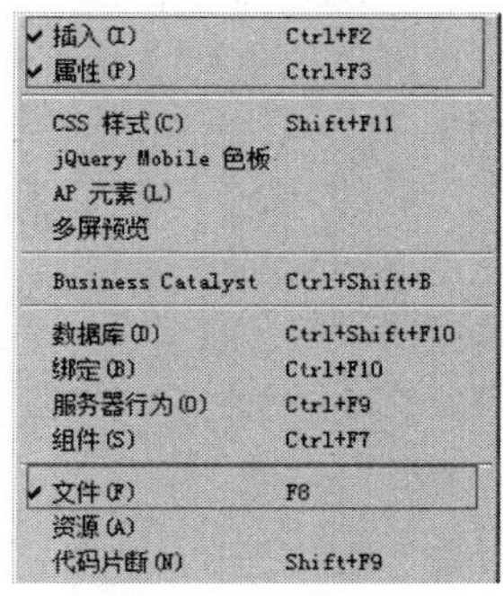

图 1–26 “窗口”菜单

（3）设置新建文档

选择“编辑→首选参数”选项（或按“Ctrl+U”快捷键），弹出“首选参数”对话框，如图 1–27 所示。

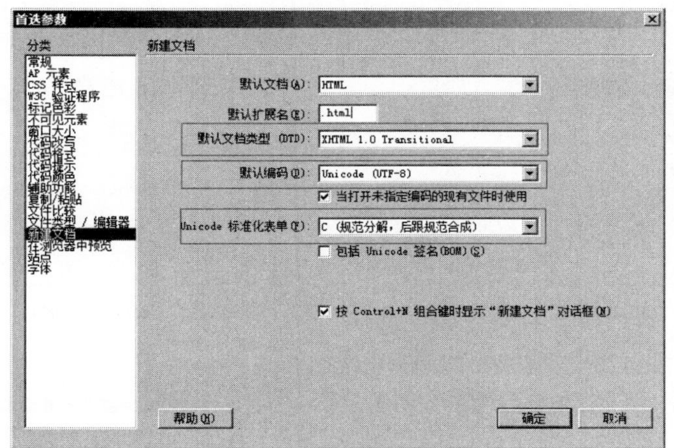

图 1–27 “首选参数”对话框

选择左侧“分类”中的“新建文档”选项后，右侧区域会切换到对应的参数设置界面。在此可以选取目前最常用的 HTML 文档类型和编码类型（只需设置框线标注的选项即可）进行设置。设置好新建文档的首选参数后，再次新建 HTML 文档时，Dreamweaver 就会按照默认设置直接生成所需要的代码。

注意:

在“默认文档类型”下拉列表中，Dreamweaver CS6 默认文档类型为 XHTML1.0，用户可根据实际需要更改为 HTML5。

（4）设置代码提示

Dreamweaver 拥有强大的代码提示功能，可以提高书写代码的速度。在“首选参数”对话框中可设置代码提示，选择“代码提示”选项，然后选中“结束标签”选项中的第二项，单击“确定”按钮，如图 1–28 所示，即可完成代码提示设置。

（5）浏览器设置

Dreamweaver 可以设置对编辑的网页进行预览的浏览器。在 Dreamweaver 中设置浏览器的步骤如下。

① 在“首选参数”对话框（图 1–28）左侧“分类”中选择“在浏览器中预览”选项，在右侧区域单击 + 按钮，弹出图 1–29 所示的“添加浏览器”对话框。

② 单击“浏览”按钮，弹出“选择浏览器”对话框，选中需要添加的浏览器，单击“打开”按钮，

Dreamweaver 会自动添加“名称”和“应用程序”，如图 1–30 所示。

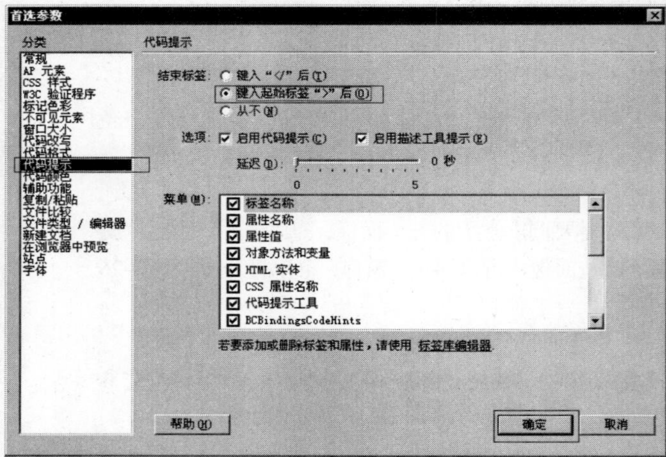

图 1–28 设置代码提示

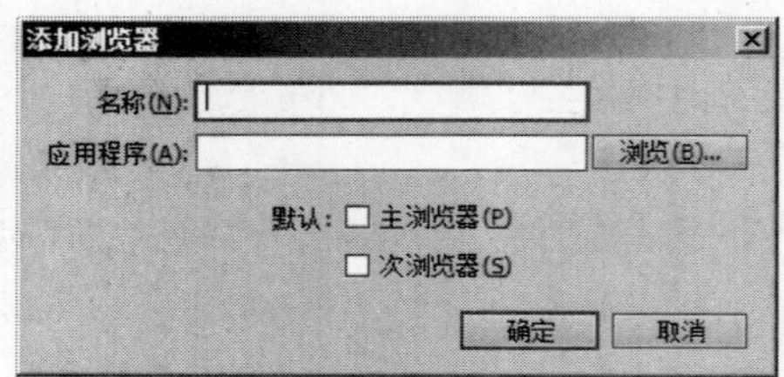

图 1–29 “添加浏览器”对话框

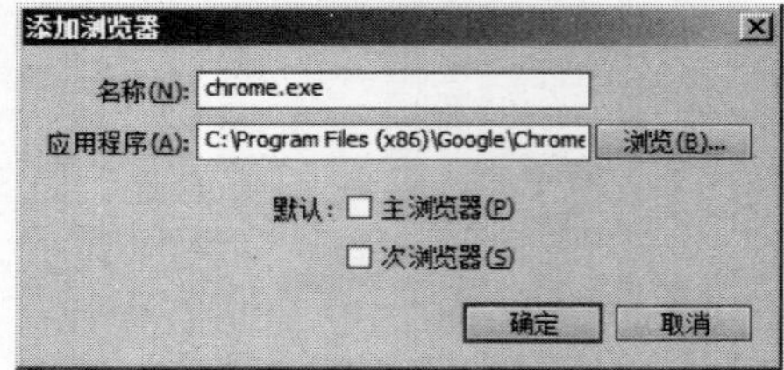

图 1–30 自动添加“名称”和“应用程序”

③ 单击图 1–30 中的“确定”按钮，完成浏览器的添加。此时在“浏览器”显示区域会出现添加的浏览器，如图 1–31 所示。

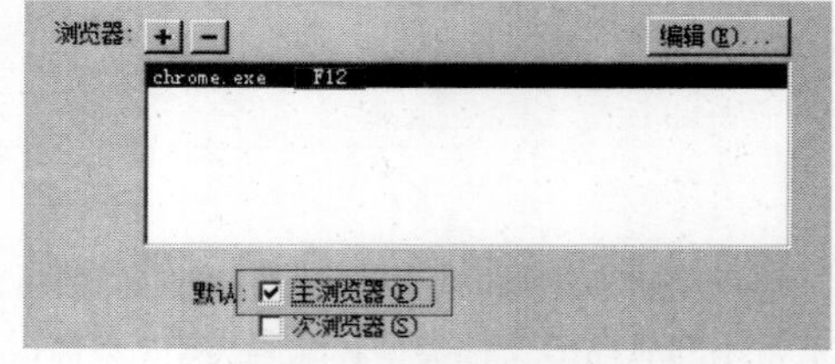

图 1–31 “浏览器”显示区域

如果勾选“主浏览器”复选框，按“F12”快捷键即可在浏览器中快速预览网页。如果勾选“次浏览器”复选框，按“Ctrl+F12”快捷键即可在浏览器中快速预览网页。本书建议将 Dreamweaver 主浏览器设置为“谷歌浏览器”，次浏览器可以根据需要选择。

注意：

Dreamweaver“设计”视图中的网页显示效果只能作为参考，最终以浏览器中的显示效果为准。

3. Dreamweaver 文档的基本操作

完成 Dreamweaver 工作界面的初始化设置后，就可以使用 Dreamweaver 搭建网页了。在使用 Dreamweaver 搭建网站之前，先要熟悉一下 Dreamweaver 文档的基本操作，包括新建文档、保存文档、打开文档和关闭文档，具体介绍如下。

（1）新建文档

在启动 Dreamweaver 时，软件会先进入欢迎界面，如图 1–32 所示。

选择“新建”下面的“HTML”选项即可创建一个新的页面；也可以选择“新建”下面的“更多”选项，此时会弹出“新建文档”对话框，如图 1–33 所示。可以在“新建文档”对话框中设置“页面类型”“布局”“文档类型”等，单击“创建”按钮，即可完成文档的创建。

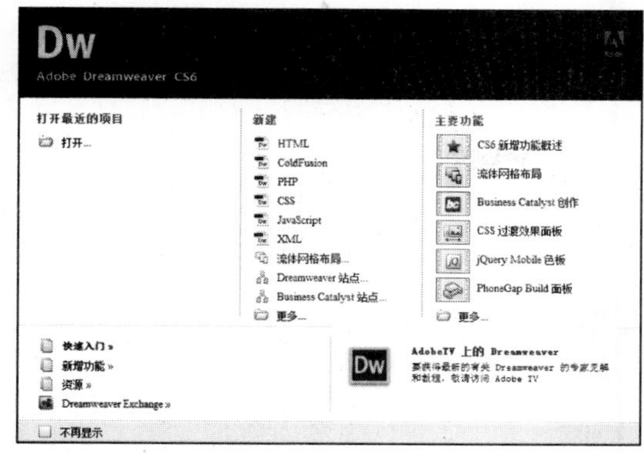

图 1-32 欢迎界面

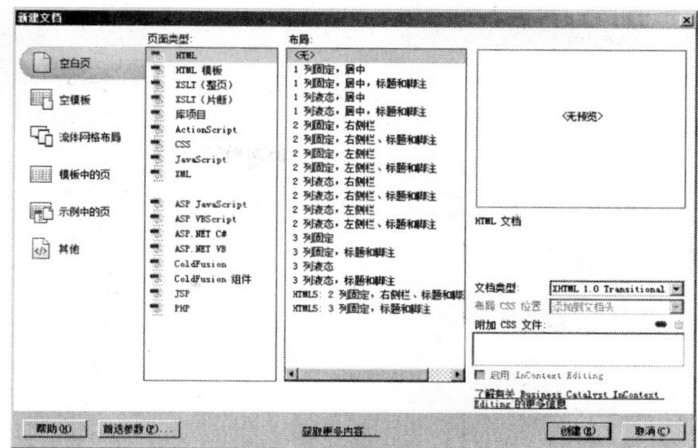

图 1-33 “新建文档”对话框

此外，在菜单栏中选择“文件→新建”选项（或按“Ctrl+N”快捷键），也可以弹出“新建文档”对话框。

（2）保存文档

保存文档的方法十分简单，选择“文件→保存”选项（或按“Ctrl+S”快捷键）即可。如果是第一次保存某个文档，会弹出“另存为”对话框，如图 1-34 所示。

在图 1-34 所示的对话框中，设置文件名和保存类型，单击“保存”按钮即可完成文档的保存。用户第一次保存文档后，再次执行“保存”命令，将不会弹出“另存为”对话框，计算机会直接保存结果，并覆盖原文件。如果用户既想保存修改的文件，又不想覆盖原文件，则可以使用“另存为”命令。选择“文件→另存为”选项（或按“Ctrl+Shift+S”快捷键），会再次弹出“另存为”对话框，在该对话框中设置保存路径、文件名和保存类型，单击“保存”按钮，即可将该文件另存为一个新的文件。

（3）打开文档

用户如果想要打开计算机中已经存在的文档，可以选择“文件→打开”选项（或按“Ctrl+O”快捷键），弹出“打开”对话框，如图 1-35 所示。

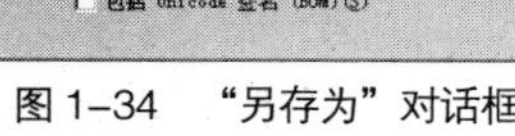

图 1-34 “另存为”对话框

图 1-35 “打开”对话框

选中需要打开的文档，单击“打开”按钮，即可打开被选中的文档。除此之外，用户还可以将选中的文档直接拖曳到 Dreamweaver 主界面除文档窗口外的其他区域，从而快速打开文档。

（4）关闭文档

对于已经编辑保存的文档，可以使用 Dreamweaver 的关闭文档功能将其关闭。通常可以使用以下几种方法关闭文档。

- 选择“文件→关闭”选项（或按“Ctrl+W”快捷键）即可关闭选中的文档。
- 单击需要关闭的文档窗口标签栏中的 × 按钮（图 1-36 框线标注位置）即可关闭该文档。

4. 创建网页

前面大家已经对网页、HTML、CSS 和 Dreamweaver 有了一定的了解，下面将使用 Dreamweaver 创建一个包含 HTML 结构和 CSS 样式的简单网页，具体步骤如下。

（1）编写 HTML 代码

① 打开 Dreamweaver，新建一个 HTML5 文档。切换到“代码”视图，此时在文档窗口中会出现 Dreamweaver 默认代码，如图 1-37 所示。

图 1-36 文档窗口标签栏按钮

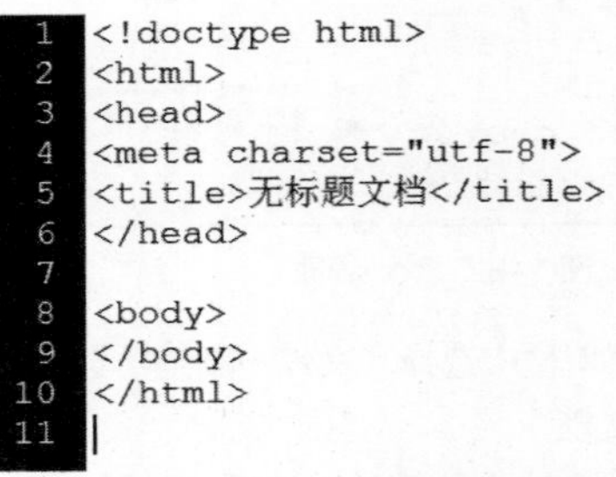

图 1-37 Dreamweaver 默认代码

② 在第 5 行代码<title>与</title>标签之间，输入 HTML5 文档的标题“我的第一个网页”。

③ 在<body>与</body>标签之间添加网页的主体内容，将下面的 HTML 代码复制到<body>与</body>标签之间。

```
<p>这是我的第一个网页哦。</p>
```

④ 在菜单栏中选择“文件→保存”选项，保存文件。在弹出的“另存为”对话框中选择文件的保存路径并输入文件名。例如，本书将文件命名为“example01.html”，保存在“chapter01”文件夹中，如图 1-38 所示。

⑤ 在浏览器中打开 example01.html 文件，网页效果如图 1-39 所示。

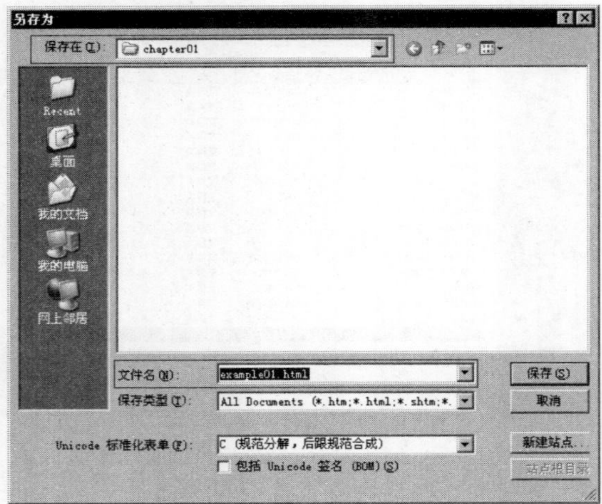

图 1-38 将文件保存在“chapter01”文件夹中

图 1-39 网页效果

由于仅在网页中使用了段落标签<p>，所以浏览器窗口中只显示一个段落文本。

（2）编写 CSS 代码

① 在<head>与</head>标签中添加 CSS 样式，CSS 样式需要写在<style>与</style>标签内，可以将下面的代码复制到<head>与</head>标签中。

```
<style type="text/css">
    p{
        font-size:36px;        /*设置字号为 36 像素*/
```

```
        color:red;              /*设置字体颜色为红色*/
        text-align:center;    /*设置文本居中显示*/
    }
</style>
```

上述代码通过 CSS 设置了段落文本的字号、颜色和对齐属性，使段落文本字号为 36 像素、字体颜色为红色且居中显示。“/* */” 是 CSS 注释符，浏览器不会解析 “/* */” 中的内容，注释主要用于告知初学者代码的含义，这里了解即可。此时网页的代码结构如图 1-40 所示。

```
<!doctype html>
<html>
<head>
<meta charset="utf-8">
<title>我的第一个网页</title>
<style type="text/css">
    p{
        font-size:36px;         /*设置字号为36像素*/
        color:red;               /*设置字体颜色为红色*/
        text-align:center;    /*设置文本居中显示*/
    }
</style>

</head>
<body>
<p>这是我的第一个网页哦。</p>
</body>
</html>

```

CSS样式需要写在<style>与</style>标签内，位于<head>与</head>头部标签中

HTML内容需要写在<body>与</body>标签内

图 1-40　网页的代码结构

② 在菜单栏中选择“文件→保存”选项，保存文件。运行代码文件，CSS 修饰后的网页效果如图 1-41 所示。

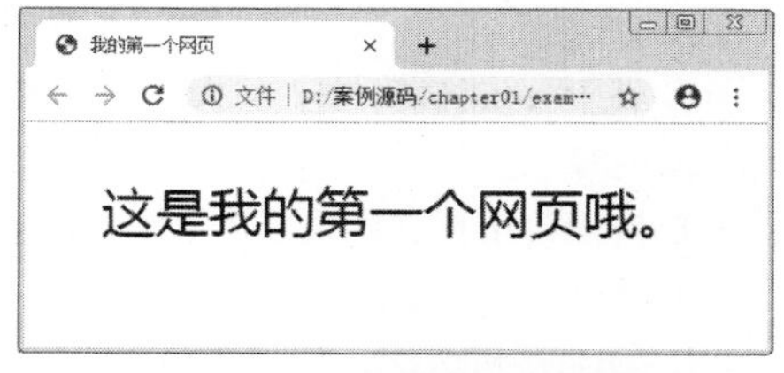

图 1-41　CSS 修饰后的网页效果

【项目总结】

1. 了解网页相关名词和 Web 标准，对网页有简单的认识。
2. 熟悉 HTML、CSS 和 JavaScript 的发展史，体验这些网页语言的用法。
3. 掌握 Dreamweaver 的基本操作，能够熟练使用 Dreamweaver 创建简单的网页。希望读者以此为开端，认真完成本书的学习内容。

【课后练习】

一、填空题

1. 网站由网页构成，并且根据功能的不同，网页又有_________和动态网页之分。
2. Web 标准是一系列标准的集合，主要包括结构、_________和_________。
3. HTML 中文译为_________，主要是通过 HTML 标签对网页中的文本、图片、声音等内容进行描述。
4. 在网页名词中，_________是互联网提供的一种网页浏览服务。
5. 在网站建设中，HTML 用于搭建页面结构，CSS 用于设置页面样式，_________用于为页面添加动态效果。

二、判断题

1. 因为静态网页的访问速度快，所以现在互联网上的大部分网站都是由静态网页组成的。（　）

2. 网页中也可以包含音频、视频和 Flash 动画。（ ）
3. HTTP 详细规定了浏览器和万维网服务器之间互相通信的规则。（ ）
4. URL 其实就是 Web 地址，俗称“网址”。（ ）
5. 在互联网上域名与 IP 地址之间并不是对应的。（ ）
6. Firebug 是 IE 浏览器中常用的一个插件。（ ）
7. 在网页设计中，JavaScript 用于搭建页面结构。（ ）
8. Dreamweaver 只能编写 HTML 代码。（ ）
9. 在 Dreamweaver 中，按“Ctrl+S”快捷键可完成文件的保存。（ ）
10. 所有的浏览器对同一个 CSS 样式的解析都是相同的，因此，页面在不同浏览器下的显示效果完全一样。（ ）

三、选择题

1. 在 Dreamweaver 中，使用主浏览器预览网页的快捷键是（ ）。
A. “Ctrl+S”　B. “F12”　C. “F5”　D. “Ctrl+F12”
2. 使用内嵌式添加 CSS 样式，CSS 样式需要写在（ ）。
A. <title>和</title>标签之间　B. <head>和</head>标签之间
C. <body>和</body>标签之间　D. <style>和</style>标签之间
3. 下列对 JavaScript 的描述中，正确的是（ ）。
A. JavaScript 是一种脚本语言　B. JavaScript 用于为页面添加动态效果
C. JavaScript 可以替代 HTML 和 CSS　D. JavaScript 的前身是 LiveScript
4. 下列选项中，属于网页构成元素的是（ ）。
A. 音频　B. 视频　C. 文字　D. PSD 图像
5. 浏览器是网页运行的平台，下列属于网页制作中常用浏览器的是（ ）。
A. IE 浏览器　B. 谷歌浏览器　C. 火狐浏览器　D. 搜狗浏览器
6. 在 Dreamweaver 中，使用次浏览器预览网页的快捷键是（ ）。
A. “F9”　B. “F10”　C. “F12”　D. “Ctrl+F12”
7. 在 HTML 中，网页要显示的内容应放置在（ ）。
A. <title>和</title>标签之间　B. <head>和</head>标签之间
C. <body>和</body>标签之间　D. HTML 中的任意位置
8. 下列选项中的术语名词，属于网页术语的是（ ）。
A. Web　B. HTTP　C. DNS　D. iOS
9. 下列选项中，关于 Web 标准说法正确的是（ ）。
A. Web 标准只包括 HTML 标准
B. Web 标准是由浏览器的各大厂商联合制定的
C. Web 标准并不是某一个标准，而是一系列标准的集合
D. Web 标准是指结构标准
10. 下列选项中，属于 Web 标准构成部分的是（ ）。
A. 结构标准　B. 表现标准　C. 行为标准　D. 模块标准

项目 2

“博客”页面制作

知识目标

★ 掌握 HTML 文档基本格式，对 HTML 文档格式有基本的认识。

★ 了解 HTML 文档头部相关标签，知道一些常用头部标签的作用。

技能目标

★ 掌握图像标签的用法，能够制作图文混排页面。

★ 掌握网页中文本的字体、字号和颜色的设置方法。

【项目描述】

博客也被称为网络日记，是一种深受欢迎的网络交流方式。在博客中，博主（博客账号的拥有者）可以记录技术感悟、旅游随笔、心情写照等。随着互联网用户的激增，博客已经成为一种全新的生活、工作、学习的方式。最近，热爱旅游的小思想要制作一个关于旅游的个人博客页面，用于分享一些旅游心情随笔。由于之前没有接触过网页制作，小思决定先从 HMTL 语法、基本格式、基础标签学起，等夯实基础后，再着手“博客”页面的制作。“博客”页面效果如图 2–1 所示。

图 2–1　“博客”页面效果

图 2–1 “博客”页面效果（续）

【任务 2–1】认识 HTML

需求分析

HTML 作为一门标签语言，主要用于描述网页中的文字、图像等信息。网页中所有的结构搭建都是通过 HTML 标签来完成的。因此，若想制作网页，先要认识 HTML。下面将对 HTML 文档基本格式、HTML 标签等知识进行讲解，使读者进一步认识 HTML。

知识储备

1. HTML 文档基本格式

学习任何一门语言，先要掌握它的基本格式，就像写信需要符合书信的格式要求一样。HTML 标签语言也不例外，同样需要遵循一定的规范。HTML 文档基本格式主要包含<!DOCTYPE>文档类型声明、<html>根标签、<head>头部标签和<body>主体标签等，如图 2–2 所示。

在图 2-2 所示的 HTML 文档基本格式中，<!DOCTYPE>、<html>、<head>和<body>标签共同组成了 HTML 文档的主体结构，具体介绍如下。

（1）<!DOCTYPE>标签

<!DOCTYPE>标签位于文档的最前面，也被称为“文档类型声明”，用于向浏览器说明当前文档使用哪种 HTML 标准规范。一份文档只有在开头处使用<!DOCTYPE>标签声明，浏览器才能将该文档识别为有效的 HTML 文档，并按指定的 HTML 文档类型进行解析。

（2）<html>标签

<html>标签位于<!DOCTYPE>标签之后，也被称为“根标签”。根标签是 HTML 文档的开始标记和结束标记，其中，<html>标签标记 HTML 文档的开始，</html>标签则标记 HTML 文档的结束，在它们之间是网页的头部内容和主体内容。

（3）<head>标签

<head>标签用于定义 HTML 文档的头部信息，也被称为“头部标签”，该标签紧跟在<html>标签之后。头部标签主要用来容纳其他位于文档头部的标签，用于描述文档的标题、作者，以及该文档与其他文档的关系。例如，<title>、<meta>、<link>和<style>标签等，都属于头部标签容纳的子标签。

（4）<body>标签

<body>标签用于定义 HTML 文档所要显示的内容，也被称为“主体标签”。在网页中，所有文本、图像、音频和视频等内容代码只有放在<body>标签内，才能最终呈现给用户。

初学者想要记住上面这么多标签可能有一定的困难，但不用担心，Dreamweaver 会自动生成 HTML 文档基本格式，因此这些标签并不需要大家牢记。

在最新的 HTML5 版本中，HTML 文档基本格式有了一些变化。HTML5 对文档类型声明和根标签做了简化。简化后的 HTML5 文档基本格式如图 2-3 所示。

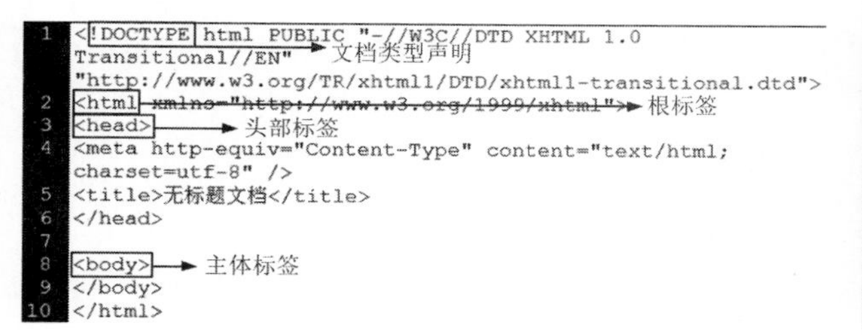

图 2-2 HTML 文档基本格式

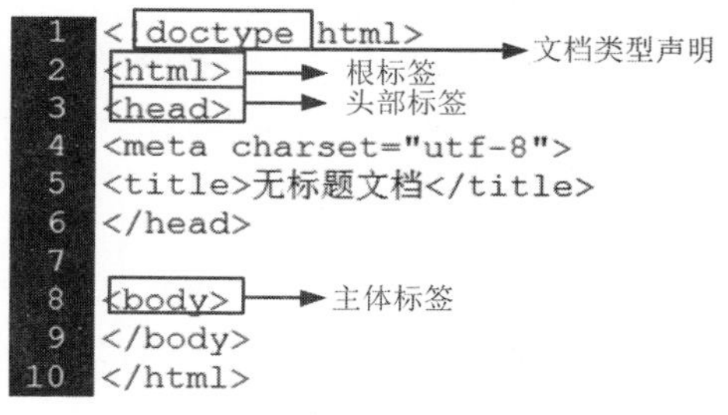

图 2-3 简化后的 HTML5 文档基本格式

通过图 2-3 可以看出，简化后的 HTML5 文档基本格式不仅在结构上更加简单、清晰，而且语义指向也更加明确。本书的所有案例都采用 HTML5 文档基本格式。

2. HTML 标签

在 HTML 页面中，带有“< >”符号的元素被称为 HTML 标签，如上面提到的<html>、<head>、<body>标签。所谓标签就是放在“< >”符号中表示某个功能的编码命令，也称为 HTML 标记或 HTML 元素，本书统一称作“HTML 标签”。根据标签的组成特点，HTML 标签可分为两大类，分别是双标签、单标签，具体介绍如下。

（1）双标签

双标签也被称为“体标签”，指由开始和结束两个标签符号组成的标签。双标签的基本语法格式如下：

```
<标签名>内容</标签名>
```

例如，HTML5 文档基本格式中的<html>和</html>、<body>和</body>等都属于双标签。

（2）单标签

单标签也被称为“空标签”，指用一个标签符号即可完整地描述某个功能的标签。单标签的基本语法格式如下：

```
<标签名 />
```

在上述语法格式中，标签名和“/”之间有一个空格，该空格在HTML语法中可以省略。

在HTML中还有一种特殊的标签——注释标签，该标签就是一种特殊的单标签。如果需要在HTML文档中添加一些便于阅读和理解，但又不希望其显示在页面中的注释文字，就需要使用注释标签。注释标签的基本语法格式如下：

```
<!--注释内容-->
```

注释内容不会显示在浏览器窗口中，但是作为HTML文档内容的一部分，注释内容可以被下载到用户的计算机上，或者用户查看源代码时也可以看到注释内容。

多学一招：为什么要有单标签？

HTML标签的作用原理就是选择网页内容进行描述，即需要描述哪些内容就选择哪些内容，通过双标签可以标示出内容的开始位置和结束位置。但单标签本身就可以描述一个功能，不需要标示内容的开始位置和结束位置。例如，水平线标签<hr />按照双标签的语法规则，它应该写成“<hr></hr>”，但是水平线标签不需要选择网页内容，本身就代表一条水平线，此时如果写成双标签，代码就显得有些冗余。这时就需要用单标签来简化代码结构。

3. HTML标签的属性

使用HTML标签搭建网页时，通过为HTML标签设置属性的方式可以增加更多的显示样式。例如，将标题文本的字体设置为“微软雅黑”并且居中显示，让段落文本中的某些名词显示其他颜色加以突出，这些都可以通过HTML标签的属性来设置。为HTML标签添加属性的基本语法格式如下：

```
<标签名 属性1="属性值1" 属性2="属性值2" …>内容</标签名>
```

在上述语法格式中，标签可以拥有多个属性，属性必须写在开始标签中，位于标签名后面。各属性之间排序不分先后，标签名与属性、属性与属性之间均以空格分开。下面的示例代码设置了一段居中显示的文本内容。

```
<p align="center">我是居中显示的文本</p>
```

在上述示例代码中，<p>标签用于定义段落文本；“align”为属性名；“center”为属性值，表示文本居中对齐。<p>标签还可以设置文本左对齐或右对齐，对应的属性值分别为left和right。需要说明的是，大多数属性有默认值，例如，省略<p>标签的align属性，段落文本会按默认值左对齐显示，也就是说，<p></p>等价于<p align="left"></p>。

多学一招：认识键值对

在HTML开始标签中，可以通过“属性="属性值"”的方式为标签添加属性，其中“属性”和“属性值”是以“键值对”的形式出现的。

键值对可以简单理解为对“属性”设置“属性值”。在网页设计中，键值对有多种表现形式，例如，color="red"、width:200px;等，其中，“color”和“width”即为键值对中的“键”（英文key），“red”和“200px”为键值对中的“值”（英文value）。键值对广泛地应用于编程中，HTML标签属性的定义形式“属性="属性值"”只是键值对中的一种。

4. HTML标签的关系

在网页中存在多种标签，各种标签之间都具有一定的关系。标签的关系主要有嵌套关系和并列关系两种，具体介绍如下。

（1）嵌套关系

嵌套关系也称为包含关系，可以简单理解为一个双标签里包含了其他的标签。例如，在HTML5的文档基本语法格式中，<html>标签和<head>标签（或<body>标签）就是嵌套关系。示例代码如下：

```
<html>
    <head>
    </head>
    <body>
    </body>
</html>
```

在标签的嵌套过程中，必须先结束最靠近内容的标签，再按照由内到外的顺序依次关闭标签。图 2–4 所示为嵌套标签正确写法和错误写法的对比。

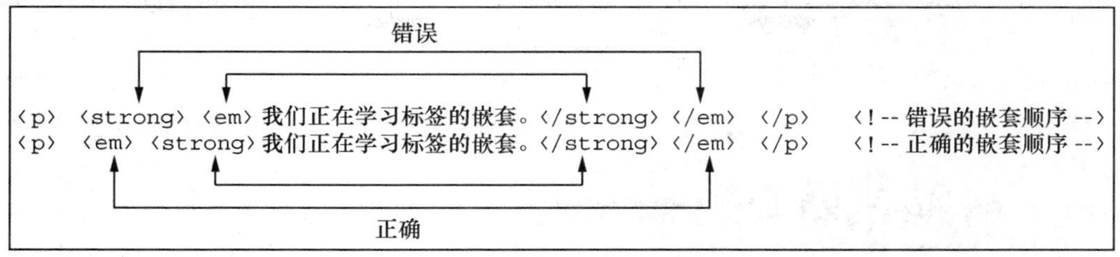

图 2–4 嵌套标签正确写法和错误写法的对比

在嵌套关系的标签中，通常把最外层的标签称为“父标签”，里面的标签称为“子标签”。但只有双标签才能作为“父级标签”。

（2）并列关系

并列关系也称为兄弟关系，就是两个标签处于同一级别，并且没有嵌套关系。例如，在 HTML5 的文档基本格式中，<head>标签和<body>标签就是并列关系。无论是单标签还是双标签，都可以拥有并列关系。

5. HTML 文档头部相关标签

制作网页时，经常需要设置网页的基本信息，如网页的标题、作者等。为此，HTML 提供了一系列设置网页信息的标签，这些标签通常都写在<head>标签内，也被称为 HTML 文档头部相关标签。下面将介绍常用的 HTML 文档头部相关标签。

（1）<title>标签

<title>标签用于设置 HTML 页面的标题，也就是为网页取一个名称。在网页结构中，<tittle>标签必须位于<head>标签内。一个 HTML 文档只能含有一个<title>标签，<title></title>标签之间的内容将显示在浏览器窗口的标题栏中。例如，将某个页面标题设置为“轻松学习 HTML5”，示例代码如下：

```
<title>轻松学习 HTML5</title>
```

上述代码对应的页面标题效果如图 2–5 所示。

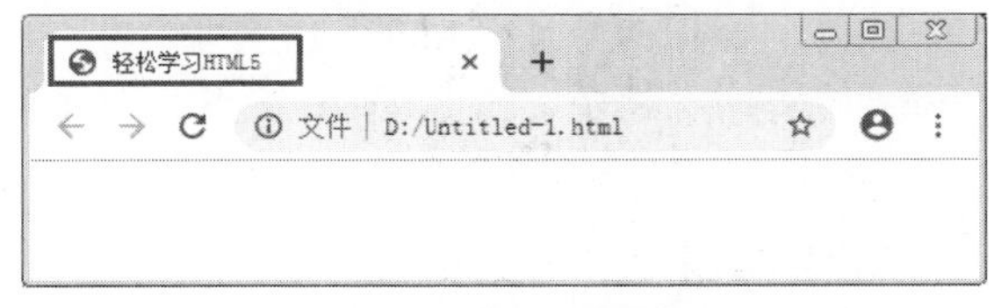

图 2–5 页面标题效果

（2）<meta />标签

<meta />标签用于定义页面的元信息（元信息不会显示在最终的页面效果中），可重复出现在<head>标签中。在 HTML 中，<meta />标签是一个单标签，本身不包含任何内容，仅表示网页的相关信息。通过<meta />标签的属性，可以定义页面的相关参数。例如，为搜索引擎提供网页的关键字、作者姓名、内容描述，以及定义网页的刷新时间等。下面介绍<meta />标签常用的几组设置，具体如下。

- <meta name="名称" content="值"/>：在<meta>标签中使用 name 属性和 content 属性可以为搜索引擎提供信息。其中，name 属性提供搜索内容名称，content 属性提供对应的搜索内容值，这些属性的具体应用如下。

➢ 设置网页关键字，如某图像网站的关键字设置，示例代码如下：

```
<meta name="keywords" content="千图网,免费素材下载,千图网免费素材图库,矢量图,矢量图库,图像素材,网页素材,免费素材,PS 素材,网站素材,设计模板,设计素材, 网页模板免费下载,千图,素材中国,素材,免费设计,图像" />
```

在上述示例代码中，name 属性的属性值为“keywords”，该属性值用于定义搜索内容名称为网页关键字；content 属性的属性值用于定义关键字的具体内容，多个关键字内容之间可以用“,”分隔。

➢ 设置网页描述，如某图像网站的描述信息设置，示例代码如下：

```
<meta name="description" content="专注免费设计素材下载的网站！提供矢量图素材,矢量背景图像,矢量图库,还有psd 素材,PS 素材,设计模板,设计素材,PPT 素材,以及网页素材,网站素材,网页图标免费下载" />
```

在上述示例代码中，name 属性的属性值为“description”，该属性值用于定义搜索内容名称为网页描述；

content 属性的属性值用于定义描述的具体内容。网页描述的文字不必过多，能够描述清晰即可。

➢ 设置网页作者，如可以为网站增加作者信息，示例代码如下：

```
<meta name="author" content="网络部"/>
```

在上述示例代码中，name 属性的属性值为“author”，该属性值用于定义搜索内容名称为网页作者；content 属性的属性值用于定义具体的作者信息。

- <meta http-equiv="名称" content="值" />：在<meta />标签中，http-equiv 属性和 content 属性可以设置服务器发送给浏览器的 HTTP 头部信息，为浏览器显示该页面提供相关的参数标准。其中，http-equiv 属性提供参数类型，content 属性提供对应的参数值，这些属性的具体应用如下。

➢ 设置字符集，如某图像官网字符集的设置，示例代码如下：

```
<meta http-equiv="Content-Type" content="text/html; charset=gbk"/>
```

在上述示例代码中，http-equiv 属性的属性值为“Content-Type”，content 属性的属性值为“text/html”和“charset=gbk”，两个属性值之间用“;”隔开。其中，“text/html”用于说明当前文档类型为 HTML，“charset=gbk”用于说明文档字符集为 GBK（中文编码）。

目前最常用的国际化字符集编码格式是 UTF-8，常用的中文字符集编码格式主要是 GBK 和 GB2312。当用户使用的字符集编码格式与当前浏览器不匹配时，网页内容就会出现乱码。新版本的 HTML5 简化了字符集的写法，示例代码如下：

```
<meta charset="utf-8">
```

➢ 设置页面自动刷新与跳转，如定义某个页面 10 秒后跳转至百度首页，示例代码如下：

```
<meta http-equiv="refresh" content="10; url= https://www.baidu.com/"/>
```

在上述示例代码中，http-equiv 属性的属性值为“refresh”，content 属性的属性值为数值和 URL。两个属性值之间用“;”隔开，分别用于指定跳转时间和目标页面的 URL。跳转时间默认以秒为单位。

【任务 2-2】HTML 文本控制标签

需求分析

在一个网页中文字往往占据较大的篇幅，为了让文字能够在网页中排版整齐、结构清晰，HTML 提供了一系列的文本控制标签。例如，标题标签<h1>～<h6>、段落标签<p>、字体标签<font>等，下面将对这些 HTML 文本控制标签进行详细介绍。

知识储备

1. 页面格式化标签

一篇结构清晰的文章通常都会通过标题、段落、分割线等对文章进行结构排列。网页也不例外，为了使网页中的内容有序排列，HTML 提供了相应的页面格式化标签，主要包括标题标签、段落标签、水平线标签和换行标签，具体介绍如下。

（1）标题标签

HTML 提供了 6 个等级的标题，即 h1、h2、h3、h4、h5 和 h6，且重要性递减。标题标签的基本语法格式如下：

```
<hn align="对齐方式">标题文本</hn>
```

在上述语法格式中，n 的取值为 1～6；align 属性为可选属性，可以使用 align 属性设置标题的对齐方式，该属性的取值如下。

- left：设置标题文字左对齐（默认值）。
- center：设置标题文字居中对齐。
- right：设置标题文字右对齐。

了解了标题标签的语法格式后，下面通过一个案例来演示标题标签的使用方法，如例 2-1 所示。

例 2-1 example01.html

```
1  <!doctype html>
2  <html>
3  <head>
4  <meta charset="utf-8">
5  <title>标题标签</title>
6  </head>
7  <body>
8      <h1>1 级标题</h1>
9      <h2>2 级标题</h2>
10     <h3>3 级标题</h3>
11     <h4>4 级标题</h4>
12     <h5>5 级标题</h5>
13     <h6>6 级标题</h6>
14 </body>
15 </html>
```

在例 2-1 中，第 8～13 行代码使用<h1>～<h6>标签设置了 6 个级别的标题。

运行例 2-1，效果如图 2-6 所示。

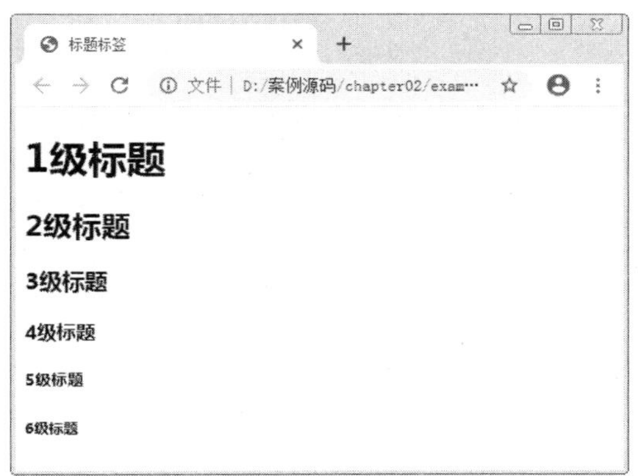

图 2-6 标题标签效果

从图 2-6 可以看出，默认情况下标题文字是加粗左对齐的，并且 1 级标题～6 级标题的字号递减。

注意:

① 一个页面中只能使用一个<h1>标签，<h1>标签常常被用在网站的 Logo 部分。

② 标题标签具有明确的语义，初学者禁止仅使用标题标签设置文字加粗效果或更改文字的大小。

③ HTML 不赞成使用标题标签的 align 对齐属性，可使用 CSS 样式设置。

（2）段落标签

在网页中，段落标签可以把文字有条理地显示出来。就如同人们平常写文章一样，整个网页也可以分为若干个段落。在网页中使用<p>标签来定义段落。<p>标签是 HTML 中最常见的标签，默认情况下，文本在一个段落中会根据浏览器窗口的大小自动换行。<p>标签的基本语法格式如下：

```
<p align="对齐方式">段落文本</p>
```

在上述语法格式中，align 属性为<p>标签的可选属性，与标题标签<h1>～<h6>一样，同样可以使用 align 属性设置段落文本的对齐方式。下面的示例代码就设置了一段居中显示的段落文本。

```
<p align="center">设计心理学使设计更能反映和满足人们的心理作用。</p>
```

（3）水平线标签

在网页中，水平线可以将段落与段落之间隔开，使文档层次分明。水平线可以通过<hr />标签来定义。<hr />标签的基本语法格式如下：

```
<hr 属性="属性值" />
```

<hr />是单标签，在网页中输入一个<hr />标签，就添加了一条默认样式的水平线。<hr />标签有几个常

用的属性，具体如表 2-1 所示。

表 2-1　<hr />标签的常用属性

属性名	含义	属性值
align	设置水平线的对齐方式	可选择 left、right、center 这 3 个属性值，默认属性值为 center
size	设置水平线的粗细	为像素值，默认像素值为 2
color	设置水平线的颜色	可以是颜色名称、十六进制颜色值、RGB 颜色值
width	设置水平线的宽度	可以是确定的像素值，也可以是浏览器窗口的百分比数值，默认属性值为 100%

（4）换行标签

在 HTML 中，一个段落中的文字会从左到右依次排列，直到浏览器窗口的右端，然后自动换行。如果希望文本内容强制换行显示，就需要使用换行标签
。在换行时，如果还像在 Word 中一样直接按“Enter”键换行，是不会起作用的。换行标签可以直接嵌入文本中，其用法非常简单。下面通过例 2-2 做具体演示。

例 2-2　example02.html

```
1  <!doctype html>
2  <html>
3  <head>
4  <meta charset="utf-8">
5  <title>使用 br 标签换行</title>
6  </head>
7  <body>
8  <p>使用 HTML 制作网页时通过 br 标签<br />可以实现换行效果</p>
9  <p>如果像在 Word 中一样
10 单击“Enter”键换行，不会起作用。</p>
11 </body>
12 </html>
```

在例 2-2 中，第 8～10 行代码分别使用换行标签
和按“Enter”键两种方式换行。

运行例 2-2，效果如图 2-7 所示。

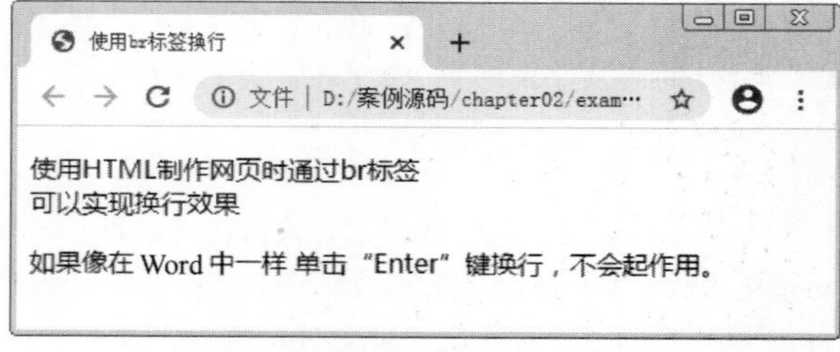

图 2-7　使用
标签换行

从图 2-7 容易看出，按“Enter”键换行的段落在浏览器中并没有换行，只是多了一个空白字符，而使用换行标签
的段落却实现了强制换行的效果。

注意:

标签虽然可以实现换行的效果，但并不能取代结构标签<h>、<p>等。

2. 文本样式标签

HTML 提供了文本样式标签<font >，用于控制网页中文本的字体、字号和颜色。<font >标签的基本语法格式如下：

```
<font 属性="属性值">文本内容</font>
```

在上述语法格式中，<font>标签常用的属性有 3 个，如表 2-2 所示。

表 2-2 <font >标签常用的属性

属性名	含义
face	设置文字的字体，如微软雅黑、黑体、宋体等
size	设置文字的大小，可以取 1～7 的整数值
color	设置文字的颜色

下面通过一个案例来演示<font>标签的用法，如例 2-3 所示。

例 2-3 example03.html

```
<!doctype html>
<html>
<head>
<meta charset="utf-8">
<title>文本样式标签 font</title>
</head>
<body>
<h2 align="center">使用 font 标签设置文本样式</h2>
<p>我是默认样式的文本</p>
<p><font size="2" color="blue">我是 2 号蓝色文本</font></p>
<p><font size="5" color="red">我是 5 号红色文本</font></p>
<p><font face="微软雅黑" size="7" color="green">我是 7 号绿色文本，我的字体是微软雅黑哦</font></p>
</body>
</html>
```

在例 2-3 中，使用了 4 个段落标签，第 1 个段落中的文本为 HTML 默认段落样式，第 2～4 个段落分别使用<font>标签设置了不同的文本样式。

运行例 2-3，效果如图 2-8 所示。

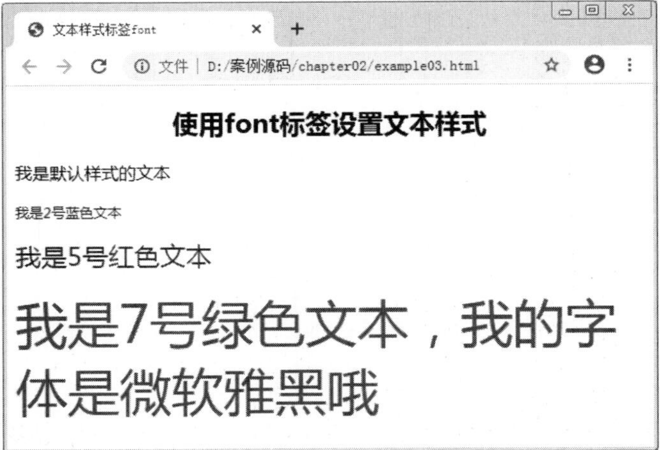

图 2-8 文本样式标签<font>的使用效果

注意：

在实际工作中，不建议使用 HTML 的<font>标签，可使用 CSS 样式来定义文本样式。

3. 文本格式化标签

在网页制作中，文本格式化标签可以使文字以特殊的方式突出显示，例如，网页中常见的粗体、斜体或下画线效果。常用的文本格式化标签如表 2-3 所示。

表 2-3 常用的文本格式化标签

标签	显示效果
<b></b>和<strong></strong>	文字以粗体方式显示（HTML 推荐使用<strong>标签）
<i></i>和<em></em>	文字以斜体方式显示（HTML 推荐使用<em>标签）
<s></s>和<del></del>	文字以加删除线方式显示（HTML 推荐使用<del>标签）
<u></u>和<ins></ins>	文字以加下画线方式显示（HTML 不赞成使用<u>标签）

在表 2-3 中，同一行的文本格式化标签都能显示相同的文本样式效果，但<strong>标签、<em>标签、<del>标签、<ins>标签更符合 HTML 结构的语义化，所以在 HTML 中建议使用这 4 个标签设置文本样式。

下面通过一个案例来演示表 2-3 中一些标签的用法，如例 2-4 所示。

例 2-4 example04.html

```
<!doctype html>
<html>
<head>
<meta charset="utf-8">
<title>文本格式化标签的使用</title>
</head>
<body>
<p>我是正常显示的文本</p>
<p><b>我是使用 b 标签加粗的文本</b>，<strong>推荐使用 strong 标签加粗</strong></p>
<p><i>我是使用 i 标签倾斜的文本</i>，<em>推荐使用 em 标签斜体文本</em></p>
<p><u>我是使用 u 标签加下画线文本</u>，不建议使用</p>
<p><s>我是使用 s 标签加删除线文本</s>，<del>推荐使用 del 标签加删除线</del></p>
</body>
</html>
```

在例 2-4 中，为段落文本分别应用不同的文本格式化标签，从而使文字产生特殊的显示效果。

运行例 2-4，效果如图 2-9 所示。

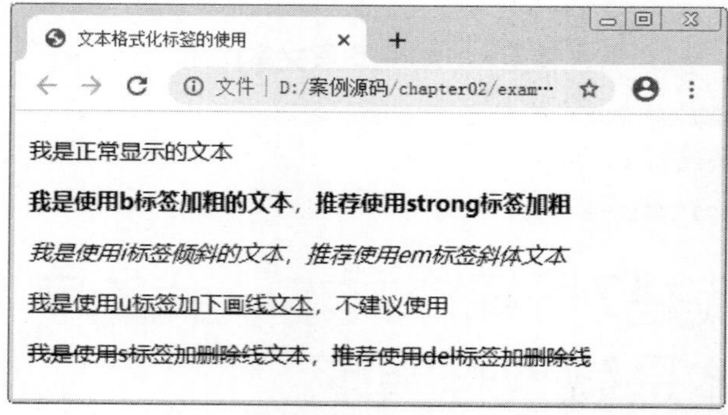

图 2-9 文本格式化标签的使用效果

4. 特殊字符

浏览网页时常常会看到一些包含特殊字符的文本，如数学公式、版权信息等。那么如何在网页上显示这些包含特殊字符的文本呢？HTML 为这些特殊字符准备了专门的代码，如表 2-4 所示。

表 2-4 HTML 中特殊字符的代码

特殊字符	描述	字符的代码
	空格符	
<	小于号	<
>	大于号	>

（续表）

特殊字符	描述	字符的代码
&	和号	&
¥	人民币符号	¥
©	版权	©
®	注册商标	®
°	角度单位	°
±	正负号	±
×	乘号	×
÷	除号	÷
²	平方（上标 2）	²
³	立方（上标 3）	³

从表 2–4 可以看出，特殊字符的代码通常由前缀“&”、字符名称和后缀英文分号“;”组成。在网页中使用这些特殊字符时只需输入相应的字符代码替代即可。此外，在 Dreamweaver 中，还可以通过菜单栏中的“插入→HTML→特殊字符”选项直接插入相应特殊字符的代码。

注意:

浏览器对空格符“ ”的解析是有差异的，导致了使用空格符的页面在各个浏览器中显示效果不同，因此不推荐使用，可使用 CSS 样式替代。

知识拓展

<div>标签

div 是英文“division”的缩写，中文译为“分割、区域”。<div>标签可以简单理解成一个容器，用于容纳网页中的文本模块、图像模块，从而实现网页的规划和布局。<div>标签可以容纳段落、标题、表格、图像等各种网页元素，即大多数 HTML 标签都可以嵌套在<div>标签中；此外，<div>标签中还可以嵌套多层<div>标签。下面通过一个案例来演示<div>标签的用法，如例 2–5 所示。

例 2–5 example05.html

```
1  <!doctype html>
2  <html><head>
3  <meta charset="utf-8">
4  <title>div 标签的使用</title>
5  </head>
6  <body>
7  <div style="width:980px; margin:0 auto; padding:20px 0; background:#CCC;">
8     <div style="height:60px; background:#FF0;">头部</div>
9     <div style="height:200px; background:#0C0;">内容</div>
10    <div style="height:60px; background:#6CF;">页脚</div>
11 </div>
12 </body>
13 </html>
```

在例 2–5 中，第 7～11 行代码使用 4 个<div>标签对页面进行布局，其中，最外层的<div>标签用于整体控制页面版式，里面嵌套的 3 个<div>标签分别用于布局页面头部、内容和页脚。代码中的“style=…”，用于为各个<div>标签定义样式（style 属性的相关内容将在后面的项目中详细讲解，这里了解即可）。

运行例 2–5，效果如图 2–10 所示。

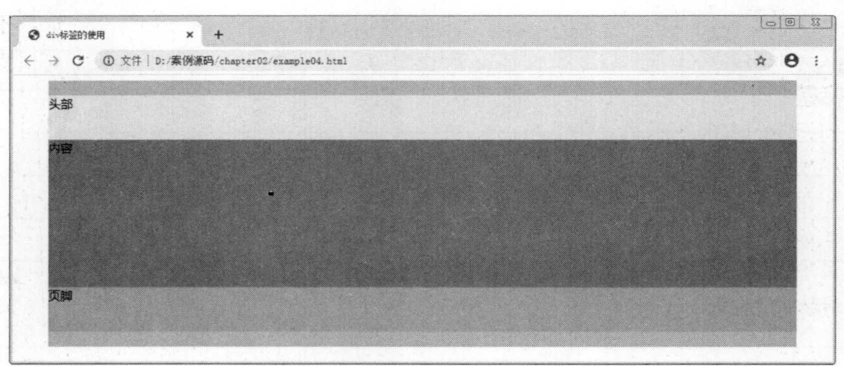

图 2-10　<div>标签的使用效果

<div>标签最大的意义在于可与浮动属性 float 配合，进行网页布局，即常说的“DIV+CSS”网页布局。对于浮动和布局这里了解即可，后面的内容将会详细介绍。<div>标签可以替代块级元素（如<h>标签、<p>标签等），但是它们在语义上有一定的区别。例如，<div>标签和<h2>标签的不同在于，<h2>标签具有特殊的含义，语义较重，代表着标题，而<div>标签只是代表一个元素。

【任务 2-3】HTML 图像应用

需求分析

浏览网页时人们常常会被网页中的图像所吸引，巧妙地在网页中使用图像可以让网页更为丰富多彩。下面将通过常用图像格式、图像标签、相对路径和绝对路径这 3 个知识点，详细讲解 HTML 中图像的应用。

知识储备

1. 常用图像格式

网页中图像太大会造成载入速度缓慢，太小又会影响图像的质量。因此，在网页制作中人们经常会为该使用哪种图像格式而困惑。目前，网页上常用的图像格式主要有 GIF 格式、PNG 格式和 JPEG 格式三种，具体介绍如下。

（1）GIF 格式

GIF 格式最突出的特点是支持动画，同时 GIF 格式也是一种无损压缩的图像格式，即修改图像之后 GIF 格式的图像质量没有损失。且 GIF 格式支持透明，因此很适合在互联网上使用。但 GIF 格式只能处理 256 种颜色。因此在网页制作中，GIF 格式常常用于 Logo、小图标和其他色彩相对单一的图像。

（2）PNG 格式

PNG 格式包括 PNG-8 格式和真色彩 PNG 格式（包括 PNG-24 格式和 PNG-32 格式）。相对于 GIF 格式，PNG 格式最大的优势是体积更小，支持 Alpha 透明（全透明、半透明），并且颜色过渡更平滑，但 PNG 格式不支持动画。其中，PNG-8 格式与 GIF 格式类似，只能支持 256 种颜色，如果用作静态图可以取代 GIF 格式；真色彩 PNG 格式可以支持更多的颜色，同时真色彩 PNG 格式（特指 PNG-32 格式）支持半透明图像效果。

（3）JPEG 格式

JPEG 格式显示的颜色比 GIF 格式和 PNG-8 格式要多，可以用于保存颜色超过 256 种的图像，但是 JPEG 格式是一种有损压缩的图像格式，这就意味着每修改一次图像都会造成一些图像数据的丢失。JPEG 格式是特别为照片设计的文件格式，网页制作过程中类似于照片的图像（如横幅广告（Banner）、商品图像、较大的插图等）都可以保存为 JPEG 格式。

总的来说，在网页中小图像、图标、按钮等建议使用 GIF 格式或 PNG-8 格式，半透明图像建议使用真色彩 PNG 格式（一般指 PNG-32 格式），色彩丰富的图像则建议使用 JPEG 格式，动态图像建议使用 GIF 格式。

2. 图像标签

网页中任何元素的实现都要依靠 HTML 标签，要想在网页中显示图像就需要使用图像标签。在 HTML 中使用<img />标签来定义图像，其基本语法格式如下：

```
<img src="图像 URL" />
```

在上述语法格式中，src 属性用于指定图像的路径，它是<img />标签的必备属性。

要想在网页中灵活地使用图像，仅仅依靠 src 属性是远远不够的。为此，HTML 还为<img />标签提供了其他的属性，具体如表 2-5 所示。

表 2-5 <img />标签的其他属性

属性	属性值	描述
alt	文本	图像不能显示时的替换文本
title	文本	鼠标指针悬停时显示的内容
width	像素值	设置图像的宽度
height	像素值	设置图像的高度
border	数字	设置图像边框的宽度
vspace	像素值	设置图像顶部和底部的空白（垂直边距）
hspace	像素值	设置图像左侧和右侧的空白（水平边距）
align	left	将图像对齐到左边
	right	将图像对齐到右边
	top	将图像的顶端和文本的第一行文字对齐，其他文字居图像下方
	middle	将图像的水平中线和文本的第一行文字对齐，其他文字居图像下方
	bottom	将图像的底部和文本的第一行文字对齐，其他文字居图像下方

表 2-5 对<img />标签的常用属性做了简要描述，下面对它们进行详细介绍。

（1）alt 属性

有时页面中的图像可能无法正常显示，例如，图像加载错误、浏览器版本过低等。因此，需要为页面上的图像添加替换文本，在图像无法显示时告诉用户该图像的信息。在 HTML 中，alt 属性用于设置图像的替换文本。下面通过一个案例来演示 alt 属性的用法，如例 2-6 所示。

例 2-6 example06.html

```
<!doctype html>
<html>
<head>
<meta charset="utf-8">
<title>图像标签 img 之 alt 属性的使用</title>
</head>
<body>
<img src="banner1.jpg" alt="百搭、白色、涂鸦、T 恤、精品女装"/>
</body>
</html>
```

如例 2-6 所示，在 HTML 网页文档所在的文件夹中放入名称为“banner1.jpg”的图像，并且通过 src 属性插入图像，通过 alt 属性指定图像不能显示时的替代文本。

运行例 2-6，图像正常显示，效果如图 2-11 所示。如果图像不能显示，在谷歌浏览器中就会出现图 2-12 所示的效果。

图 2-11　图像正常显示

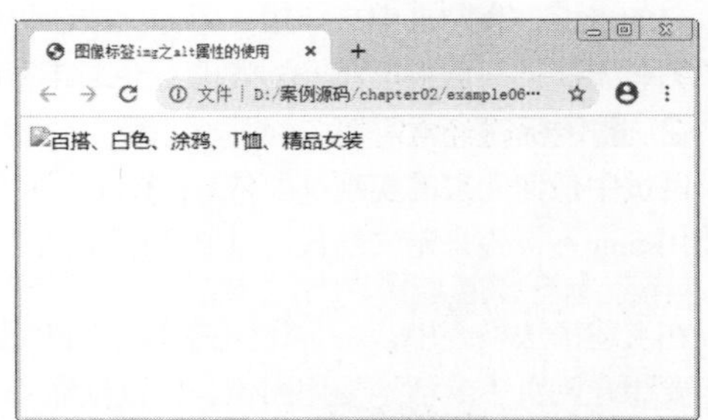

图 2-12　图像不能显示

在以前网速较低的时候，alt 属性主要用于使看不到图像的用户了解图像内容。随着网络的发展，现在网页不能显示图像的情况已经很少见了，alt 属性又有了新的作用。谷歌和百度等搜索引擎在收录页面时，会通过 alt 属性的内容来解析网页的内容。因此，在制作网页时，为图像设置替换文本，可以帮助搜索引擎更好地理解网页内容，从而更有利于网页的优化。

多学一招：使用 title 属性设置提示文字

图像标签<img />有一个与 alt 属性十分类似的属性——title。title 属性用于设置鼠标指针悬停时图像的提示文字。示例代码如下：

```
<img src="banner1.jpg" title="百搭、白色、涂鸦、T 恤、精品女装"/>
```

示例代码的运行结果如图 2-13 所示。

图 2-13　图像标签 title 属性的使用效果

在图 2-13 所示的页面中，当鼠标指针移动到图像上时就会出现提示文本。

（2）width 属性和 height 属性

通常情况下，如果不为<img />标签设置宽度和高度属性，图像就会按照它的原始尺寸显示。这时可以通过 width 属性和 height 属性来定义图像的宽度和高度。通常，只设置 width 属性和 height 属性中的一个即可，另一个属性就会依据已设置的属性将原图等比例显示。如果同时设置两个属性，且设置的比例与原图的比例不一致，显示的图像就会变形。

（3）border 属性

默认情况下图像是没有边框的，通过 border 属性可以为图像添加边框，并且可以设置边框的宽度，但使用 HTML 的 border 属性无法更改边框颜色。

（4）vspace 属性和 hspace 属性

在网页中，由于排版要求，有时候还需要调整图像的边距。HTML 通过 vspace 属性和 hspace 属性可以分别调整图像的垂直边距和水平边距。

（5）align 属性

图文混排是网页中很常见的效果，默认情况下图像的底部会与文本的第一行文字对齐，如图 2–14 所示。但是在制作网页时经常需要实现图像和文字环绕效果（如左图右文），这就需要使用图像的对齐属性 align。下面通过一个案例来实现网页中常见的图文混排效果，如例 2–7 所示。

例 2–7 example07.html

```
1  <!doctype html>
2  <html>
3  <head>
4  <meta charset="utf-8">
5  <title>图像标签的边距属性和对齐属性</title>
6  </head>
7  <body>
8  <img src="images/chenpi.png" alt="陈皮的功效与作用" border="1" hspace="10" vspace="10" align="left" />
9  陈皮是临床常用的利气燥湿药，药苦、辛而温，药归肺经和脾经，药的功效就是理气健脾、燥湿化痰。可以治疗气滞与胸胁的病症，比如可以治疗胸闷、胃胀、腹胀，可以治疗心、胸、胃的疾患。陈皮有开胃的作用，可以治疗食欲不振，也可以治疗吐泄、呕吐、泄泻的胃肠道消化功能的障碍。除此之外，陈皮有燥湿的作用，燥湿化痰，可以治疗这种咳嗽、痰多等病症。陈皮在临床非常常用，陈皮、半夏经常是搭配在一起来使用。
10 </body>
11 </html>
```

在例 2–7 中，第 8 行代码使用 hspace 属性和 vspace 属性为图像设置了水平边距和垂直边距，同时为图像添加了 5 像素的边框，并且通过 align="left"使图像左对齐。

运行例 2–7，效果如图 2–15 所示。

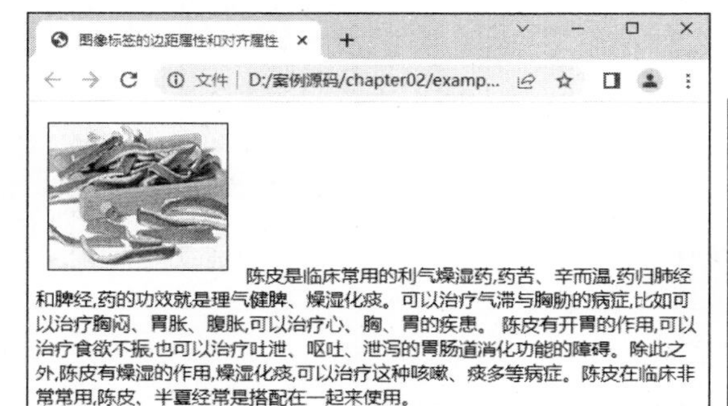

图 2–14 图文混排默认对齐效果

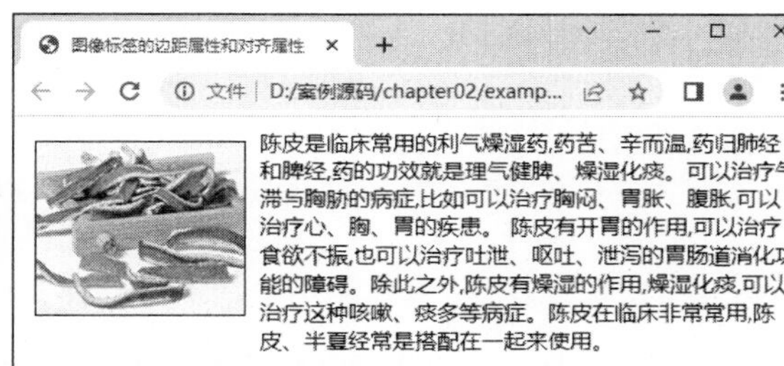

图 2–15 图像标签的边距和对齐属性调整后的效果

注意：

实际制作中图像标签的 border、vspace、hspace 和 align 等 HTML 属性，均可以使用 CSS 样式替代。

3. 相对路径和绝对路径

在计算机中查找文档时，需要明确文档所在位置。通常，把网页文档所在的位置称作路径。网页中的路径分为绝对路径和相对路径两种，具体介绍如下。

（1）绝对路径

绝对路径就是网页上的文档或目录在盘符（即 C 盘、D 盘等）中的真正路径，例如，“D:\案例源码\chapter03\images\banner1.jpg”就是一个盘符中的绝对路径。再如，完整的网络地址“http://www.zcool.com.cn/images/logo.gif”也是一个绝对路径。

（2）相对路径

相对路径就是相对于当前文档的路径，相对路径没有盘符，通常是以 HTML 网页文档为起点，通过层级关系描述目标图像的位置。相对路径的设置分为以下 3 种。

- 图像和 HTML 文档位于同一文件夹：设置相对路径时，只需输入图像的名称即可，如<img src="logo.gif" />。
- 图像位于 HTML 文档的下一级文件夹：设置相对路径时，输入文件夹名和图像名，之间用“/”隔开，如<img src="img/img01/logo.gif" />。
- 图像位于 HTML 文档的上一级文件夹：设置相对路径时，在图像名之前加入“../”，如果是上两级，则需要使用“../ ../”，以此类推，如<img src="../logo.gif" />。

需要说明的是，在网页中并不推荐使用绝对路径，因为网页制作完成后需要将所有的文档上传到服务器，上传后很有可能不存在“D:\案例源码\chapter02\images\banner1.jpg”这样一个很精准的路径，故网页也就无法正常显示图像。

知识拓展

切图

为了提高浏览器的加载速度，并满足一些页面设计的特殊要求，通常需要把效果图中不能用代码实现的图像剪切下来作为网页素材，这个剪切图像的过程被称为“切图”。切图的目的是把设计效果图转化成结构化的网页代码素材。常用的切图工具主要有 Photoshop 和 Fireworks。下面以 Fireworks CS6 的“切片”工具为例，分步骤讲解切图技术。切图的具体步骤如下。

（1）选择“切片”工具

打开 Fireworks，选择工具箱中的“切片”工具，如图 2-16 所示。

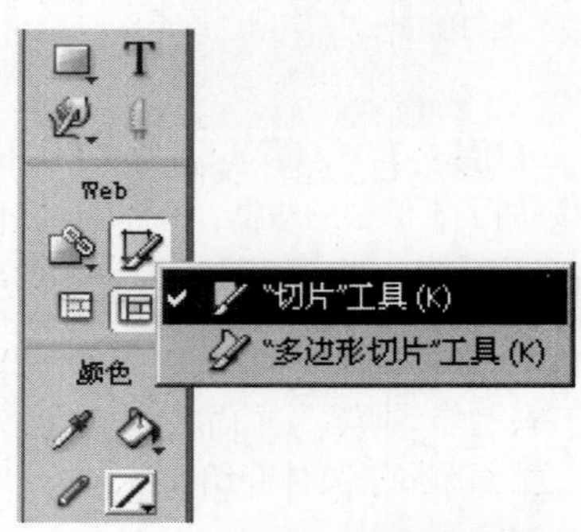

图 2-16　选择工具箱中的“切片”工具

（2）绘制切片区域

根据需要在网页效果图上绘制切片区域，如图 2-17 所示。

图 2-17　绘制切片区域

（3）导出切片

绘制完成后，在菜单栏上选择“文件→导出”选项，如图 2-18 所示。

在弹出的“导出”对话框中，重命名文件，在“导出”下拉列表中选择“仅图像”选项，在“切片”下拉列表中选择“导出切片”选项并勾选“仅已选切片”复选框，选择需要存储图像的文件夹。“导出”对话框的具体设置如图 2-19 所示。单击“保存”按钮，即可完成一次切图。

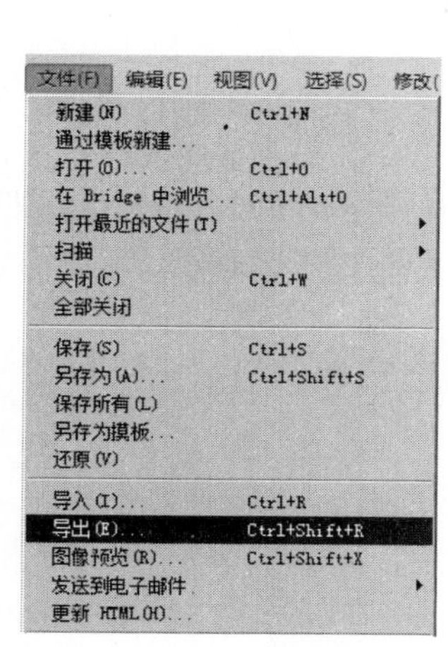

图 2-18 选择“文件→导出”选项

图 2-19 “导出”对话框的具体设置

【任务 2-4】页面建设准备工作

在制作“博客”页面之前，小思需要做一些页面建设的准备工作，主要包括网站素材整理、页面结构分析、页面布局，具体介绍如下。

网站素材整理

网站素材整理主要包括建立网站站点和“博客”页面切图，具体介绍如下。

1. 建立网站站点

网站通常由 HTML 文档、图像、CSS 文档等构成。建立站点就是定义一个存放网站中零散文档的文件夹，其对于网站的上传维护、内容扩充移植都有着重要作用，能够帮助人们系统地管理网站文档。建立网站站点的具体步骤如下。

（1）创建网站根目录

在计算机本地磁盘任意盘符下创建网站根目录。本项目在“D:\案例源码\chapter02”文件夹中新建一个名称为“boke”的文件夹作为网站根目录，如图 2-20 所示。

（2）在根目录下新建文件夹

打开网站根目录文件夹“boke”，在根目录下新建“images”文件夹，用于存放网站所需的图像，如图 2-21 所示。

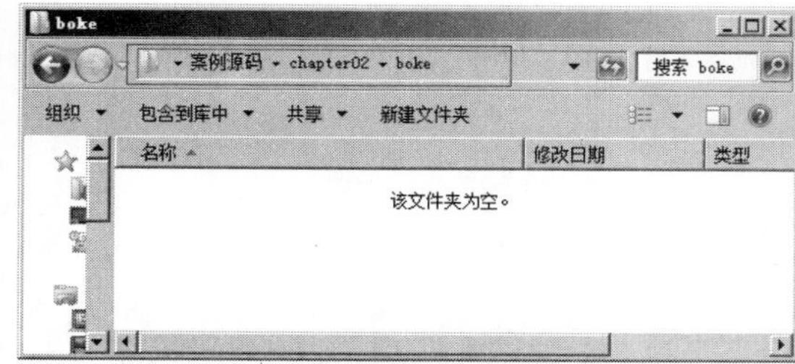

图 2-20 新建“boke”文件夹

图 2-21 新建“images”文件夹

（3）新建“boke”站点

打开 Dreamweaver，在菜单栏中选择“站点→新建站点”选项，在弹出的对话框中输入站点名称“boke”，并选择站点根目录的存储位置，如图 2–22 所示。

新建站点时，站点名称既可以使用中文也可以使用英文，但名称一定要有很高的辨识度。单击“保存”按钮，完成站点的建立。

（4）查看站点

站点建立成功后，在 Dreamweaver“文件”面板组中可查看到站点的信息，如图 2–23 所示。

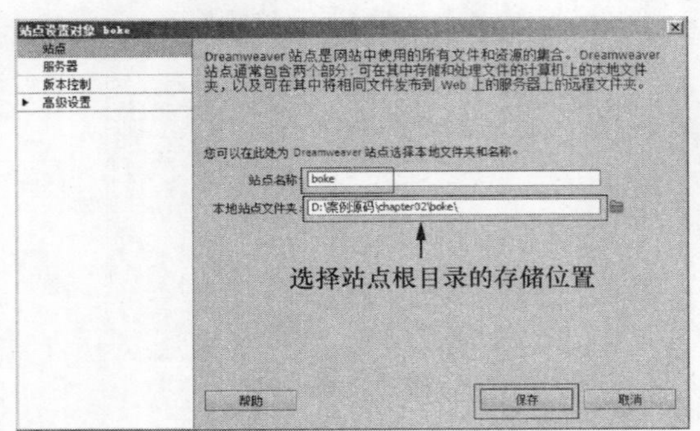

图 2–22　选择站点根目录的存储位置

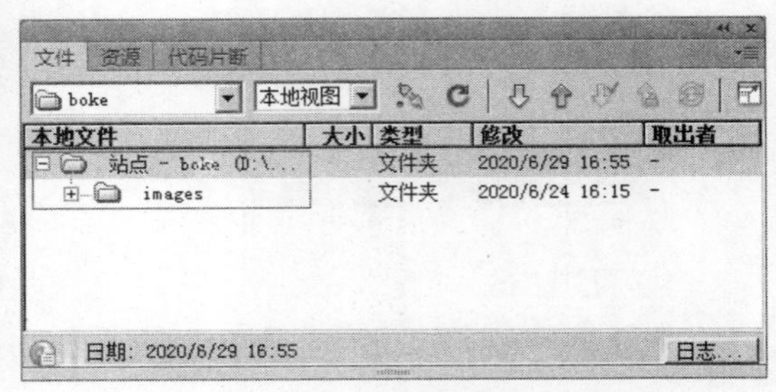

图 2–23　在“文件”面板组中查看站点的信息

2. “博客”页面切图

使用 Fireworks CS6 的“切片”工具进行切图，然后导出“博客”页面中的素材图像，并存储在站点的 images 文件夹中。导出后的图像素材如图 2–24 所示。

图 2–24　导出后的图像素材

页面结构分析

在进行页面制作前，先要对页面结构进行分析，这样有助于了解页面的组成结构，提升页面制作效率。“博客”页面从上到下可以分为 5 个模块，如图 2–25 所示。

图 2–25　“博客”页面结构

图 2–25　“博客”页面结构（续）

页面布局

页面布局就是为了让网站页面结构更加清晰而对页面进行的“排版”，可以使页面的搭建更有针对性。下面对“博客”页面进行整体布局。在站点根目录下新建一个 HTML 文档，并命名为“project02”。使用<div>标签对页面进行布局，具体代码如 project02.html 所示。

project02.html

```
<!doctype html>
<html>
<head>
<meta charset="utf-8">
<title>“博客”页面</title>
</head>
<body>
<div style="width:980px; margin:0 auto">
     <!--header begin-->
     <div></div>
   <!--header end-->
   <!--“博主简介”模块 begin-->
   <div></div>
```

```
14     <!--“博主简介”模块 end-->
15     <!--“旅行随笔”模块 begin-->
16     <div></div>
17     <!--“旅行随笔”模块 end-->
18     <!–“驴友评论”模块 begin-->
19     <div></div>
20     <!–“驴友评论”模块 end-->
21    <!--footer begin-->
22    <div></div>
23    <!--footer end-->
24 </div>
25 </body>
26 </html>
```

在上述代码中，最外层的<div>标签用于定义页面版心。第 8 行代码中的“style="width:980px; margin:0 auto"”用于定义页面的宽度为“980px”且水平居中显示。

【任务 2-5】制作“头部”模块

效果分析

“头部”模块可以分为左右两个部分，左侧为 Logo，可通过<img />标签定义；右侧为页面的导航，可通过<p>标签定义。“头部”模块的结构如图 2-26 所示。

图 2-26 “头部”模块的结构

模块制作

在 project02.html 文档内书写“头部”模块的 HTML 代码，具体如下：

```
1       <!--header begin-->
2       <div>
3         <div style="height:56px;">
4             <img src="images/logo.png" alt="" align="left"/>
5             <p align="right">我的博客  |  攻略  |  随笔</p>
6         </div>
7         <hr color="#CCC" />
8       </div>
9       <!--header end-->
```

在上述代码中，第 3 行代码中的“style="height:56px;"”用于定义“头部”模块的高度；第 4 行代码中的“align="left"”用于定义图像居左排列；第 5 行代码中的“align="right"”用于定义段落文本居右排列，同时在第 5 行代码中使用了空格符“ ”实现多个导航项之间的留白；第 7 行代码用于定义“头部”模块下的分界线。

保存 project02.html 文档，刷新页面，效果如图 2-27 所示。

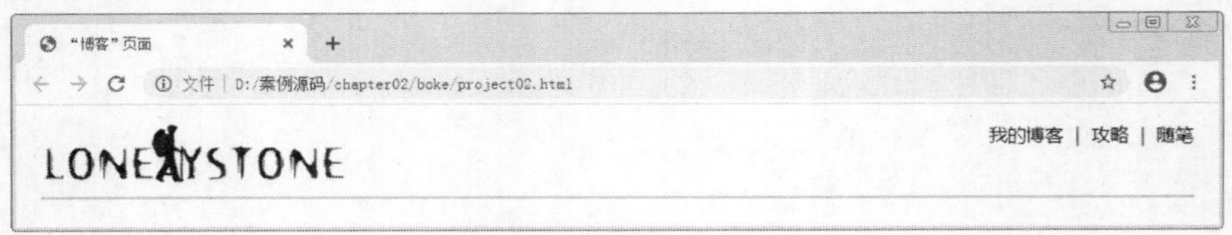

图 2-27 “头部”模块效果

【任务 2-6】制作“博主简介”模块

效果分析

“博主简介”模块可以分为左右两个部分，左边为图像，通过<img/>标签定义；右边为文本介绍，通过在<div>标签中嵌套的<p>标签定义。右边文本介绍中特殊显示的文本样式，可通过文本格式化标签和文本样式标签定义。“博主简介”模块的结构如图 2-28 所示。

图 2-28 “博主简介”模块的结构

模块制作

在 project02.html 文档内书写“博主简介”模块的 HTML 代码，具体如下：

```
<!--“博主简介”模块 begin-->
    <div style="height:470px;">
        <img src="images/banner1.jpg" alt="" align="left" hspace="12" vspace="12"/>
        <div>
            <p align="center">
                <strong>
                    <font face="微软雅黑" size="7" color="#0878ff">博</font>
                    <font face="微软雅黑" size="7" color="#0878ff">主</font>
                    <font face="微软雅黑" size="6" color="#333">简</font>
                    <font face="微软雅黑" size="6" color="#333">介</font>
                </strong>
            </p>
            <p>
                大家好，我是你们的旅行博主——<font color="#0878ff" size="4">LonelyStone</font>。本人是一名资深旅行博主，外向型的内向人格，对世界的好奇心随年龄有增无减。同时是音乐、电影、旅行、文学、篮球、长跑、潜水爱好者。想在老去之前，看遍这颗星球的美好。
            </p>
            <p>
                旅行格言：<ins><em><strong><font color="#0878ff">人生不过一场旅行</font></strong></em></ins>，你路过我，我路过你，然后各自回头，敬往事一杯烈酒。比起说走就走的旅行，很多人的生活都是日渐趋于平淡的怅然，缺少了一种享受生活的阳光悠然。
            </p>
            <p>
                旅行足迹：在纳米比亚的死亡谷、土耳其卡帕多奇亚、日本镰仓、马达加斯加。<ins><strong><font color="#F90">......[详细]</font></strong></ins>
            </p>
        </div>
    </div>
    <!--“博主简介”模块 end-->
```

在上述代码中，第 2 行代码中的“style="height:470px;"”用于定义整个模块的高度；第 3 行代码中的“align="left"”用于定义图像居左排列，“hspace="12" vspace="12"”用于拉开图像与元素的距离；第 4～22 行代码通过在<div>标签中嵌套多个<p>标签来定义右侧的文本介绍内容。此外，通过在<p>标签中嵌套文本样式标签<font>与文本格式化标签<strong>、<em>等来定义特殊显示的文本片段。

保存 project02.html 文档，刷新页面，效果如图 2-29 所示。

图 2-29 “博主简介”模块效果

【任务 2-7】制作“旅行随笔”模块

效果分析

“旅行随笔”模块中的标题通过<h2>标签定义；段落文本通过在<p>标签中嵌套<em>标签和<font>标签定义；水平线由<hr />标签定义，图像由<img />标签定义。“旅行随笔”模块的结构如图 2-30 所示。

图 2-30 “旅行随笔”模块的结构

图 2-30 “旅行随笔”模块的结构（续）

模块制作

在 project02.html 文档内书写“旅行随笔”模块的 HTML 代码，具体如下：

```
<!--“旅行随笔”模块 begin-->
<div>
    <h2 align="center">
            <font size="6">
                塔克拉玛干沙漠：爱我就征服我
            </font>
    </h2>
    <p align="center">
        <em>
            <font color="#666666">
                2019.04.21    地点：塔克拉玛干沙漠
            </font>
        </em>
    </p>
    <hr color="#CCC" />
    <p>
          在这浩瀚的大漠我看到了姿态各异、生命力极强的胡杨。没有肥沃的土壤、没有充足的水分、没有适宜的环境，面对着寸草不生的塔克拉玛干大沙漠，却有胡杨毅然傲立戈壁，呈现出生命醉人的绿。
    </p>
    <img src="images/banner2.jpg" alt="沙漠" vspace="20" />
    <p>
          据说，守护在戈壁的胡杨，一千年不死，一千年不倒，一千年不朽，这种傲然挺立、不屈不挠的精神，深深震动了我，这正像生活在大漠边缘勤劳勇敢的人们。喜欢摄影的我，想努力用自己的视角体会这种精神。
    </p>
    <img src="images/banner3.jpg" alt="沙漠" vspace="20" />
</div>
<!--“旅行随笔”模块 end-->
```

保存 project02.html 文档，刷新页面，效果如图 2-31 所示。

图 2–31 “旅行随笔”模块效果

【任务 2–8】制作“驴友评论”模块

效果分析

“驴友评论”模块由标题和评论构成。其中，标题部分由图像和一条水平分割线构成。评论部分可以分为左边的图像、右边的文本和下方的水平分割线 3 个部分。右方的文本可以通过在<div>标签中嵌套<p>标签定义，特殊的文本字体可通过<font>标签定义。

由于各个评论的样式相同，对于这些样式相同的模块，在制作网页时，只需要制作出一个模块，其他的模块复制制作好的模块并更改内容即可。“驴友评论”模块的结构如图 2–32 所示。

图 2–32 “驴友评论”模块的结构

模块制作

在 project02.html 文档内书写“驴友评论”模块的 HTML 代码，具体如下：

```
1  <!--“驴友评论”模块 begin-->
2    <div>
3     <img src="images/icon.gif" alt="评论" />
4      <hr  color="#CCC"/>
5      <div>
6      <img src="images/person1.jpg" alt="沙漠" align="left" hspace="10" />
7        <div>
8           <p>
9           <font color="#F60">HXZ9_IT</font>    <font size="2" color="#999">2020-1-2 15:38:37</font>
10          </p>
11          <p>
12           <font size="2">风景太美了，感谢博主的分享，有时间一定去看看！</font>
13            <br />
14          </p>
15       </div>
16       <hr color="#CCC" size="1" />
17     </div>
18     <div>
19        <img src="images/person2.jpg" alt="沙漠" align="left" hspace="10" />
20        <div>
21           <p>
22           <font  color="#F60">外星人</font>    <font  size="2"  color="#999">2020-1-15 15:05:37</font>
23           </p>
24           <p>
25            <font size="2">大漠孤烟直，长河落日圆</font>
26              <br />
27           </p>
28        </div>
29        <hr color="#CCC" size="1" />
30     </div>
31     <div>
32        <img src="images/person3.jpg" alt="沙漠" align="left" hspace="10" />
33        <div>
34           <p>
35            <font color="#F60">so_cool</font>    <font size="2" color="#999">2020-2-14 10:38:36</font>
36           </p>
37           <p>
38            <font size="2">前几年去过一次，风景可以，适合拍照。</font>
39              <br />
40           </p>
41        </div>
42        <hr color="#CCC" />
43     </div>
44   </div>
45  <!--“驴友评论”模块 end-->
```

在上述代码中，第 3～4 行代码用于定义“驴友评论”模块的标题；第 5～17 行代码用于定义第 1 条评论，第 18～30 行代码用于定义第 2 条评论；第 31～43 行代码用于定义第 3 条评论。

保存 project02.html 文档，刷新页面，效果如图 2-33 所示。

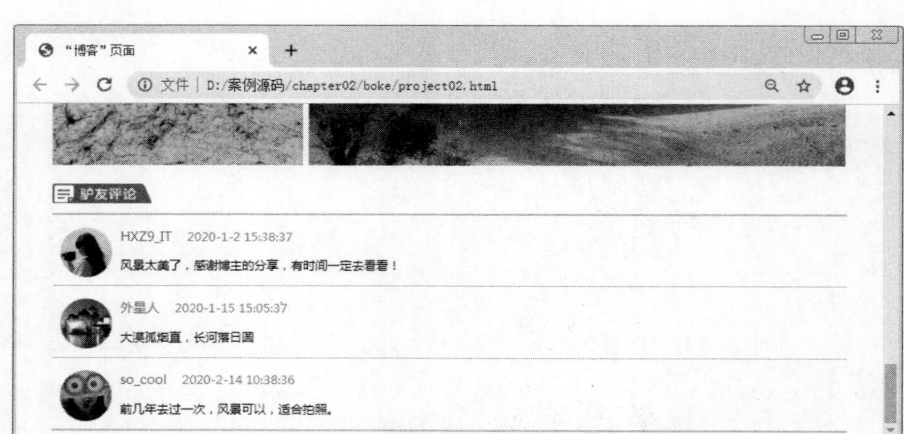

图 2-33 “驴友评论”模块效果

【任务 2-9】制作“页脚”模块

效果分析

“页脚”模块水平居中排列，由多行文本构成，因此可通过在<div>标签中嵌套多个<p>标签的方式来定义。段落中特殊显示的文本可通过<font>标签定义。“页脚”模块的结构如图 2-34 所示。

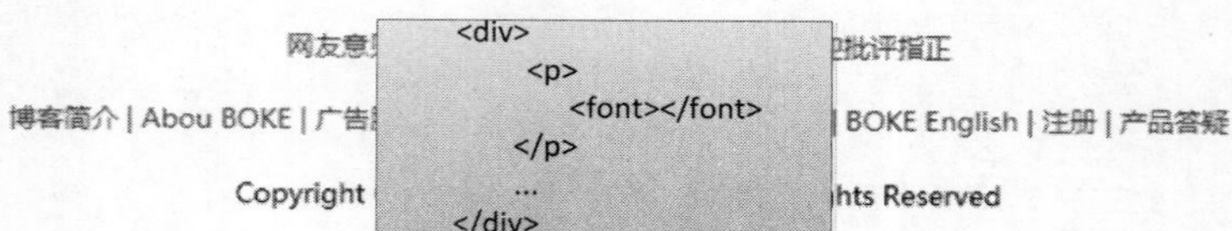

图 2-34 “页脚”模块的结构

模块制作

在 project02.html 文档内书写“页脚”模块的 HTML 代码，具体如下：

```
<!-- footer begin-->
<div style="text-align:center;">
        <p >
        <font color="#1d5983" size="2">
             网友意见留言板   <font color="#333">电话: 000-1234567</font>    欢迎批评指正
        </font>
    </p>
    <p>
        <font color="#1d5983" size="2">
             博客简介 | Abou BOKE | 广告服务 | 联系我们 | 招聘信息 | 网站律师 | BOKE English | 注册 | 产品答疑
        </font>
    </p>
    <p>
        <font size="2">
             Copyright © 2016 - 2026 BOKE.coright All Rights Reserved
      </font>
    </p>
</div>
<!-- “footer” end-->
```

在上述代码中，第 2 行代码中的“style="text-align:center;"”用于定义“页脚”模块水平居中排列。

保存 project02.html 文档，刷新页面，效果如图 2-35 所示。

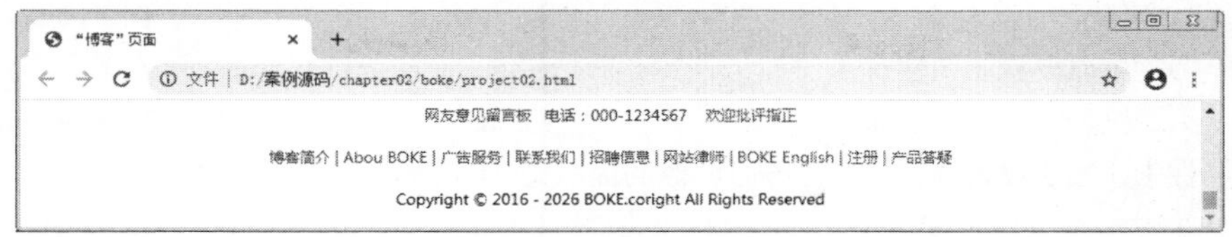

图 2-35 “页脚”模块效果

【项目总结】

1. 建议读者每完成一个模块的 HTML 代码，都要用浏览器查看效果，保证制作的页面与网页效果图保持一致。

2. 读者在制作“博客”页面时，要善于分析总结不同 HTML 标签的语义和属性的特点。

3. 读者在编辑代码过程中出现问题时，可以自查是否有错误的字符、标点符号、空格等，也可与项目伙伴交换检查。

【课后练习】

一、填空题

1. 网页的根标签是<html>，主体标签是________，标题标签是________。
2. ________标签位于文档的最前面，用于向浏览器说明当前文档使用哪种 HTML 或 XHTML 标准规范。
3. 网页中的常见图片格式有 JPG 格式、________格式和________格式。
4. <font>标签的________属性可以设置文本的颜色。
5. <img />标签表示一个图像信息，它有一个必须要指定的________属性，用于指定图片路径。

二、判断题

1. 一个 HTML 文档只能含有一对<body>标签，且<body>标签必须在<html>标签内。（ ）
2. 一个 HTML 文档可以含有多对<head>标签。（ ）
3. <hr />为单标签，用于定义一条水平线。（ ）
4. <!DOCTYPE>标签与浏览器的兼容性无关，为了代码简洁可以删掉。（ ）
5. 设置了<p>标签的文本在一个段落中会根据浏览器窗口的大小自动换行。（ ）
6. 在 HTML 中，标签可以拥有多个属性。（ ）
7. 在标签的嵌套过程中，必须先结束最靠近内容的标签，再按照由外及内的顺序依次关闭标签。（ ）
8. 图像文件和 HTML 文件位于同一文件夹，相对地址为<img src="logo.gif" />。（ ）
9. 在特殊字符中，<sub>标签用于表示上标。（ ）
10. 在特殊字符中，“<”用于表示小于号，“>”用于表示大于号。（ ）

三、选择题

1. 下列标签中，用于定义 HTML 文档所要显示内容的是（ ）。

A. <head></head> B. <body></body> C. <html></html> D. <title></title>

2. 位于 HTML 文档最前面的标签是（ ）。

A. <!DOCTYPE> B. <head></head> C. <title></title> D. <html></html>

3. 下列说法中，正确的是（ ）。

A. 在 HTML 中还有一种特殊的标签——注释标签 B. 标签分为单标签和双标签

C. <h2/>二级标题是一个单标签　D. <p></p>是一个双标签

4. 在HTML中，表示内嵌CSS样式的标签是（　）。

A. <title>　B. <style>　C. <head>　D. <meta>

5. <font>标签可以设置的属性有（　）。

A. color　B. align　C. size　D. font-family

6. 下列属性中，用于设置鼠标指针悬停时图像的提示文字的是（　）。

A. title　B. alt　C. width　D. height

7. 下面的选项中，支持透明图像的是（　）。

A. JPG格式　B. GIF格式　C. PSD格式　D. PNG格式

8. 下列关于特殊字符的说法中，不正确的是（　）。

A. 特殊字符的代码通常有前缀“&”

B. 可以通过菜单栏直接插入相应特殊字符的代码

C. 转义序列各字符间可以有空格

D. 转义序列必须以分号结束

9. 下列标签中，用于设置文本为粗体的是（　）。

A. <u></u>　B. <del></del>　C. <strong></strong>　D. <b></b>

10. <img />标签链接图片路径的属性是（　）。

A. src　B. alt　C. width　D. height

项目 3

“网上花店”专题页制作

知识目标

★ 掌握 CSS 样式规则的特点，能够区分 HTML 属性与 CSS 样式的写法差异。

★ 掌握 CSS 层叠性、继承性、优先级等特点，能够清晰描述并举例说明。

技能目标

★ 掌握引入 CSS 样式表的不同方式，能够在网页中引入 CSS 样式。

★ 掌握使用 CSS 样式控制网页中的文本外观的技巧。

【项目描述】

在网站中，专题页能够帮助用户深入了解商品的信息，增加用户在网站中的停留时间，并对用户转化起到良好的促进作用。“彼岸花”是一家通过互联网销售鲜花的网店，最近店主 Michael 联系到小思，想请小思帮忙制作一个“网上花店”专题页。

接到朋友的委托后，小思做了进一步学习规划，她计划先深入巩固 CSS 样式规则、CSS 选择器、CSS 文本样式属性等 CSS 基础知识，再动手完成“网上花店”专题页的制作。“网上花店”页面效果如图 3-1 所示。

图 3-1 “网上花店”页面效果

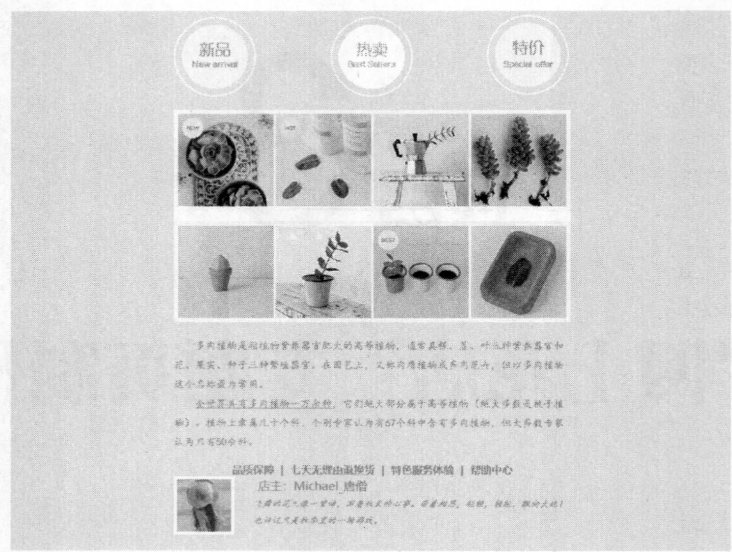

图3–1　“网上花店”专题页效果（续）

【任务3–1】CSS核心基础

需求分析

随着网页制作技术的不断发展，单调的HTML标签属性已经无法满足网页设计的需求。网页制作人员往往需要更多的字体、更方便的样式、更绚丽的图形动画。CSS在不改变原有HTML结构的情况下，增加了丰富的样式效果，极大地满足了网页制作人员的需求。在深入学习CSS之前，网页制作人员先要了解CSS的基础知识。下面将从结构与表现分离、CSS样式规则、CSS样式表的引入、CSS基础选择器4个方面，对CSS核心基础知识进行讲解。

知识储备

1. 结构与表现分离

使用HTML标签属性对网页进行修饰的方式存在很大的局限性，因为将所有的样式都写在标签中既不利于阅读代码，也不利于维护代码。如果希望网页代码美观易读、维护方便，就需要使用CSS实现结构与表现的分离。结构与表现分离是指在网页设计中，HTML只用于搭建网页的结构，不使用HTML标签属性设置网页的显示样式，所有的网页显示样式使用CSS来设置。

例如，图3–2所示的网页代码片段就是将CSS嵌入HTML文档中，虽然此时CSS与HTML在同一个文档中，但CSS集中写在HTML文档的头部，这也是符合结构与表现分离原则的。

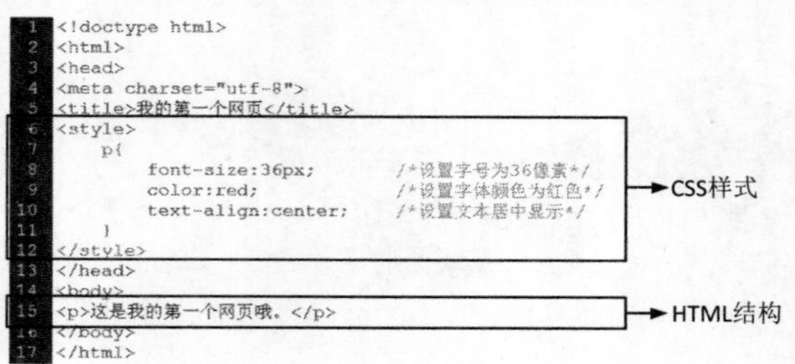

```
<!doctype html>
<html>
<head>
<meta charset="utf-8">
<title>我的第一个网页</title>
<style>
    p{
        font-size:36px;         /*设置字号为36像素*/
        color:red;              /*设置字体颜色为红色*/
        text-align:center;      /*设置文本居中显示*/
    }
</style>
</head>
<body>
<p>这是我的第一个网页哦。</p>
</body>
</html>
```


图3–2　网页代码片段

如今大多数网页都是遵循 Web 标准开发的，即使用 HTML 搭建网页结构，而页面布局、文本、图片的显示样式都使用 CSS 控制，从而实现结构与表现分离。

2. CSS 样式规则

使用 HTML 搭建网页结构时，需要遵从一定的规范，CSS 亦如此。要想熟练地使用 CSS 设置网页样式，先要了解 CSS 的样式规则。CSS 的基本样式规则如下：

```
选择器{属性1:属性值1; 属性2:属性值2; 属性3:属性值3;}
```

在上述语法格式中，选择器用于指定 CSS 样式作用的 HTML 元素，花括号“{}”内是对该 HTML 元素设置的具体样式。其中，属性和属性值以“键值对”的形式出现，用于声明一个样式。属性是为指定的对象设置的样式名称，如字体大小、文本颜色等。属性值是为指定对象赋予的样式特征，如绿色、14px。属性和属性值之间用英文状态下的“:”连接，多个键值对之间用英文状态下的“;”进行分隔。图 3–3 所示为 CSS 样式规则的结构示意图。

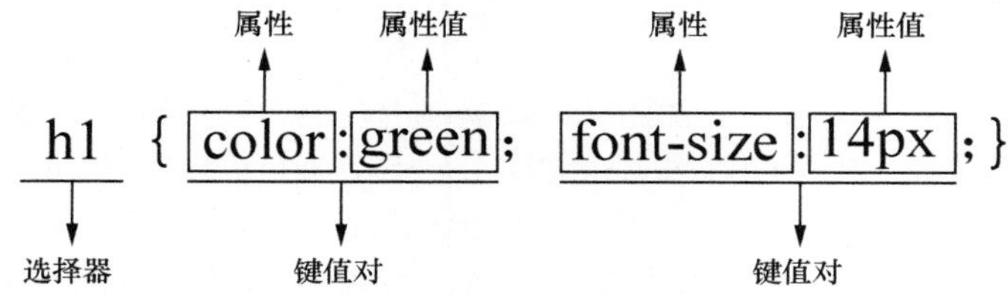

图 3–3　CSS 样式规则的结构示意图

书写 CSS 样式时，除了要遵循 CSS 样式规则，还需要注意以下几点。

- CSS 样式中的选择器严格区分大小写，属性和属性值不区分大小写。按照书写习惯，选择器、属性和属性值一般都采用小写的方式。
- 如果属性值由多个单词组成，并且单词中包含空格，则必须为这个属性值加上英文引号。示例代码如下：

```
p{font-family:"Times New Roman";}
```

- 为了提高代码的可读性，书写 CSS 代码时，通常会加上 CSS 注释。示例代码如下：

```
/*这是CSS注释文本,此内容不会显示在浏览器窗口中*/
```

- 在 CSS 代码中空格是不被解析的，花括号和分号前后的空格可有可无。因此，可以使用“Tab”键、“Enter”键等对代码进行排版，以提高代码的可读性。示例代码如下：

```
h1{font-size:20px;color:red; }
```

上述写在一行中的示例代码等价于：

```
h1{
font-size:20px;                /* 定义字体大小 */
color:red;                     /* 定义文本颜色 */
}
```

- 属性值和单位之间是不允许出现空格的。例如，下面这行代码的书写方式是错误的。

```
h1{font-size:20 px; }              /* 20和单位px之间有空格 */
```

3. CSS 样式表的引入

要想使用 CSS 样式表修饰网页，就需要在 HTML 文档中引入 CSS 样式表。CSS 提供了 4 种引入方式，分别为行内式、内嵌式、外链式和导入式，具体介绍如下。

（1）行内式

行内式也被称为“内联样式”，是通过标签的 style 属性来设置标签样式的。行内式基本语法格式如下：

```
<标签名 style="属性1:属性值1; 属性2:属性值2; 属性3:属性值3;">内容</标签名>
```

在上述语法格式中，style 是标签的属性，任何 HTML 标签都拥有 style 属性，该属性用于使用行内式引入 CSS 样式表。该语法格式中属性和属性值的书写规则与 CSS 样式规则相同。

行内式只对其所在的标签及嵌套在该标签中的子标签起作用。通常，CSS 的书写位置是在<head>头部标签中，但是行内式却是写在<html>结构标签中。行内式 CSS 样式示例代码如下：

```
<h1 style="font-size:20px; color:blue;">使用CSS行内式修饰一级标题的字体大小和颜色</h1>
```

在上述代码中，<h1>标签添加了行内式 CSS 样式，用于修饰一级标题的字体大小和颜色。示例代码对应效果如图 3-4 所示。

图 3-4 行内式 CSS 样式示例代码对应效果

需要注意的是，行内式是通过标签的属性来控制样式的，这样并没有做到结构与表现分离，所以不推荐使用。

（2）内嵌式

内嵌式是将 CSS 代码集中写在 HTML 文档的<head>标签中，并且用<style>标签定义。其基本语法格式如下：

```
<head>
<style type="text/css">
     选择器 {属性 1:属性值 1; 属性 2:属性值 2; 属性 3:属性值 3;}
</style>
</head>
```

在上述语法格式中，<style>标签一般放置在<head>标签中且在<title>标签之后。也可以把<style>标签放置在 HTML 文档的其他位置，但是并不推荐这样设置。因为浏览器是从上到下解析网页代码的，把 CSS 代码放在头部有利于网页样式的提前下载和解析，这就避免了网页内容下载后因没有样式修饰而无法正常显示的问题。此外，在<style>标签中还需要设置 type 属性。type 属性的属性值为“text/css”。这样浏览器才知道<style>标签中包含的是 CSS 代码。在一些宽松的语法格式中，type 属性可以省略。

了解了内嵌式的语法格式后，下面通过一个案例具体演示内嵌式 CSS 样式的用法，如例 3-1 所示。

例 3-1 example01.html

```
1  <!doctype html>
2  <html>
3  <head>
4  <meta charset="utf-8">
5  <title>内嵌式引入 CSS 样式表</title>
6  <style type="text/css">
7  h2{text-align:center;}   /*定义标题标签居中对齐*/
8  p{                       /*定义段落标签的样式*/
9       font-size:16px;
10      font-family:"楷体";
11      color:purple;
12      text-decoration:underline;
13      }
14 </style>
15 </head>
16 <body>
17 <h2>内嵌式 CSS 样式</h2>
18 <p>使用 style 标签可定义内嵌式 CSS 样式表，style 标签一般位于 head 头部标签中且在 title 标签之后。</p>
19 </body>
20 </html>
```

在例 3-1 中，第 7～13 行代码为嵌入的 CSS 样式代码，这里不用了解代码的含义，只需了解嵌入方式即可。

运行例 3-1，效果如图 3-5 所示。

图 3-5 内嵌式引入 CSS 样式表

在网页设计中，内嵌式并不能将结构与表现完全分离。内嵌式 CSS 样式只对其所在的 HTML 页面有效，因此仅设计一个页面时，使用内嵌式是不错的选择。但如果是一个网站，则不建议使用这种方式，因为网站包含多个页面，使用内嵌式不能充分发挥 CSS 代码的重用优势。

（3）外链式

外链式也称为“链入式”，是将所有的样式放在一个或多个以“.css”为扩展名的外部样式表文件中，通过<link />标签将外部样式表文件链接到 HTML 文档中。外链式的基本语法格式如下：

```
<link href="CSS 文件的路径" type="text/css" rel="stylesheet" />
```

在上述语法格式中，<link />标签需要放在<head>头部标签中，其属性有 3 个，具体介绍如下。

- href 属性：定义链接外部样式表文件的 URL。URL 可以是相对路径，也可以是绝对路径。
- type 属性：定义链接文档的类型，需要将属性值设置为“text/css”，表示链接的外部文件为 CSS 样式表。在 HTML5 的语法格式中，type 属性可以省略。
- rel 属性：定义当前文档与被链接文档之间的关系，需要将属性值设置为“stylesheet”，表示被链接的文档是一个样式表文件。

下面通过一个案例来演示如何通过外链式引入 CSS 样式表，具体步骤如下。

① 创建一个 HTML 文档，并在该文档中添加一个标题和一个段落文本，具体代码如例 3-2 所示。

例 3-2　example02.html

```
<!doctype html>
<html>
<head>
<meta charset="utf-8">
<title>外链式引入 CSS 样式表</title>
</head>
<body>
<h2>外链式 CSS 样式</h2>
<p>通过 link 标签可以将扩展名为.css 的外部样式表文件链接到 HTML 文档中。</p>
</body>
</html>
```

② 将该 HTML 文档命名为“example02.html”，保存在“chapter03”文件夹中。

③ 打开 Dreamweaver，在菜单栏单击“文件→新建”选项，弹出“新建文档”对话框，如图 3-6 所示。

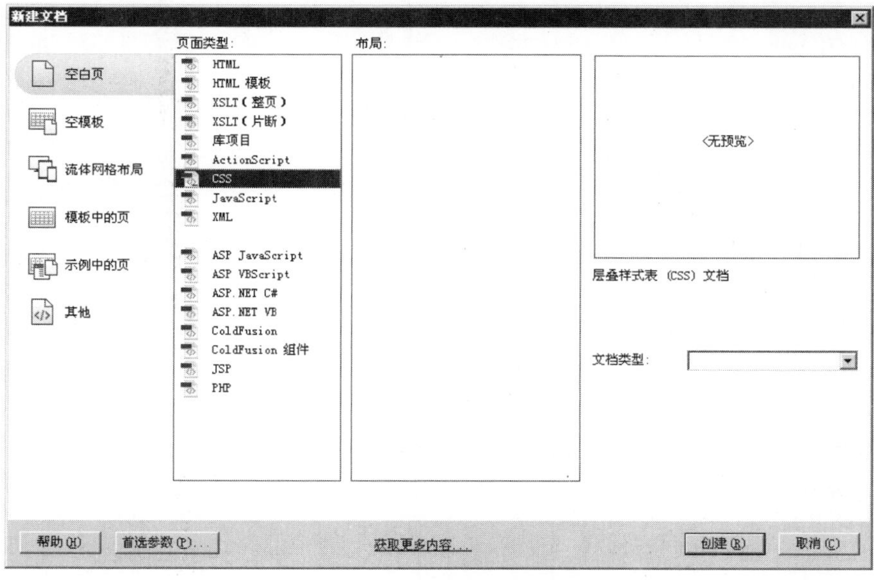

图 3-6　“新建文档”对话框

④ 在“新建文档”对话框的“页面类型”列表框中选择“CSS”选项，单击“创建”按钮，即可打开 CSS 文档编辑窗口，如图 3-7 所示。

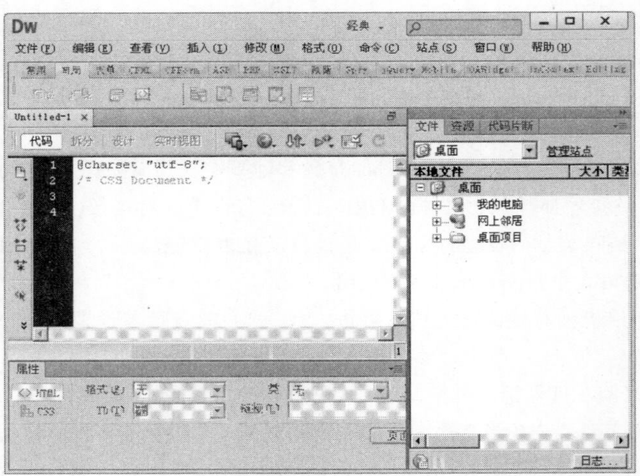

图 3–7　CSS 文档编辑窗口

⑤ 将文件命名为“style.css”，保存在“example02.html”文档所在的文件夹“chapter03”中。

⑥ 在图 3–7 所示的 CSS 文档编辑窗口中输入以下代码，并保存 CSS 样式表文件。

```
h2{text-align:center;}    /*定义标题标签居中对齐*/
p{                        /*定义段落标签的样式*/
     font-size:16px;
     font-family:"楷体";
     color:purple;
     text-decoration:underline;
     }
```

⑦ 在<head>头部标签中，添加<link />语句，将“style.css”外部样式表文件链接到“example02.html”文档中，具体代码如下：

```
<link href="style.css" type="text/css" rel="stylesheet" />
```

⑧ 再次保存“example02.html”文档，成功链接后，CSS 样式表文件名称会出现在图 3–8 中框线标注的位置。

至此，外链式引入 CSS 样式表完成，运行例 3–2，效果如图 3–9 所示。

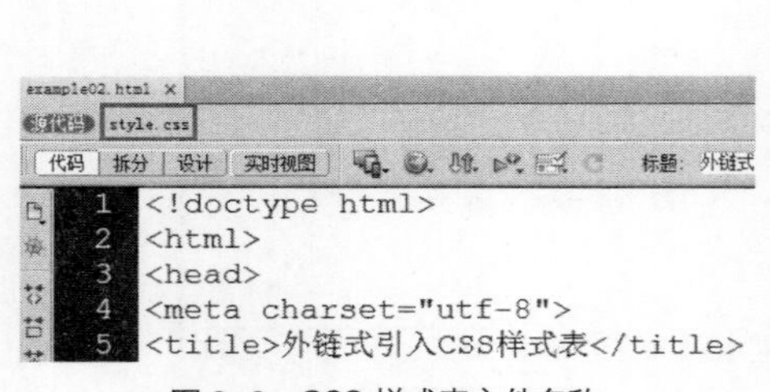

图 3–8　CSS 样式表文件名称

图 3–9　外链式引入 CSS 样式表

外链式最大的好处是同一个 CSS 样式表可以被多个 HTML 页面链接使用；并且一个 HTML 页面也可以通过多个<link />标签链接多个 CSS 样式表。在网页制作中，外链式是使用频率最高，也是最实用的引入方式。因为外链式将 HTML 代码与 CSS 代码分离为单独的文件，实现了将结构与表现完全分离，从而使网页的前期制作和后期维护都十分方便。

（4）导入式

导入式与外链式相同，都是针对外部 CSS 样式表文件，为了实现结构与表现分离而采用的引入方式。导入式的基本语法格式如下：

```
<style type="text/css" >
@import url(css 文件路径); /*或 @import "css 文件路径";*/
     /* 在此还可以存放其他 CSS 样式*/
```

```
</style>
```

在上述语法格式中，<style>标签内还可以添加其他的内嵌样式。@import 语句需要位于其他内嵌样式的前面，用于引入外部的 CSS 样式表。该语句后面可以使用 URL 的方式引入 CSS 样式表，也可以使用双引号的方式引入 CSS 样式表。

如果对例 3-2 应用导入式 CSS 样式，则只需把 HTML 文档中的<link />语句替换成以下代码即可。

```
<style type="text/css">
   @import url(style.css);
</style>
```

或者

```
<style type="text/css">
   @import "style.css";
</style>
```

虽然导入式和外链式功能基本相同，但是大多数网站都采用外链式引入外部 CSS 样式表。其主要原因是两者的加载时间和顺序不同。当一个页面被加载时，外链式引入的 CSS 样式表将同时被加载，而导入式引入的 CSS 样式表会等到页面全部加载完后再开始加载。当用户的网速比较慢时，如果采用导入式引入 CSS 样式表，网页会先显示没有 CSS 修饰的效果，用户体验非常差。

4. CSS 基础选择器

要想将 CSS 样式应用于特定的 HTML 元素，先要找到该元素。在 CSS 中，执行这一任务的样式规则被称为“选择器”。CSS 中的基础选择器有标签选择器、类选择器、id 选择器和通配符选择器 4 种，具体介绍如下。

（1）标签选择器

标签选择器是指用 HTML 标签名作为选择器，按照标签名分类，为页面中某一类标签指定统一的 CSS 样式。标签选择器的基本语法格式如下：

```
标签名{属性1:属性值1; 属性2:属性值2; 属性3:属性值3;}
```

在上述语法格式中，所有的 HTML 标签名都可以作为标签选择器。例如，body、h1、p、strong 等。用标签选择器定义的样式对页面中该类型的所有标签都有效。

下面演示使用<p>标签选择器定义 HTML 页面中所有段落的样式，具体代码如下：

```
p{font-size:12px; color:#666; font-family:"微软雅黑";}
```

上述 CSS 样式代码用于设置 HTML 页面中所有的段落文本字号为 12px、颜色为“#666”、字体为“微软雅黑”。

标签选择器最大的优点是能快速为页面中同类型的标签统一样式，但这也是标签选择器的缺点，它不能定义差异化样式。

（2）类选择器

类选择器使用“.”（英文点号）进行标识，后面紧跟类名。类选择器的基本语法格式如下：

```
.类名{属性1:属性值1; 属性2:属性值2; 属性3:属性值3; }
```

在上述语法格式中，类名即为 HTML 元素 class 属性的属性值，大多数 HTML 元素都可以定义 class 属性。类选择器最大的优势是可以为相同的 HTML 元素定义差异化的样式。

下面通过一个案例来学习类选择器的使用，如例 3-3 所示。

例 3-3 example03.html

```
<!doctype html>
<html>
<head>
<meta charset="utf-8">
<title>类选择器</title>
<style type="text/css">
.green{ color:green;}
.blue{ color:blue;}
.font1{ font-size:22px;}
p{font-family:"楷体"; text-decoration:underline;}
```

```
11 </style>
12 </head>
13 <body>
14 <h2 class="green">静夜思</h2>
15 <p class="blue font1">唐：李白</p>
16 <p class="green font1">床前明月光，</p>
17 <p>疑是地上霜。</p>
18 <p>举头望明月，</p>
19 <p>低头思故乡。</p>
20 </body>
21 </html>
```

在例 3-3 中，第 14 行代码和第 16 行代码分别为标题标签<h2>和段落标签<p>添加类名 class="green"，并通过类选择器设置文本颜色为绿色。第 15 行和第 16 行代码分别为段落标签添加类名 class="font1"，并通过类选择器设置字号为 22px。第 15 行代码还设置了另一个类名 class="blue"，通过这个类名将文本颜色设置为蓝色。最后，通过标签选择器统一设置所有的段落字体为楷体，同时添加下画线。

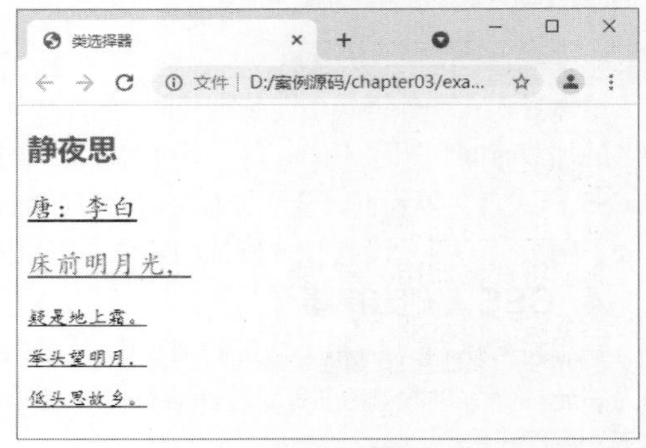

图 3-10　类选择器使用后的效果

运行例 3-3，效果如图 3-10 所示。

在图 3-10 中，“静夜思”和“床前明月光”均显示为绿色，可见多个 HTML 元素可以使用同一个类名，这样可以为不同类型的 HTML 元素指定相同的样式。并且，同一个 HTML 元素也可以应用多个 class 类来设置不同的样式，多个类名之间只需用空格隔开。

注意：

类名的第一个字符不能使用数字，并且严格区分大小写，一般采用小写的英文字符。

（3）id 选择器

id 选择器使用“#”进行标识，后面紧跟 id 名。id 选择器的基本语法格式如下：

```
#id名{属性1:属性值1; 属性2:属性值2; 属性3:属性值3; }
```

在上述语法格式中，id 名即为 HTML 元素 id 属性的属性值，大多数 HTML 元素都可以定义 id 属性，并且每个 HTML 元素 id 属性的属性值是唯一的，只能对应文档中某一个具体的 HTML 元素。

下面通过一个案例来学习 id 选择器的用法，如例 3-4 所示。

例 3-4　example04.html

```
<!doctype html>
<html>
<head>
<meta charset="utf-8">
<title>id选择器</title>
<style type="text/css">
#bold{font-weight:bold;}
#font24{ font-size:24px;}
</style>
</head>
<body>
<p id="bold">段落1：id="bold"，设置粗体文字。</p>
<p id="font24">段落2：id="font24"，设置字号为24px。</p>
<p id="font24">段落3：id="font24"，设置字号为24px。</p>
<p id="bold font24">段落4：id="bold font24"，同时设置粗体和字号24px。</p>
</body>
</html>
```

例 3-4 为 4 个<p>标签同时定义了 id 属性，并通过对应的 id 选择器设置加粗效果和文本字号。其中，第 2 个和第 3 个<p>标签的 id 属性的属性值相同，第 4 个<p>标签定义了两个 id 属性的属性值。

运行例 3–4，效果如图 3–11 所示。

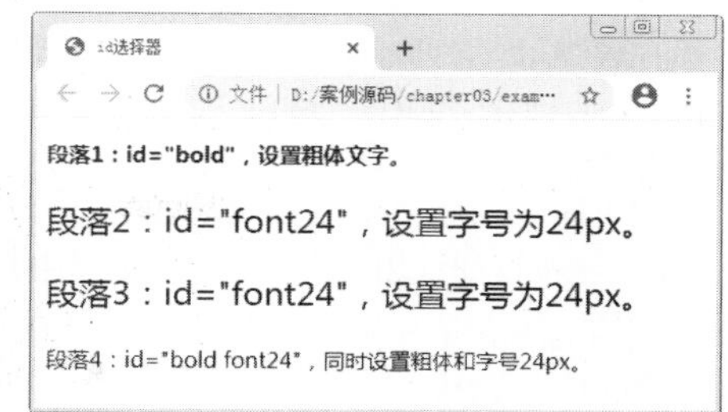

图 3–11　id 选择器使用后的效果

从图 3–11 可以看出，第 1～3 行文本都显示了定义的 CSS 样式，但最后一行文本虽然设置了两个 id 属性的属性值，却没有应用任何 CSS 样式。这是因为标签 id 属性的属性值具有唯一性，即 id 选择器并不像类选择器那样可定义多个值，所以类似“id="bold font24"”的写法是不允许的。

注意：

同一个 id 选择器也可以应用于多个标签，浏览器并不报错，但是这种做法是不允许的，因为 JavaScript 等脚本语言调用 id 选择器时会出错。

（4）通配符选择器

通配符选择器用“*”表示，它在所有选择器中作用范围最广，能匹配页面中所有的元素。通配符选择器的基本语法格式如下：

```
*{属性 1:属性值 1; 属性 2:属性值 2; 属性 3:属性值 3;}
```

例如，以下用于清除所有 HTML 标签的默认边距的实例代码就使用了通配符选择器。

```
*{
    margin:0;                  /* 定义外边距*/
    padding:0;                 /* 定义内边距*/
}
```

在实际制作网页时，不建议使用通配符选择器。因为使用通配符选择器设置的样式对所有的 HTML 元素都生效，这样反而降低了代码的执行速度。

【任务 3–2】CSS 文本样式属性

需求分析

学习 HTML 时，可以使用文本样式标签和属性控制文本内容的显示样式，但是这种方式烦琐且不利于代码的维护。为此，CSS 提供了文本样式属性。使用 CSS 文本样式属性可以方便地控制文本内容的显示样式。CSS 文本样式属性包括 CSS 字体样式属性和 CSS 文本外观属性，下面将对这两种属性做详细讲解。

知识储备

1. CSS 字体样式属性

为了更方便地控制网页中各种各样的字体，CSS 提供了一系列的字体样式属性，具体如下。

（1）font–size 属性：字号

font–size 属性用于设置字号，该属性的属性值可以为像素值、百分比数值、倍率等。表 3–1 列举了 font–size 属性常用的属性值单位，具体如下。

表 3–1　font-size 属性常用的属性值单位

单位	说明
em	倍率单位，指相对于当前对象内文本的字体倍率
px	像素值单位，是网页设计中常用的单位
%	百分比数值单位，指相对于当前对象内文本的字体百分比

在表 3-1 所列的常用单位中，推荐使用像素值单位——px。例如，将网页中所有段落文本的字号设为12px，CSS 样式示例代码如下：

```
p{font-size:12px;}
```

（2）font-family 属性：字体

font-family 属性用于设置字体。网页中常用的字体有宋体、微软雅黑、黑体等。例如，将网页中所有段落文本的字体设置为微软雅黑，CSS 样式示例代码如下：

```
p{font-family:"微软雅黑";}
```

font-family 属性可以同时指定多个字体，各字体之间以逗号隔开。如果浏览器不支持第一种字体，则会尝试下一种，直到匹配到合适的字体。例如，同时指定 3 种字体的 CSS 样式示例代码如下：

```
body{font-family:"华文彩云","宋体","黑体";}
```

当应用上述代码后，浏览器会首选“华文彩云”字体，如果用户计算机上没有安装该字体则选择“宋体”。以此类推，当 font-family 属性指定的字体都没有安装时，浏览器就会选择用户计算机默认的字体。

使用 font-family 属性设置字体时，需要注意以下几点。

- 各种字体之间必须使用英文逗号隔开。
- 中文字体需要加英文引号，但英文字体不需要加引号。当需要设置英文字体时，英文字体名必须位于中文字体名之前。CSS 样式示例代码如下：

```
body{font-family:Arial,"微软雅黑","宋体","黑体";}    /*正确的书写方式*/
body{font-family:"微软雅黑","宋体","黑体",Arial;}    /*错误的书写方式*/
```

- 如果字体名中包含空格、#、$等符号，则该字体必须加英文引号，如“font-family: "Times New Roman";”。
- 尽量使用系统默认字体，以保证网页中的文字在任何用户的浏览器中都能正确显示。

（3）font-weight 属性：字体粗细

font-weight 属性用于定义字体的粗细，其属性值如表 3-2 所示。

表 3-2　font-weight 属性的属性值

值	描述
normal	默认属性值，定义标准样式的字符
bold	定义粗体字符
bolder	定义更粗的字符
lighter	定义更细的字符
100~900（100 的整数倍）	定义由细到粗的字符，其中 400 等同于 normal，700 等同于 bold，数值越大字体越粗

表 3-2 列举了常用的 font-weight 属性的属性值。在实际工作中，常用的属性值为 normal 和 bold，分别用于定义正常和加粗显示的字体。

（4）font-variant 属性：变体

font-variant 属性用于设置英文字符的变体，一般用于定义小型大写字体，该属性仅对英文字符有效。font-variant 属性的可用属性值如下。

- normal：默认值，浏览器会显示标准的字体。
- small-caps：浏览器会显示小型大写的字体，即所有的小写字母均会转换为大写字母。但是所有使用小型大写字体的字母和其余文本相比，字体尺寸更小。

例如，图 3-12 中框线标注的小型大写字母，就是使用 font-variant 属性设置的。

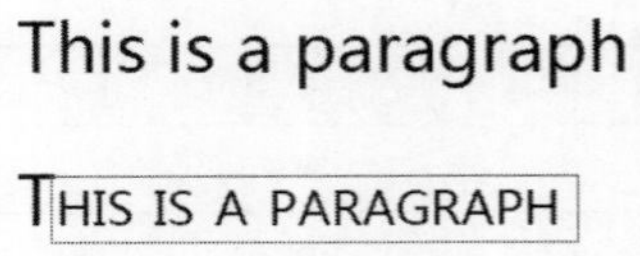

This is a paragraph

THIS IS A PARAGRAPH

图 3-12　小型大写字母

（5）font-style 属性：字体风格

font-style 属性用于定义字体风格。例如，设置斜体、倾斜或正常字体。font-style 属性的可用属性值如下。

- normal：默认值，浏览器会显示标准的字体样式。
- italic：浏览器会显示斜体的字体样式。
- oblique：浏览器会显示倾斜的字体样式。

当 font-style 属性取值为 italic 或 oblique 时，文字都会显示倾斜的样式，两者在显示效果上并没有本质区别。但 italic 使用了字体的倾斜属性，并不是所有的字体都有倾斜属性；而 oblique 只是使文字倾斜，无关该字体有没有倾斜属性。

（6）font 属性：综合设置字体样式

font 属性用于对字体样式进行综合设置，其基本语法格式如下：

```
选择器{font:font-style font-variant font-weight font-size/line-height font-family;}
```

使用 font 属性综合设置字体样式时，必须按上述语法格式中的顺序书写，各个属性以空格隔开（line-height 用于设置行间距，属于文本外观属性，在后面将具体介绍）。例如，下面设置字体样式的示例代码：

```
p{font-family:Arial,"宋体"; font-size:30px; font-style:italic; font-weight:bold; font-variant:small-caps; line-height:40px;}
```

上述代码可以使用 font 属性综合设置字体样式，其等价于：

```
p{font:italic small-caps bold 30px/40px Arial,"宋体";}
```

其中，不需要设置的属性可以省略（省略的属性将取默认值），但必须保留 font-size 和 font-family 属性，否则 font 属性将不起作用。

下面通过一个案例具体演示如何使用 font 属性综合设置字体样式，如例 3-5 所示。

例 3-5　example05.html

```
<!doctype html>
<html>
<head>
<meta charset="utf-8">
<title>font 属性</title>
<style type="text/css">
.one{ font:italic 18px/30px "隶书";}
.two{ font:italic 18px/30px;}
</style>
</head>
<body>
<p class="one">段落 1：使用 font 属性综合设置段落文本的字体风格、字号、行高和字体。</p>
<p class="two">段落 2：使用 font 属性综合设置段落文本的字体风格、字号和行高。由于省略了字体属性 font-family，这时 font 属性不起作用。</p>
</body>
</html>
```

在例 3-5 中，定义了两个段落，同时使用 font 属性分别对它们进行相应的设置。

运行例 3-5，效果如图 3-13 所示。

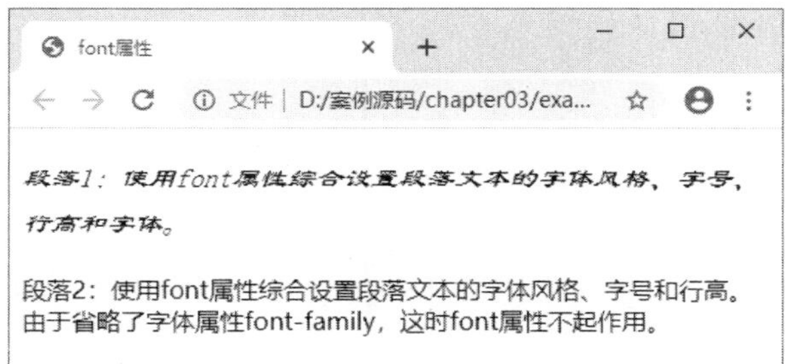

图 3-13　font 属性

从图 3-13 可以看出，font 属性设置的样式并没有对第二个段落文本生效，这是因为对第二个段落文本的设置中省略了字体属性“font-family”。

（7）@font-face 规则

@font-face 是 CSS3 的新增规则，用于定义服务器字体。通过@font-face 规则，可以使用计算机未安装的字体。@font-face 规则定义服务器字体的基本语法格式如下：

```
@font-face{
    font-family:字体名称;
    src:字体路径;
}
```

在上述语法格式中，font-family 用于指定该服务器字体的名称，该名称可以随意定义；src 用于指定该字体文件的路径。

下面通过一个剪纸字体的案例来演示@font-face 规则的具体用法，如例 3-6 所示。

例 3-6　example06.html

```
1  <!doctype html>
2  <html>
3  <head>
4  <meta charset="utf-8">
5  <title>@font-face 规则</title>
6  <style type="text/css">
7      @font-face{
8          font-family:jianzhi;         /*服务器字体名称*/
9          src:url(FZJZJW.TTF);         /*服务器字体文件的路径*/
10     }
11     p{
12         font-family:jianzhi;         /*设置字体样式*/
13         font-size:32px;
14     }
15 </style>
16 </head>
17 <body>
18 <p>明确责任</p>
19 <p>肩负使命</p>
20 </body>
21 </html>
```

在例 3-6 中，第 7～10 行代码用于定义服务器字体；第 12 代码用于为段落标签设置字体样式。

运行例 3-6，效果如图 3-14 所示。

图 3-14　@font-face 规则

从图 3-14 可以看出，当定义并设置服务器字体后，页面就可以正常显示剪纸字体。总结例 3-6，可以得出使用服务器字体的步骤。

- 下载字体，并存储到相应的文件夹中。
- 使用@font-face 规则定义服务器字体。
- 对元素应用“font-family”字体样式。

注意：

服务器字体定义完成后，还需要对元素应用“font-family”字体样式。

2. CSS 文本外观属性

使用 HTML 可以对文本外观进行简单的控制，但是效果并不丰富。为此，CSS 提供了一系列的文本外观属性，具体如下。

（1）color 属性：文本颜色

color 属性用于定义文本的颜色，其属性值有以下 3 种。

- 颜色英文单词。例如，red、green、blue 等。

- 十六进制颜色值。例如，#FF0000、#FF6600、#29D794 等。在实际工作中，十六进制颜色值是最常用的方式，并且英文字母不区分大小写。
- RGB 颜色值。例如，红色可以表示为 rgb(255,0,0)或 rgb(100%,0%,0%)。

注意：

如果使用 RGB 代码的百分比颜色值，取值为 0 时也不能省略百分号，必须写为 0%。

多学一招：十六进制颜色值的缩写

十六进制颜色值是由#开头的 6 位十六进制数组成，每 2 位为一个颜色分量，分别表示颜色的红、绿、蓝 3 个分量。当 3 个分量的 2 位十六进制数都相同时，可使用 CSS 缩写。例如，#FF6600 可缩写为#F60，#FF0000 可缩写为#F00，#FFFFFF 可缩写为#FFF。

（2）letter-spacing 属性：字间距

letter-spacing 属性用于定义字间距，所谓字间距就是字符与字符之间的空白距离。letter-spacing 属性的属性值可以为不同单位的数值。在定义字间距时，letter-spacing 属性的取值可以为负，其默认属性值为 normal。例如，分别为 h2 和 h3 定义不同的字间距，示例代码如下：

```
h2{letter-spacing:20px;}
h3{letter-spacing:-0.5em;}
```

（3）word-spacing 属性：单词间距

word-spacing 属性用于定义英文单词之间的间距，该属性对中文字符无效。与 letter-spacing 属性一样，word-spacing 属性的属性值也可以为不同单位的数值，并且允许使用负值，其默认属性值为 normal。

需要说明的是，word-spacing 属性和 letter-spacing 属性均可对英文进行设置。不同的是，letter-spacing 属性用于定义字母之间的间距，而 word-spacing 属性用于定义英文单词之间的间距。

（4）line-height 属性：行间距

line-height 属性用于设置行间距。所谓行间距就是行与行之间的距离，即字符的垂直间距，一般称为行高。图 3-15 为文本的行高示例。

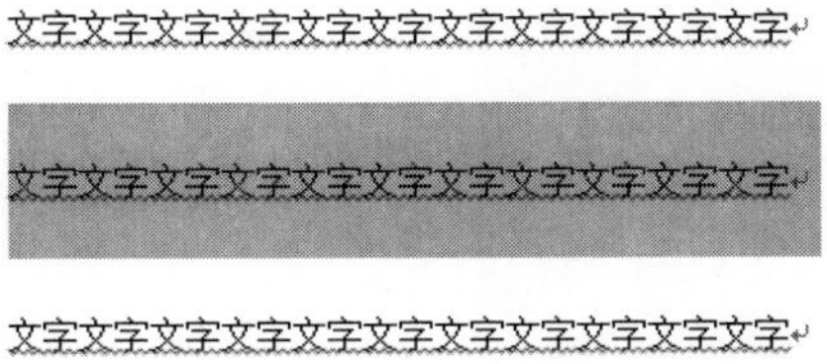

图 3-15 文本的行高示例

在图 3-15 所示的行高示例中，背景颜色的高度即为这段文本的行高。line-height 属性常用的属性值单位有 3 种，分别为像素（px）、倍率（em）和百分比（%），实际工作中使用最多的是像素（px）。

（5）text-transform 属性：文本转换

text-transform 属性用于转换英文字符的大小写，其可用属性值如下。

- none：不转换（默认值）。
- capitalize：首字母大写。
- uppercase：全部字符转换为大写。
- lowercase：全部字符转换为小写。

（6）text-decoration 属性：文本装饰

text-decoration 属性用于设置文本的下画线、上画线、删除线等装饰效果，其可用属性值如下。

- none：没有装饰（正常文本默认值）。
- underline：下画线。
- overline：上画线。
- line-through：删除线。

text-decoration 属性可以赋多个值，各属性值之间使用空格分隔，用于为文本添加多种显示效果。例如，希望文字同时有下画线和删除线效果，就可以将 underline 和 line-through 同时赋值给 text-decoration 属性。

（7）text-align 属性：水平对齐方式

text-align 属性用于设置文本内容的水平对齐方式，相当于 HTML 中的 align 属性。text-align 属性的可用属性值如下。

- left：左对齐（默认值）。
- right：右对齐。
- center：居中对齐。

例如，设置二级标题居中对齐，示例代码如下：

```
h2{ text-align:center;}
```

注意：

text-align 属性仅适用于块级元素，对行内元素无效，关于块元素和行内元素，会在后面内容中具体介绍。

如果需要为图像设置水平对齐，可以为图像添加一个父标签（如<p>或<div>标签），然后对父标签应用 text-align 属性，即可实现图像的水平对齐。

（8）text-indent 属性：首行缩进

text-indent 属性用于设置首行文本的缩进，其属性值可为像素值、倍率或相对于浏览器窗口宽度的百分比数值。text-indent 属性的属性值允许使用负数。在实际工作中，建议使用 em 作为设置单位。

下面通过一个案例来学习 text-indent 属性的用法，如例 3-7 所示。

例 3-7　example07.html

```
<!doctype html>
<html>
<head>
<meta charset="utf-8">
<title>text-indent 属性</title>
<style type="text/css">
p{font-family:"微软雅黑"; font-size:14px; color:red;}
.two{text-indent:2em;}
.three{text-indent:50px;}
</style>
</head>
<body>
<p class="one">段落 1：这是正常显示的文本内容，并没有设置段落 1 文本的首行缩进效果。</p>
<p class="two">段落 2：使用 text-indent:2em;设置段落 2 文本首行缩进 2 个字符的效果。</p>
<p class="three">段落 3：使用 text-indent:50px;设置段落 3 文本首行缩进 50 像素的效果。</p>
</body>
</html>
```

在例 3-7 中，第 1 段文本没有设置首行缩进效果；第 2 段文本使用“text-indent:2em;”设置首行文本缩进两个字符；第 3 段文本使用“text-indent:50px;”设置首行文本缩进 50px。

运行例 3-7，效果如图 3-16 所示。

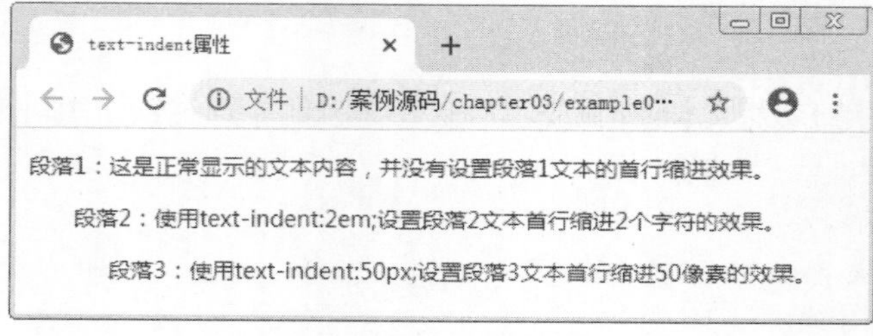

图 3-16　text-indent 属性

通过图 3-16 可以看出，段落文本显示了不同的缩进效果。text-indent 属性的取值越大，缩进效果越明显。

注意：

text-indent 属性仅适用于块级元素，对行内元素无效。

（9）white-space 属性：空白符处理

空白符是空格符、换行符等的统称。使用 HTML 制作网页时，无论源代码中有多少空格符、换行符，在浏览器中只会显示一个字符的空白。在 CSS 中，使用 white-space 属性可设置空白符的处理方式。white-space 属性的常用属性值如下。

- normal：常规（默认值），文本中的空格无效，满行（到达区域边界）后自动换行。
- pre：按文档的书写格式保留空格、换行样式。
- nowrap：强制文本不能换行，即使内容超出元素的边界也不换行，超出时浏览器页面则会自动增加滚动条。换行标签
可以强制换行，不受属性值 nowrap 的限制。

（10）text-shadow 属性：阴影效果

text-shadow 是 CSS3 新增属性，该属性可以为页面中的文本添加阴影效果。text-shadow 属性的基本语法格式如下：

```
选择器{text-shadow:h-shadow v-shadow blur color;}
```

在上述语法格式中，h-shadow 用于设置水平阴影的距离；v-shadow 用于设置垂直阴影的距离；blur 用于设置模糊半径；color 用于设置阴影颜色。

下面通过一个案例来演示 text-shadow 属性的用法，如例 3-8 所示。

例 3-8　example08.html

```
1  <!doctype html>
2  <html>
3  <head>
4  <meta charset="utf-8">
5  <title>text-shadow 属性</title>
6  <style type="text/css">
7  p{
8       font-size: 50px;
9       text-shadow:10px 10px 10px red;  /*设置文字阴影的距离、模糊半径和颜色*/
10 }
11 </style>
12 </head>
13 <body>
14 <p>Hello CSS3</p>
15 </body>
16 </html>
```

在例 3-8 中，第 9 行代码用于为文字添加阴影效果，设置阴影的水平和垂直偏移距离为“10px”、模糊半径为“10px”、阴影颜色为红色。

运行例 3-8，效果如图 3-17 所示。

图 3-17　text-shadow 属性

通过图 3-17 可以看出，文本右下方出现了模糊的红色阴影效果。此外，当设置阴影的水平距离参数或垂直距离参数为负值时，可以改变阴影的投射方向。

注意：

阴影的水平或垂直距离参数可以设为负值，但阴影的模糊半径参数只能设置为正值，并且数值越大阴影向外模糊的范围也就越大。

多学一招：设置多个阴影叠加效果

可以使用 text-shadow 属性为文字添加多个阴影，从而产生阴影叠加效果。设置阴影叠加的方法非常简单，只需设置多组阴影参数，中间用英文逗号隔开。例如，想要为例 3-8 中的段落设置红色和绿色阴影叠加的效果，可以将<p>标签的样式进行如下更改。

```
p{
     font-size:32px;
     text-shadow:10px 10px 10px red,20px 20px 20px green;  /*红色和绿色的阴影叠加*/
}
```

在上述代码中，为文本依次指定了红色和绿色的阴影效果，并设置了相应的偏移距离和模糊数值，对应的效果如图 3-18 所示。

图 3-18　用 text-shadow 属性设置的阴影叠加效果

知识拓展

使用 CSS 定义背景颜色

在 CSS 中，HTML 元素的背景颜色使用 background-color 属性来设置，其属性值与文本颜色的取值一样，可使用颜色英文单词、十六进制颜色值或 RGB 颜色值。background-color 属性的默认值为 transparent，即背景透明。

了解了背景颜色属性 background-color 后，下面通过一个案例演示使用 CSS 定义背景颜色的方法，如例 3-9 所示。

例 3-9　example09.html

```
1  <!doctype html>
2  <html>
3  <head>
4  <meta charset="utf-8">
5  <title>CSS 定义背景颜色</title>
6  <style type="text/css">
7  h2{
8     font-family:"微软雅黑";
9     color:#FFF;
10    background-color:#F00;          /*设置标题的背景颜色*/
11 }
12 p{
13      background-color:#9FC;          /*设置段落的背景颜色*/
14 }
15 </style>
16 </head>
17 <body>
18 <h2>网页设计课程上线了</h2>
19 <p>时下电商和 UI 的规范与制作流程迭代很快，我们提供最新的项目案例。</p>
20 </body>
21 </html>
```

在例 3-9 中，第 18 行和第 19 行代码用于在页面中添加标题和段落文本，然后通过 background-color 属性分别控制标题标签<h2>和段落标签<p>的背景颜色。

运行例 3-9，效果如图 3-19 所示。

图 3-19　使用 CSS 定义背景颜色

【任务 3-3】CSS 高级特性

需求分析

要想使用 CSS 实现结构与表现的分离，解决工作中出现的 CSS 调试问题，还需要学习 CSS 高级特性。CSS 高级特性包括 CSS 复合选择器、CSS 层叠性与继承性和 CSS 优先级，下面将对这些高级特性进行详细讲解。

知识储备

1. CSS 复合选择器

书写 CSS 样式表时，可以使用 CSS 基础选择器选中 HTML 元素。但是在实际网站开发中，一个网页可能包含成千上万的 HTML 元素，如果仅使用 CSS 基础选择器是远远不够的。为此，CSS 提供了几种复合选择器，实现了更强、更方便的选择功能。复合选择器是由两个或多个基础选择器通过不同的方式组合而成的。CSS 复合选择器包括标签指定式选择器、后代选择器和并集选择器，具体介绍如下。

（1）标签指定式选择器

标签指定式选择器又称为“交集选择器”，由两个选择器构成，一个为标签选择器，另一个为 class 选择器或 id 选择器，两个选择器之间不能有空格，例如，“h3.special”或“p#one”。

下面通过一个案例对标签指定式选择器做具体演示，如例 3-10 所示。

例 3-10　example10.html

```
<!doctype html>
<html>
<head>
<meta charset="utf-8">
<title>标签指定式选择器的应用</title>
<style type="text/css">
p{ color:blue;}
.special{color:green;}
p.special{color:red;}    /*标签指定式选择器*/
</style>
</head>
<body>
<p>普通段落文本（蓝色）</p>
<p class="special">指定了.special 类的段落文本（红色）</p>
<h3 class="special">指定了.special 类的标题文本（绿色）</h3>
</body>
</html>
```

例 3-10 分别定义了<p>标签和“.special”类的样式；此外，还单独定义了“p.special”，用于控制特殊显示的样式。

运行例 3-10，效果如图 3-20 所示。

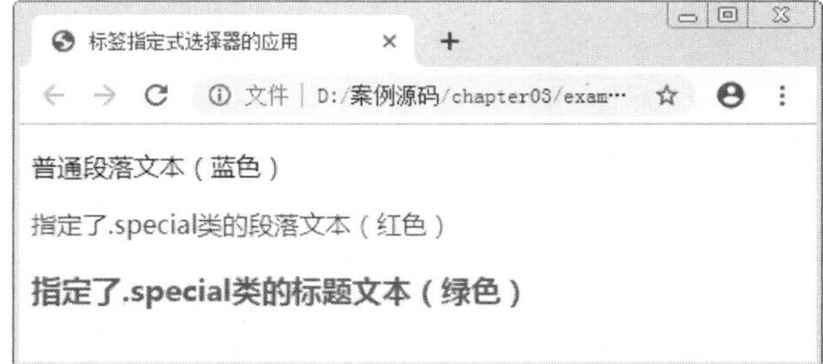

图 3-20　标签指定式选择器的应用

从图 3-20 可以看出，只有第二段文本变成了红色。由此可见，标签选择器 p.special 定义的样式仅适用于<p class="special">标签，而不会影响使用了 special 类名的其他标签。

（2）后代选择器

后代选择器用于选择元素或元素组的后代，其定义方法就是把外层标签写在前面，内层标签写在后面，中间用空格分隔。当标签发生嵌套时，内层标签就成为外层标签的“后代”。

如果例 3-10 中的<p>标签内嵌套<strong>标签，就可以使用后代选择器对其中的<strong>标签进行控制，如例 3-11 所示。

例 3-11 example11.html

```
<!doctype html>
<html>
<head>
<meta charset="utf-8">
<title>后代选择器</title>
<style type="text/css">
p strong{color:red;}      /*后代选择器*/
strong{color:blue;}
</style>
</head>
<body>
<p>段落文本<strong>嵌套在段落中，使用 strong 标签定义的文本（红色）。</strong></p>
<strong>嵌套之外由 strong 标签定义的文本（蓝色）。</strong>
</body>
</html>
```

在例 3-11 中，定义了两个<strong>标签，并将第一个<strong>标签嵌套在<p>标签中，然后分别设置<strong>标签和“p strong”的样式。

运行例 3-11，效果如图 3-21 所示。

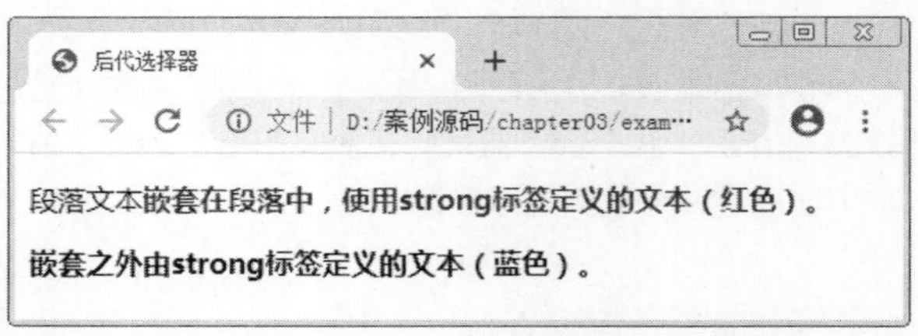

图 3-21 后代选择器的应用

通过图 3-21 可以看出，第一段部分本文变成红色。由此可见，后代选择器 p strong 定义的样式仅适用于嵌套在<p>标签中的<strong>标签，其他的<strong>标签不受影响。

需要说明的是，后代选择器不局限于应用在两个元素中，如果需要加入更多的元素，只需在元素之间加上空格即可。如果例 3-11 中的<strong>标签中还嵌套了一个<em>标签，要想控制这个<em>标签，可以使用“p strong em”选中该<em>标签。

（3）并集选择器

并集选择器的各个选择器通过英文逗号连接而成，任何形式的选择器（包括标签选择器、类选择器和 id 选择器），都可以作为并集选择器的一部分。如果某些选择器定义的样式完全相同或部分相同，可以利用并集选择器为它们定义相同的 CSS 样式。

如果在页面中有 2 个标题和 3 个段落且它们的字号和颜色相同，同时其中一个标题和两个段落文本有下画线效果，这时就可以使用并集选择器定义 CSS 样式，如例 3-12 所示。

例 3-12 example12.html

```
<!doctype html>
<html>
<head>
<meta charset="utf-8">
<title>并集选择器</title>
<style type="text/css">
h2,h3,p{color:red; font-size:14px;}              /*不同标签组成的并集选择器*/
h3,.special,#one{text-decoration:underline;}    /*标签选择器、类选择器、id 选择器组成的并集选择器*/
</style>
</head>
<body>
<h2>二级标题文本。</h2>
<h3>三级标题文本，加下画线。</h3>
<p class="special">段落文本 1，加下画线。</p>
<p>段落文本 2，普通文本。</p>
<p id="one">段落文本 3，加下画线。</p>
</body>
</html>
```

在例 3-12 中，使用由不同标签组成的并集选择器“h2,h3,p”控制所有标题和段落的字号和颜色。然后，使用由标签选择器、类选择器、id 选择器组成的并集选择器“h3,.special,#one”定义某些文本的下画线效果。

运行例 3-12，效果如图 3-22 所示。

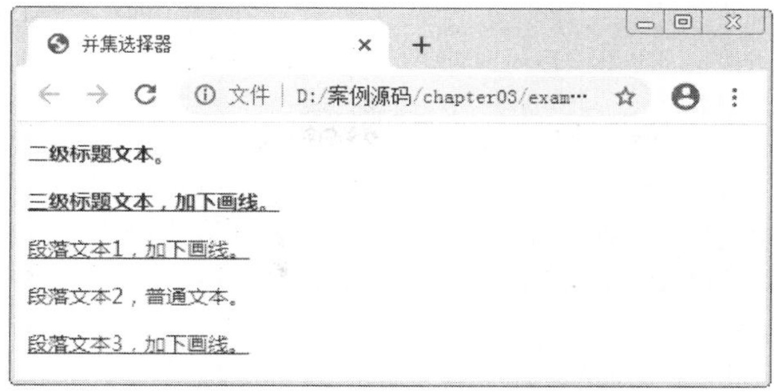

图 3-22　并集选择器的应用

通过图 3-22 可以看出，使用并集选择器定义的样式与使用基础选择器单独定义的样式完全相同，而且这种方式书写的 CSS 代码更简洁、高效。

2. CSS 层叠性与继承性

CSS 是层叠样式表的简称，层叠性和继承性是 CSS 的基本特征。在网页制作中，合理利用 CSS 的层叠性和继承性能够简化代码结构，提升网页运行速度。下面将对 CSS 的层叠性和继承性进行详细讲解。

（1）层叠性

层叠性是指多种 CSS 样式的叠加。例如，当使用内嵌式 CSS 样式定义<p>标签字号为 12px，同时使用外链式 CSS 样式定义<p>标签颜色为红色后，段落文本的字号为 12px 且颜色为红色，即这两种样式产生了叠加。

下面通过一个案例使读者更好地理解 CSS 的层叠性，如例 3-13 所示。

例 3-13　example13.html

```
<!doctype html>
<html>
<head>
<meta charset="utf-8">
<title>CSS 层叠性</title>
<style type="text/css">
p{font-size:18px; font-family:"微软雅黑";}
.special{font-style:italic;}
#one{color:green; font-weight:bold;}
</style>
</head>
<body>
<p>离离原上草，一岁一枯荣。</p>
<p class="special" id="one">野火烧不尽，春风吹又生。</p>
</body>
</html>
```

例 3-13 定义了 2 个<p>标签，并通过标签选择器统一设置段落的字号和字体，然后通过类选择器和 id 选择器为第二个<p>标签单独定义字体风格、颜色、加粗效果。

运行例 3-13，效果如图 3-23 所示。

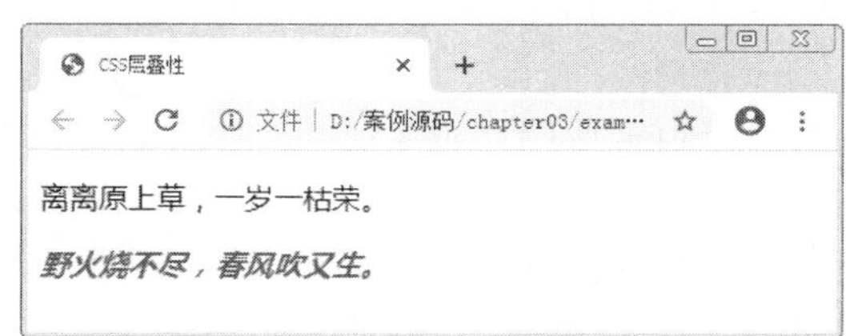

图 3-23　CSS 层叠性

通过图 3-23 可以看出，第二段文本显示了标签选择器“p”定义的字体“微软雅黑”，id 选择器“#one”定义的文本绿色、加粗效果，类选择器“.special”定义的字体倾斜效果，由此可见这 3 个选择器定义的 CSS 样式产生了叠加。

（2）继承性

继承性是指书写 CSS 样式表时，子标签会继承父标签的某些样式。例如，定义主体标签<body>的文本颜色为黑色，那么页面中所有的文本都将显示为黑色，这是因为页面中其他的标签都嵌套在<body>标签中，是<body>标签的子标签。这些子标签继承了父标签<body>的属性。

继承性非常有用，它使设计师不必在父标签的每个后代上添加相同的样式。如果设置的属性是一个可继承的属性，只需将它应用于父标签即可。例如，以下代码：

```
p,div,h1,h2,h3,h4,ul,ol,dl,li{color:black;}
```

上述代码可以改写成如下内容：

```
body{color:black;}
```

第二种写法可以达到相同的控制效果，且代码更加简洁。

恰当地使用CSS继承性可以简化代码。但是如果网页中所有的元素都大量继承样式，那么判断样式的来源就会很困难。所以，在实际工作中，网页通用的全局样式可以进行继承。例如，字体、字号、颜色、行距等可以在body元素中统一设置，然后通过继承性控制文档中的文本。其他元素可以使用CSS选择器单独设置。

并不是所有的CSS属性都可以继承，例如，以下这些属性就不具有继承性。

- 边框属性。
- 外边距属性。
- 内边距属性。
- 背景属性。
- 定位属性。
- 布局属性。
- 元素宽高属性。

注意：

标题标签不会采用<body>标签设置的字号，这是因为标题标签默认字号样式覆盖了继承的字号。

3. CSS优先级

定义CSS样式时，经常出现两个或更多样式规则应用在同一元素上的情况。此时CSS就会根据样式规则的权重，优先显示权重最高的样式。CSS优先级是指CSS样式规则的权重。在网页制作中，CSS为每个基础选择器都指定了不同的权重，以便于添加样式代码。为了深入理解CSS优先级，下面将通过一段示例代码进行分析，具体CSS样式代码如下：

```
p{ color:red;}              /*标签样式*/
.blue{ color:green;}        /*class样式*/
#header{ color:blue;}       /*id样式*/
```

CSS样式代码对应的HTML结构如下：

```
<p id="header" class="blue">
    帮帮我，我到底显示什么颜色？
</p>
```

在上述示例代码中，使用不同的选择器为同一个元素设置文本颜色，这时浏览器会根据CSS选择器的优先级规则解析CSS样式。为了便于判断元素的优先级，CSS为每一种基础选择器都分配了一个权重，可以通过虚拟数值的方式为这些基础选择器匹配权重。假设标签选择器的权重为1，类选择器的权重为10，id选择器的权重为100。这样id选择器“#header”就具有最大的优先级，因此文本显示为蓝色。

对于由多个基础选择器构成的复合选择器（并集选择器除外），其权重可以理解为这些基础选择器权重的叠加。例如，以下CSS样式代码：

```
p strong{color:black}               /*权重为:1+1*/
strong.blue{color:green;}           /*权重为:1+10*/
.father strong{color:yellow}        /*权重为:10+1*/
p.father strong{color:orange;}      /*权重为:1+10+1*/
p.father .blue{color:gold;}         /*权重为:1+10+10*/
#header strong{color:pink;}         /*权重为:100+1*/
#header strong.blue{color:red;}     /*权重为:100+1+10*/
```

对应的HTML结构如下：

```
<p class="father" id="header" >
    <strong class="blue">文本的颜色</strong>
</p>
```

这时，CSS 代码中“#header strong.blue”选择器的权重最高，文本颜色将显示为红色。此外，在考虑权重时，还需要注意以下一些特殊的情况。

- 继承样式的权重为 0。在嵌套结构中，不管父标签样式的权重多大，被子标签继承时，它的权重都为 0。也就是说，子标签定义的样式会覆盖继承来的样式。

例如，以下 CSS 样式代码：

```
strong{color:red;}
#header{color:green;}
```

上述 CSS 样式代码对应的 HTML 结构如下：

```
<p id="header" class="blue">
    <strong>继承样式不如自己定义</strong>
</p>
```

在上述代码中，虽然“#header”具有权重 100，但被<strong>标签继承时权重为 0。而“strong”的权重虽然仅为 1，但它大于继承样式的权重，所以页面中的文本显示为红色。

- 行内式优先。应用 style 属性的元素，其行内式的权重非常高。换作数值，可以理解为远大于 100。因此，行内式拥有比上面提到的选择器更高的优先级。
- 权重相同时，CSS 的优先级遵循就近原则。也就是说，靠近元素的样式具有最大的优先级，或者说按照代码排列上下顺序，排在最下边的样式优先级最大。例如，外部定义的 CSS 示例代码如下：

```
/*CSS 文档，文件名为 style_red.css*/
#header{color:red;}                    /*外部样式*/
```

其对应的 HTML 结构代码如下：

```
1  <title>CSS 优先级</title>
2  <link rel="stylesheet" href="style_red.css" type="text/css"/>  /*引入外部定义的 CSS 代码*/
3  <style type="text/css">
4  #header{color:gray;}      /*内嵌式样式*/
5  </style>
6  </head>
7  <body>
8  <p id="header">权重相同时，就近优先</p>
9  </body>
```

在上述示例代码中，第 2 行代码通过外链式引入 CSS 样式，该样式设置文本样式显示为红色。第 3～5 行代码通过内嵌式引入 CSS 样式，该样式设置文本样式显示为灰色。

上面的页面被解析后，段落文本将显示为灰色，即内嵌式样式优先。这是因为内嵌式比外链式样式更靠近 HTML 元素。同理，如果同时引用两个外部样式表，则排在下面的样式表具有较大的优先级。如果将内嵌式样式更改为如下代码：

```
p{color:gray;}                    /*内嵌式样式*/
```

此时，外链式的 id 选择器和内嵌式的标签选择器权重不同，“#header”的权重更高，文字将显示为外部样式定义的红色。

- CSS 定义!important 命令时，会被赋予最大的优先级。当 CSS 定义了!important 命令后，将不再考虑权重和位置关系，使用!important 命令的标签都具有最大优先级。示例代码如下：

```
#header{color:red!important;}
```

应用此样式的段落文本显示为红色，因为!important 命令的样式拥有最大的优先级。需要注意的是，!important 命令必须位于属性值和分号之间，否则无效。

复合选择器的权重为组成它的基础选择器权重的叠加，但是这种叠加并不是简单的数字之和。下面通过一个案例来具体说明，如例 3-14 所示。

例 3-14 example14.html

```
<!doctype html>
<html>
<head>
<meta charset="utf-8">
<title>复合选择器权重的叠加</title>
<style type="text/css">
```

```
7  .inner{text-decoration:line-through;}       /*类选择器定义删除线，权重为10*/
8  div div div div div div div div div div div{text-decoration:underline;}
9  /*后代选择器定义下画线，权重为11个1的叠加*/
10 </style>
11 </head>
12 <body>
13 <div>
14      <div><div><div><div><div><div><div><div><div>
15         <div class="inner">文本的样式</div>
16      </div></div></div></div></div></div></div></div></div>
17 </div>
18 </body>
19 </html>
```

例 3-14 共使用了 11 个<div>标签，它们层层嵌套，为最里层的<div>标签定义类名“inner”。第 7 行和第 8 行代码使用类选择器和后代选择器分别定义最里层<div>标签的样式。此时浏览器中文本的样式到底如何显示呢？如果仅仅将基础选择器的权重相加，后代选择器（包含 11 层<div>标签）的权重为 11，大于类选择器“.inner”的权重 10，文本将添加下画线。

运行例 3-14，效果如图 3-24 所示。

图 3-24　复合选择器权重的叠加

在图 3-24 中，文本并没有像预期的那样添加下画线，而显示了类选择器“.inner”定义的删除线。由此可见，无论在外层添加多少个<div>标签，由这些标签选择器构成的复合选择器的权重都不会高于类选择器。同理，无论有多少个类选择器和标签选择器，这些类选择器和标签选择器构成的复合选择器的权重都不会高于 id 选择器。

【任务 3-4】页面建设准备工作

在制作“网上花店”专题页之前，小思需要做一些页面建设的准备工作，主要包括网站素材整理、页面结构分析、定义基础样式，具体介绍如下。

网站素材整理

网站素材整理主要包括建立网站站点和“网上花店”专题页切图，具体介绍如下。

1. 建立网站站点

（1）创建网站根目录

在计算机本地磁盘任意盘符下创建网站根目录。本书在“D 盘：\案例源码\chapter03”文件夹中新建一个文件夹作为网站根目录，并命名为“flower”。

（2）在根目录下新建文件

打开网站根目录“flower”，在根目录下新建“images”和“css”文件夹，分别用于存放网站所需的图像和 CSS 文件。

（3）在 Dreamweaver 中新建站点

打开 Dreamweaver，在菜单栏中选择“站点→新建站点”选项，在弹出的对话框中输入站点名称。浏览并选择站点根目录的存储位置，单击“保存”按钮，完成站点的建立。

2. “网上花店”专题页切图

使用 Fireworks CS6 的“切片”工具进行切图，导出“网上花店”专题页中的素材图片，并存储在站点中的“images”文件夹中，如图 3-25 所示。

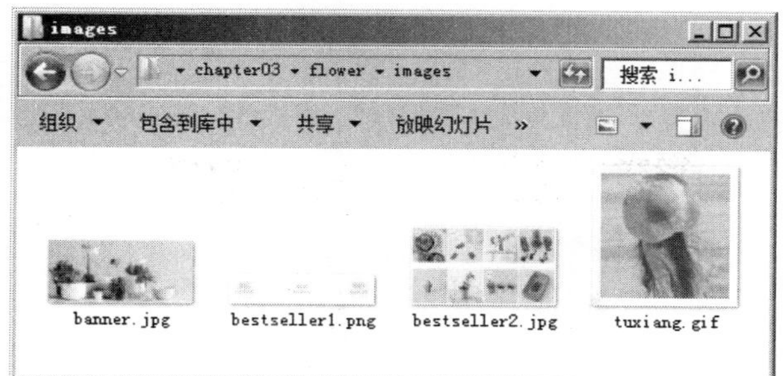

图 3-25 “网上花店”专题页中的素材图片

页面结构分析

1. HTML 结构分析

“网上花店”专题页从上到下可以分为“标题”模块、“分类”模块、“热卖”模块、“页脚”模块 4 部分。“网上花店”专题页页面结构如图 3-26 所示。

图 3-26 “网上花店”专题页页面结构

2. CSS样式分析

页面主要由背景、文字、图片组成。其中，背景颜色为浅灰色（#ededed）。文字主要由标题文字和内容文字组成，标题字体为“微软雅黑”，内容字体为“楷体”。可以使用CSS设置字号、字体、颜色等样式。图片可以使用相应的素材，在页面中设置位置即可。

定义基础样式

1. 页面布局

下面对“网上花店”专题页进行整体布局。在站点根目录下新建一个HTML文件，并命名为“project03.html”，然后使用<div>标签对页面进行布局，具体代码如project03.html所示。

project03.html

```
<!doctype html>
<html>
<head>
<meta charset="utf-8">
<title>网上花店</title>
</head>
<body>
<!--header begin-->
<div class="header"></div>
<!--header end-->
<!--fenlei begin-->
<div class="fenlei"></div>
<!--fenlei end-->
<!--bestseller begin-->
<div class="bestseller"></div>
<!--bestseller end-->
<!--footer begin-->
<div class="shouhou"></div>
<div class="boss"></div>
<!--footer end-->
</div>
</body>
</html>
```

在上述代码中，类名为“header”“fenlei”“bestseller”的3个<div>标签分别用于定义“标题”模块、“分类”模块和“热卖”模块，“页脚”模块内部嵌套的两个<div>标签分别用于定义“品质保障”子模块和“店主信息”子模块。

2. 公共样式设置

在站点根目录下的CSS文件夹内新建样式表文件style03.css，使用外链式在project03.html文件中引入CSS样式表文件，然后，定义页面的公共样式，具体代码如下：

```
1 /*重置浏览器的默认样式*/
2 *{margin:0; padding:0;}
3 /*全局控制*/
4 body{ background-color:#ededed; font-family:"楷体"; font-size:16px; color:#a5a5a5;}
```

在上述代码中，第2行代码用于清除浏览器的默认样式；第4行代码用于定义页面公共样式。

【任务3-5】制作“标题”模块

效果分析

1. 结构分析

“标题”模块由标题内容和水平线组成。标题内容使用<h1>标签定义，其中的主标题和副标题分别通过在<h1>标签中嵌套<strong>标签、<em>标签来定义；水平线通过<hr>标签定义。“标题”模块的结构如图3-27所示。

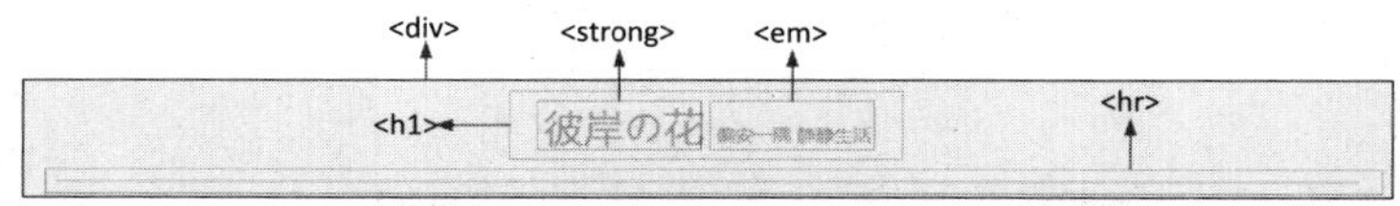

图 3–27　“标题”模块的结构

2. 样式分析

在整个页面中，“标题”模块水平居中显示，且字体为“微软雅黑”。主标题和副标题的字号需通过 CSS 样式单独控制。

模块制作

1. 搭建结构

在 project03.html 文件内书写“标题”模块的 HTML 代码，具体如下：

```
<!-- header begin-->
<div class="header">
     <h1><strong>彼岸の花</strong><em>偏安一隅 静静生活</em></h1>
    <hr size="2" color="#d1d1d1" width="980px"/>
</div>
<!-- header end-->
```

2. 控制样式

在样式表文件 style03.css 中书写 CSS 样式代码，用于控制“标题”模块，具体如下：

```
1  .header{
2       width:980px;
3       margin:0 auto 7px;
4       height:86px;
5       line-height:86px;
6       text-align:center;
7       font-family:"微软雅黑";
8       color:#a5a5a5;
9  }
10 .header h1{ font-weight:normal;}
11 .header strong{
12      font-weight:normal;
13      font-size:30px;
14 }
15 .header em{
16      font-style:normal;
17      font-size:14px;
18 }
```

在上述代码中，第 3 行代码用于定义“标题”模块在页面中水平居中显示，第 6 行代码用于定义“标题”模块中的文本水平居中；第 10、12、16 行代码分别用于清除<h1>标签、<strong>标签、<em>标签默认的样式。

保存 project03.html 与 style03.css 文件，刷新页面，效果如图 3–28 所示。

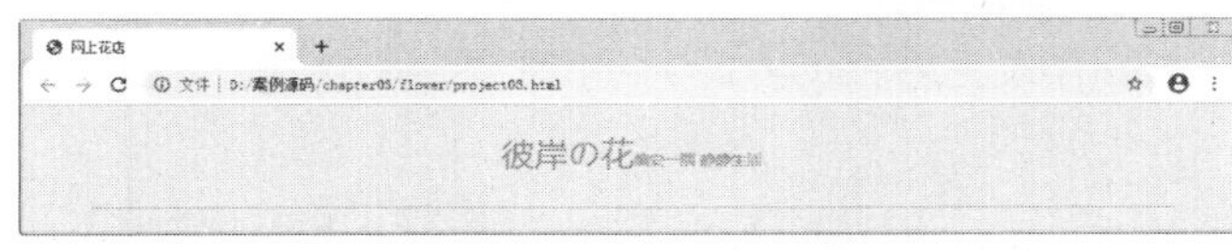

图 3–28　“标题”模块效果

【任务 3–6】制作“分类”模块

效果分析

1. 结构分析

“分类”模块由分类标题、商品展示 banner 和段落文本 3 部分构成。其中，分类标题可使用<h2>标签定义，商品展示 banner 可使用<img>标签定义，段落文本可使用<p>标签定义。“分类”模块的结构如图 3–29 所示。

图 3-29 “分类”模块的结构

2. 样式分析

分类标题的字体为“微软雅黑”，且文本垂直居中。商品展示 banner 为图片，需要设置居中显示。段落文本字体为“楷体”，有一定的行间距，且文本水平居中。

模块制作

1. 搭建结构

在 project03.html 文件内书写“分类”模块的 HTML 代码，具体如下：

```
1  <!-- fenlei begin-->
2  <div class="fenlei">
3       <h2>商品分类 ></h2>
4     <img src="images/banner.jpg" alt="网上花店"/>
5     <br /><br />
6     <p>我喜欢一些花儿，静静地开放，从不声张。小小的花朵，有着异样的芬芳...</p>
7     <p>I love flowers, quietly open, never quiet. Little flowers, with the same
8  fragrance...</p>
9     <br />
10 </div>
11 <!-- fenlei end-->
```

在上述代码中，第 5 行代码使用两个换行标签
来实现商品展示 banner 与段落文本间的留白；第 9 行代码同样使用了
标签，使“分类”模块与其下面的模块之间有一定的留白。

2. 控制样式

在样式表文件 style03.css 中书写 CSS 样式代码，用于控制“分类”模块，具体如下：

```
.fenlei{
     width:980px;
     margin:0 auto;
}
.fenlei h2{
     font-size:14px;
     font-family:"微软雅黑";
     color:#a5a5a5;
     height:42px;
     line-height:42px;
     }
.fenlei p{
     line-height:30px;
     text-align:center;
     font-size:18px;
     }
```

在上述代码中，第 9 行和第 10 行代码用于定义分类标题文本垂直居中；第 13 行代码用于设置段落文本的行间距；第 14 行代码用于定义段落文本水平居中。

保存 project03.html 与 style03.css 文件，刷新页面，效果如图 3-30 所示。

图 3-30 “分类”模块效果

【任务 3-7】制作“热卖”模块

效果分析

1. 结构分析

“热卖”模块由导航图片、热卖展示图片和文本介绍 3 部分组成。其中，导航图片和热卖展示图片均可使用<img>标签定义，文本介绍部分可使用<p>标签定义，添加下画线的文本使用<em>标签定义。“热卖”模块的结构如图 3-31 所示。

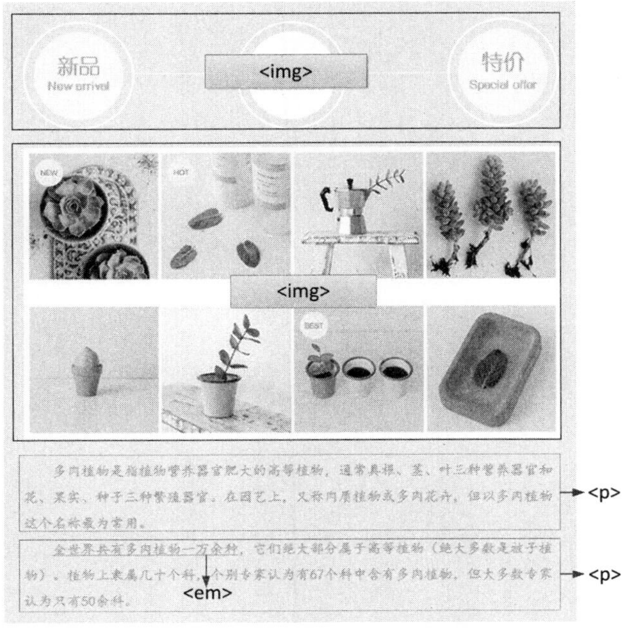

图 3-31 “热卖”模块的结构

2. 样式分析

导航图片、热卖展示图片可以直接使用图片素材，为图片设置居中显示的样式。文本介绍段落之间有一定的行间距，且段首有 2 个字符的缩进。此外，段落中有一部分文本带有下画线效果。

模块制作

1. 搭建结构

在 project03.html 文件内书写“热卖”模块的 HTML 代码，具体如下：

```
<!--bestseller begin-->
<div class="bestseller">
    <img src="images/bestseller1.png" alt="" />
    <br /><br />
    <img src="images/bestseller2.jpg" alt="" />
    <br /><br />
    <p class="txt">多肉植物是指植物营养器官肥大的高等植物，通常具根、茎、叶三种营养器官和花、果实、种子三种繁殖器官。在园艺上，又称肉质植物或多肉花卉，但以多肉植物这个名称最为常用。</p>
    <p class="txt"><em>全世界共有多肉植物一万余种</em>，它们绝大部分属于高等植物（绝大多数是被子植物）。植物上隶属几十个科，个别专家认为有 67 个科中含有多肉植物，但大多数专家认为只有 50 余科。</p>
    <br />
</div>
<!--bestseller end-->
```

在上述代码中，
标签用于使页面中各个元素之间有一定的留白效果。

2. 控制样式

在样式表文件 style03.css 中书写 CSS 样式代码，用于控制“热卖”模块，具体如下：

```
1  .bestseller{
2       width:602px;
3       margin:0 auto;
4  }
5  .bestseller .txt{
6       line-height:30px;
7       text-indent:2em;
8       }
9  .bestseller .txt em{
10      font-style:normal;
11      text-decoration:underline;
12      }
```

在上述代码中，第 3 行代码用于定义“热卖”模块在页面中水平居中显示；第 5～8 行代码用于定义段落文本的行高和 2 个字符的缩进；第 9～12 行代码用于定义下画线文本。

保存 project03.html 与 style03.css 文件，刷新页面，效果如图 3-32 所示。

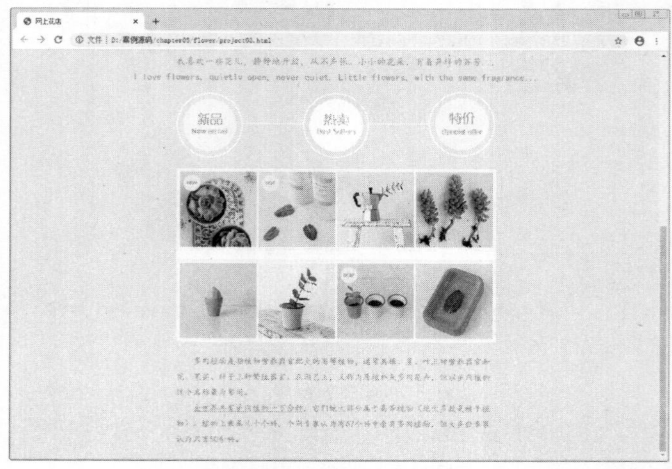

图 3-32 “热卖”模块效果

【任务 3-8】制作“页脚”模块

效果分析

1. 结构分析

“页脚”模块分为品质保障和店主信息两个部分。品质保障部分是一行文字，直接使用<p>标签定义。店主信息部分主要由标题、图片和段落组成。其中，标题由< h3>标签定义，图片由<img>标签定义，段落由<p>标签定义。“页脚”模块的结构如图 3-33 所示。

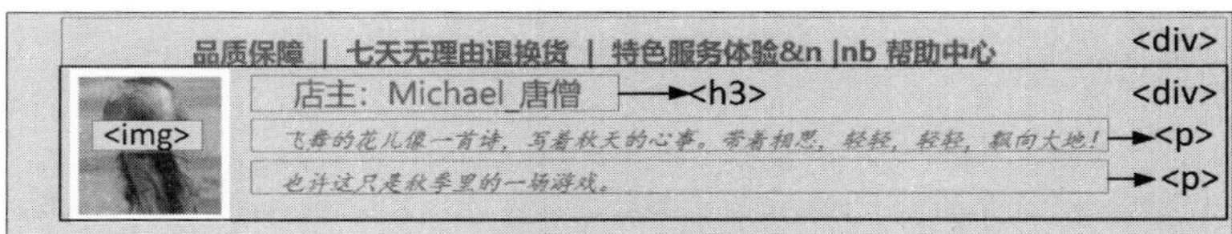

图 3-33 “页脚”模块的结构

2. 样式分析

控制“页脚”模块的样式主要是控制文本样式。其中，品质保障部分的字体为“微软雅黑”。店主信息部分的标题与段落文本前均有 2 个字符的缩进，标题文本不加粗，段落文本需要设置行高和斜体。

模块制作

1. 搭建结构

在 project03.html 文件中书写“页脚”模块的 HTML 结构代码，具体如下：

```
1  <!--footer begin-->
2  <div class="shouhou">
3  <p>品质保障  |  七天无理由退换货  |  特色服务体验  |  帮助中心</p>
4  </div>
5  <div class="boss">
6        <img src="images/tuxiang.gif" alt="网上花店" align="left"/>
7      <h3>店主：Michael_唐僧</h3>
8      <p>飞舞的花儿像一首诗，写着秋天的心事。带着相思，轻轻，轻轻，飘向大地！</p>
9      <p>也许这只是秋季里的一场游戏。</p>
10     <br /><br /><br />
11 </div>
12 <!--footer begin-->
```

在上述代码中，第 6 行代码中的“align="left"”用于使店主头像在页面中靠左排列，从而产生头像居左、文本居右的图文混排效果。

2. 控制样式

在样式表文件 style03.css 中书写 CSS 样式代码，用于控制“页脚”模块，具体如下：

```
.shouhou{
     width:602px;
     margin:0 auto;
     text-align:center;
     font-family:"微软雅黑";
     font-size:16px;
     font-weight:bold;
     }
.boss{
     width:602px;
     margin:0 auto;
}
.boss h3,.boss p{ text-indent:2em;}
```

```
.boss h3{
     height:30px;
     line-height:30px;
     font-family:"微软雅黑";
     font-size:18px;
     font-weight:normal;
     }
.boss p{
     font-style:italic;
     line-height:26px;
     font-size:14px;
     }
```

保存 project03.html 与 style03.css 文件，刷新页面，效果如图 3–34 所示。

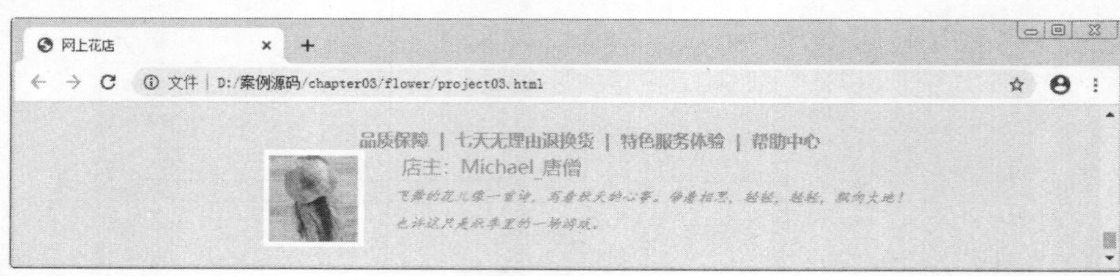

图 3–34 “页脚”模块效果

【项目总结】

1. 建议读者每完成一个模块的网页代码，都要用浏览器查看效果，保证制作的页面和网页效果图保持一致。

2. 读者在制作“网上花店”专题页时，要善于分析总结 CSS 的特点，深刻体会 CSS 的语法格式。

3. 在本项目的制作过程中多次用到换行标签
和空格符“ ”，以使不同元素之间出现一定的留白效果。但实际工作中通常使用内边距和外边距实现留白效果。关于内边距和外边距的知识，将会在项目 4 中详细讲解。

【课后练习】

一、填空题

1. 在 CSS 中，用于设置字号的属性是________。
2. 行内式也称为内联样式，是通过标签的________属性来设置元素的样式。
3. 在 CSS 中，用于设置行间距的属性是________，一般称为行高。
4. text-decoration 是文本修饰属性，其属性值________是用于设置下画线的。
5. id 选择器使用________进行标识，后面紧跟 id 名。

二、判断题

1. 书写 CSS 样式时，最后一个属性后的分号可以省略。(　)
2. 在 CSS 代码中，属性的值和单位之间允许出现空格。(　)
3. CSS 注释语句可以提高代码的可读性。(　)
4. 行内式 CSS 样式没有做到结构与表现的分离，所以很少使用。(　)
5. 在外链式 CSS 样式中，一个 HTML 页面只能引入一个样式表。(　)
6. CSS 基础选择器仅有 3 种，分别是标签选择器、类选择器、id 选择器。(　)
7. text-align 属性用于设置文本内容的水平对齐，可适用于所有元素。(　)
8. 在 CSS 中，元素的宽度属性和高度属性具有继承性。(　)

9. 在 CSS 中，元素的边框属性不具有继承性。( )
10. word-spacing 属性用于定义英文单词之间的间距，对中文字符无效。( )

三、选择题

1. 下列选项中，CSS 样式规则书写正确的是（ ）。
A. 选择器{属性 1:属性值 1; 属性 2:属性值 2 属性 3:属性值 3}
B. 选择器{属性 1:属性值 1, 属性 2:属性值 2, 属性 3:属性值 3;}
C. 选择器{属性 1:属性值 1; 属性 2:属性值 2; 属性 3:属性值 3;}
D. 选择器{属性 1:属性值 1 属性 2:属性值 2 属性 3:属性值 3}
2. 下列选项中，CSS 样式书写正确的是（ ）。
A. p {font-size:12px;color:red;} B. p {font-size=12px;color=red}
C. p {font-size:12px;} D. p {font-size:12;color:red;}
3. 下列选项中，正确表示<p>标签内嵌套<strong>标签的是（ ）。
A. strong p{color:red;} B. p strong{color:red;}
C. strong,p{color:red;} D. p.strong{color:red;}
4. 在行内式 CSS 样式中，<style>标签一般位于（ ）标签中。
A. <h1> B. <p> C. <head> D. <body>
5. 下列选项中，text-decoration 属性的可用属性值有（ ）。
A. none B. underline C. overline D. line-through
6. color 属性用于定义文本的颜色，以下写法正确的是（ ）。
A. h2{color: red;} B. h2{ color: "red";} C. h2{color: "#F60";} D. h2{ color: #FF6600;}
7. 在 CSS 中，用于设置首行文本缩进的属性是（ ）。
A. text-decoration B. text-align C. text-transform D. text-indent
8. text-align 属性用于设置文本内容的水平对齐，其可用属性值有（ ）。
A. left B. right C. center D. middle
9. 关于选择器权重的描述，下列说法正确的是（ ）。
A. 标签选择器权重大于 id 选择器 B. 标签选择器权重小于 id 选择器
C. 标签选择器权重等于 id 选择器 D. 以上都不正确
10. 下列 CSS 属性中，( ) 不具有继承性。
A. 字体属性 B. 边框属性 C. 边距属性 D. 字号属性

项目4

“爱家居”企业网站首页制作

知识目标

★ 了解盒子模型的概念，能够举例描述盒子模型结构。

★ 掌握元素的类型，能够归纳不同元素类型的特点。

★ 熟悉常见的布局类型，能够总结不同类型布局的差异。

技能目标

★ 掌握使用盒子模型相关属性设置不同的盒子模型样式的方法。

★ 掌握使用浮动和定位属性对页面进行布局的方法。

★ 掌握清除元素浮动的方法。

【项目描述】

在互联网时代，企业网站因其具有方便、快捷和低成本的优势，被越来越多的企业所使用。企业网站作为企业宣传品牌、展示服务与产品的平台，在营销活动中起到了至关重要的作用。“爱家居”是一家从事线下家居销售的店铺，最近“爱家居”经理老王找到小思，想请小思帮忙制作一个企业网站。

通过前面两个页面的制作，小思已经掌握了 HTML 与 CSS 的基础。接到老王的委托后，小思先制订了这段时间的学习计划，包括盒子模型、元素的类型与转换、元素的浮动与定位等网页布局的基础知识。之后便开始动手制作“爱家居”企业网站。由于篇幅限制，本项目只讲解“爱家居”企业网站首页的制作过程。“爱家居”企业网站首页的效果如图 4-1 所示。

图 4–1 “爱家居”企业网站首页的效果

【任务 4–1】认识盒子模型

需求分析

盒子模型是网页布局的基础，读者只有掌握了盒子模型的各种规律，才可以更好地控制网页中各个元素。下面将带领大家认识盒子模型。

知识储备

在浏览网站时，会发现页面的内容都是按照区域划分的。页面中的每一块区域分别承载不同的内容。因此，网页的内容虽然零散，但在版式排列上依然清晰有条理，如图 4–2 所示的“优设”网站页面。

图 4–2 “优设”网站页面

在图 4-2 所示的“优设”网站页面中，这些承载内容的区域被称为“盒子模型”。盒子模型就是把页面中的 HTML 元素看作一个方形的盒子，也可以理解为一个盛装内容的容器。每个盒子（容器）都由元素的内容、内边距（padding）、边框（border）和外边距（margin）组成。

为了更形象地认识盒子模型，先从生活中常见的手机盒子的构成说起。一个完整的手机盒子通常包含手机、填充泡沫和盛装手机的纸盒。如果把手机想象成 HTML 元素，那么手机盒子就是一个盒子模型，其中，手机为盒子模型的内容、填充泡沫的厚度为盒子模型的内边距、纸盒的厚度为盒子模型的边框。当多个手机盒子放在一起时，它们之间的距离就是盒子模型的外边距。图 4-3 所示为手机盒子的构成。

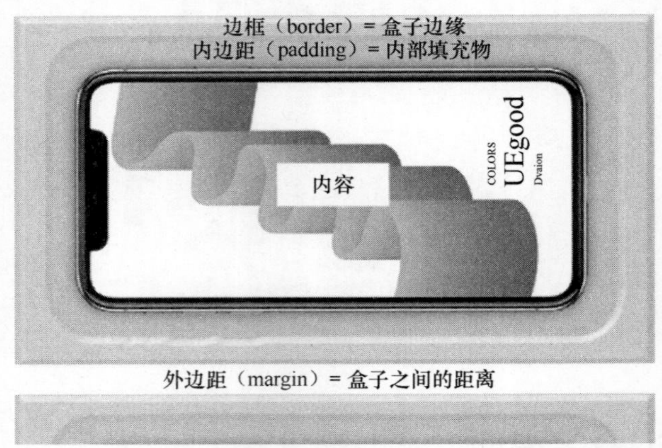

图 4-3 手机盒子的构成

网页中所有的块元素（关于块元素的介绍详见【任务 4-4】）都是由图 4-3 所示的基本结构组成的，并呈现出盒子模型的效果。网页就是由多个盒子模型嵌套排列组成的。在盒子模型的基本结构中，内边距出现在内容区域的周围，当为盒子模型添加背景颜色或背景图像时，该盒子模型的背景颜色或背景图像也将出现在内边距中；外边距是当前盒子模型与相邻盒子模型之间的距离，如果为元素定义了边框属性，边框效果将显示在内边距和外边距之间。

注意:

虽然盒子模型拥有内边距、边框、外边距、宽度和高度这些基础属性，但是并不要求每个盒子模型都必须定义这些属性。

【任务 4-2】盒子模型基础属性

需求分析

盒子模型的基础属性包括边框属性、内边距属性、外边距属性、背景属性、宽度属性和高度属性。通过设置这些属性可使 HTML 元素的表现形式更加多样化。下面将带领大家认识盒子模型的基础属性。

知识储备

1. 边框属性

为了分割页面中不同的盒子，常常需要为元素设置边框效果。在 CSS 中，可以设置单侧边框（上边框、下边框、左边框、右边框）的样式属性、宽度属性、颜色属性，也可以综合设置边框的这些属性。设置边框属性的具体方法如表 4-1 所示。

表 4-1 设置边框属性的具体方法

设置内容	样式属性
上边框	border-top-style:样式;
	border-top-width:宽度;
	border-top-color:颜色;
	border-top:宽度 样式 颜色;
下边框	border-bottom-style:样式;
	border-bottom-width:宽度;
	border-bottom-color:颜色;
	border-bottom:宽度 样式 颜色;
左边框	border-left-style:样式;
	border-left-width:宽度;
	border-left-color:颜色;
	border-left:宽度 样式 颜色;
右边框	border-right-style:样式;
	border-right-width:宽度;
	border-right-color:颜色;
	border-right:宽度 样式 颜色;
综合设置边框样式	border-style:上边 [右边 下边 左边];
综合设置边框宽度	border-width:上边 [右边 下边 左边];
综合设置边框颜色	border-color:上边 [右边 下边 左边];
综合设置边框全部属性	border:四边宽度 四边样式 四边颜色;

表 4-1 中列出了设置边框属性的具体方法，对于读者来说比较难以理解和记忆。下面将按照边框样式、边框宽度、边框颜色、综合设置边框的分类方式，对这些设置边框属性的方法进行具体讲解。

（1）边框样式

边框样式用于定义页面中边框的风格，在 CSS 属性中，border-style 属性用于设置边框样式，其常用属性值如下。

- none：没有边框，即忽略所有边框的宽度，这是默认值。
- solid：边框为单实线。
- dashed：边框为虚线。
- dotted：边框为点线。
- double：边框为双实线。

例如，想要定义边框显示为双实线，其 CSS 代码如下：

```
border-style:double;
```

在设置边框样式时，还可以对盒子的单边进行设置，其具体语法格式如下：

```
border-top-style:上边框样式;
border-right-style:右边框样式;
border-bottom-style:下边框样式;
border-left-style:左边框样式;
```

同时，为了避免代码冗余，也可以综合设置四条边的样式，各属性值用空格分开，其具体语法格式如下：

```
border-style:上边框样式 右边框样式 下边框样式 左边框样式;
border-style:上边框样式 左右边框样式 下边框样式;
border-style:上下边框样式 左右边框样式;
border-style:上下左右边框样式;
```

在综合设置边框样式时，边框样式的属性值可以设置 1～4 个。当设置 4 个属性值时，边框样式的写法会按照上边框、右边框、下边框、左边框的顺时针顺序排列。当省略某个属性值时，边框样式会采用值复制的原则，将省略的属性值默认为某一边框的样式。例如，设置 3 个属性值时，边框样式的写法为上边框、左右边框、下边框；设置 2 个属性值时，边框样式的写法为上下边框和左右边框；设置 1 个属性值时，4 条边框共用一个样式。

了解了边框样式的相关属性后，下面通过一个案例进行具体演示。新建 HTML 页面，并在页面中添加标题和段落文本，然后通过边框样式属性控制标题和段落的边框效果，如例 4–1 所示。

例 4–1　example01.html

```
<!doctype html>
<html>
<head>
<meta charset="utf-8">
<title>边框样式</title>
<style type="text/css">
h2{ border-style:double;}              /*四条边框相同——双实线*/
.one{
     border-top-style:dotted;          /*上边框——点线*/
     border-bottom-style:dotted;       /*下边框——点线*/
     border-left-style:solid;          /*左边框——单实线*/
     border-right-style:solid;         /*右边框——单实线*/
   /*上面 4 行代码等价于：border-style:dotted solid;*/
}
.two{
     border-style:solid dotted dashed; /*上边框实线、左右边框点线、下边框虚线*/
}
</style>
</head>
<body>
<h2>四条边框为双实线</h2>
<p class="one">上边框和下边框为点线，左边框和右边框为单实线</p>
<p class="two">上边框为单实线，左边框和右边框为点线，下边框为虚线</p>
</body>
</html>
```

在例 4–1 中，标题只设置边框样式属性；类名为“one”的文本使用单边框属性设置样式；类名为“two”的文本使用综合边框属性设置样式。

运行例 4–1，在谷歌浏览器中的边框样式预览效果如图 4–4 所示。

由于兼容性问题，在不同的浏览器中点线（dotted）和虚线（dashed）的显示样式可能会略有差异。图 4–5 所示为例 4–1 在火狐浏览器中的预览效果，其中虚线（dashed）显示效果要比在谷歌浏览器中显示得更稀疏。

图 4–4　谷歌浏览器中的边框样式预览效果

图 4–5　火狐浏览器中的边框样式预览效果

（2）边框宽度

border-width 属性用于设置边框的宽度，其常用取值单位为像素（px）。与边框样式一样，也可以针对四条边框分别设置不同的宽度，或综合设置四条边框的宽度，其具体语法格式如下：

```
border-top-width: 上边框宽度;
```

```
border-right-width: 右边框宽度;
border-bottom-width: 下边框宽度;
border-left-width: 左边框宽度;
border-width: 上边框宽度 [右边框宽度 下边框宽度 左边框宽度];
```

综合设置四条边框的宽度时，必须按上边框、右边框、下边框、左边框的顺时针顺序书写。当设置 1 个属性值时，同时设置四条边框宽度；当设置两个属性值时，表示分别设置上下边框宽度和左右边框宽度；当设置了三个属性值时，表示分别设置上边框宽度、左右边框宽度、下边框宽度。

了解了边框宽度属性后，下面通过一个案例进行具体演示。新建 HTML 页面，并在页面中添加段落文本，然后通过边框宽度属性对段落进行控制，如例 4–2 所示。

例 4–2　example02.html

```
1  <!doctype html>
2  <html>
3  <head>
4  <meta charset="utf-8">
5  <title>边框宽度</title>
6  <style type="text/css">
7  p{
8       border-width:1px;            /*综合设置四条边框宽度*/
9       border-top-width:3px;        /*设置上边框宽度覆盖*/
10      /*上面 2 行代码等价于: border-width:3px 1px 1px; */
11 }
12 </style>
13 </head>
14 <body>
15 <p>上边框为 3px，下边框、左边框、右边框均为 1px。边框样式为单实线。</p>
16 </body>
17 </html>
```

在例 4–2 中，第 8 行代码用于综合设置四条边框的宽度；第 9 行代码单独设置上边框宽度，使上边框的宽度与其他边框不同。

运行例 4–2，效果如图 4–6 所示。

在图 4–6 中，段落文本并没有像预期的一样添加边框效果。这是因为在设置边框宽度时，没有设置边框样式。如果未设置边框样式或设置边框样式的属性值为 none，则不论边框宽度设置为多少，页面都不会显示边框效果。

在例 4–2 的 CSS 代码中，为<p>标签添加边框样式，具体代码如下：

```
border-style:solid;        /*综合设置边框样式*/
```

保存 HTML 文件，刷新网页，效果如图 4–7 所示。

图 4–6　边框样式初始效果

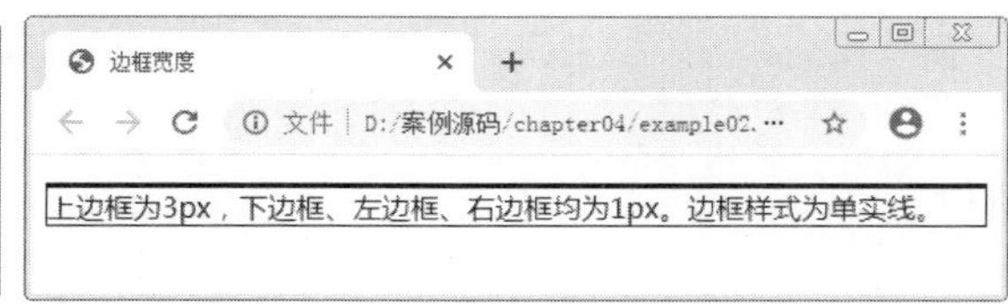

图 4–7　添加边框样式后的效果

在图 4–7 中，段落文本添加了预期的边框效果。

（3）边框颜色

border–color 属性用于设置边框的颜色。border–color 属性的属性值可为颜色英文单词（例如，red、blue）、十六进制颜色值（例如，#ff0000、#f00）或 RGB 模式 rgb(r,g,b)（例如，rgb(0,255,0)），实际工作中最常用的是十六进制颜色值。

边框的默认颜色为元素的文本颜色，对于没有文本的元素（例如，只包含图像的表格），其默认边框颜色为父元素的文本颜色。边框颜色的设置方式与边框样式和宽度类似，对四条边框分别设置不同的颜色，以及综合设置四条边框的颜色的方式如下。

```
border-top-color:上边框颜色;
border-right-color:右边框颜色;
border-bottom-color:下边框颜色;
border-left-color:左边框颜色;
border-color:上边框颜色 [右边框颜色 下边框颜色 左边框颜色];
```

综合设置四条边框颜色时必须按顺时针顺序采用值复制原则。例如，设置段落的边框样式为实线，上下边框颜色为灰色，左右边框颜色为红色，示例代码如下：

```
p{
    border-style:solid;            /*综合设置边框样式*/
    border-color:#ccc #ff0000;     /*设置边框颜色，两个值为上下边框和左右边框的颜色*/
}
```

再如，设置二级标题的边框样式为实线，且下边框为红色，其余边框采用默认文本的颜色，示例代码如下：

```
h2{
    border-style:solid;            /*综合设置边框样式*/
    border-bottom-color:red;       /*单独设置下边框颜色*/
}
```

注意：

使用 RGB 模式设置颜色时，如果括号里面的数值为百分比数值，必须把“0”也加上百分号，写作“0%”。

多学一招：巧用边框透明色（transparent）

在为元素添加边框时，如果需要将已有的边框设置为不可见，可使用“border-color:transparent;”样式，此时边框显示透明色。当需要边框可见时，再设置相应的颜色即可。通过这种设置方式可以保证元素的区域不发生变化。边框透明样式和取消边框样式不同，取消边框样式时，虽然边框也不可见，但是边框的宽度为 0。

（4）综合设置边框

使用 border-style、border-width、border-color 虽然可以实现丰富的边框效果，但是这种方式的代码烦琐，且不便于阅读。为此，CSS 提供了综合设置边框的方式，其具体语法格式如下：

```
border-top:上边框宽度 样式 颜色;
border-right:右边框宽度 样式 颜色;
border-bottom:下边框宽度 样式 颜色;
border-left:左边框宽度 样式 颜色;
border:四边宽度 样式 颜色;
```

上述设置方式将边框的宽度、样式、颜色放在一行代码中，从而简化了代码。边框的宽度、样式、颜色顺序任意。可以只指定需要设置的属性，省略的部分将取默认值，但边框样式不能省略。

当每一侧的边框样式都不同，或者只需单独定义某一侧的边框样式时，可以使用单侧边框的综合设置样式属性 border-top、border-bottom、border-left 或 border-right。例如，单独定义段落的上边框，示例代码如下：

```
p{border-top:2px solid #ccc;}     /*定义上边框，各个值顺序任意*/
```

该样式将段落的上边框设置为 2px、单实线、灰色，其他各边的边框取默认值不可见，这段代码等价于如下内容：

```
p{
    border-top-style:solid;
    border-top-width:2px;
    border-top-color:#ccc;
}
```

当四条边框的边框样式都相同时，可以使用 border 属性进行综合设置。例如，将二级标题的边框设置为 3px、双实线、红色，示例代码如下：

```
h2{border:3px double red;}
```

在 CSS 中能够定义元素的多种样式的属性，称为复合属性，例如，border、border-top 等属性。常用的复合属性有 font、border、margin、padding 和 background 等。实际工作中常会用到复合属性，它可以简化代码，提高页面的运行速度。但是如果只设置一个属性值，则最好不要应用复合属性，以免样式不被兼容。

为了使读者更好地理解复合属性，下面对标题、段落和图像分别应用 border 相关的复合属性设置边框，如例 4–3 所示。

例 4–3　example03.html

```
1  <!doctype html>
2  <html>
3  <head>
4  <meta charset="utf-8">
5  <title>综合设置边框</title>
6  <style type="text/css">
7  h2{
8       border-bottom:5px double blue;       /*使用border-bottom复合属性设置下边框*/
9       text-align:center;
10 }
11 .text{                                    /*使用单侧复合属性设置各边框*/
12      border-top:3px dashed #F00;
13      border-right:10px double #900;
14      border-bottom:3px dotted #CCC;
15      border-left:10px solid green;
16 }
17 .pingmian{                                /*使用border复合属性设置各边框相同*/
18      border:15px solid #CCC;
19 }
20 </style>
21 </head>
22 <body>
23 <h2>设置边框属性</h2>
24 <p class="text">该段落使用单侧边框的复合属性，分别给上、右、下、左四条边框设置不同的样式。</p>
25 <img class="pingmian" src="tu.png" alt="图片" />
26 </body>
27 </html>
```

在例 4–3 中，第 7～16 行代码使用边框的单侧复合属性设置二级标题和段落文本；第 18 行代码使用复合属性 border 为图像设置各边框。

运行例 4–3，效果如图 4–8 所示。

图 4–8　综合设置边框

2. 内边距属性

在网页设计中，设计师为了调整内容在盒子中的显示位置，经常需要为元素设置内边距。内边距是指元素内容与边框之间的距离，也被称为内填充。在 CSS 中，padding 属性用于设置内边距，与边框属性 border 一样，padding 属性也是复合属性。padding 属性的具体语法格式如下：

```
padding-top:上内边距;
padding-right:右内边距;
padding-bottom:下内边距;
padding-left:左内边距;
padding:上内边距 [右内边距 下内边距 左内边距];
```

在上面的设置中，padding 相关属性的取值可为 auto（表示自适应，是 CSS 默认属性值）、不同单位的数值（例如，像素值、倍率等）、相对于父元素或浏览器宽度的百分比数值等。实际工作中最常用的是像素值。需要注意的是，padding 属性的属性值不允许使用负数。与边框属性一样，使用 padding 属性定义内边距时，必须按顺时针顺序采用值复制原则，即 1 个值为四边边距，2 个值分别为上下边距、左右边距，3 个值分别为上边距、左右边距、下边距。

下面通过一个案例来演示内边距属性 padding 的用法和效果。新建 HTML 页面，在页面中添加一个图像和一段段落，并使用 padding 属性控制它们的显示位置，如例 4–4 所示。

例 4-4 example04.html

```
1  <!doctype html>
2  <html>
3  <head>
4  <meta charset="utf-8">
5  <title>内边距属性</title>
6  <style type="text/css">
7  .border{border:5px solid #ccc;}      /*为图像和段落设置边框*/
8  img{
9       padding:80px;                    /*为图像设置上、下、左、右相同的内边距*/
10      padding-bottom:0;                /*单独设置下边距*/
11      /*上面两行代码等价于 padding:80px 80px 0;*/
12 }
13 p{padding:5%;}                        /*段落内边距为父元素宽度的 5%*/
14 </style>
15 </head>
16 <body>
17 <img class="border" src="padding_in.png" alt="内边距" />
18 <p class="border">段落内边距为父元素宽度的 5%。</p>
19 </body>
20 </html>
```

在例 4-4 中，第 9 行、第 10 行和第 13 行代码使用 padding 属性设置图像和段落的内边距，其中，段落内边距使用百分比数值。

运行例 4-4，效果如图 4-9 所示。

图 4-9 内边距属性 padding 的设置效果

由于段落的内边距设置为百分比数值，当拖动浏览器窗口改变其宽度时，段落的内边距也会随之发生变化，此时<p>标签的父元素为<body>标签。

注意：

内边距所设置的百分比数值都是相对于父元素宽度 width 的百分比数值，随父元素宽度 width 的变化而变化，与高度 height 无关。

3. 外边距属性

网页是由多个盒子排列而成的，要想拉开盒子与盒子之间的距离，合理地布局网页，就需要为盒子设置外边距。外边距指元素边框与相邻元素之间的距离。在 CSS 中，margin 属性用于设置外边距，它是一个复合属性，与内边距属性 padding 的用法类似。margin 属性的具体语法格式如下：

```
margin-top:上外边距;
margin-right:右外边距;
margin-bottom:下外边距;
margin-left:左外边距;
margin:上外边距 [右外边距 下外边距 左外边距];
```

margin 属性的取值遵循值复制的原则，其取值的方式与 padding 属性相同，但是 margin 属性的属性值可以使用负数，使设置外边距的元素与相邻元素发生重叠。

当对块级元素应用宽度属性 width，并将左侧和右侧的 margin 属性的属性值都设置为 auto 时，可使块级元素水平居中，实际工作中常用这种方式进行网页布局，示例代码如下：

```
.header{width:960px; margin:0 auto;}
```

下面通过一个案例来演示外边距属性 margin 的用法和效果。新建 HTML 页面，在页面中添加一个图像和一段文本，然后使用 margin 相关属性，对图像和段落进行排版，如例 4-5 所示。

例 4-5　example05.html

```
1  <!doctype html>
2  <html>
3  <head>
4  <meta charset="utf-8">
5  <title>外边距</title>
6  <style type="text/css">
7  img{
8       border:5px solid green;
9       float:left;                  /*设置图像左浮动*/
10      margin-right:50px;           /*设置图像的右外边距*/
11      margin-left:30px;            /*设置图像的左外边距*/
12    /*上面两行代码等价于margin:0 50px 0 30px;*/
13      }
14 p{text-indent:2em;}              /*段落文本首行缩进 2 字符*/
15 </style>
16 </head>
17 <body>
18 <img src="longmao.png" alt="龙猫和小月姐妹" />
19 <p>龙猫剧情简介：小月的母亲生病住院了，父亲带着她与妹妹到乡下居住。她们在乡下遇到了很多小精灵，更与一只大大胖胖的龙猫成为了朋友。龙猫和小精灵们利用它们的神奇力量，为小月和妹妹带来了很多神奇的景观……</p>
20 </body>
21 </html>
```

在例 4-5 中，第 9 行代码使用浮动属性 float 使图像居左；第 10 行和第 11 行代码设置图像的右外边距和左外边距分别为 50px 和 30px，使图像和段落文本之间拉开一定的距离，实现图文混排效果（浮动属性将在【任务 4-5】中详细讲解，这里了解即可）。

运行例 4-5，效果如图 4-10 所示。

在图 4-10 中，图像和段落文本之间拉开了一定的距离，实现了图文混排的效果。但是，浏览器边界与网页内容之间也存在一定的距离，而程序中并没有对<p>标签或<body>标签应用内边距或外边距。由此可见，这些元素默认就存在内边距和外边距。网页中默认就存在内边距和外边距的元素有<body>、<h1>～<h6>、<p>等。

为了更方便地控制网页中的元素，制作网页时，可使用以下代码清除元素默认的内边距和外边距。

```
*{
     padding:0;          /*清除内边距*/
     margin:0;           /*清除外边距*/
}
```

清除元素默认的内边距和外边距后，网页效果如图 4-11 所示。

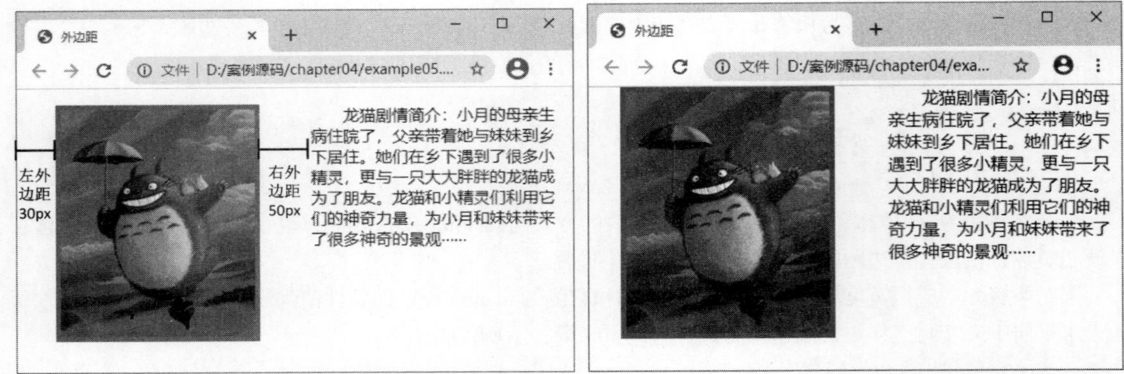

4–10　外边距属性 margin 的设置效果

图 4–11　清除元素默认的内边距和外边距

通过图 4–11 可以看出，清除元素默认的内边距和外边距后，浏览器边界与网页内容之间的距离消失。

4. 背景属性

网页能通过背景给用户留下深刻的印象。用户在浏览网页时，在网页中见到的背景颜色、背景图像等都是使用背景属性设置的。设置背景属性主要包括设置背景颜色、设置背景图像、设置背景图像平铺、设置背景图像的位置等，具体介绍如下。

（1）设置背景颜色

在网页设计中，运用 background–color 属性可以设置背景颜色。关于该属性在项目 3 的“知识拓展”中已做详细讲解，这里不再赘述。

（2）设置背景图像

在网页设计中，设计师不仅可以把某种颜色作为网页背景，还可以把图像作为网页背景。网页中的背景图像使用 background–image 属性定义，该属性的具体语法格式如下：

```
background-image:url(图像路径);
```

在上述语法格式中，图像的路径可以是相对路径或绝对路径。下面通过一个案例对 background–image 属性进行具体演示，如例 4–6 所示。

例 4–6　example06.html

```
<!doctype html>
<html>
<head>
<meta charset="utf-8">
<title>设置背景图像</title>
<style type="text/css">
body{
     background-color:#CCC;              /*设置网页的背景颜色*/
     background-image:url(pic4.png);     /*设置网页的背景图像*/
}
h2{
     font-family:"微软雅黑";
     color:#fff;
   background-color:#56cbf6;          /*设置标题的背景颜色*/
}
</style>
</head>
<body>
<h2>UI 设计前景超乎想象</h2>
<p>“互联网+”与 O2O 模式的大趋势，使平面设计、网页设计、UI 设计、Web 前端的前景广阔超乎想象。</p>
</body>
</html>
```

在例 4–6 中，第 9 行代码用于设置网页背景图像。背景图像素材样式如图 4–12 所示。

运行例 4–6，效果如图 4–13 所示。

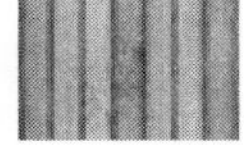

图 4–12 背景图像素材样式

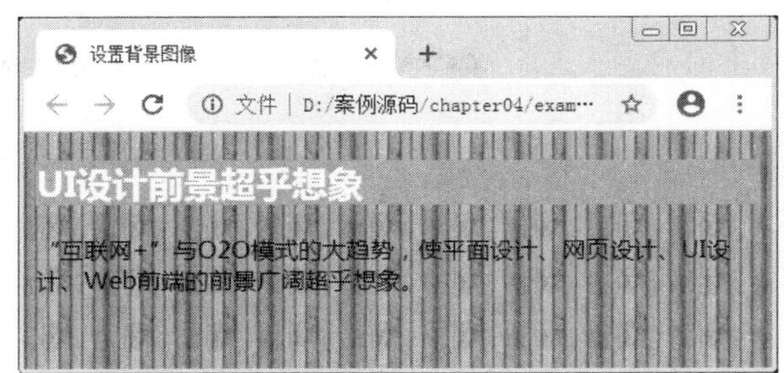

图 4–13 设置背景图像

在图 4–13 中，背景图像自动沿着水平和竖直两个方向平铺，充满整个网页，并且覆盖了<body>标签的背景颜色。

（3）设置背景图像平铺

默认情况下，背景图像会自动沿着水平和竖直两个方向平铺。如果不希望背景图像平铺，或者只沿着一个方向平铺，可以通过 background–repeat 属性来控制，该属性的取值如下。

- repeat：沿水平和竖直两个方向平铺（默认值）。
- no-repeat：不平铺（图像位于元素的左上角，只显示一次）。
- repeat-x：只沿水平方向平铺。
- repeat-y：只沿竖直方向平铺。

例如，希望例 4–6 中的图像只沿着水平方向平铺，可以将 body 元素的 CSS 代码进行如下更改：

```
body{
     background-color:#CCC;                    /*设置网页的背景颜色*/
     background-image:url(pic4.png);           /*设置网页的背景图像*/
     background-repeat:repeat-x;               /*设置背景图像的平铺*/
}
```

保存 HTML 文件，刷新网页，对应效果如图 4–14 所示。

图 4–14 设置背景图像沿水平方向平铺

在图 4–14 中，图像只沿着水平方向平铺，背景图像覆盖的区域就显示背景图像，背景图像没有覆盖的区域，按照设置的背景颜色显示。由此可见，当背景图像和背景颜色同时存在时，背景图像优先显示。

（4）设置背景图像的位置

在设置背景图像平铺时，如果将背景图像的平铺属性 background–repeat 定义为 no–repeat，图像将显示在元素的左上角，如例 4–7 所示。

例 4–7 example07.html

```
<!doctype html>
<html>
<head>
<meta charset="utf-8">
<title>设置背景图像的位置</title>
<style type="text/css">
body{
     background-image:url(pic5.png);    /*设置网页的背景图像*/
     background-repeat:no-repeat;       /*设置背景图像不平铺*/
```

```
10      }
11 </style>
12 </head>
13 <body>
14 <h2>UI 设计培养如此全能的人才</h2>
15 <p>UI 设计培训课程非常系统、全面，软件操作、理论知识、实战练习、就业指导等方面都设置得很科学完善，只要跟着老师的节奏学，哪怕是零基础的学员也不会有任何影响。针对学员的基础情况，我们分为基础班和就业班两种。</p>
16 </body>
17 </html>
```

在例 4-7 中，第 9 行代码将<body>标签背景图像的平铺方式定义为 no-repeat。

运行例 4-7，效果如图 4-15 所示。

通过图 4-15 可知，背景图像出现在 HTML 页面的左上角。如果希望背景图像出现在页面的其他位置，就需要设置背景图像的位置。在 CSS 中，background-position 属性用于定义背景图像的位置。

例如，想要将例 4-7 中的背景图像定义在页面的右下角，可以将<body>标签的 CSS 样式代码进行如下更改：

```
body{
    background-image:url(pic5.png);          /*设置网页的背景图像*/
    background-repeat:no-repeat;             /*设置背景图像不平铺*/
    background-position:right bottom;        /*设置背景图像的位置*/
}
```

保存 HTML 文件，刷新网页，效果如图 4-16 所示，此时背景图像出现在页面的右下角。

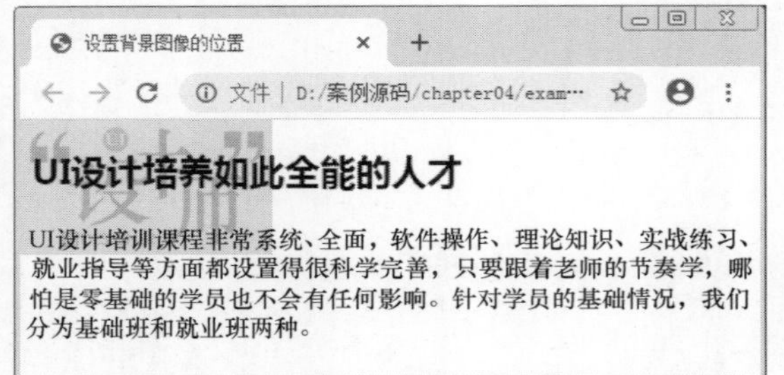

图 4-15　设置背景图像的位置 1

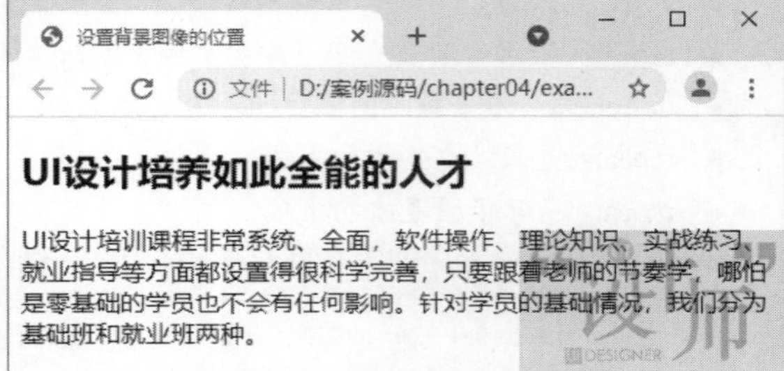

图 4-16　设置背景图像的位置 2

在 CSS 中，通常需要为 background-position 属性设置两个属性值，这两个属性值之间应用空格隔开，用于定义背景图像在页面的水平方向和垂直方向的坐标。例如，“right bottom”表示背景图像水平方向位于右侧，垂直方向位于下方。background-position 属性的默认值为“0 0”或“top left”，即背景图像位于元素的左上角。background-position 属性的取值有多种，具体如下。

- 使用不同单位的数值。通过数值直接设置图像左上角在元素中的坐标，最常用的单位是像素。例如，“background-position:20px 20px;”。
- 使用预定义的关键字。通过关键字直接指定背景图像在元素中的对齐方式。其中，水平方向的关键字包括 left、center、right；垂直方向的关键字包括 top、center、bottom。两个关键字的顺序任意，若只设置一个关键字，则另一个关键字默认为 center。例如，“background-position:top;”等价于“background-position: center top;”。
- 使用百分比数值。通过百分比数值将背景图像与元素的指定点对齐。其中，“0% 0%”表示图像左上角与元素的左上角对齐；“50% 50%”表示图像 50% 50%的中心点与元素 50% 50%的中心点对齐；“20% 30%”表示图像 20% 30%的点与元素 20% 30%的点对齐；“100% 100%”表示图像右下角与元素的右下角对齐。如果只设置一个百分比数值，则其将作为水平属性值，垂直属性值则默认为 50%。

可以将 background-position 属性的属性值定义为像素值，用于控制例 4-7 中背景图像的位置，则<body>标签的 CSS 样式代码如下：

```
body{
    background-image:url(pic5.png);          /*设置网页的背景图像*/
    background-repeat:no-repeat;             /*设置背景图像不平铺*/
```

```
    background-position:50px 80px;          /*用像素值控制背景图像的位置*/
}
```

保存 HTML 文件，再次刷新网页，效果如图 4–17 所示。

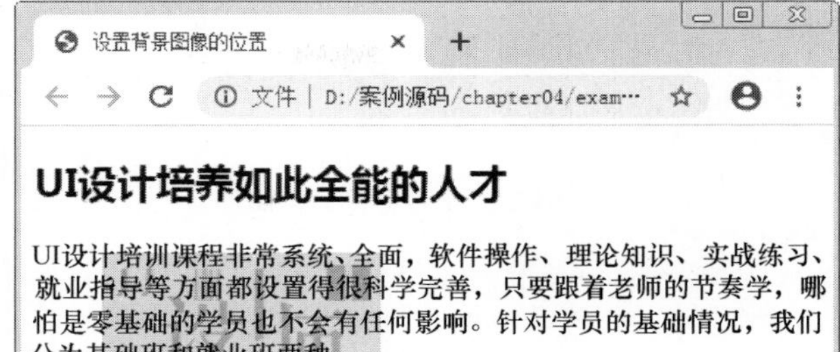

图 4–17 设置背景图像的位置 3

（5）设置背景图像固定

有时网页中的内容较多，在浏览网页时背景图像会随着页面滚动条移动。此时使用 background-attachment 属性可以将背景图像固定。background-attachment 属性有两个属性值，分别代表不同的含义，具体介绍如下。

- scroll：图像随页面一起滚动（默认值）。
- fixed：图像固定在屏幕上，不随页面滚动。

例如，下面的示例代码就表示背景图像在距离 body 元素的左边“50px”、上边“80px”的位置固定。

```
body{
    background-image:url(he.png);      /*设置网页的背景图像*/
    background-repeat:no-repeat;       /*设置背景图像不平铺*/
    background-position:50px 80px;     /*用像素值控制背景图像的位置*/
    background-attachment:fixed;       /*设置背景图像的位置固定*/
}
```

（6）综合设置元素的背景

与边框属性一样，背景属性也是一个复合属性，可以将与背景相关的样式都综合定义在一个复合属性 background 中。background 属性综合设置背景样式的语法格式如下：

```
background:背景颜色 url("图像") 平铺 定位 固定;
```

在上述语法格式中，各样式顺序任意，中间用空格隔开，不需要的背景样式可以省略。实际工作中通常按照背景颜色、url("图像")、平铺、定位、固定的顺序来书写。例如，例 4–7 中<body>标签的背景可以进行综合设置，代码如下：

```
background:url(pic5.png) no-repeat 50px 80px fixed;
```

综合设置背景样式的代码等价于下面的代码。

```
body{
    background-image:url(images/pic5.png); /*设置网页的背景图像*/
    background-repeat:no-repeat;          /*设置背景图像不平铺*/
    background-position:50px 80px;        /*用像素值控制背景图像的位置*/
    background-attachment:fixed;          /*设置背景图像的位置固定*/
}
```

5. 宽度属性和高度属性

网页是由多个盒子排列而成的，每个盒子都有固定的大小。在 CSS 中，使用宽度属性 width 和高度属性 height 对盒子的大小进行控制。width 和 height 属性的属性值可以为不同单位的数值或相对于父元素的百分比数值，实际工作中最常用的是像素值。

下面将使用 width 和 height 属性来控制网页中的段落文本，使大家可以进一步熟悉这两种属性的用法，如例 4–8 所示。

例 4–8 example08.html

```
<!doctype html>
<html>
<head>
<meta charset="utf-8">
<title>盒子的宽度与高度</title>
<style type="text/css">
.box{
    width:200px;                 /*设置段落的宽度*/
```

```
        height:50px;                  /*设置段落的高度*/
        background:#CCC;              /*设置段落的背景颜色*/
        border:10px solid #f00;       /*设置段落的边框*/
        padding:15px;                 /*设置段落的内边距*/
        margin:15px;                  /*设置段落的外边距*/
  }
  </style>
  </head>
  <body>
  <p class="box">盒子模型的宽度与高度</p>
  </body>
  </html>
```

在例 4-8 中，通过 width 和 height 属性分别控制段落的宽度和高度，同时对段落应用了盒子模型的其他属性，如边框属性、内边距属性、外边距属性等。

运行例 4-8，效果如图 4-18 所示。

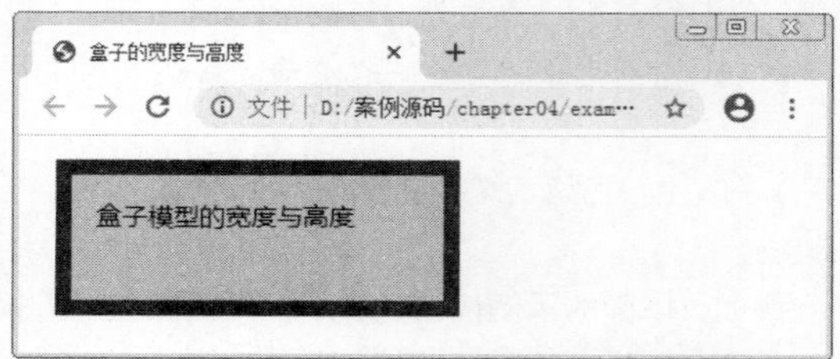

图 4-18　width 和 height 属性的设置效果

如果问读者例 4-8 所示的盒子的宽度是多少，有些读者可能会不假思索地回答“200px”。实际上这是不正确的。因为在 CSS 规范中，元素的 width 属性和 height 属性仅指元素内容的宽度和高度，元素周围的内边距、边框和外边距是单独计算的。大多数浏览器都采用了 W3C 规范，按照该规范，盒子的总宽度和总高度的计算原则如下。

- 盒子的总宽度= width+左右内边距之和+左右边框宽度之和+左右外边距之和。
- 盒子的总高度= height+上下内边距之和+上下边框宽度之和+上下外边距之和。

注意：

宽度属性 width 和高度属性 height 仅适用于块级元素，对行内元素无效。特殊的行内元素<img />和<input />除外。

【任务 4-3】盒子模型新增属性

需求分析

为了丰富网页的样式功能，去除一些冗余的样式代码，CSS3 中添加了一些新的盒子模型属性。例如，颜色透明、圆角、阴影、渐变等。下面将详细介绍这些全新的 CSS 样式属性。

知识储备

1. 颜色透明

在 CSS3 之前，设置颜色的方法有使用十六进制颜色值（如#f00）、RGB 模式或指定颜色的英文名称（如 red）进行设置，但这些方法无法改变颜色的透明度。在 CSS3 中新增了两种设置颜色透明度的方法，一种是使用 RGBA 模式设置透明度，另一种是使用 opacity 属性设置透明度。下面将详细讲解这两种设置透明度的方法。

（1）RGBA 模式

RGBA 模式是 CSS3 新增的颜色模式，它是 RGB 模式的延伸。RGBA 模式是在红、绿、蓝三原色的基础上添加了透明度参数，其语法格式如下：

```
rgba(r,g,b,alpha);
```

在上述语法格式中，前 3 个参数与 RGB 模式中的参数含义相同，表示红、绿、蓝 3 个通道的参数。括号里是 RGB 模式的颜色值或者百分比数值，alpha 参数是一个介于 0（当参数值为 0 时完全透明）~1（当参数值为 1 时完全不透明）之间的数字。

例如，使用 RGBA 模式为<p>标签指定透明度为 0.5、颜色为红色的背景，示例代码如下：

```
p{background-color:rgba(255,0,0,0.5);}
```

或

```
p{background-color:rgba(100%,0%,0%,0.5);}
```

（2）opacity 属性

opacity 属性是 CSS3 的新增属性，该属性能够使任何元素呈现出透明效果。opacity 属性的作用范围要比 RGBA 模式大得多，该属性的语法格式如下：

```
opacity: 参数;
```

在上述语法格式中，opacity 属性用于定义标签的不透明度。参数表示不透明度的值，它是一个介于 0～1 之间的浮点数值。其中，0 表示完全透明，1 表示完全不透明，而 0.5 则表示半透明。

2. 圆角

在浏览网页时，经常会看到一些圆角的图形，如圆角按钮、圆角头像图片等。运用 CSS3 中的 border-radius 属性可以将矩形边框四角圆角化，实现圆角效果。border-radius 属性基本语法格式如下：

```
border-radius:水平半径参数1 水平半径参数2 水平半径参数3 水平半径参数4/垂直半径参数1 垂直半径参数2 垂直半径参数3 垂直半径参数4;
```

在上述语法格式中，水平半径参数和垂直半径参数均有 4 个参数值，分别对应矩形的 4 个圆角，每个角各包含一个水平半径参数和垂直半径参数。水平半径参数和垂直半径参数之间用“/”隔开。参数的取值单位可以为像素（px）或百分比（%）。矩形的圆角和参数示例如图 4-19 所示。

下面通过一个案例来演示 border-radius 属性的用法，如例 4-9 所示。

例 4-9　example09.html

```
1  <!doctype html>
2  <html>
3  <head>
4  <meta charset="utf-8">
5  <title>圆角边框</title>
6  <style type="text/css">
7  img{
8       border:8px solid black;
9       border-radius:50px 20px 10px 70px/30px 40px 60px 80px;/*分别设置四个角水平半径和垂直半径*/
10 }
11 </style>
12 </head>
13 <body>
14 <img class="circle" src="2.jpg" alt="图片"/>
15 </body>
16 </html>
```

在例 4-9 中，第 9 行代码分别为图片 4 个角设置了不同的水平半径和垂直半径。

运行例 4-9，效果如图 4-20 所示。

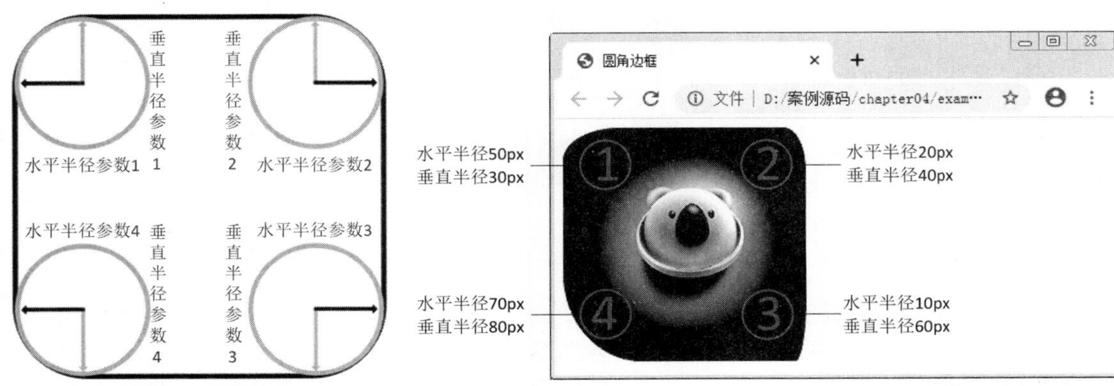

图 4-19　矩形的圆角和参数示例

图 4-20　border-radius 属性的设置效果

border-radius 属性同样遵循值复制的原则，其水平半径参数和垂直半径参数均可以设置 1～4 个参数值，用于控制 4 个角的圆角半径大小。

（1）水平半径参数和垂直半径参数设置 1 个参数值时，表示 4 个角的圆角半径均相同。

（2）水平半径参数和垂直半径参数设置 2 个参数值时，第 1 个参数值代表左上圆角半径和右下圆角半径，第 2 个参数值代表右上圆角半径和左下圆角半径，具体示例代码如下：

```
img{border-radius:50px 20px/30px 60px;}
```

上述示例代码表示设置图像左上和右下圆角水平半径为“50px”，垂直半径为“30px”；右上和左下圆角水平半径为“20px”，垂直半径为“60px”。示例代码对应的效果如图 4-21 所示。

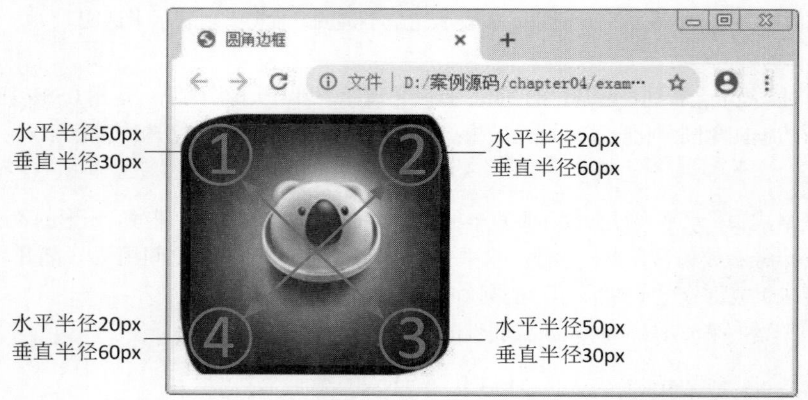

图 4-21　水平半径参数和垂直半径参数设置 2 个参数值的效果

（3）水平半径参数和垂直半径参数设置 3 个参数值时，第 1 个参数值代表左上圆角半径，第 2 个参数值代表右上和左下圆角半径；第 3 个参数值代表右下圆角半径，具体示例代码如下：

```
img{border-radius:50px 20px 10px/30px 40px 60px;}
```

上述示例代码表示设置图像左上圆角水平半径为“50px”，垂直半径为“30px”；右上和左下圆角水平半径为“20px”，垂直半径为“40px”；右下圆角水平半径为“10px”，垂直半径为“60px”。示例代码对应的效果如图 4-22 所示。

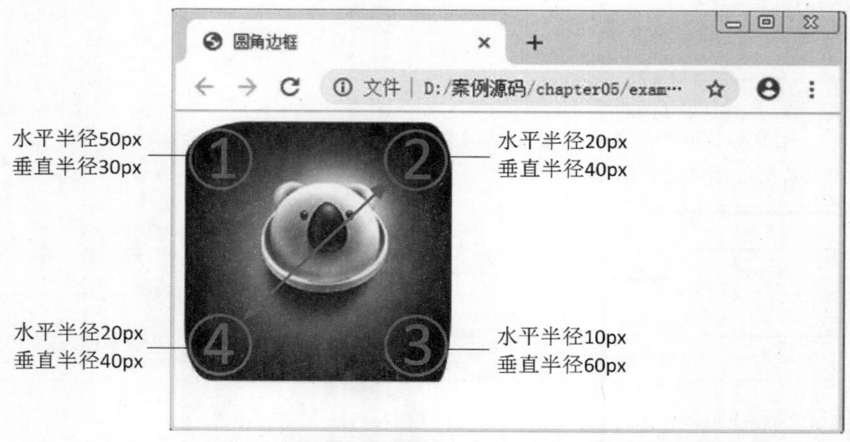

图 4-22　水平半径参数和垂直半径参数设置 3 个参数值的效果

（4）水平半径参数和垂直半径参数设置 4 个参数值时，第 1 个参数值代表左上圆角半径，第 2 个参数值代表右上圆角半径，第 3 个参数值代表右下圆角半径，第 4 个参数值代表左下圆角半径。示例代码如下：

```
img{border-radius:50px 30px 20px 10px/50px 30px 20px 10px;}
```

上述示例代码设置图像左上圆角的水平和垂直半径均为“50px”，右上圆角的水平和垂直半径均为

“30px”，右下圆角的水平和垂直半径均为“20px”，左下圆角的水平和垂直半径均为“10px”。示例代码对应的效果如图 4-23 所示。

应用值复制原则设置圆角边框时，如果“垂直半径参数”省略，则会默认其等于“水平半径参数”的参数值。此时圆角的水平半径和垂直半径相等。例如，水平半径参数和垂直半径参数设置 4 个参数值的示例代码可以简写如下：

```
img{border-radius:50px 30px 20px 10px;}
```

需要说明的是，如果想要设置例 4-9 中图片的圆角边框显示效果为圆形，只需将第 9 行代码更改为如下内容：

```
img{border-radius:150px;}          /*设置显示效果为圆形*/
```

或

```
img{border-radius:50%;}            /*利用百分比设置显示效果为圆形*/
```

border-radius 属性的属性值只需要为图片宽度和高度的一半，图片即可显示为圆形。由于在例 4-9 中图片的宽度和高度均为 300px，所以 border-radius 属性的属性值可以设置为“150px”或“50%”。

示例代码对应的效果如图 4-24 所示。

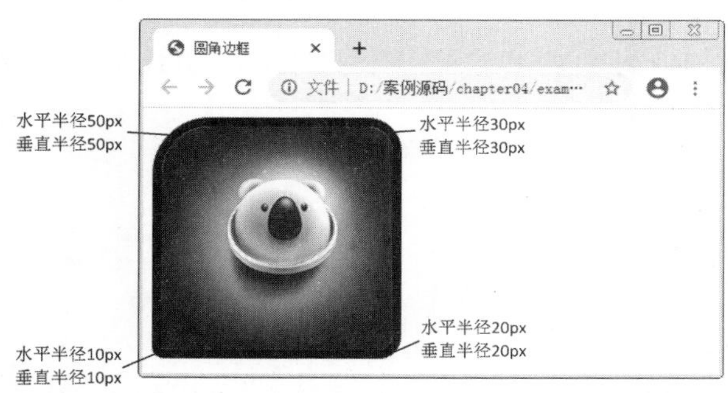

图 4-23　水平半径参数和垂直半径参数设置 4 个参数值的效果

图 4-24　圆角边框的圆形效果

3. 阴影

在网页制作中，阴影可以使网页效果立体化。使用 CSS3 中的 box-shadow 属性可以轻松实现阴影的添加。box-shadow 属性的基本语法格式如下：

```
box-shadow: h-shadow v-shadow blur spread color outset;
```

在上面的语法格式中，box-shadow 属性共包含 6 个属性值。box-shadow 属性的属性值说明如表 4-2 所示。

表 4-2　box-shadow 属性的属性值说明

属性值	描述
h-shadow	表示水平阴影的位置，可以为负值（必选属性值）
v-shadow	表示垂直阴影的位置，可以为负值（必选属性值）
blur	阴影模糊半径（可选属性值）
spread	阴影扩展半径，不能为负值（可选属性值）
color	阴影颜色（可选属性值）
outset/inset	默认为外阴影/内阴影（可选属性值）

表 4-2 列举了 box-shadow 属性的属性值和说明，其中，“h-shadow”和“v-shadow”为必选属性值不可以省略，其余为可选属性值。“outset”用于设置外阴影，为默认属性值，“inset”用于设置内阴影。

下面通过一个为图片添加阴影的案例来演示 box-shadow 属性的用法和效果，如例 4-10 所示。

例 4-10　example10.html

```
<!doctype html>
<html>
<head>
```

```
4  <meta charset="utf-8">
5  <title>box-shadow 属性</title>
6  <style type="text/css">
7  img{
8      padding:20px;           /*内边距 20px*/
9      border-radius:50%;      /*将图像设置为圆形效果*/
10     border:1px solid #666;
11     box-shadow:5px 5px 10px 2px #999 inset;
12       }
13 </style>
14 </head>
15 <body>
16 <img src="6.jpg" alt="爱护眼睛"/>
17 </body>
18 </html>
```

在例 4-10 中，第 11 行代码为图像添加了内阴影样式。为图片添加内阴影时，需要与内边距属性 padding 配合使用，使图像和阴影之间拉开一定的距离，不然图片会将内阴影遮挡。

运行例 4-10，效果如图 4-25 所示。

在图 4-25 中，图片出现了内阴影效果。box-shadow 属性也可以改变阴影的投射方向，并且可以添加多重阴影效果，示例代码如下：

```
box-shadow:5px 5px 10px 2px #999 inset,-5px -5px 10px 2px #73AFEC inset;
```

上述示例代码对应的效果如图 4-26 所示。

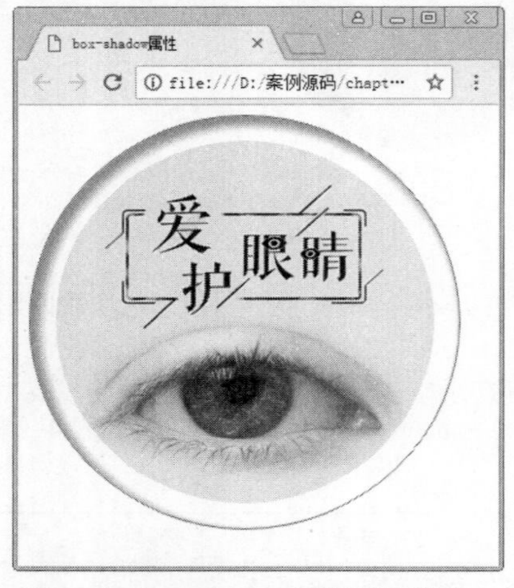

图 4-25　box-shadow 属性的设置效果

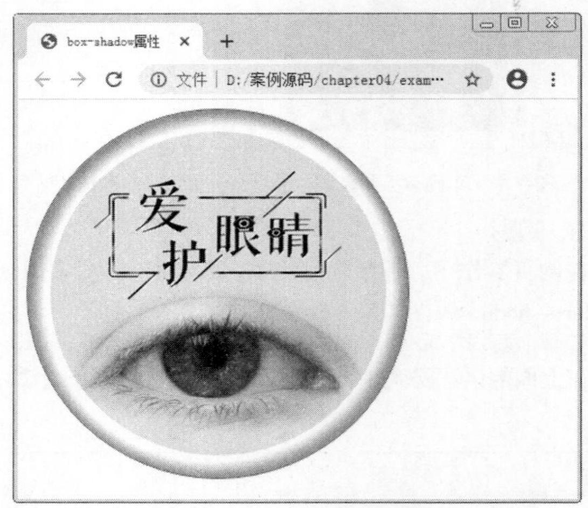

图 4-26　多重内阴影效果

4. 渐变

在 CSS3 之前的版本中，渐变效果需要通过设置背景图像来实现。而 CSS3 中增加了渐变属性，通过渐变属性可以轻松实现渐变效果。CSS3 的渐变属性主要包括线性渐变、径向渐变和重复渐变三种，具体介绍如下。

（1）线性渐变

在线性渐变过程中，初始颜色会沿着一条直线按方向顺序过渡到结束颜色。运用 CSS3 中的 “background-image:linear-gradient（参数值）;” 样式可以实现线性渐变效果，该样式的基本语法格式如下：

```
background-image:linear-gradient(渐变角度,颜色值 1,颜色值 2,...,颜色值 n);
```

在上述语法格式中，linear-gradient 用于定义渐变方式为线性渐变，括号内的参数值包含渐变角度和颜色值，具体介绍如下。

① 渐变角度。渐变角度是指水平线与渐变线之间的夹角，可以是以 deg 为单位的角度数值或 “to” 加上 “left” “right” “top” “bottom” 等关键词（to 可以理解为 “到” 的意思，如 “to top” 可以理解为以底部为起点

到顶部的渐变）。其中，0deg 对应“to top”，90deg 对应“to right”，180deg 对应“to bottom”，270deg 对应“to left”，整个过程以 bottom 为起点顺时针旋转。渐变角度的变化过程如图 4–27 所示。

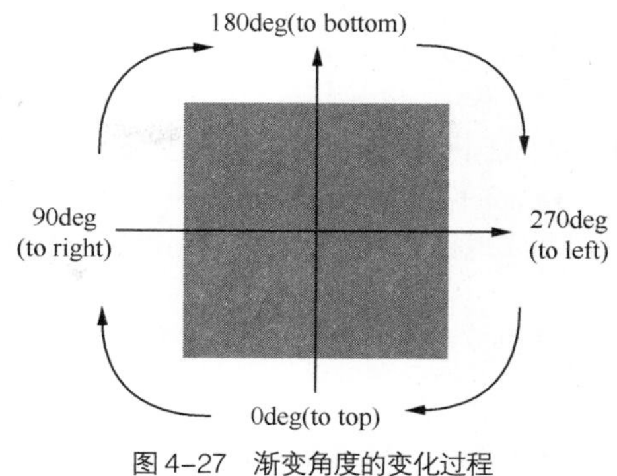

图 4–27 渐变角度的变化过程

当未设置渐变角度时，CSS 将渐变角度默认为“180deg”，等同于“to bottom”。

② 颜色值。颜色值用于设置渐变颜色，其中“颜色值 1”表示初始颜色，“颜色值 n”表示结束颜色，初始颜色和结束颜色之间可以添加多个颜色值，各颜色值之间用“,”隔开。

下面通过一个案例对线性渐变的用法进行演示，如例 4–11 所示。

例 4–11 example11.html

```
<!doctype html>
<html>
<head>
<meta charset="utf-8">
<title>线性渐变</title>
<style type="text/css">
p{
     width:200px;
     height:200px;
     background-image:linear-gradient(30deg,#0f0,#00f);
     }
</style>
</head>
<body>
<p></p>
</body>
</html>
```

在例 4–11 中，为<p>标签定义了一个渐变角度为 30deg、绿色（#0f0）到蓝色（#00f）的线性渐变。

运行例 4–11，效果如图 4–28 所示。

图 4–28 实现了绿色到蓝色的线性渐变。需要说明的是，每一个颜色值后面还可以书写一个百分比数值，用于标识颜色渐变的位置，百分比数值与颜色值之间用空格隔开。示例代码如下：

```
background-image:linear-gradient(30deg,#0f0 50%,#00f 80%);
```

上述示例代码可以看作绿色（#0f0）由 50%的位置开始出现渐变，至蓝色（#00f）位于 80%的位置结束渐变。可以用 Photoshop 中的渐变色块进行类比，如图 4–29 所示。

图 4–28 线性渐变 1

图 4–29 定义渐变颜色位置

上述示例代码对应的效果如图 4–30 所示。

（2）径向渐变

径向渐变同样是网页中一种常用的渐变，在径向渐变过程中，初始颜色会从一个中心点开始，按照椭圆或圆形形状进行扩张渐变。运用 CSS3 中的“background-image:radial-gradient（参数值）;”样式可以实现径向渐变效果，该样式的基本语法格式如下：

```
background-image:radial-gradient(渐变形状 圆心位置,颜色值1,颜色值2,...,颜色值n);
```

图 4-30　线性渐变 2

在上述语法格式中，radial-gradient 用于定义渐变的方式为径向渐变，括号内的参数值用于设定渐变形状、圆心位置和颜色值，对各参数的具体介绍如下。

① 渐变形状。渐变形状用于定义径向渐变的形状，其取值既可以是定义水平和垂直半径的像素值或百分比数值，也可以是“circle”“ellipse”这样的关键词，具体介绍如下。

- 像素值/百分比数值：用于定义形状的水平半径和垂直半径。例如，“80px 50px”表示一个水平半径为 80px、垂直半径为 50px 的椭圆形。
- circle：指定圆形的径向渐变。
- ellipse：指定椭圆形的径向渐变。

② 圆心位置。圆心位置用于确定元素渐变的中心位置，使用“at”加上关键词或属性值来定义径向渐变的中心位置。圆心位置的属性值类似于 CSS 中 background-position 属性的属性值，如果省略则默认为“center”。圆心位置的属性值有以下几种。

- 像素值/百分比数值：用于定义圆心的水平坐标（横坐标）和垂直坐标（纵坐标），可以为负值。
- left：设置左边为径向渐变圆心的横坐标值。
- center：设置中间为径向渐变圆心的横坐标值或纵坐标值。
- right：设置右边为径向渐变圆心的横坐标值。
- top：设置顶部为径向渐变圆心的纵坐标值。
- bottom：设置底部为径向渐变圆心的纵坐标值。

③ 颜色值。其中，“颜色值 1”表示初始颜色，“颜色值 n”表示结束颜色，初始颜色和结束颜色之间可以添加多个颜色值，各颜色值之间用“,”隔开。

下面运用径向渐变制作一个球体，如例 4-12 所示。

例 4-12　example12.html

```
<!doctype html>
<html>
<head>
<meta charset="utf-8">
<title>径向渐变</title>
<style type="text/css">
p{
     width:200px;
     height:200px;
     border-radius:50%; /*设置圆角边框*/
     background-image:radial-gradient(ellipse at center,#0f0,#030); /*设置径向渐变*/
     }
</style>
</head>
<body>
<p></p>
</body>
</html>
```

例 4-12 为<p>标签定义了一个渐变形状为椭圆形、径向渐变位置在容器中心点、绿色（#0f0）到深绿色（#030）的径向渐变。同时，使用 border-radius 属性将容器的边框设置为圆角。

运行例 4-12，效果如图 4-31 所示。

图 4-31 径向渐变

在图 4-31 中，球体实现了绿色到深绿色的径向渐变。与线性渐变类似，径向渐变的颜色值后面也可以书写一个百分比数值，用于设置渐变的位置。

（3）重复渐变

在网页设计中，重复渐变其实就是上述两种渐变方式的多次运用。因此，重复渐变也可以分为重复线性渐变和重复径向渐变两类，具体介绍如下。

① 重复线性渐变。在 CSS3 中，通过“background-image:repeating-linear-gradient（参数值）;”样式可以设置重复线性渐变的效果，该样式的基本语法格式如下：

```
background-image:repeating-linear-gradient(渐变角度,颜色值1,颜色值2,...,颜色值n);
```

在上述语法格式中，“repeating-linear-gradient（参数值）”用于定义渐变方式为重复线性渐变，括号内的参数取值与线性渐变相同，分别用于定义渐变角度和颜色值。颜色值同样可以使用百分比数值定义位置。

下面通过一个案例对重复线性渐变进行演示，如例 4-13 所示。

例 4-13 example13.html

```
<!doctype html>
<html>
<head>
<meta charset="utf-8">
<title>重复线性渐变</title>
<style type="text/css">
p{
     width:200px;
     height:200px;
     background-image:repeating-linear-gradient(90deg,#E50743,#E8ED30 10%,#3FA62E 15%);
     }
</style>
</head>
<body>
<p></p>
</body>
</html>
```

例 4-13 为<p>标签定义了一个渐变角度为 90deg 的红、黄、绿三色重复线性渐变。

运行例 4-13，效果如图 4-32 所示。

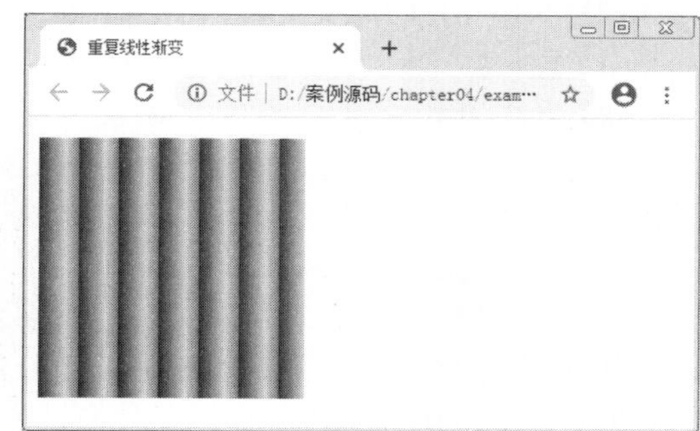

图 4-32 重复线性渐变

② 重复径向渐变。在 CSS3 中，通过“background-image:repeating-radial-gradient（参数值）;”样式可以设置重复径向渐变效果，该样式的基本语法格式如下：

```
background-image:repeating-radial-gradient(渐变形状 圆心位置,颜色值1,颜色值2,...,颜色值n);
```

在上述语法格式中，“repeating-radial-gradient（参数值）”用于定义渐变方式为重复径向渐变，括号内的参数取值与径向渐变相同，分别用于定义渐变形状、圆心位置和颜色值。

下面通过一个案例对重复径向渐变进行演示，如例 4-14 所示。

例 4-14　example14.html

```
<!doctype html>
<html>
<head>
<meta charset="utf-8">
<title>重复径向渐变</title>
<style type="text/css">
p{
     width:200px;
     height:200px;
     border-radius:50%;
     background-image:repeating-radial-gradient(circle at 50% 50%,#E50743,#E8ED30 10%,#3FA62E 15%);
     }
</style>
</head>
<body>
<p></p>
</body>
</html>
```

例 4-14 为<p>标签定义了一个渐变形状为圆形、径向渐变位置在容器中心点的红、黄、绿三色重复径向渐变。

运行例 4-14，效果如图 4-33 所示。

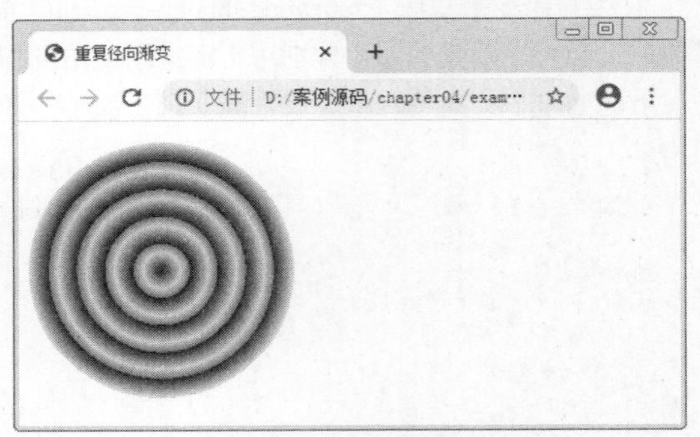

图 4-33　重复径向渐变

【任务 4-4】元素的类型与转换

需求分析

前面的项目在介绍 CSS 属性时，经常会提到“仅适用于块级元素”，那么究竟什么是块级元素？在 HTML 标签语言中元素又是如何分类的呢？下面将对元素的类型与转换进行详细讲解。

知识储备

1. 元素的类型

HTML 提供了丰富的标签，用于组织页面结构。为了使页面结构的组织更加合理，HTML 标签被定义成了不同的类型，分别为块元素和行内元素，也称为块标签和行内标签，对它们的具体介绍如下。

（1）块元素

块元素在页面中以区域块的形式出现，其特点是每个块元素都会独自占据一行或多行。块元素可以设置宽度、高度、对齐等属性。在网页设计中，块元素常用于网页布局和网页结构的搭建。网页中常见的块元素有<h1>～<h6>、<p>、<div>、<ul>、<ol>、<li>等，其中，<div>标签是最典型的块元素。

（2）行内元素

行内元素也称为内联元素或内嵌元素，其特点是每个行内元素不会独自占据一行。一个行内元素通常会与其他行内元素显示在同一行中，它们不占有独立的区域，仅仅靠自身的文本内容和图像尺寸来支撑结构。行内元素一般不可以设置宽度、高度、对齐等属性，只用于控制页面中文本的样式。网页中常见的行内元素有<strong>、<b>、<em>、<i>、<del>、<s>、<ins>、<u>、<a>、<span>等，其中，<span>标签是最典型的行内元素。

下面通过一个案例来学习块元素与行内元素的具体用法，如例 4-15 所示。

例 4-15 example15.html

```
1  <!doctype html>
2  <html>
3  <head>
4  <meta charset="utf-8">
5  <title>块元素和行内元素</title>
6  <style type="text/css">
7  h2{
8       background:#39F;          /*定义<h2>标签的背景颜色为青色*/
9       width:350px;              /*定义<h2>标签的宽度为 350px*/
10      height:50px;              /*定义<h2>标签的高度为 50px*/
11      text-align:center;        /*定义<h2>标签的文本水平对齐方式为居中*/
12      }
13 p{background:#060;}            /*定义<p>标签的背景颜色为绿色*/
14 strong{
15      background:#66F;          /*定义<strong>标签的背景颜色为紫色*/
16      width:360px;              /*定义<strong>标签的宽度为 360px*/
17      height:50px;              /*定义<strong>标签的高度为 50px*/
18      text-align:center;        /*定义<strong>标签的文本水平对齐方式为居中*/
19    }
20 em{background:#FF0;}           /*定义<em>标签的背景颜色为黄色*/
21 del{background:#CCC;}          /*定义<del>标签的背景颜色为灰色*/
22 </style>
23 </head>
24 <body>
25 <h2>h2 标签定义的文本</h2>
26 <p>p 标签定义的文本</p>
27 <p>
28    <strong>strong 标签定义的文本</strong>
29    <em>em 标签定义的文本</em>
30    <del>del 标签定义的文本</del>
31 </p>
32 </body>
33 </html>
```

在例 4-15 中，第 25～31 行代码使用了不同类型的标签，分别定义文本内容，然后对这些标签应用不同的背景颜色。

运行例 4-15，效果如图 4-34 所示。

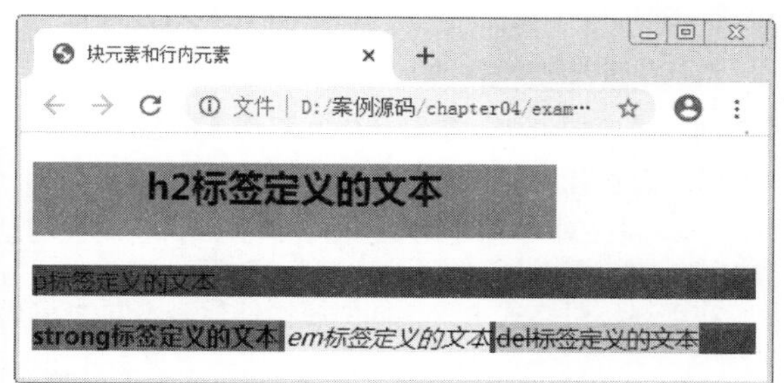

图 4-34 块元素和行内元素

从图 4-34 可以看出，不同类型的元素在页面中所占的区域不同。块元素<h2>和<p>各自占据一个矩形的区域，竖直排列。行内元素<strong>、<em>和<del>排列在同一行。可见块元素通常独占一行，可以设置宽、高和对齐属性，而行内元素通常不独占一行，不可以设置宽、高和对齐属性。行内元素可以嵌套在块元素中，而块元素不可以嵌套在行内元素中。

注意:

在行内元素中有几个特殊的元素。例如，<img />标签和<input />标签。这些特殊的行内元素可以设置宽度、高度和对齐属性，因此它们也被称为行内块元素。

2. <span>标签

<span>标签属于行内元素，在<span>与</span>之间只能包含文本和各种行内元素。<span>标签没有固定的表现形式，通常可配合 class 属性使用。当对<span>标签应用样式时，该标签才会产生视觉上的变化。在搭建 HTML 结构时，块元素能够嵌套行内元素，但行内元素不能嵌套块元素。例如，<span>标签通常会嵌套

在<div>标签中，可以将<div>标签理解为大容器，<span>标签理解为小容器，大容器内可以放置小容器。

下面通过一个案例来演示<span>标签的用法，如例4-16所示。

例4-16 example16.html

```
1  <!doctype html>
2  <html>
3  <head>
4  <meta charset="utf-8">
5  <title>span标签</title>
6  <style type="text/css">
7  span{margin:10px;}      /*定义<span>标签的外边距*/
8  .one{color:red;}
9  .two{color:pink;}
10 .three{color:blue;}
11 .four{color:purple;}
12 .five{color:green;}
13 </style>
14 </head>
15 <body>
16 <h2>课程推荐</h2>
17 <div class="list">
18     <span class="one">UI 设计</span><span class="two">Java</span><span class="three">人工智能</span><span class="four">产品经理</span><span class="five">前端移动与开发</span>
19 </div>
20 </body>
21 </html>
```

在例4-16中，第17～19行代码通过在<div>标签中嵌套<span>标签来定义一些特殊显示的文本；第6～13行代码使用CSS设置<span>标签的样式。

运行例4-16，效果如图4-35所示。

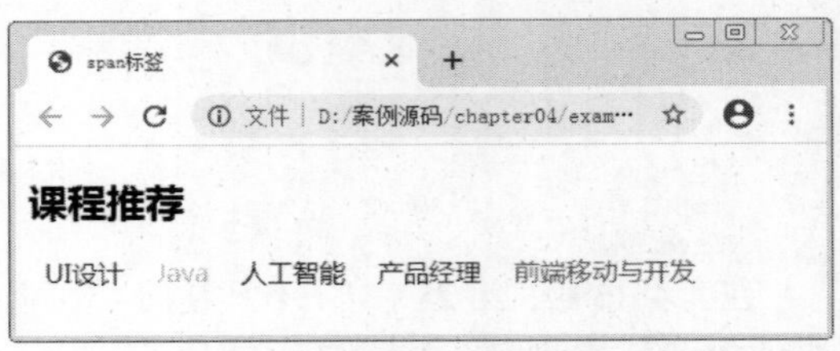

图4-35 <span>标签

图4-35中的所有课程都是通过CSS控制<span>标签设置的。由此可见，<span>标签可以嵌套于<div>标签中，成为它的子元素，但<span>标签中不能嵌套<div>标签。

3. 元素类型的转换

网页是由多个块元素和行内元素构成的盒子排列而成的。如果希望行内元素具有块元素的某些特性（例如，可以设置宽度和高度），或者需要块元素具有行内元素的某些特性（例如，不单独占据一行），就可以使用display属性对元素的类型进行转换。display属性的基本语法格式如下：

```
display:属性值;
```

在上述语法格式中，不同的属性值代表不同的元素类型。display属性的属性值如表4-3所示。

表4-3 display属性的属性值

属性值	含义
inline	此元素将显示为行内元素（行内元素默认的display属性的属性值）
block	此元素将显示为块元素（块元素默认的display属性的属性值）
inline-block	此元素将显示为行内块元素，可以设置其宽度、高度和对齐方式，但是该元素不会独占一行
none	此元素将被隐藏，不显示，也不占用页面空间，相当于该元素不存在

下面通过一个案例来演示display属性的用法和效果，如例4-17所示。

例4-17 example17.html

```
<!doctype html>
<html>
<head>
<meta charset="utf-8">
```

```
5  <title>元素的转换</title>
6  <style type="text/css">
7  div{                            /* 设置<div>标签的宽高 */
8       width:180px;
9       height:175px;
10 }
11 span{                           /* 设置<span>标签的宽高 */
12      width:180px;
13      height:175px;
14 }
15 p{font-size: 20px;}
16 .spring{background: url(spring.jpg);}
17 .summer{background: url(summer.jpg);}
18 .autumn{background: url(autumn.jpg);}
19 .winter{background: url(winter.jpg);}
20 </style>
21 </head>
22 <body>
23 <p>div 部分</p>
24 <div class="spring"></div>
25 <div class="summer"></div>
26 <div class="autumn"></div>
27 <div class="winter"></div>
28 <p>span 部分</p>
29 <span class="spring"></span>
30 <span class="summer"></span>
31 <span class="autumn"></span>
32 <span class="winter"></span>
33 </body>
34 </html>
```

在例 4–17 中，第 6～20 行代码为<div>标签和<span>标签设置相同的宽度和高度；第 23～32 行代码定义了 4 个<div>标签和 4 个<span>标签；最后为类名相同的<div>标签和<span>标签分别添加相同的背景样式。

运行例 4–17，效果如图 4–36 所示。

通过图 4–36 可以看出，<span>标签的背景图片并未显示。原因是<span>标签为行内元素，设置的宽度、高度样式对<span>标签不起作用。此时可以将<span>标签转换为行内块元素，具体代码如下：

```
span{
     width:180px;
     height:175px;
     display:inline-block;       /* 将<span>标签转换为行内块元素 */
}
```

保存后刷新页面，效果如图 4–37 所示。

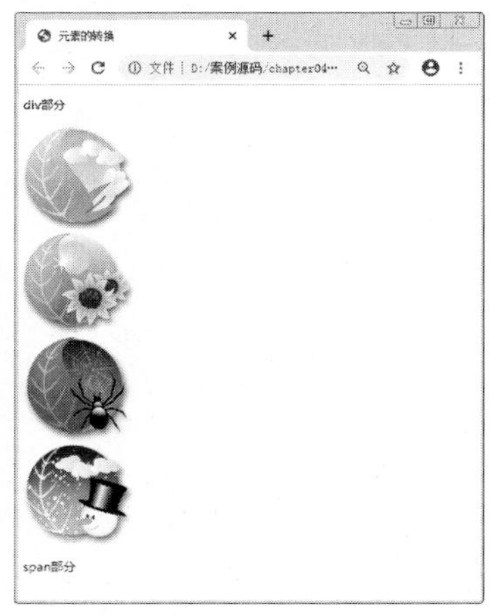

图 4–36 元素类型的转换 1

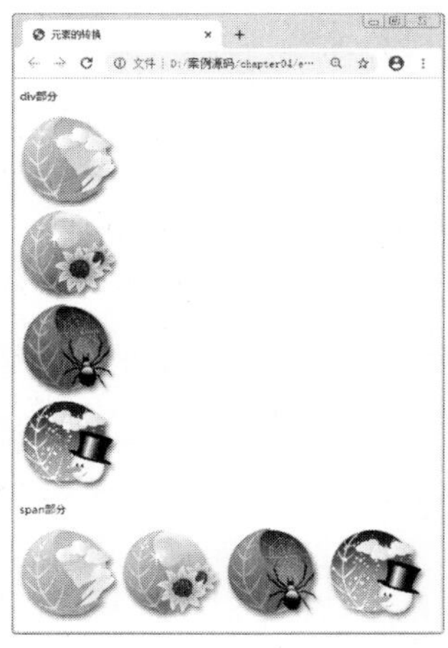

图 4–37 元素类型的转换 2

在图 4–37 中，<span>标签的背景图片正常显示，且排列在同一行。

同样，可以修改<div>标签的样式代码，也将其转换为行内块元素，并排列在同一行。具体代码如下：

```
div{
     width:180px;
     height:175px;
     display:inline-block;          /* 将<div>标签转换为行内块元素*/
}
```

保存后刷新页面，效果如图 4–38 所示。

通过图 4–38 可以看出，将<div>和<span>标签都转换为行内块元素后，两部分的显示效果相同。

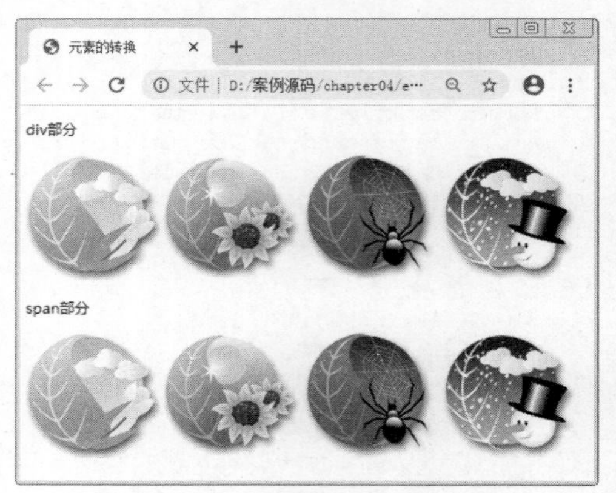

图 4–38　元素类型的转换 3

知识拓展

块元素垂直外边距的合并

两个相邻或嵌套的块元素的垂直外边距会自动合并，即发生重叠。了解块元素的这一特性后，有助于设计者更好地使用 CSS 进行网页布局。块元素垂直外边距的合并分为相邻块元素垂直外边距的合并和嵌套块元素垂直外边距的合并两种情况，具体介绍如下。

（1）相邻块元素垂直外边距的合并

当上下相邻的两个块元素相遇时，如果上面的块元素有下外边距 margin–bottom、下面的块元素有上外边距 margin–top，则它们之间的垂直间距不是 margin–bottom 与 margin–top 之和，而是两者中的较大者。这种现象被称为相邻块元素垂直外边距的合并（也称为外边距塌陷）。下面通过一个案例来帮助大家更好地理解相邻块元素垂直外边距的合并，如例 4–18 所示。

例 4–18　example18.html

```
1  <!doctype html>
2  <html>
3  <head>
4  <meta charset="utf-8">
5  <title>相邻块元素垂直外边距的合并</title>
6  <style type="text/css">
7  .one{
8       width:150px;
9       height:150px;
10      background:#FC0;
11      margin-bottom:20px;   /*定义第一个<div>标签的下外边距为 20px*/
12      }
13 .two{
14      width:150px;
15      height:150px;
16      background:#63F;
17      margin-top:40px;      /*定义第二个<div>标签的上外边距为 40px*/
18      }
19 </style>
20 </head>
21 <body>
22 <div class="one">1</div>
23 <div class="two">2</div>
24 </body>
25 </html>
```

在例 4–18 中，第 22 行和第 23 行代码分别定义了两对<div>标签；第 7～12 行代码和第 13～18 行代码分别为<div>标签设置实体化三属性；其中，第 11 行代码为第一个<div>标签定义了下外边距为“margin–bottom:20px;”，第 17 行代码为第二个<div>标签定义了上外边距为“margin–top:40px;”。

运行例 4–18，效果如图 4–39 所示。

在图 4-39 中，两个<div>标签之间的垂直间距并不是第一个<div>标签的 margin-bottom 与第二个<div>标签的 margin-top 之和——60px。如果用测量工具测量可以发现，两者之间的垂直间距是 40px，即 margin-bottom 与 margin-top 属性值中的较大者。

（2）嵌套块元素垂直外边距的合并

如果两个嵌套关系的块元素的父级块元素没有上内边距和边框，则父级块元素的上外边距会与子级块元素的上外边距发生合并，合并后的外边距为两者中的较大者。

下面通过一个案例演示嵌套块元素垂直外边距的合并，如例 4-19 所示。

例 4-19　example19.html

```
1  <!doctype html>
2  <html>
3  <head>
4  <meta charset="utf-8">
5  <title>嵌套块元素上外边距的合并</title>
6  <style type="text/css">
7  *{margin:0; padding:0;}    /*使用通配符清除所有 HTML 标签的默认边距*/
8  div.father{
9       width:400px;
10      height:400px;
11      background:#FC0;
12      margin-top:20px;       /*定义第一个<div>标签的上外边距为 20px*/
13      }
14 div.son{
15      width:200px;
16      height:200px;
17      background:#63F;
18      margin-top:40px;       /*定义第二个<div>标签的上外边距为 40px*/
19      }
20 </style>
21 </head>
22 <body>
23 <div class="father">
24     <div class="son"></div>
25 </div>
26 </body>
27 </html>
```

在例 4-19 中，第 23～25 行代码分别定义了两对<div>标签，它们之间是嵌套关系，分别为它们设置宽度、高度、背景颜色和上外边距。其中，父级<div>标签的上外边距为“20px”，子级<div>标签的上外边距为“40px”。为了便于观察，在第 7 行代码中使用通配符选择器清除了所有 HTML 标签的默认边距。

运行例 4-19，效果如图 4-40 所示。

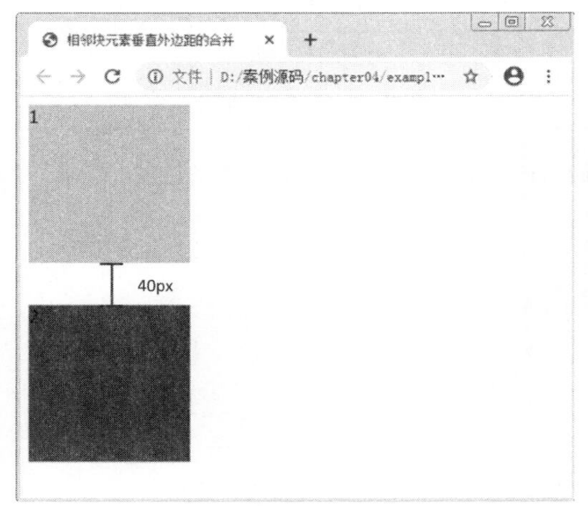

图 4-39　相邻块元素垂直外边距的合并

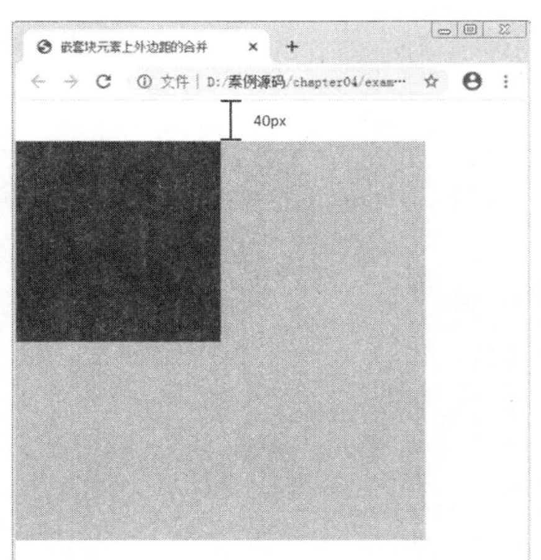

图 4-40　嵌套块元素上外边距的合并

在图 4–40 中，父级<div>标签与子级<div>标签的上边缘重合，这是因为它们的外边距发生了合并。如果使用测量工具测量可以发现，此时的外边距为“40px”，即取父级<div>标签与子级<div>标签上外边距中的较大者。

如果希望外边距不合并，可以为父级块元素定义 1px 的上边框或上内边距。例如，在父级<div>标签的 CSS 样式中增加边框样式，示例代码如下：

```
border-top:1px solid #FCC;        /*定义父级<div>标签的上边框*/
```

保存 HTML 文件，刷新网页，效果如图 4–41 所示。

在图 4–41 中，父级<div>标签与浏览器上边缘的垂直间距为“20px”，子级<div>标签与父级<div>标签上边缘的垂直间距为“40px”，外边距没有发生合并。

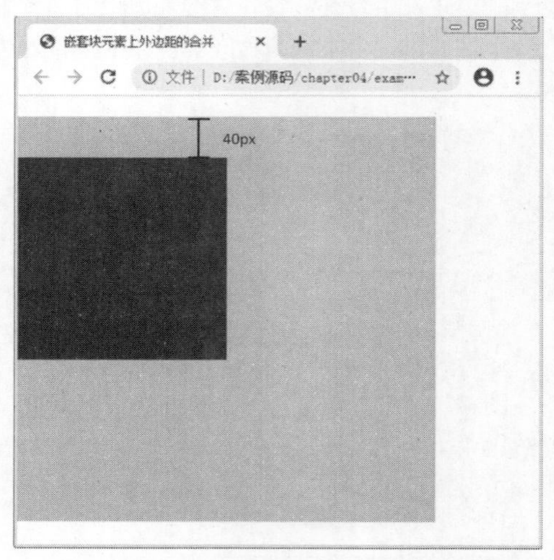

图 4–41 父级块元素有上边框时外边距不合并

【任务 4–5】元素的浮动

需求分析

在网页中，页面元素是按照默认的排列方向从上到下、从左到右排列的。采用这种默认排列方式搭建页面结构，会使网页版面看起来非常单调。通过元素的浮动属性，可对网页进行多样化布局，使各部分模块有序排列，整个网页的排版也变得丰富、美观。本任务将对元素的浮动进行详细讲解。

知识储备

1. 元素的浮动属性

浮动指设置了浮动属性的标签会脱离标准文档流（标准文档流指内容元素排版布局过程中会自动从左到右、从上到下进行流式排列）的控制，移动到其父元素中指定位置的过程。作为 CSS 的一个重要属性，浮动被频繁地应用在网页制作中。在 CSS 中，通过 float 属性来定义浮动。定义浮动的基本语法格式如下：

```
选择器{float:属性值;}
```

在上述语法中，float 属性常用的属性值有 3 个，具体如表 4–4 所示。

表 4–4 float 属性常用的属性值

属性值	含义
left	标签向左浮动
right	标签向右浮动
none	标签不浮动（默认值）

表 4–4 展示了 float 属性的属性值及其含义。下面通过一个案例来学习 float 属性的用法，如例 4–20 所示。

例 4–20 example20.html

```
<!doctype html>
<html>
<head>
<meta charset="utf-8">
<title>元素的浮动属性</title>
<style type="text/css">
.one{
     width:100px;
     height:100px;
     background:pink;
```

```
}
.two{
     width:150px;
     height:150px;
     background:red;
}
.three{
     width:200px;
     height:200px;
     background:blue;
}
</style>
</head>
<body>
<div class="one"></div>
<div class="two"></div>
<div class="three"></div>
</body>
</html>
```

在例 4–20 中，分别为 3 个<div>标签设置了不同的宽度、高度和背景颜色。

运行例 4–20，效果如图 4–42 所示。

图 4–42 为未添加浮动属性前的布局样式，3 个盒子自上而下排列，符合标准文档流的排列方式。下面修改第 1 个盒子的样式代码，为其添加左浮动样式，具体代码如下：

```
float:left;
```

保存 HTML 文件后，刷新页面，效果如图 4–43 所示。

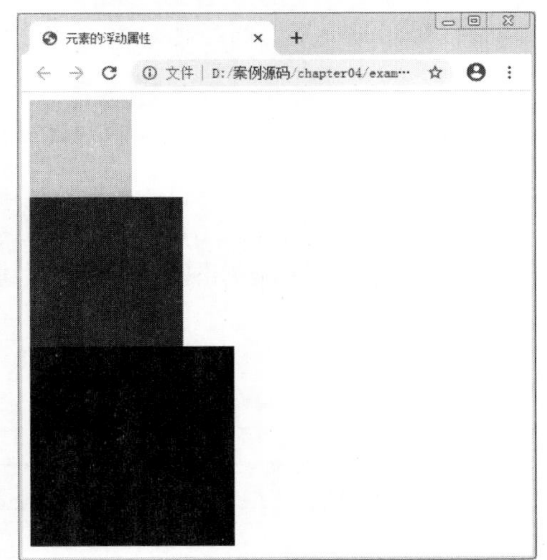

图 4–42　元素的浮动属性 1

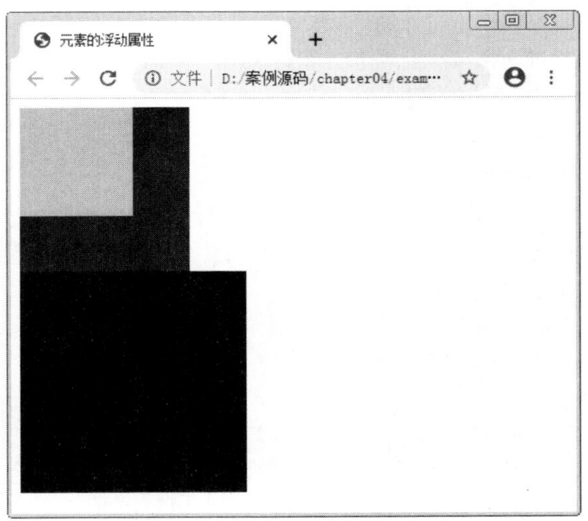

图 4–43　元素的浮动属性 2

通过图 4–43 可以看出，第 1 个盒子添加了左浮动样式后会脱离标准文档流。第 2 个盒子和第 3 个盒子会自动填补第 1 个盒子空出的位置。

下面修改第 2 个盒子的样式代码为其添加左浮动样式，具体代码如下：

```
float:left;
```

保存 HTML 文件后，刷新页面，效果如图 4–44 所示。

通过图 4–44 可以看出，第 2 个浮动的盒子排列到第一个盒子的右侧，与第一个盒子在同一行显示，且两个盒子都脱离了标准文档流。第 3 个盒子自动向上填补空出位置。

下面修改第 3 个盒子的样式代码，为该盒子添加左浮动样式，具体代码如下：

```
float:left;
```

保存 HTML 文件后，刷新页面，效果如图 4–45 所示。

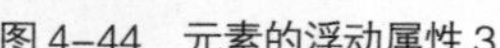

图 4–44 元素的浮动属性 3

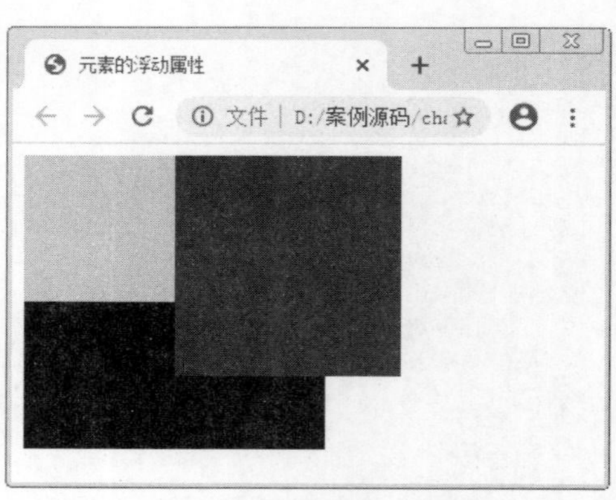

图 4–45 元素的浮动属性 4

观察图 4–45 发现其与预期效果有所不同，即第 3 个盒子没有移动到第 2 个盒子的右侧。原因是第 2 个盒子右侧所预留的空间不能满足第 3 个盒子的宽度。此时，第 3 个盒子会自动换行到下方显示。拖动修改浏览器窗口的宽度后，效果如图 4–46 所示。

图 4–46 元素的浮动属性 5

在图 4–46 中，3 个盒子在同一行显示，且从左向右依次排列。此时，3 个盒子脱离了标准文档流从上到下的排列方式。

2. 清除浮动

在网页中，当一个元素被设为浮动后，就不再占用标准文档流的位置，与该元素相邻的其他元素会受浮动的影响，产生位置上的变化。如果要避免浮动对其他元素的影响，就需要清除浮动。在 CSS 中，使用 clear 属性清除浮动，其基本语法格式如下：

```
选择器{clear:属性值;}
```

上述语法中，clear 属性的常用属性值有 3 个，具体如表 4–5 所示。

表 4–5 clear 属性的常用属性值

属性值	含义
left	不允许左侧有浮动标签（清除左侧浮动的影响）
right	不允许右侧有浮动标签（清除右侧浮动的影响）
both	同时清除左右两侧浮动的影响

表 4–5 列举了 clear 属性的 3 个属性值及其含义，下面通过一个案例来学习 clear 属性的用法，如例 4–21 所示。

例 4–21 example21.html

```
<!doctype html>
<html>
<head>
<meta charset="utf-8">
<title>清除浮动的应用</title>
<style type="text/css">
div{float:left;}
</style>
```

```
9 </head>
10 <body>
11 <div><img src="pic11.jpg"/></div>
12 <div><img src="pic22.jpg"/></div>
13 <div><img src="pic33.jpg"/></div>
14 <p>哺乳动物是一种恒温、脊椎动物，身体有毛发，大部分都是胎生，并靠乳腺哺育后代。哺乳动物是动物发展史上最高级的阶段，也是与人类关系最密切的一个类群。哺乳动物拥有高度发达的神经系统和感官，能协调复杂的机能活动和适应多变的环境条件。而且它们出现了口腔咀嚼和消化，大大提高了对能量的摄取。哺乳动物高而恒定的体温，帮助它们减少了对环境的依赖性。</p>
15 </body>
16 </html>
```

在例 4–21 中，第 11～13 行代码为 3 个<div>标签分别插入一张图片，并设置左浮动；第 14 行代码为<p>标签定义一段文字。

运行例 4–21，效果如图 4–47 所示。

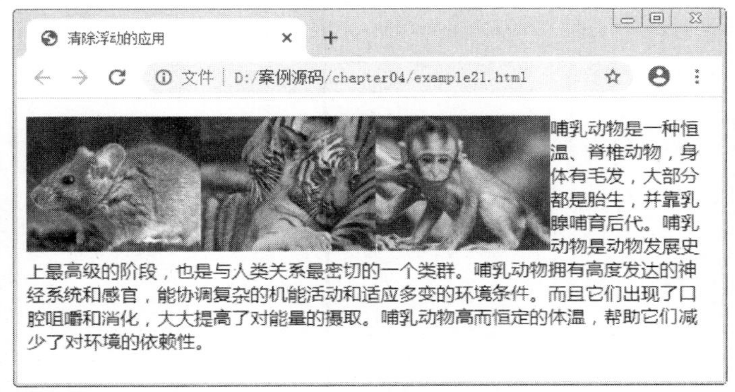

图 4–47　清除浮动的应用 1

在图 4–47 中，<div>标签设置了左浮动，因此段落标签会围绕图片显示。如果想让段落文本不受浮动元素的影响，则需要清除浮动。在例 4–21 中，为<p>标签添加清除浮动的代码，具体如下：

```
p{clear: left;}
```

保存 HTML 文件后，刷新页面，效果如图 4–48 所示。

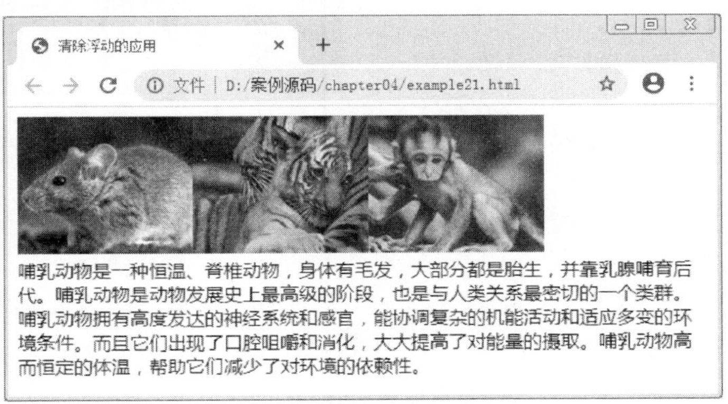

图 4–48　清除浮动的应用 2

通过图 4–48 可以看出，清除段落文本左侧的浮动后，段落文本不再受到浮动元素的影响，按照元素自身的默认排列方式，独自占据一个区域，显示在图片下方。

需要说明的是，clear 属性只能清除元素左右两侧浮动的影响。但在制作网页时，经常会遇到一些特殊的浮动影响，例如，对子元素设置浮动时，如果不对其父元素定义高度，则子元素的浮动会对父元素产生影响，如例 4–22 所示。

例 4-22 example22.html

```
1  <!doctype html>
2  <html>
3  <head>
4  <meta charset="utf-8">
5  <title>子元素浮动对父元素的影响</title>
6  <style type="text/css">
7  .one,.two,.three{
8       float:left;
9       width:100px;
10      height:100px;
11      margin:10px;
12      background: red;
13 }
14 .box{
15      border:1px solid #ccc;
16      background: blue;
17 }
18 </style>
19 </head>
20 <body>
21 <div>
22 <div class="box">
23      <div class="one">div1</div>
24      <div class="two">div2</div>
25      <div class="three">div3</div>
26 </div>
27 </div>
28 </body>
29 </html>
```

在例 4-22 中，第 8 行代码为 div1、div2、div3 这 3 个子元素定义左浮动。同时，类名为 box 的元素不设置高度。

运行例 4-22，效果如图 4-49 所示。

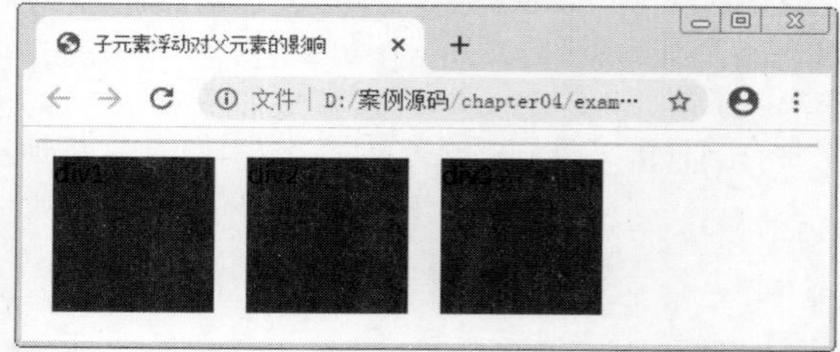

图 4-49 子元素浮动对父元素的影响

在图 4-49 中，由于受到子元素浮动的影响，未设置高度的父元素变成了一条直线，即父元素不能自适应子元素的高度了。

由于子元素和父元素为嵌套关系，不存在左右位置，所以使用 clear 属性并不能清除子元素浮动对父元素的影响。那么对于这种情况该如何清除浮动呢？

为了使读者在以后的工作中能够轻松地清除一些特殊的浮动，下面总结了 3 种清除浮动的常用方法。

（1）使用空标签清除浮动

在浮动元素后面添加空标签，并对该空标签应用“clear:both;”样式，可清除元素浮动所产生的影响。下面通过一个案例演示使用空标签清除浮动的方法，具体代码如例 4-23 所示。

例 4-23 example23.html

```
<!doctype html>
<html>
<head>
<meta charset="utf-8">
<title>空标签清除浮动</title>
<style type="text/css">
.one,.two,.three{
     float:left;
     width:100px;
     height:100px;
     margin:10px;
```

```
    background: red;
}
.box{
    border:1px solid #ccc;
    background: blue;
}
.four{clear:both;}
</style>
</head>
<body>
<div>
<div class="box">
    <div class="one">div1</div>
    <div class="two">div2</div>
    <div class="three">div3</div>
    <div class="four"></div>
</div>
</div>
</body>
</html>
```

例 4–23 在浮动元素 div1、div2、div3 之后添加 class 为 four 的空<div>标签，然后对其应用“clear:both;”样式。

运行例 4–23，效果如图 4–50 所示。

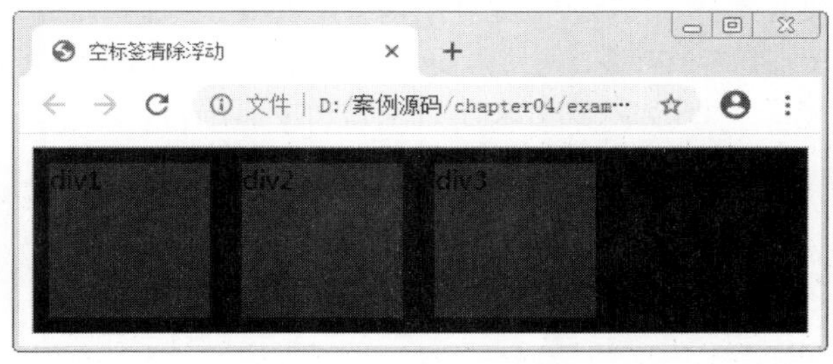

图 4–50　使用空标签清除浮动

在图 4–50 中，父元素被其子元素撑开了，即子元素的浮动对父元素的影响已经不存在。空标签清除浮动的缺点是增加了不必要的结构元素。

（2）使用 overflow 属性清除浮动

为浮动元素的父元素添加“overflow: hidden;”或“overflow:auto;”也可以清除浮动。使用 overflow 属性清除浮动的方法弥补了使用空标签清除浮动的不足，不会在页面中添加不必要的结构元素。下面通过一个案例演示使用 overflow 属性清除浮动的方法，具体代码如例 4–24 所示。

例 4–24　example24.html

```
<!doctype html>
<html>
<head>
<meta charset="utf-8">
<title>overflow 属性清除浮动</title>
<style type="text/css">
.one,.two,.three{
    float:left;
    width:100px;
    height:100px;
    margin:10px;
    background:red;
}
.box{
    border:1px solid #ccc;
    background:blue;
    overflow:hidden;
}
</style>
</head>
<body>
<div>
  <div class="box">
```

```
24         <div class="one">div1</div>
25         <div class="two">div2</div>
26         <div class="three">div3</div>
27     </div>
28 </div>
29 </body>
30 </html>
```

在例 4-24 中，第 17 行代码通过对父元素应用“overflow:hidden;”样式，来清除子元素浮动对父元素的影响。

运行例 4-24，效果如图 4-51 所示。

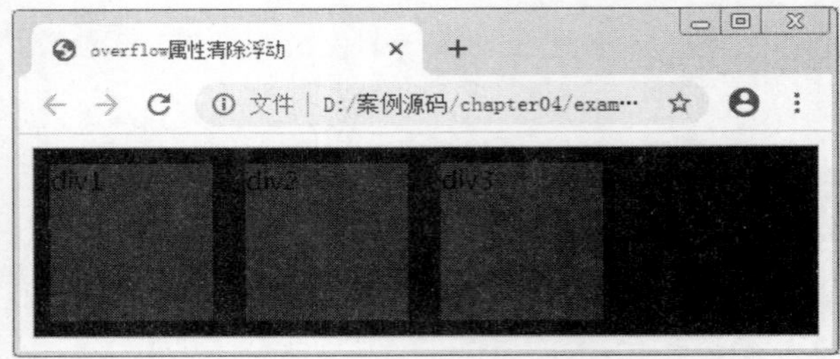

图 4-51　使用 overflow 属性清除浮动

在图 4-51 中，父元素被其子元素撑开，达到了预期的效果。

（3）使用 after 伪对象清除浮动

使用 after 伪对象清除浮动的实现原理与使用空标签清除浮动的原理类似。区别在于使用空标签清除浮动是在结构中插入一个没有内容的标签，而使用 after 伪对象清除浮动是利用其伪类“:after”在元素内部增加一个类似于空标签的效果。使用 after 伪对象清除浮动的示例代码如下：

```
.father:after{  /*对父元素应用 after 伪对象样式*/
     display:block;
     clear:both;
     content:"";
     visibility:hidden;
     height:0;
}
```

在上述示例代码中，“.father”为一个父元素选择器，其后面的“:after”伪类的样式属性可以作为一个固定写法。使用 after 伪对象清除浮动时需要注意以下两点。

- 必须为需要清除浮动的元素伪对象设置“height:0;”样式，否则该元素会比其实际高度高出若干像素。
- 必须在伪对象中设置 content 属性，属性值可以为空。例如，“content:"";”。

3. overflow 属性

overflow 属性是 CSS 中的一个重要属性，除了用于清除浮动外，当盒子内的元素超出盒子自身的大小时，该属性还可用于设置溢出内容的显示方式。overflow 属性的基本语法格式如下：

```
选择器{overflow:属性值;}
```

在上述语法格式中，overflow 属性的属性值有 4 个，分别表示不同的含义，具体如表 4-6 所示。

表 4-6　overflow 属性的属性值

属性值	含义
visible	内容不会被修剪，溢出部分会呈现在元素框之外（默认值）
hidden	溢出内容会被修剪，并且被修剪的内容是不可见的
auto	在需要时产生滚动条，即自适应所要显示的内容
scroll	溢出内容会被修剪，且浏览器会始终显示滚动条

例如，为 div 盒子设置宽度、高度、背景和“overflow:visible;”样式，示例代码如下：

```
div{
     width:100px;
     height:140px;
     background:skyblue;
     overflow:visible;      /*溢出内容呈现在元素框之外*/
}
```

上述示例代码对应的效果如图 4–52 所示。

在图 4–52 中，溢出的内容不会被修剪，呈现在带有背景的 div 盒子之外。

如果希望溢出的内容被修剪且不可见，可将 overflow 的属性值修改为 hidden。此时效果如图 4–53 所示。

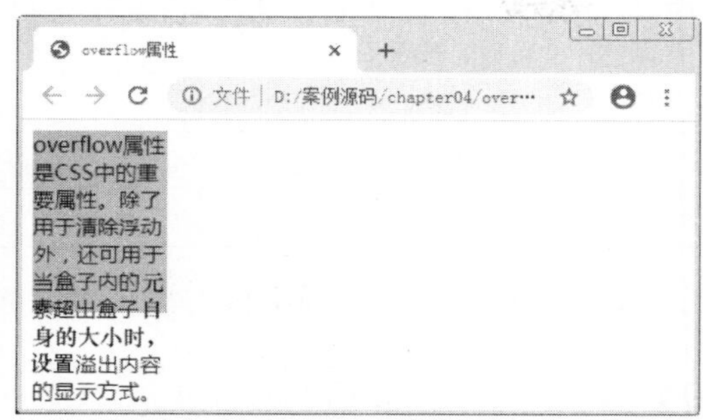

图 4–52　overflow 属性（属性值为 visible）

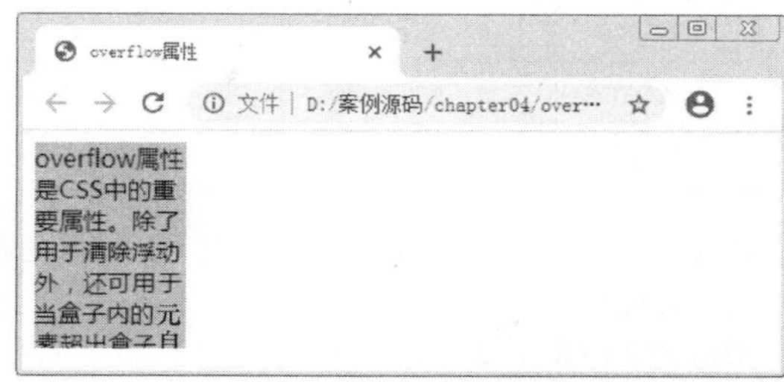

图 4–53　overflow 属性（属性值为 hidden）

如果希望 div 盒子能够自适应内容，例如，在内容溢出时产生滚动条，不溢出时不产生滚动条，则可以将 overflow 属性的属性值定义为 auto。此时效果如图 4–54 所示。

在图 4–54 中，div 盒子的右侧产生了滚动条，拖动滚动条即可查看溢出的内容。当 div 盒子中的内容减少时，滚动条就会消失。当 overflow 属性的属性值为 scroll 时，div 盒子也会产生滚动条，此时效果如图 4–55 所示。

图 4–54　overflow 属性（属性值为 auto）

图 4–55　overflow 属性（属性值为 scroll）

在图 4–55 中，元素框中同时出现了水平方向和垂直方向的滚动条。与“overflow: auto;”样式不同，定义“overflow: scroll;”样式的 div 盒子，不论元素是否溢出，该盒子水平方向和垂直方向的滚动条都始终存在。

【任务 4–6】元素的定位

需求分析

浮动布局虽然灵活，但是却无法对标签的位置进行精确控制。在 CSS 中，通过定位属性 position 可以实现网页标签的精确定位。下面将对标签的定位属性，以及常用的几种定位方式进行详细讲解。

知识储备

1. 元素的定位属性

制作网页时，如果希望元素出现在某个特定的位置，就需要使用定位属性对元素进行精确定位。元素的定位属性主要包括定位模式和边偏移两部分，具体介绍如下。

（1）定位模式

在 CSS 中，position 属性用于设置元素的定位模式，其基本语法格式如下：

```
选择器{position:属性值;}
```

在上述语法格式中，position 属性的常用属性值如表 4–7 所示。

表 4–7　position 属性的常用属性值

属性值	含义
static	静态定位（默认定位模式）
relative	相对定位，相对于原文档流的位置进行定位
absolute	绝对定位，相对于上一个已经定位的父元素进行定位
fixed	固定定位，相对于浏览器窗口进行定位

从表 4–7 中可以看出，元素的定位模式主要分为四类，本任务后面会针对每一种定位模式进行详细讲解。

（2）边偏移

定位模式仅用于设置元素以哪种模式定位，并不能指定元素的具体位置。在 CSS 中，通过边偏移属性可以精确设置定位元素的位置。常用的边偏移属性如表 4–8 所示。

表 4–8　常用的边偏移属性

边偏移属性	描述
top	顶端偏移量，定义元素相对于其父元素上边线的距离
bottom	底部偏移量，定义元素相对于其父元素下边线的距离
left	左侧偏移量，定义元素相对于其父元素左边线的距离
right	右侧偏移量，定义元素相对于其父元素右边线的距离

从表 4–8 中可以看出，元素的边偏移属性分为四类。在设置元素定位时，边偏移属性的取值可以为不同单位的数值或百分比数值。

2. 静态定位

静态定位是元素的默认定位模式，当 position 属性的取值为 static 时，元素为静态定位模式。静态位置指各元素在 HTML 标准文档流中默认的位置。

任何元素在默认状态下都会以静态定位来确定自己的位置。所以当元素没有设置 position 属性时，并不是说该元素没有自己的位置，它会遵循默认值显示为静态位置。在静态定位状态下，无法通过边偏移属性（top、bottom、left 或 right）来改变元素的位置。

3. 相对定位

相对定位是将元素相对于它在标准文档流中的位置进行定位，当 position 属性的取值为 relative 时，可以将元素设置为相对定位。为元素设置相对定位后，可以通过边偏移属性改变该元素的位置，但是这个元素在文档流中的位置仍然保留。

为了使初学者更好地理解相对定位，下面通过一个案例来演示为元素设置相对定位的方法和效果，具体代码如例 4–25 所示。

例 4–25　example25.html

```
<!doctype html>
<html>
<head>
<meta charset="utf-8">
<title>相对定位</title>
<style type="text/css">
body{ margin:0px; padding:0px; font-size:18px; font-weight:bold;}
.father{
    margin:10px auto;
    width:300px;
    height:300px;
```

```
12      padding:10px;
13      background:#ccc;
14      border:1px solid #000;
15 }
16 .child01,.child02,.child03{
17      width:100px;
18      height:50px;
19      line-height:50px;
20      background:#ff0;
21      border:1px solid #000;
22      margin:10px 0px;
23      text-align:center;
24 }
25 .child02{
26      position:relative;          /*相对定位*/
27      left:150px;                 /*距左边线 150px*/
28      top:100px;                  /*距上边线 100px*/
29 }
30 </style>
31 </head>
32 <body>
33 <div class="father">
34      <div class="child01">child-01</div>
35      <div class="child02">child-02</div>
36     <div class="child03">child-03</div>
37 </div>
38 </body>
39 </html>
```

在例 4–25 中，第 25～29 行代码用于为“child02”设置相对定位模式，并通过边偏移属性 left 和 top 改变“child02”的位置。

运行例 4–25，效果如图 4–56 所示。

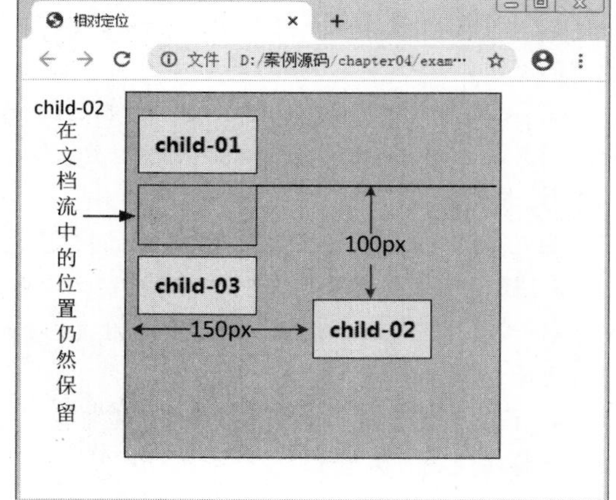

图 4–56 相对定位

从图 4–56 可以看出，为“child–02”添加相对定位后，“child–02”会相对自身的默认位置进行偏移，但是它在标准文档流中的位置仍然保留。

4. 绝对定位

绝对定位是使元素相对于最近的已经定位（绝对、固定或相对定位）的父元素进行定位，若所有父元素都没有定位，设置绝对定位的元素会依据 body 元素（也可以看作浏览器窗口）进行定位。当 position 属性的取值为 absolute 时，可以将元素的定位模式设置为绝对定位。

为了使初学者更好地理解绝对定位，下面在例 4–25 的基础上，将“child02”的定位模式设置为绝对定位，即将第 25～29 行代码进行如下更改：

```
.child02{
     position:absolute;          /*绝对定位*/
     left:150px;                 /*距左边线 150px*/
     top:100px;                  /*距上边线 100px*/
}
```

保存 HTML 文件，刷新页面，效果如图 4–57 所示。

在图 4–57 中，设置为绝对定位的“child02”会依据浏览器窗口进行定位。为“child02”设置绝对定位后，“child03”占据了“child02”的位置，即“child02”脱离了标准文档流的控制，并且不再占据标准文档流中的空间。

在上述案例中，为“child02”设置了绝对定位，当浏览器窗口放大或缩小时，“child02”相对于其父元素的位置将发生变化。图4-58所示为缩小浏览器窗口时的页面效果，可以看到“child02”相对于其父元素的位置发生了变化。

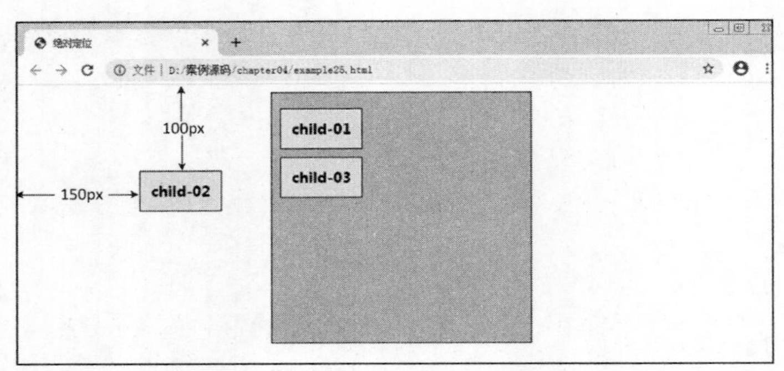

图4-57　绝对定位

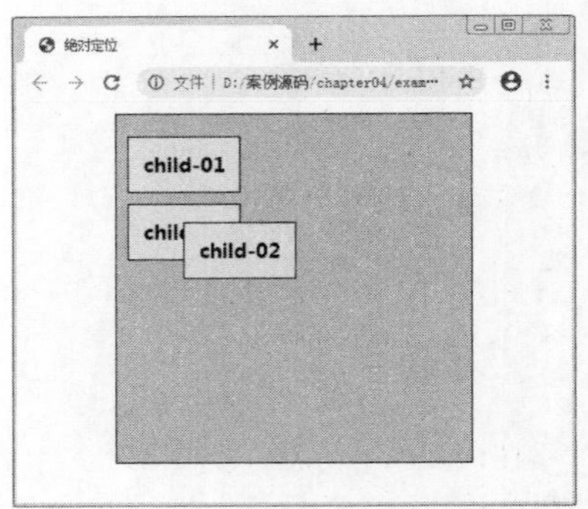

图4-58　缩小浏览器窗口时的页面效果

然而在网页设计中，通常需要子元素相对于其父元素的位置保持不变，即让子元素依据其父元素的位置进行绝对定位。此时如果父元素不需要定位，该如何处理呢？

对于上述情况，可以先直接将父元素设置为相对定位，但不为其设置边偏移属性；然后再对子元素应用绝对定位，并通过边偏移属性对其进行精确定位。这样父元素既不会失去其空间，同时还能保证子元素可以依据父元素准确定位。

注意：

① 如果仅为元素设置绝对定位，不设置边偏移属性，则元素的位置不变，但该元素不再占用标准文档流中的空间，会与位置上移的元素重叠。

② 定义多个边偏移属性时，如果同时设置left属性的和right属性的参数值，以left属性的参数值为准；如果同时设置top属性的和bottom属性的参数值，以top属性的参数值为准。

5. 固定定位

当元素的position属性的取值为fixed时，该元素的定位模式为固定定位。固定定位的元素特性如下。

- 固定定位是相对于“当前浏览器窗口”进行的定位。
- 设置固定定位的元素不再占用标准文档流的空间，元素层级要高于普通元素，与“浮动”类似。
- 设置固定定位的元素是一个“块元素”，即使行内元素使用fixed定位，也将转换成“块元素”。
- 如果只指定了position属性的属性值为fixed，并没有设置偏移量，则元素会固定在其原始位置。

6. z-index属性

当为多个元素同时设置定位时，定位元素之间有可能会发生重叠，如图4-59所示。

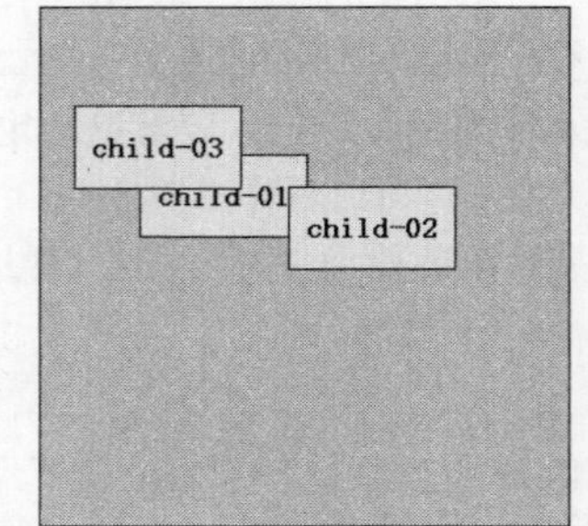

图4-59　定位元素之间发生重叠

如果想要调整重叠定位元素的堆叠顺序，可以对定位元素应用z-index属性。z-index属性用于调整层叠等级，该属性取值可为正整数、负整数和0，默认状态下z-index属性的属性值为0。z-index属性取值越大，设置该属性的定位元素在层叠元素中越居上。

注意：

z-index属性仅对定位元素生效。

【任务 4-7】布局及定义基础样式

在制作“爱家居”企业网站首页之前，小思需要做一些页面建设的准备工作，主要包括网站素材整理、页面结构分析、定义基础样式，具体介绍如下。

网站素材的整理

网站素材整理主要包括网站站点建立和“爱家居”企业网站首页的切图，具体介绍如下。

1. 网站站点建立

（1）创建网站根目录

在计算机本地磁盘任意盘符下创建网站根目录。本书在“D 盘:\案例源码\chapter04”文件夹中新建一个文件夹作为网站根目录，并命名为“aijiaju”。

（2）在根目录下新建文件

打开网站根目录“aijiaju”，在根目录下新建“images”和“css”文件夹，分别用于存放网站所需的图像和 CSS 文件。

（3）新建站点

打开 Dreamweaver 工具，在菜单栏中选择“站点→新建站点”选项，在弹出的对话框中输入站点名称。浏览并选择站点根目录的存储位置，单击“保存”按钮，完成站点的创建。

2. 切图

使用 Fireworks CS6 的“切片”工具切图，导出“爱家居”企业网站首页中的素材图片，并存储在站点中的“images”文件夹中。导出后的图片素材如图 4-60 所示。

图 4-60　导出后的图片素材

页面结构分析

1. HTML 结构分析

“爱家居”企业网站首页从上到下可以分为 5 个模块，如图 4-61 所示。

图 4-61 “爱家居”企业网站首页

2. CSS 样式分析

页面中的模块均居中显示，宽度为 1200px。另外，页面中的所有字体均为“微软雅黑”，背景颜色为“#fdfdfd”，这些可以通过 CSS 公共样式定义。

定义基础样式

1. 页面布局

对“爱家居”企业网站首页进行整体布局。首先，在站点根目录下新建一个 HTML 文件，并命名为“project04.html”；然后，使用<div>标签对页面进行布局，具体代码如 project04.html 所示。

project04.html

```
<!doctype html>
<html>
<head>
<meta charset="utf-8">
<title>爱家居</title>
<link href="css/style04.css" type="text/css" rel="stylesheet" />
</head>
<body>
<!-- head begin-->
<div id="bg"></div>
<!-- head end-->
<!-- news begin-->
<div id="news"></div>
```

```
14 <!-- news end-->
15 <!-- exhibition begin-->
16 <div id="exhibition"></div>
17 <!-- exhibition end-->
18 <!-- footer begin-->
19 <div id="footer"></div>
20 <!-- footer end-->
21 <!-- tree begin-->
22 <div class="tree"></div>
23 <!-- tree end-->
24 </body>
25 </html>
```

在上述代码中，第 10 行代码定义 id 为“bg”的<div>标签用于搭建“导航及 banner”模块的结构；第 13 行和第 16 行代码定义 id 为“news”和“exhibition”的两个<div>标签分别用于搭建“热门推荐”和“夏日生活”模块的结构；第 19 行代码定义 id 为“footer”的<div>标签搭建“版权信息”模块的结构；第 22 行代码定义类名为“tree”的<div>标签用于搭建“悬浮框”模块的结构。

2. 定义基础样式

在站点根目录下的 CSS 文件夹内新建样式表文件 style04.css，在 project04.html 文件中引入样式表文件。定义页面基础样式，具体代码如下：

```
1  *{margin:0; padding:0; outline:none; border:0;}
2  body{font-family:"微软雅黑"; background:#fdfdfd;}
```

在上述代码中，第 1 行代码用于清除浏览器的默认样式；第 2 行代码用于定义页面公共样式。

【任务 4-8】制作“导航及 banner”模块

效果分析

1. 结构分析

“导航及 banner”模块整体由一个大盒子进行控制。导航部分可通过在<div>标签中嵌套<span>标签来搭建，banner 部分为一张图片，可以通过为最外层的<div>标签定义背景图像来实现。“导航及 banner”模块的结构如图 4-62 所示。

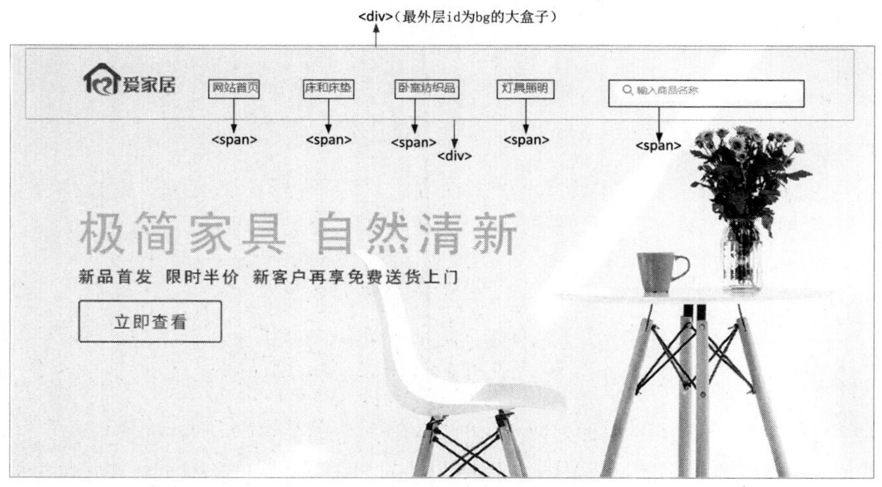

图 4-62 “导航及 banner”模块的结构

2. 样式分析

导航部分在页面中居中显示，需要为其添加宽度、高度和背景样式。导航部分中的 Logo 可以通过插入背景图像的方式添加。导航部分中的搜索框可以使用圆角边框定义样式。同时，还需要为导航部分设置文字样式。Banner 部分作为最外层大盒子的背景图像插入，因此需要为最外层 id 为“bg”的<div>标签设置宽度和高度。此外，还需要设置模块在页面中水平居中显示。

模块制作

1. 搭建结构

在 project04.html 文件内书写“导航及 banner”模块的 HTML 结构代码，具体如下：

```
<!--head begin-->
<div id="bg">
    <div class="nav">
        <span class="margin_more">网站首页</span>
        <span>床和床垫</span>
        <span>卧室纺织品</span>
        <span>灯具照明</span>
            <span class="search">输入商品名称</span>
    </div>
</div>
<!-- head end-->
```

在上述代码中，class 为“nav”的<div>标签用于搭建导航结构。多个<span>标签分别用于控制各个导航项。

2. 控制样式

在样式表文件 style04.css 中书写“导航及 banner”模块对应的 CSS 样式代码，具体如下：

```
1  /*head*/
2  #bg{
3       width:1200px;
4       height:617px;
5       background:url(../images/bg.png) no-repeat;
6       margin:0 auto;
7  }
8  .nav{
9       width:850px;
10      height:50px;
11      background:;
12      margin:0 auto;
13      padding:50px 0 0 150px;
14      background:url(../images/logo.png) left center no-repeat;
15 }
16 .nav span{
17      color:#685649;
18      font-size:16px;
19      padding:0 30px;
20 }
21 .nav .search{
22      float:right;
23      width:200px;
24      height:30px;
25      line-height:30px;
26      border-radius:100px;
27      color:#aaa;
28      font-size:14px;
29      background:#fff url(../images/f.png) no-repeat 10px center;
30      }
31 /*head*/
```

在上述代码中，第 5 行代码通过背景图像来定义 banner 图片；第 11 行代码用于添加导航部分的背景图片；第 21～30 行代码用于设置搜索框。

保存 project04.html 与 style04.css 文件，刷新页面，效果如图 4-63 所示。

图 4–63 “导航及 banner”模块效果图

【任务 4–9】制作“热门推荐”模块

效果分析

1. 结构分析

“热门推荐”模块由最外层 id 为“news”的大盒子整体控制。这个大盒子内部包含 3 个样式相同的小盒子，可以使用 3 个<div>标签分别进行控制。小盒子中的图片和文本信息可通过在<div>标签中嵌套<img>标签、<h2>标签和<p>标签来定义。“热门推荐”模块的结构如图 4–64 所示。

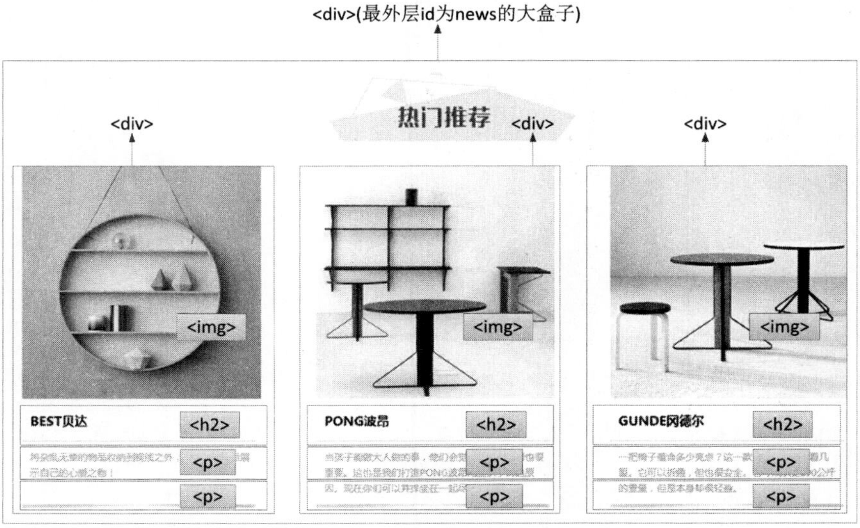

图 4–64 “热门推荐”模块的结构

2. 样式分析

“热门推荐”图片可通过给最外层 id 为“news”的大盒子定义背景图像来实现。需要为“news”盒子设置宽度、高度和背景样式。对于内部的 3 个<div>标签小盒子，先使用浮动对这些小盒子进行布局，然后再为这些小盒子添加外边距样式。

模块制作

1．搭建结构

在project04.html文件内书写“热门推荐”模块的HTML结构代码，具体如下：

```
<!-- news begin-->
<div id="news">
    <div class="news_con">
        <img src="images/news1.jpg" />
        <h2 class="one">BEST 贝达</h2>
        <p class="two">将杂乱无章的物品收纳到视线之外，在玻璃柜门后展示自己的心爱之物！</p>
        <p class="shadow"></p>
    </div>
    <div class="news_con">
        <img src="images/news2.jpg" />
        <h2 class="one">PONG 波昂</h2>
        <p class="two">当孩子能做大人做的事，他们会觉得自己很特别也很重要。这也是我们打造 PONG 波昂儿童扶手椅的原因。现在你们可以并排坐在一起尽情放松了。</p>
        <p class="shadow"></p>
    </div>
    <div class="news_con">
        <img src="images/news3.jpg" />
        <h2 class="one">GUNDE 冈德尔</h2>
        <p class="two">一把椅子蕴含多少亮点？这一款，就值得你多看几眼。它可以折叠，但也很安全。它可以承受 100 公斤的重量，但是本身却很轻盈。</p>
        <p class="shadow"></p>
    </div>
</div>
<!-- news end-->
```

上述代码中的3个<div>标签中分别嵌套了一个空的段落标签<p>，用于添加阴影效果。

2．控制样式

在样式表文件style04.css中书写CSS样式代码，用于控制“热门推荐”模块，具体如下：

```
/*news*/
#news{
     width:1200px;
     height:455px;
     background:url(../images/dongtai.jpg) center top no-repeat;
     margin:18px auto;
     padding-top:120px;
}
.news_con{
     float:left;
     margin-left:70px;
}
.news_con .one{
     width:284px;
     height:50px;
     padding-left:10px;
     line-height:50px;
     font-weight:bold;
     font-size:16px;
     border-bottom:1px solid #ddd;
}
.news_con .two{
     width:284px;
     height:70px;
     line-height:20px;
     padding:10px 0 0 10px;
     font-size:12px;
     color:#bbb;
}
.news_con .shadow{
```

```
31      width:294px;
32      height:5px;
33      background:url(../images/yinying.jpg) no-repeat;
34 }
35 /*news*/
```

在上述代码中，第 5 行代码用于设置模块上方的“热门推荐”图片；第 9～12 行代码用于设置 3 个小<div>标签的浮动和外边距样式；第 30～34 行代码用于定义阴影效果。

保存 project04.html 与 style04.css 文件，刷新页面，效果如图 4-65 所示。

图 4-65 “热门推荐”模块效果图

【任务 4-10】制作“夏日生活”模块

效果分析

1. 结构分析

“夏日生活”模块整体由一个大盒子控制。大盒子内部包含的图像可通过在<div>标签中嵌套<img>标签进行定义。“夏日生活”模块的结构如图 4-66 所示。

图 4-66 “夏日生活”模块的结构

2. 样式分析

“夏日生活”模块的背景是一个大盒子。需要为这个盒子添加宽度、高度和径向渐变背景颜色。“夏日生活”模块的标题可以使用<h3>标签定义。在背景大盒子内部，需要嵌套一个小盒子，用于放置图片。需要为小盒子内部的图片添加外边距样式，通过外边距样式让图片之间留有一定的空间。

模块制作

1. 搭建结构

在 project04.html 文件内书写“夏日生活”模块的 HTML 结构代码，具体如下：

```
<!--exhibition begin-->
<div id="exhibition">
   <div class="pic">
      <img src="images/img1.jpg" />
      <img src="images/img2.jpg" />
      <img src="images/img3.jpg" />
   </div>
</div>
<!--exhibition begin-->
```

2. 控制样式

在样式表文件 style04.css 中书写 CSS 样式代码，用于控制“夏日生活”模块，具体如下：

```
1  /*exhibition*/
2  #exhibition{
3       width:1200px;
4       background-image:radial-gradient(ellipse at center,#fff,#d6e4ed);
5       margin:50px auto;
6  }
7  .tittle{
8       width:636px;
9       height:150px;
10      margin:0px auto;
11      background:url(../images/shenghuo.png) no-repeat center center;
12 }
13 #exhibition .pic{
14      width:1000px;
15      height:360px;
16      margin:0 auto;
17 }
18 #exhibition .pic img{margin-left:45px;}
19 /*exhibition*/
```

在上述代码中，第 10 行代码用于使放置图片的小盒子水平居中显示。

保存 project04.html 与 style04.css 文件，刷新页面，效果如图 4–67 所示。

图 4–67　“夏日生活”模块效果图

【任务 4–11】制作“版权信息”模块和“悬浮框”模块

效果分析

1. 结构分析

“版权信息”模块和“悬浮框”模块的页面结构相对较为简单，均由外层的<div>标签整体控制。“悬浮框”模块内部需嵌套<img>标签来定义二维码图片。两个模块的结构如图 4–68 所示。

图 4–68 “版权信息”模块和“悬浮框”模块的结构

2. 样式分析

“版权信息”模块背景的锯齿样式需通过背景图像来实现，因此需要为页脚模块添加背景图像。“悬浮框”模块需设置为固定定位，使该模块始终显示在页面的右下角。

模块制作

1. 搭建结构

在 project04.html 文件内书写“版权信息”和“悬浮框”模块的 HTML 结构代码，具体如下：

```
<!--footer begin-->
<div id="footer">爱家居版权所有 2016-2026 京 ICP 备 2222222 号  京公网安备 22222222222</div>
<!--footer end-->
<!--tree begin-->
<div class="tree">
     <img src="images/erweima.png"/>
</div>
<!--tree end-->
```

2. 控制样式

在样式表文件 style04.css 中书写 CSS 样式代码，用于控制“版权信息”和“悬浮框”模块，具体代码如下：

```
/*foot*/
#footer{
     width:1200px;
     height:80px;
     background:url(../images/footer_bg.jpg) repeat-x;
     color:#fff;
     text-align:center;
     line-height:80px;
     margin:0 auto;
}
.tree{
```

```
12      position:fixed;
13      right:5%;
14      bottom:5%;
15 }
16 /*foot*/
```

在上述代码中，第 5 行代码用于定义“版权信息”模块的锯齿效果；第 11～15 行代码通过固定定位的方式使悬浮框固定在页面的右下角。

保存“project04.html”与“style04.css”文件，刷新页面，效果如图 4-69 所示。

图 4-69 “版权信息”和“浮动框”模块效果图

【项目总结】

1. 盒子模型是 CSS 网页布局的基础，建议读者认真学习运用盒子模型进行网页布局的技巧。

2. 块元素与行内元素也是本项目的一个重点。通过本项目的学习，读者应思考如何根据页面需求，灵活地实现块元素与行内元素之间的转换。

3. 浮动和定位是网页布局中常用的技巧。建议读者勤加练习，理解浮动和定位的原理。此外，读者应多多练习，从而提高代码编写效率。

【课后练习】

一、填空题

1. 在 CSS 中，用于设置边框颜色的是________属性。
2. 在 CSS 中，用于调整元素内容与边框之间的距离的是________属性。
3. 在 CSS 中，用于设置圆角边框的是________属性。
4. 元素主要分为行内元素和块元素，使用________属性可以转换元素的类型。
5. 在 CSS 中，将图像作为网页元素的背景，可以通过________属性实现。

二、判断题

1. 行内元素不能设置背景属性。(　)
2. 使用“display:none;”虽然可以隐藏元素，但是该元素仍然会占用页面空间。(　)
3. 边框样式“border:1px solid #F00;”和“border: solid #F00 1px;”实现的效果是完全一样的。(　)
4. 将元素转换为行内块元素的 CSS 代码为“display:inline;”。(　)
5. “border-style:dashed;”样式可以将元素的边框设置为实线。(　)
6. 对一个宽度固定的块级元素应用“margin:0 auto;”样式，可使其水平居中。(　)
7. 在 CSS 中 border 属性可用于改变元素的内边距。(　)
8. 背景图像的位置只能使用预定义的关键字进行调整。(　)

9. 在 CSS 中 background-images 属性用于定义背景图像。(　)

10. 将<span>标签转换为行内块元素的方法是对其应用“display:inline-block;”样式。(　)

三、选择题

1. 下列选项中，可以改变盒子模型外边距的是（　）。

A. padding　B. margin　C. type　D. border

2. 下列选项中，能够改变元素的左外边距的是（　）。

A. text-indent　B. margin-left　C. margin　D. margin-right

3. 下列选项中，属于 float 属性值的是（　）。

A. left　B. center　C. right　D. none

4. 下列选项中，可以为元素清除默认内外边距的是（　）。

A. font-size:0;　B. line-height:0　C. padding:0;　D. margin:0

5. 下列选项中，属于 overflow 常用属性值的是（　）。

A. visible　B. hidden　C. auto　D. scroll

6. 下列选项中，属于 position 属性常用属性值的是（　）。

A. static　B. relative　C. absolute　D. fixed

7. 下列选项中，属于边框属性样式的是（　）。

A. solid　B. dashed　C. dotted　D. none

8. 将一个盒子的上边框定义为 1px、蓝色、单实线，下列代码书写正确的是（　）。

A. border-top:1px solid #00f;　B. border:1px solid #00f;

C. border-top:1px dashed #00f;　D. border:1px dashed #00f;

9. 关于元素显示模式的转换，下列说法正确的是（　）。

A. 将块元素转换为行内元素的方法是使用“display:inline;”样式

B. 将行内元素转换为块元素的方法是使用“display:inline;”样式

C. 两者不可以转换

D. 两者可以随意转换

10. 下列选项中，关于“display:none;”样式说法正确的是（　）。

A. 显示元素对象　B. 隐藏元素对象　C. 占用页面空间　D. 不占用页面空间

项目5

"优课教育"网站首页制作

知识目标

★ 掌握无序列表、有序列表和定义列表的特点，能够区分它们之间的差异。

★ 掌握4种链接伪类的特点，能够区分不同链接伪类的作用。

拓展阅读

技能目标

★ 掌握列表嵌套方法，能够使用无序列表、有序列表和定义列表对模块进行排列。

★ 掌握创建超链接的方法，能够为网页添加超链接。

★ 熟悉常见的页面布局类型，能够使用这些布局类型完成简单的页面布局。

【项目描述】

近些年，随着知识经济的快速发展，教育市场呈现良好的增长态势。人们由于受新的生活挑战与岗位竞争压力的影响，越来越多的人开始通过参加各种培训来提升自己，教育市场进入发展高峰期。为了扩大品牌影响力，"优课教育"CEO马总找到小思，想让小思帮忙制作一个网站，展示公司的教育产品。

接到"优课教育"网站制作委托后，小思进行了分析，该网站用于展示教育产品，可使用大量的列表来布局，并使用超链接标签链接各个子页面。小思制订了近期计划，首先，学习列表和超链接的相关知识；然后，着手完成网站的制作。由于篇幅限制，本项目只演示"优课教育"网站首页的制作。"优课教育"网站首页效果如图5-1所示。

图 5-1 “优课教育”网站首页效果

【任务 5-1】列表标签

需求分析

为了便于用户阅读，网页中的信息经常以列表的形式呈现。例如，淘宝网首页的商品分类，排列有序、条理清晰，呈现为列表的形式。在网页设计中，HTML 提供了 3 种常用的列表，分别为无序列表、有序列表和定义列表，下面将对这 3 种列表进行讲解。

知识储备

1. 无序列表

无序列表是网页中最常用的列表，之所以称为“无序列表”，是因为其各个列表项之间没有顺序级别之分，通常是并列的。定义无序列表的基本语法格式如下：

```
<ul>
    <li>列表项 1</li>
    <li>列表项 2</li>
    <li>列表项 3</li>
    ......
</ul>
```

在上述语法中，<ul>标签用于定义无序列表，<li>标签嵌套在<ul>标签中，用于描述具体的列表项，每对<ul></ul>标签中至少应包含一对<li></li>标签。

下面通过一个案例来演示无序列表的用法，如例 5-1 所示。

例 5-1 example01.html

```
<!doctype html>
<html>
<head>
<meta charset="utf-8">
```

```
<title>无序列表</title>
</head>
<body>
<h2>北京</h2>
<ul>
      <li>朝阳区</li>
      <li>海淀区</li>
      <li>昌平区</li>
</ul>
</body>
</html>
```

图5-2　无序列表

运行例5-1，效果如图5-2所示。

从图5-2可以看出，无序列表默认的列表项目符号显示为“•”。

注意：

① 无序列表拥有type属性，用于指定不同的列表项目符号。但是HTML中不赞成使用type属性，一般通过CSS样式属性替代。

② 在<ul></ul>标签中只能嵌套<li></li>标签，<li>与</li>之间相当于一个容器，可以嵌套其他元素。

2. 有序列表

有序列表指有排列顺序的列表，其各个列表项按照一定的顺序排列。例如，网页中常见的歌曲排行榜、游戏排行榜等都可以通过有序列表来定义。定义有序列表的基本语法格式如下：

```
<ol>
    <li>列表项1</li>
    <li>列表项2</li>
    <li>列表项3</li>
    ......
</ol>
```

在上述语法中，<ol>标签用于定义有序列表，<li>标签为具体的列表项。与无序列表类似，每对<ol></ol>标签中也至少应包含一对<li></li>标签。

下面通过一个案例来演示有序列表的用法，如例5-2所示。

例5-2　example02.html

```
<!doctype html>
<html>
<head>
<meta charset="utf-8">
<title>有序列表</title>
</head>
<body>
<h2>最新电影排行榜</h2>
<ol>
    <li>可可西里</li>
    <li>星际穿越</li>
    <li>盗墓笔记</li>
</ol>
</body>
</html>
```

图5-3　有序列表

运行例5-2，效果如图5-3所示。

从图5-3可以看出，有序列表默认的列表项为数字，并且按照“1,2,3···”的顺序排列。

注意：

有序列表<ol>和列表项<li>拥有一些标签属性，如type、start、value等，但在网页中不常使用，一般通过CSS样式属性替代，读者了解即可。

3. 定义列表

定义列表常用于对术语或名词进行解释和描述，与无序列表和有序列表不同，定义列表的列表项前没有任何项目符号。定义列表的基本语法格式如下：

```
<dl>
    <dt>名词 1</dt>
    <dd>名词 1 解释 1</dd>
    <dd>名词 1 解释 2</dd>
    ...
    <dt>名词 2</dt>
    <dd>名词 2 解释 1</dd>
    <dd>名词 2 解释 2</dd>
    ...
</dl>
```

在上述语法格式中，<dl>标签用于指定定义列表，<dt>标签和<dd>标签并列嵌套于<dl></dl>标签中，其中，<dt>标签用于指定术语名词、<dd>标签用于对名词进行解释和描述。一对<dt></dt>标签可以对应多对<dd></dd>标签，即可以对一个名词进行多项解释。

下面通过一个案例来演示定义列表的用法和效果，如例 5-3 所示。

例 5-3 example03.html

```
<!doctype html>
<html>
<head>
<meta charset="utf-8">
<title>定义列表</title>
</head>
<body>
<dl>
    <dt>物联网</dt>                    <!--定义术语名词-->
    <dd>物物相连的互联网</dd>          <!--解释和描述名词-->
    <dd>互联网的应用拓展</dd>
    <dd>物品与物品之间进行信息交换和通信</dd>
</dl>
</body>
</html>
```

例 5-3 创建了一个定义列表，其中，<dt></dt>标签内为术语名词“物联网”，其后紧跟着 3 对<dd></dd>标签，用于对<dt></dt>标签中的名词进行解释和描述。

运行例 5-3，效果如图 5-4 所示。

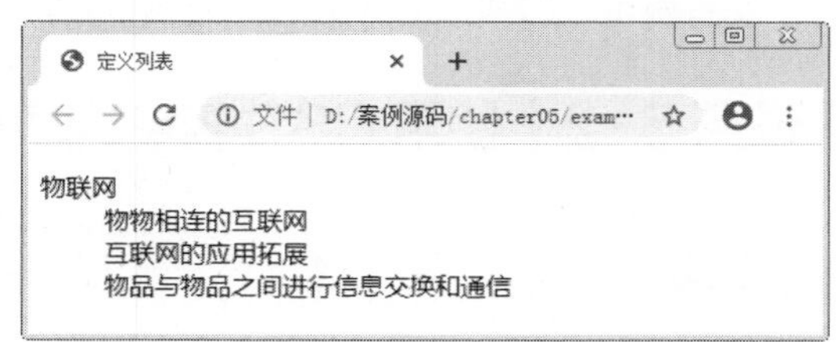

图 5-4 定义列表

从图 5-4 容易看出，相对于<dt>标签中的术语或名词，<dd>标签中解释和描述性的内容带有一定的缩进效果。

需要说明的是，在网页设计中，定义列表常用于实现图文混排效果，通常在<dt>标签中插入图片，在<dd>标签中放入对图片进行解释说明的文字。例如，下面的“艺术设计”模块就是通过定义列表来实现的，其 HTML 结构如图 5-5 所示。

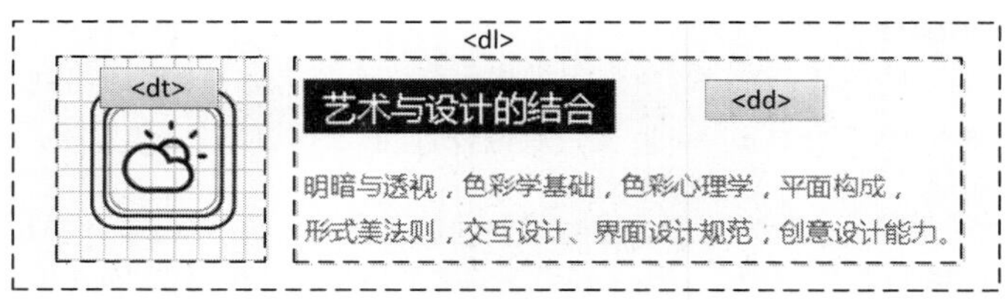

图 5-5 “艺术设计”模块的 HTML 结构

4. 列表的嵌套应用

在网上购物商城中浏览商品时，经常会看到某一类商品被分为若干小类，这些小类通常还包含若干子类，同样，在使用列表时列表项中也有可能包含若干子列表项。要想在列表项中定义子列表项就需要对列表进行嵌套。

下面通过一个案例来演示列表嵌套的方法，如例 5-4 所示。

例 5-4　example04.html

```
<!doctype html>
<html>
<head>
<meta charset="utf-8">
<title>列表嵌套</title>
</head>
<body>
<h2>服装</h2>
<ul>
     <li>男装
          <ol>              <!--有序列表的嵌套-->
               <li>衬衫</li>
               <li>西服</li>
          </ol>
   </li>
   <li>女装
      <ul>                    <!--无序列表的嵌套-->
               <li>连衣裙</li>
               <li>打底衫</li>
      </ul>
   </li>
</ul>
</body>
</html>
```

在例 5-4 中，先定义了一个包含两个列表项的无序列表，然后在第一个列表项中嵌套一个有序列表，在第二个列表项中嵌套一个无序列表。

运行例 5-4，效果如图 5-6 所示。

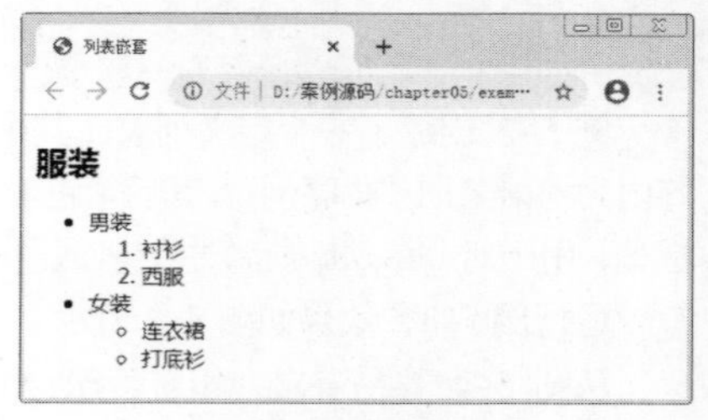

图 5-6　列表嵌套

【任务 5-2】使用 CSS 控制列表项目符号

需求分析

定义无序列表或有序列表时，可以通过标签的属性控制列表的项目符号，但该方式不符合结构与表现分离的网页设计原则，为此，CSS 提供了列表样式属性，用于单独控制列表项目符号。下面将详细讲解使用 CSS 控制列表项目符号的方法。

知识储备

1. list-style 复合属性

与盒子模型的边框等属性一样，在 CSS 中列表样式也是一个复合属性，可以将列表相关的样式都综合定义在一个复合属性 list-style 中。使用 list-style 复合属性设置列表样式的基本语法格式如下：

```
list-style:列表项目符号 列表项目符号的位置 列表项目图像;
```

使用 list-style 复合属性时，通常按上述语法格式中的顺序书写，各个样式之间以空格隔开，不需要的样式可以省略。但是在实际网页制作过程中，为了更高效地控制列表项目符号，通常将 list-style 复合属性的属性值定义为 none，然后通过为<li>标签设置背景图像的方式实现不同的列表项目符号。

2. 通过设置背景图像的方式定义列表项目符号

列表样式对列表项目符号的控制能力不强，没有办法准确控制列表项目符号的位置，因此在实际工作中常通过为<li>标签设置背景图像的方式实现对列表项目符号的控制。

下面演示通过为<li>标签设置背景图像的方式定义列表项目符号的方法，如例 5-5 所示。

例 5-5 example05.html

```
1  <!doctype html>
2  <html>
3  <head>
4  <meta charset="utf-8">
5  <title>设置背景图像定义列表项目符号</title>
6  <style type="text/css">
7  li{
8       list-style:none;                                    /*清除列表的默认样式*/
9       height:26px;
10      line-height:26px;
11      background:url(images/book.png) no-repeat left center;  /*为<li>标签设置背景图像 */
12      padding-left:25px;
13 }
14 </style>
15 </head>
16 <body>
17 <h2>黑马程序员原创教材</h2>
18 <ul>
19      <li>Photoshop CS6 图像设计案例教程</li>
20     <li>网页设计与制作（HTML+CSS）</li>
21     <li>PHP 网站开发实例教程</li>
22     <li>C 语言开发入门教程</li>
23 </ul>
24 </body>
25 </html>
```

例 5-5 定义了一个无序列表，第 8 行代码通过使用“list-style:none;”样式清除列表的默认显示样式；第 11 行代码通过为<li>标签设置背景图像的方式定义列表项目符号。

运行例 5-5，效果如图 5-7 所示。

在图 5-7 所示的页面中，每个列表项前都添加了列表项目图像，如果需要调整列表项目图像只需更改<li>标签的背景属性即可。

图 5-7 通过设置背景图像的方式定义列表项目符号

【任务 5-3】超链接标签

需求分析

一个网站通常由多个页面构成，用户如果想从首页跳转到其他页面，就需要在首页相应的位置添加超链接。例如，当浏览淘宝网时，首先看到的是其首页，当单击导航栏中的导航项后，页面会跳转到对应的子页面，这是因为导航项添加了超链接功能。下面将对超链接标签的相关知识进行详细讲解。

知识储备

1. 创建超链接

在 HTML 中创建超链接非常简单，只需用<a></a>标签嵌套需要链接的对象即可。创建超链接的基本语法格式如下：

```
<a href="跳转目标" target="目标窗口的弹出方式">文本或图像</a>
```

在上述语法格式中，<a>标签是一个行内元素，用于定义超链接；href 属性和 target 属性为<a>标签的常用属性，对它们的具体解释如下。

- href 属性：用于指定链接目标的 URL，当为<a>标签应用 href 属性时，它就具有了超链接的功能。
- target 属性：用于指定链接页面的打开方式，其取值有_self 和_blank 两种。其中，_self 为默认值，表示在原窗口中打开；_blank 表示在新窗口中打开。

下面通过创建一个带有超链接功能的简单页面来演示超链接的用法，如例 5-6 所示。

例 5-6　example06.html

```
<!doctype html>
<html>
<head>
<meta charset="utf-8">
<title>创建超链接</title>
</head>
<body>
<a href="https://book.itheima.net/" target="_self"><img src="images/click.png"/></a><br /><br />
<a href="https://www.baidu.com/" target="_blank">百度一下，你就知道</a>
</body>
</html>
```

例 5-6 创建了两个超链接，并通过 href 属性将这两个超链接的链接目标分别指定为“黑马程序员教程”和“百度”。同时，通过 target 属性定义第一个链接页面在原窗口打开，第二个链接页面在新窗口打开。

图 5-8　创建超链接

运行例 5-6，效果如图 5-8 所示。

在图 5-8 中，被超链接标签<a>定义的文本“百度一下，你就知道”颜色特殊且带有下画线效果，这是因为超链接标签本身有默认的显示样式。当鼠标指针移至超链接图像或文本上时，鼠标指针会变为的形状，同时，页面的左下方会显示链接页面的地址。

当单击超链接图像时，将会在原窗口中打开链接页面，如图 5-9 所示。当单击超链接文本时，将会在新窗口中打开链接页面，如图 5-10 所示。

图 5-9　在原窗口中打开链接页面

图 5-10　在新窗口中打开链接页面

注意:

① 暂时没有确定超链接目标时，通常将<a>标签的 href 属性的属性值定义为“#”(即 href="#")，表示该超链接暂时为一个空超链接。

② 在网页中，不仅可以为文本创建超链接，还可以为图像、表格、音频、视频等网页元素创建超链接。

2. 创建锚点链接

浏览网站时，为了提高信息的检索速度，常需要用到 HTML 中一种特殊的超链接——锚点链接。通过创建锚点链接，用户能够快速定位到目标内容。

下面通过一个案例演示创建锚点链接的方法，如例 5-7 所示。

例 5-7 example07.html

```
1  <!doctype html>
2  <html>
3  <head>
4  <meta charset="utf-8">
5  <title>锚点链接</title>
6  </head>
7  <body>
8  黑马程序员原创教材：
9  <ul>
10      <li><a href="#one">网页设计与制作（HTML+CSS）</a></li>
11     <li><a href="#two">PHP 程序设计基础教程</a></li>
12     <li><a href="#three">Java 基础入门</a></li>
13     <li><a href="#four">C 语言开发入门教程</a></li>
14     <li><a href="#five">Photoshop CS6 图像设计案例教程</a></li>
15 </ul>
16 <h3 id="one">网页设计与制作（HTML+CSS）</h3>
17 <p>HTML 与 CSS 是网页制作技术的核心和基础，也是每个网页制作者必须要掌握的基本知识，两者在网页设计中不可或缺。本书从初学者的角度，以形象的比喻、实用的案例、通俗易懂的语言详细介绍了使用 HTML 与 CSS 进行网页设计与制作的各方面内容和技巧。</p>
18 <br /><br /><br /><br /><br /><br /><br /><br /><br /><br /><br /><br /><br /><br /><br />
19 <h3 id="two">PHP 程序设计基础教程</h3>
20 <p>PHP 是一种运行于服务器端并完全跨平台的嵌入式脚本编程语言，是目前开发各类 Web 应用的主流语言之一。本书就是面向 PHP 初学者特别推出的一本入门教材，站在初学者的角度，以形象的比喻、丰富的图解、实用的案例、通俗易懂的语言详细讲解了 PHP 语言。</p>
21 <br /><br /><br /><br /><br /><br /><br /><br /><br /><br /><br /><br /><br /><br /><br />
22 <h3 id="three">Java 基础入门</h3>
23 <p>本书从初学者的角度详细讲解了 Java 开发中重点用到的多种技术。本书共 11 章，包括 Java 开发环境的搭建及其运行机制、基本语法、面向对象的思想，采用典型翔实的例子、通俗易懂的语言阐述面向对象中的抽象概念。</p>
24 <br /><br /><br /><br /><br /><br /><br /><br /><br /><br /><br /><br /><br /><br /><br />
25 <h3 id="four">C 语言开发入门教程</h3>
26 <p>本书借鉴了市面多本 C 语言教材的优点，知识系统全面，涵盖数组、函数、指针、字符串、预处理、数据结构、文件操作、宏等主流 C 语言开发技术。在章节编排上力求循序渐进，在语言描述上力求准确、易懂，在案例设计上力求实用。</p>
27 <br /><br /><br /><br /><br /><br /><br /><br /><br /><br /><br /><br /><br /><br /><br />
28 <h3 id="five">Photoshop CS6 图像设计案例教程</h3>
29 <p>本书采用理论联系实际的案例驱动式教学方法，以每节一个案例的形式，按节细化知识点，用案例带动知识点的学习,将抽象的知识形象地传授给读者。</p>
30 </body>
31 </html>
```

在例 5-7 中，先使用“<a href="#id 名">链接文本</a>”创建链接文本，其中，“href="#id 名"”用于指定链接目标的 id 名，如第 10～14 行代码所示，然后使用相应的 id 名标注跳转目标的位置。

运行例 5-7，效果如图 5-11 所示。

图 5-11 为一个较长的网页页面，当单击“黑马程序员原创教材”下的超链接时，页面会自动定位到相应的内容介绍部分。例如，单击“网页设计与制作（HTML+CSS）”超链接时，页面定位效果如图 5-12 所示。

通过例 5-7 可知，创建锚点链接分为定义锚点和链接到锚点两个步骤。

（1）使用“<a href="#id 名">链接文本</a>”创建链接文本。

（2）使用相应的 id 名标注跳转目标的位置。

3. 通过链接伪类控制超链接

定义超链接时，为了提升用户体验，经常需要为超链接指定不同的状态，使超链接在未访问时、访问后和鼠标指针悬停时的样式不同。在 CSS 中，通过链接伪类可以实现不同的链接状态。伪类并不是真正意义上的类，它的名称是由系统定义的，通常由标签名、类名或 id 名加“:”构成。超链接标签<a>的伪类有 4 种，具体如表 5-1 所示。

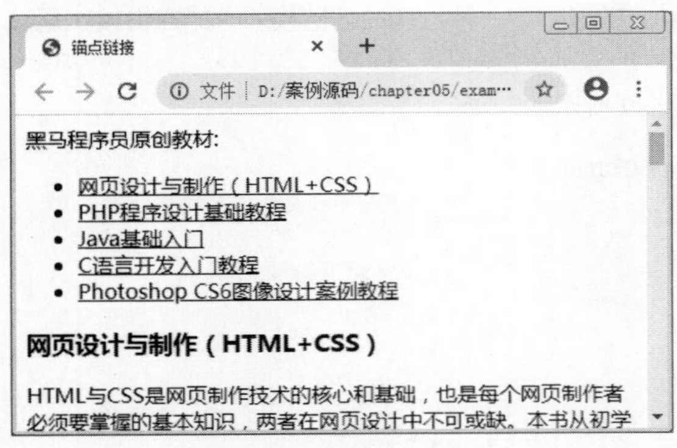

图 5-11　创建锚点链接

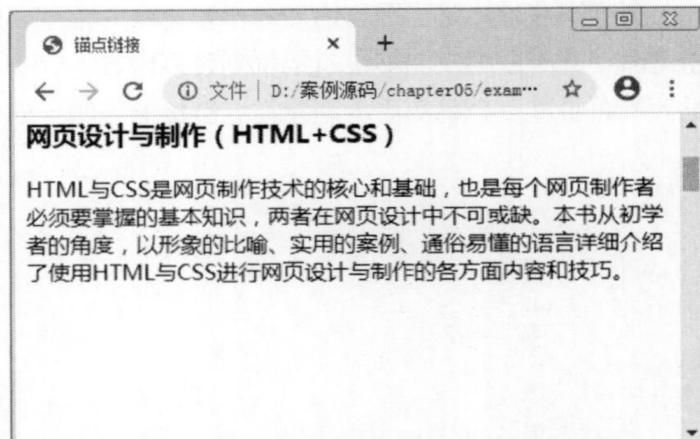

图 5-12　页面定位效果

表 5-1　超链接标签<a>的伪类

超链接标签<a>的伪类	含义
a:link{ CSS 样式规则; }	未访问时超链接的状态
a:visited{ CSS 样式规则; }	访问后超链接的状态
a:hover{ CSS 样式规则; }	鼠标指针经过、悬停时超链接的状态
a: active{ CSS 样式规则; }	单击不动时超链接的状态

表 5-1 中列出了超链接标签<a>的 4 种伪类，分别用于定义未访问时、访问后，以及鼠标指针经过、悬停时和单击不动时超链接的状态。

下面使用链接伪类来制作一个网页导航，如例 5-8 所示。

例 5-8　example08.html

```
1  <!doctype html>
2  <html>
3  <head>
4  <meta charset="utf-8">
5  <title>链接伪类</title>
6  <style type="text/css">
7  a:link,a:visited{                 /*未访问时和访问后*/
8      color:#F0F;
9      text-decoration:none;         /*清除超链接默认的下画线*/
10     margin-right:20px;
11 }
12 a:hover{                          /*鼠标指针悬停时*/
13     color:#0F0;
14     text-decoration:underline;    /*鼠标指针悬停时出现下画线*/
15 }
16 a:active{color:#F00;}             /*单击不动时*/
17 </style>
18 </head>
19 <body>
20 <a href="#">学习资源</a>
21 <a href="#">课程中心</a>
22 <a href="#">原创教材</a>
23 <a href="#">黑马社区</a>
24 </body>
25 </html>
```

例 5-8 通过链接伪类定义超链接不同状态的样式。其中，第 9 行代码用于清除超链接默认的下画线；第

14 行代码用于在鼠标指针悬停时为超链接添加下画线。

运行例 5-8，效果如图 5-13 所示。

在图 5-13 中，超链接按设置的默认样式显示，文本颜色为紫色、无下画线。当鼠标指针移至超链接文本上时，文本颜色变为绿色且添加下画线效果，如图 5-14 所示。当鼠标单击超链接文本不动时，文本颜色变为红色且添加默认的下画线效果，如图 5-15 所示。

图 5-13 链接伪类（默认效果）

图 5-14 链接伪类（鼠标指针移至超链接文本上时的样式）

图 5-15 链接伪类（鼠标单击超链接文本不动时的样式）

在实际工作中，通常只需要使用 a:link、a:visited 和 a:hover 定义未访问时、访问后和鼠标指针悬停时的超链接样式。并且 a:link 和 a:visited 经常应用相同的样式，以使未访问时和访问后的超链接样式保持一致。

注意：

① 同时使用 4 种链接伪类时，需要按照 a:link、a:visited、a:hover 和 a:active 的顺序书写，否则定义的样式可能不起作用。

② 除了文本样式外，链接伪类还可用于控制超链接的背景、边框等样式。

【任务 5-4】页面建设准备工作

在制作“优课教育”网站首页之前，小思需要做一些页面建设的准备工作，主要包括网站素材整理、页面结构分析和定义基础样式，具体介绍如下。

网站素材整理

1. 建立站点

（1）创建网站根目录

在计算机本地磁盘任意盘符下创建网站根目录。本书在“D 盘:\案例源码\chapter05”文件夹中新建一个文件夹作为网站根目录，并命名为“education”。

（2）在根目录下新建文件

打开网站根目录“education”，在根目录下新建“images”和“css”文件夹，分别用于存放网站所需的图像和 CSS 样式表文件。

（3）新建站点

打开 Dreamweaver，在菜单栏中选择“站点→新建站点”选项，在弹出的对话框中输入站点名称“education”。然后，浏览并选择站点根目录的存储位置。单击“保存”按钮，站点即建立成功。

2. 切图

使用 Fireworks CS6 的“切片”工具，导出“优课教育”网站首页中的素材图片，并存储在站点中的“images”文件夹中。导出后的图片素材如图 5-16 所示。

图 5-16　导出后的图片素材

页面结构分析

1. HTML 结构分析

“优课教育”网站首页整体上分为“导航”模块、“主体”模块和“版权信息”模块 3 部分。其中，“主体”模块又可以分为“banner”模块、“课程分类”模块和“精品展示”模块 3 部分，如图 5-17 所示。

图 5-17　“优课教育”网站首页页面结构

2. CSS 样式分析

在“优课教育”网站首页中，“导航”模块和“版权信息”模块通栏显示，“主体”模块宽 980px 且居中显示。另外，页面背景为浅橙色，页面中的文字字体多为“微软雅黑”，这些可以通过 CSS 公共样式进行定义。最后，在“导航”模块和“精品展示”模块中，需要设置鼠标指针经过、悬停时超链接的状态。

定义基础样式

1. 页面布局

下面对“优课教育”网站首页进行整体布局。在站点根目录下新建一个 HTML 文件，并命名为“project05”，然后使用<div>标签对页面进行布局，具体代码如 project05.html 所示。

project05.html

```
<!doctype html>
<html>
<head>
<meta charset="utf-8">
<title>优课教育网站首页</title>
</head>
<body>
<div id="header">
</div>
<div id="content">
</div>
<div id="footer">
</div>
</body>
</html>
```

上述代码定义了 id 为“header”“content”和“footer”的三个<div>标签，分别用于搭建“导航”模块、“主体”模块和“版权信息”模块的结构，将页面整体上分为 3 部分。

2. 定义基础样式

在站点根目录下的 CSS 文件夹内新建样式表文件 style05.css，使用外链式 CSS 在 project05.html 文件中引入样式表文件。然后，定义页面的基础样式，具体代码如下：

```
1 /*重置浏览器的默认样式*/
2 *{margin:0; padding:0; list-style:none;}
3 /*全局控制*/
4 body{background:#fff9ed; font-family:"微软雅黑"; font-size:14px;}
5 a:link,a:visited{text-decoration:none; color:#fff; font-size:16px;}
```

在上述代码中，第 2 行代码用于清除浏览器的默认样式；第 4 行和第 5 行代码用于定义页面公共样式。

【任务 5-5】制作“导航”模块

效果分析

1. 结构分析

“导航”模块的背景通栏显示，需要在最外层嵌套一个大盒子。“导航”模块由 Logo 和 6 个子导航项构成，可以通过在无序列表标签<ul>中嵌套<li>标签定义。此外，每个子导航项都是可以单击的超链接，所以需要在<li>标签中嵌套超链接标签<a>。“导航”模块的结构如图 5-18 所示。

图 5-18 “导航”模块的结构

2. 样式分析

通栏显示需要将最外层大盒子的宽度设置为 100%，且背景图像沿 x 轴平铺。“导航”模块居中显示，需要为<ul>标签设置固定宽度和水平居中样式。“导航”模块中的各子导航项排列在同一行，需要为<li>标签设置左浮动。此外，还需要为超链接标签<a>设置鼠标指针移至时显示的背景图片的样式。

模块制作

1. 搭建结构

在 project05.html 文件内书写“导航”模块的 HTML 代码，具体代码如下：

```
<div id="header">
   <ul class="nav">
     <li class="logo"><img src="images/logo.png" /></li>
     <li><a href="#">首页</a></li>
     <li><a href="#">学校介绍</a></li>
     <li><a href="#">课程设置</a></li>
     <li><a href="#">师资力量</a></li>
     <li><a href="#">招生问答</a></li>
     <li><a href="#">教学活动</a></li>
   </ul>
</div>
```

在上述代码中，定义 id 为“header”的<div>标签用于搭建导航的整体结构。无序列表标签<ul>整体定义“导航”模块，<li>标签搭建“导航”模块中各个子导航项的结构。此外，通过超链接标签<a>来设置单击导航中的超链接时的跳转链接地址。

2. 控制样式

在样式表文件 style05.css 中书写 CSS 样式代码，用于控制“导航”模块，具体如下：

```
1  #header{
2       width:100%;
3       height:128px;
4       background:url(../images/head_bg.jpg) repeat-x;
5       border-bottom:3px solid #d5d5d5;
6  }
7  .nav{
8       width:980px;
9       margin:0 auto;
10      }
11 li{float:left;}
12 li a{
13      display:inline-block;
14      height:91px;
15      width:119px;
16      text-align:center;
17      line-height:70px;
18 }
19 li a:hover{background:url(../images/xuanfu.png) center center;}
```

在上述代码中，第 12～18 行代码通过将行内元素<a>标签转换为块元素来设置宽度、高度，并通过 text-align 属性设置文本居中对齐；第 19 行代码用于设置鼠标指针移至超链接时显示的背景图片的效果。

保存 style05.css 样式表文件，刷新页面，效果如图 5-19 所示。

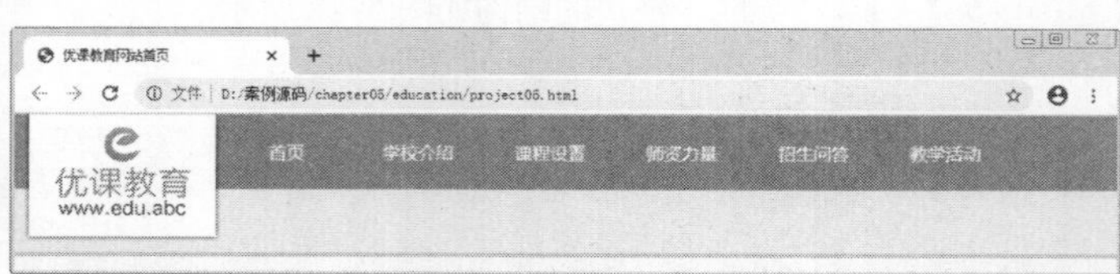

图 5-19　“导航”模块效果图

当鼠标指针移至“导航”模块的文本超链接上时，将会显示超链接的背景图片，如图 5-20 所示。

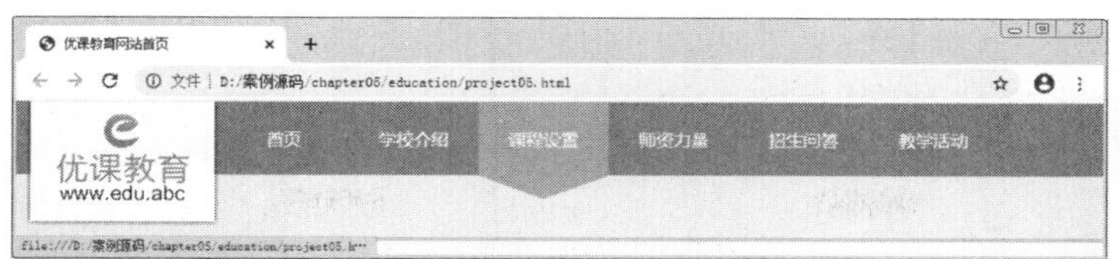

图 5-20 鼠标指针移至“导航”模块中的文本超链接上时的效果

【任务 5-6】制作“banner”模块和“课程分类”模块

效果分析

1. 结构分析

“banner”模块的结构非常简单，由一张图片构成。“课程分类”模块由一个大盒子构成，该模块主要包括 3 部分，由 3 个<dl>标签搭建而成。其中，左边的图片由<dt>标签来定义，右边的内容部分由<dd>标签定义。另外，内容部分的文字说明可以通过<a>标签定义。“banner”模块和“课程分类”模块的结构如图 5-21 所示。

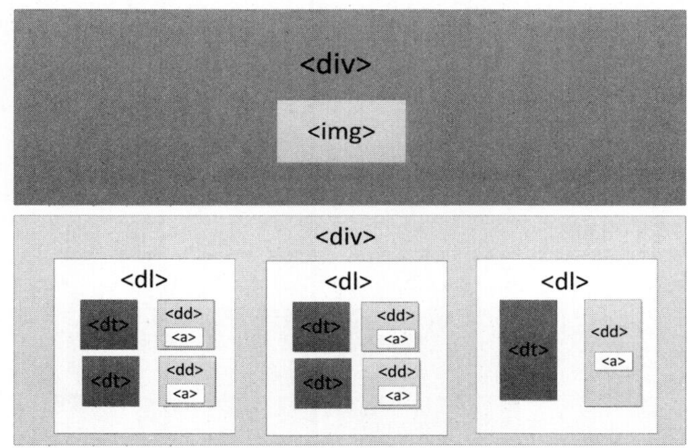

图 5-21 “banner”模块和“课程分类”模块的结构

2. 样式分析

“课程分类”模块的左、中、右 3 部分位于同一行，需要为<dl>标签设置浮动。同样，也需要为各个模块中的<dt>标签、<dd>标签设置浮动。当鼠标指针移至超链接上时，“课程分类”模块的背景颜色会发生变化。

模块制作

1. 搭建结构

在 project05.html 文件的“<div id="content"></div>”标签内书写“banner” 模块和“课程分类”模块的 HTML 代码，具体如下：

```
<div id="content">
    <div class="banner"><img src="images/banner.jpg" /></div>
   <div class="style_bg">
    <div class="style">
       <dl>
          <dt class="left1"></dt><dd class="left2"><a href="#">大学专区</a></dd>
         <dt class="left3"></dt><dd class="left4"><a href="#">求职专区</a></dd>
       </dl>
       <dl>
          <dt class="center1"></dt><dd class="center2"><a href="#">高中专区</a></dd>
```

```
                <dt class="center3"></dt><dd class="center4"><a href="#">考证专区</a></dd>
            </dl>
            <dl class="third">
                <dt class="right1"></dt><dd class="right2"><a href="#">线上精品课专区</a></dd>
            </dl>
        </div>
    </div>
</div>
```

上述代码分别定义了 class 为“banner”和“style_bg”的两个<div>标签，用于搭建“banner”模块和“课程分类”模块的结构。另外，分别使用 3 个<dl>标签定义了“课程分类”模块中的左、中、右 3 部分。

最后，通过定义 id 为“content”的大盒子来整体控制“主体”模块的结构。

2. 控制样式

在样式表文件 style05.css 中书写 CSS 样式代码，用于控制“banner”模块和“课程分类”模块，具体如下：

```
#content{
    width:980px;
    margin:0 auto;
}
.style_bg{
    width:908px;
    height:330px;
    background:#6dbf2d;
    padding:10px 36px 5px;
}
.style{
    width:892px;
    height:314px;
    background:#fff;
    padding:8px 10px 8px 6px;
}
.style dl{
    width:279px;
    height:313px;
    float:left;
    margin-left:4px;
}
.style .third{width:322px;}
.style dt,.style dd{float:left;}
.style .left1,.style .left3,.style .center1,.style .center3{width:162px;}
.style .left2,.style .left4,.style .center2,.style .center4,.style .right2{width:117px;}
.style .left1,.style .left2,.style .center1,.style .center2{ margin-bottom:8px;}
.style .left1{
    height:169px;
    background:url(../images/pic01.jpg) no-repeat;
}
.style .left2{
    height:169px;
    line-height:169px;
}
.style .left3{
    height:137px;
    background:url(../images/pic02.jpg) no-repeat;
    }
.style .left4{
    height:137px;
    line-height:137px;
    }
.style .center1{
    height:117px;
    background:url(../images/pic03.jpg) no-repeat;
}
.style .center2{
```

```
49       height:117px;
50       line-height:117px;
51 }
52 .style .center3{
53       height:188px;
54       background:url(../images/pic04.jpg) no-repeat;
55 }
56 .style .center4{
57       height:188px;
58       line-height:188px;
59 }
60 .style .right1{
61       width:205px;
62       height:314px;
63       background:url(../images/pic05.jpg) no-repeat;
64 }
65 .style .right2{
66       height:314px;
67       line-height:314px;
68 }
69 .style a{
70       display:block;
71       background:#f2f2f2;
72       text-align:center;
73       color:#333;
74 }
75 .style a:hover{background:#6dbf2d;}
```

在上述代码中，第 5～10 行代码用于设置“课程分类”模块的背景颜色和内边距；第 20 行和第 24 行代码用于设置<dl>标签、<dt>标签、<dd>标签左浮动，使其在同一行排列；第 25 行和第 26 行代码用于为宽度相同的模块统一定义宽度；第 30、38、46、54、63 行代码分别用于为<dt>标签设置不同的背景图像；第 75 行代码用于设置鼠标指针移至<a>标签上时，其背景颜色变为橙色。

保存 style05.css 样式表文件，刷新页面，效果如图 5-22 所示。

图 5-22 “banner”模块和“课程分类”模块效果图

【任务 5-7】制作“精品展示”模块

效果分析

1. 结构分析

“精品展示”模块分为标题和课程 2 部分。其中，标题部分由<h2>标签来定义。精品课程部分中的 4 个列表结构可以通过<dl>标签搭建。同时，使用<dt>标签定义列表中的图片，<dd>标签定义列表中的产品信息。另外，需要通过超链接标签<a>为各个课程设置链接地址。“精品展示”模块的结构如图 5-23 所示。

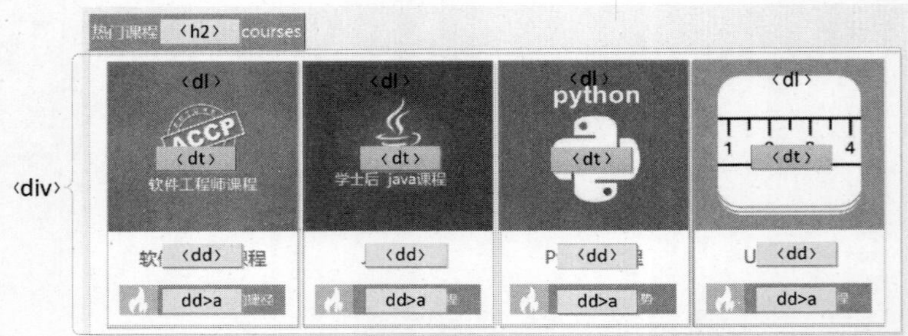

图 5-23　“精品展示”模块的结构

2. 样式分析

需要为标题<h2>标签设置字体样式，并设置背景颜色；需要为<dl>标签设置左浮动，并通过“margin-right”设置各个列表间的距离；需要为<dt>标签设置不同的背景图像，为<dd>标签设置文字样式。

模块制作

1. 搭建结构

在 project05.html 文件的“<div id="content"></div>”标签内书写“精品展示”模块的 HTML 代码，具体如下：

```
<h2>热门课程 / Popular courses</h2>
<div class="current">
     <dl>
          <dt class="match_1"></dt>
          <dd class="current01">软件工程师课程</dd>
          <dd class="current02"><a class="three" href="#">高级 IT 人才的捷径</a></dd>
       </dl>
     <dl>
          <dt class="match_2"></dt>
          <dd class="current01">Java 课程</dd>
          <dd class="current02"><a class="three" href="#">工程师必修课程</a></dd>
       </dl>
     <dl>
          <dt class="match_3"></dt>
          <dd class="current01">Python 课程</dd>
          <dd class="current02"><a class="three" href="#">热门行业新趋势</a></dd>
       </dl>
     <dl>
          <dt class="match_4"></dt>
          <dd class="current01">UI 设计课程</dd>
          <dd class="current02"><a class="three" href="#">设计师必修课程</a></dd>
       </dl>
</div>
```

上述代码定义了 class 为“current”的<div>标签整体控制“精品展示”部分的列表结构，并使用自定义列表标签<dl>嵌套<dt>标签、<dd>标签来搭建“精品展示”模块的图片和产品信息。

2. 控制样式

在样式表文件 style05.css 中书写 CSS 样式代码，用于控制“精品展示”模块，具体如下：

```
h2{
     width:259px;
     height:45px;
     background:#6dbf2d;
     font-size:20px;
     font-weight:100;
```

```
7       line-height:45px;
8       text-align:center;
9       color:#fff;
10      margin-top:80px;
11 }
12 .current{
13      width:958px;
14      height:342px;
15      background:#fff;
16      border:1px solid #dcd2ba;
17      padding:13px 0 0 20px;
18 }
19 .current dl{
20      width:229px;
21      height:330px;
22      border:1px solid #dcd2ba;
23      float: left;
24      margin-right:5px;
25 }
26 .current dt{
27      width:229px;
28      height:212px;
29      border-bottom:1px solid #dcd2ba;
30 }
31 .current01{
32      width:229px;
33      height:66px;
34      background:#fff;
35      line-height:66px;
36      color:#7a7a7a;
37      font-size:22px;
38      text-align:center;
39 }
40 .current02{
41      width:140px;
42      height:38px;
43      background:#6dbf2d url(../images/gouwu.jpg) left center no-repeat;
44      margin:0 14px;
45      line-height:38px;
46      padding-left:60px;
47      color:#fff;
48 }
49 .match_1{background:url(../images/match01.jpg) center center no-repeat;}
50 .match_2{background:url(../images/match02.jpg) center center no-repeat;}
51 .match_3{background:url(../images/match03.jpg) center center no-repeat;}
52 .match_4{background:url(../images/match04.jpg) center center no-repeat;}
53 .current a{display:inline-block; width:180px; height:38px;}
```

在上述代码中，第 12～18 行代码用于整体控制“精品展示”模块的宽度、高度、背景颜色、边距和边框效果；第 49～53 行代码用于为<dt>标签设置不同的背景图像。

保存 style05.css 样式表文件，刷新页面，效果如图 5-24 所示。

图 5-24 “精品展示”模块效果图

【任务5-8】制作“版权信息”模块

效果分析

1. 结构分析

“版权信息”模块通栏显示，整体由一个<div>标签构成。版权信息的内容通过两个<p>标签来定义。其具体结构如图5-25所示。

图5-25 “版权信息”模块的结构

2. 样式分析

“版权信息”模块通栏显示，需要设置其宽度为100%。版权信息内容的字体为“微软雅黑”，字号为14px，文字颜色为白色，文本居中对齐显示，这些样式均需要使用CSS文本外观属性来定义。

模块制作

1. 搭建结构

在project05.html文件内书写“版权信息”模块的HTML代码，具体如下：

```
<div id="footer">
     <p>Copyright © 2020-2030 Edu.com, All rights reserved.</p>
     <p>2020-2030，版权所有 优课网 00CP 备 2222222222</p>
</div>
```

上述代码定义了id为“footer”的<div>标签，用于整体控制页面中的“版权信息”模块。另外，通过两个<p>标签定义段落文本，用于搭建版权信息内容的结构。

2. 控制样式

在样式表文件style05.css中书写CSS样式代码，用于控制“版权信息”模块，具体如下：

```
1  #footer{
2       width:100%;
3       height:103px;
4       background:#020202;
5       color:#fff;
6       line-height:26px;
7       text-align:center;
8       padding-top:50px;
9       margin-top:65px;
10      }
```

在上述代码中，第2行代码用于设置“版权信息”模块的通栏显示效果；第7行代码用于设置段落文本内容居中对齐；第9行代码用于拉开“版权信息”模块与“主体”模块间的距离。

保存style05.css样式表文件，刷新页面，效果如图5-26所示。

图5-26 “版权信息”模块效果图

【项目总结】

1. 列表和超链接是网页中必不可少的元素，读者应能够熟练地运用列表与超链接组织页面结构。

2. 制作项目时，读者要熟练掌握如何通过 CSS 控制列表和超链接，并注意清除列表和超链接的默认样式。

3. 在实际工作中，读者要注意链接伪类的几种状态，能够设置超链接在未访问时、访问后，以及鼠标指针经过、悬停时和单击不动时的状态。

【课后练习】

一、填空题

1. 在列表样式属性中，用于为列表项设置项目图像的属性是________。

2. 若单击超链接标签<a>，在新窗口打开页面，需要设置属性 target=________。

3. 设置访问后超链接的样式，需要为<a>标签添加 CSS 样式的伪类________。

4. 如果将一个链接文本链接到页面中的某个锚点，则其 href 属性使用________符号加相应的 id 名。

5. ________列表是有排列顺序的，其各个列表项按照一定的顺序排列。

二、判断题

1. 在 HTML 中，常用的列表有 3 种，分别为无序列表、有序列表和定义列表。(　)

2. 无序列表的各个列表项之间，虽然没有顺序级别之分，但是存在主从关系。(　)

3. 在 HTML 中创建超链接非常简单，只需用<a></a>标签环绕需要被链接的对象即可。(　)

4. 在超链接中，href 属性用于指定链接页面的打开方式。(　)

5. 在超链接中，当 target 属性取值为“_self”时，表示在原窗口中打开链接页面。(　)

6. 在 HTML 中，<ul></ul>标签可以用于定义有序列表。(　)

7. 在定义列表中，一对<dt></dt>标签可以对应多对<dd></dd>标签。(　)

8. 在进行列表嵌套时，无序列表中只能嵌套无序列表。(　)

9. 在 HTML 中，通过创建锚点链接使用户能够快速定位到目标内容。(　)

10. 为了使未访问时和访问后的超链接样式保持一致，通常对 a:link 和 a:visited 应用相同的样式。(　)

三、选择题

1. 关于定义无序列表的基本语法格式，以下描述正确的是（　）。

A. <ul></ul>标签用于定义无序列表

B. <li></li>标签嵌套在<ul></ul>标签中，用于描述具体的列表项

C. 每对<ul></ul>标签中至少应包含一对<li></li>标签

D. <li>标签不可以定义 type 属性，只能使用 CSS 样式属性代替

2. 下列选项中，用于清除超链接默认的下画线的是（　）。

A. text-decoration:none;　　B. text-decoration:underline;

C. text-decoration:overline;　　D. text-decoration:line-through;

3. 下列选项中，属于 target 属性常用属性值的是（　）。

A. _double　　B. _self　　C. _new　　D. _blank

4. 下列代码中，可以用于清除超链接图像边框的是（　）。

A. border:0;　　B. margin:0;　　C. padding:0;　　D. list-style:none;

5. 下列代码中，用于清除列表默认样式的是（　）。

A. list-style:none;　　B. list-style:0;　　C. list-style:zero;　　D. list-style:delete;

6. 关于设置背景图像的代码片段“background:url(images/book.png) no-repeat left center;”，下列描述正确

的是（　）。

A. url(images/book.png)用于设置网页的背景图像

B. no-repeat 用于设置背景图像不平铺

C. left center 用于控制背景图像的位置

D. 在上述代码中，各个样式顺序任意

7. 在 CSS 中，通过链接伪类可以实现不同的超链接状态，下列说法错误的是（　）。

A. a:link{ CSS 样式规则; }: 访问时超链接的状态

B. a:visited{ CSS 样式规则; }: 访问后超链接的状态

C. a:hover{ CSS 样式规则; }: 鼠标指针经过、悬停时超链接的状态

D. a: active{ CSS 样式规则; }: 单击不动时超链接的状态

8. 在定义列表中，用于对名词进行解释和描述的标签是（　）。

A. <dl></dl>　　B. <li></li>　　C. <dt></dt>　　D. <dd></dd>

9. 设置超链接标签<a>中<img>标签的 border 样式为 none，下列代码书写正确的是（　）。

A. a .img{ border:none; }　　B. a#img{ border:none;}

C. a img{border:none; }　　D. a.img{border:none;}

10. 若超链接的 href 属性需要链接到 list 页面中的 one 锚点上，以下书写正确的是（　）。

A. list.html　　B. #one.list　　C. list#one　　D. list.html#one

项目 6

“千年之恋”注册页面制作

知识目标

★ 了解表格相关标签，能够区分不同表格标签的作用。

★ 熟悉表单的结构，知道各部分表单结构的作用。

★ 掌握不同类型表单控件的特点，能够区分它们之间的差异。

拓展阅读

技能目标

★ 掌握 CSS 控制表格样式的方法，能够在网页中设置不同的表格样式。

★ 掌握 CSS 控制表单样式的方法，能够在网页中设置不同的表单样式。

【项目描述】

随着互联网的不断发展，网络交友已经成为人们生活的重要内容。目前，网络上比较流行的交友方式有 QQ、微信、论坛等。此外，还有一些专业的交友网站。“千年之恋”就是众多交友网站中的一个。为了更准确地了解用户信息，近日“千年之恋”项目负责人致电 HC 公司王经理，计划对“千年之恋”注册页面进行改版。接到王经理安排的任务后，小思制订了近期学习及工作计划：巩固表格及表单相关知识，然后使用表格及<div>标签进行布局，完成页面改版任务。“千年之恋”注册页面效果如图 6-1 所示。

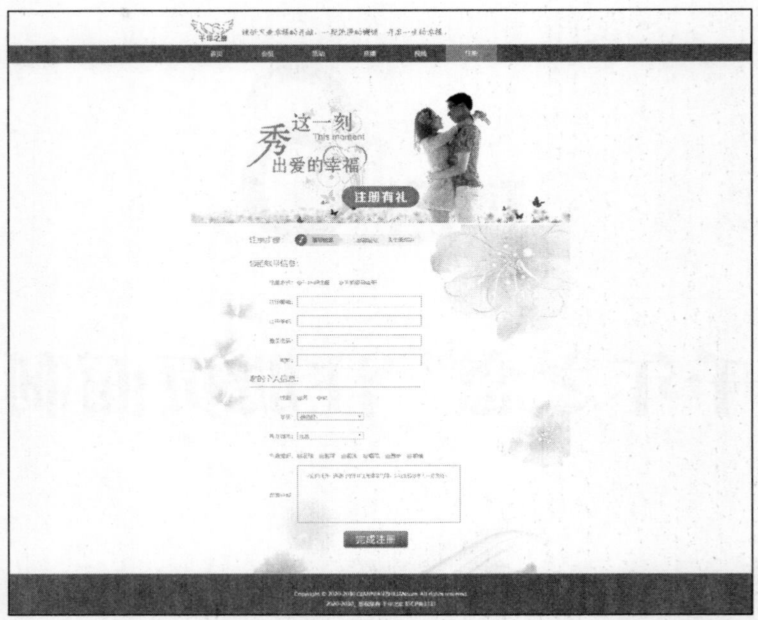

图6-1 “千年之恋”注册页面效果

【任务6-1】认识表格相关标签

需求分析

在网页制作中，表格至关重要，除了用于统计数据，还可以用于进行网页数据排版。通过排版，可使用户更方便地浏览这些网页数据。在网页中，表格是由相关标签组成的，要想使用表格，先要认识表格相关标签。下面将对表格相关标签进行详细讲解。

知识储备

1. 创建表格

创建表格非常简单，只需要使用对应的标签搭建表格结构即可。表格的开始标签是<table>，结束标签是</table>，所有表格内容都必须位于这两个标签之间。要想创建一个完整的表格，除了要使用表格标签外，还需要使用行标签<tr>和单元格标签<td>。创建表格的具体语法格式如下：

```
<table>
      <tr>
           <td>单元格内的文字</td>
           ...
     </tr>
     ...
 </table>
```

对上述语法格式中各项的具体解释如下。

- <table></table>：用于定义一个表格。
- <tr></tr>：用于定义表格中的一行。<tr>标签必须嵌套在<table>标签中，<table>标签中包含几对<tr></tr>，就表示该表格有几行。
- <td></td>：用于定义表格中的单元格。<td>标签必须嵌套在<tr>标签中，<tr>标签中包含几对<td></td>，就表示该行中有多少列。

下面创建一个表格，具体代码如例 6-1 所示。

例 6-1 example01.html

```
<!doctype html>
<html>
<head>
<meta charset="utf-8">
<title>创建表格</title>
</head>
<body>
<table border="1">
      <tr>
        <td>第 1 行第 1 列</td>
        <td>第 1 行第 2 列</td>
        <td>第 1 行第 3 列</td>
        <td>第 1 行第 4 列</td>
    </tr>
    <tr>
        <td>第 2 行第 1 列</td>
        <td>第 2 行第 2 列</td>
        <td>第 2 行第 3 列</td>
        <td>第 2 行第 4 列</td>
    </tr>
    <tr>
        <td>第 3 行第 1 列</td>
        <td>第 3 行第 2 列</td>
        <td>第 3 行第 3 列</td>
        <td>第 3 行第 4 列</td>
    </tr>
</table>
</body>
</html>
```

在例 6-1 中，使用表格的相关标签定义了一个 3 行 4 列的表格。

运行例 6-1，效果如图 6-2 所示。

在图 6-2 中，表格显示为 3 行 4 列，并且具有边框效果。表格的宽度和高度被文本内容撑开。如果去掉表格的边框效果，即删除表格 border 属性后的效果如图 6-3 所示。

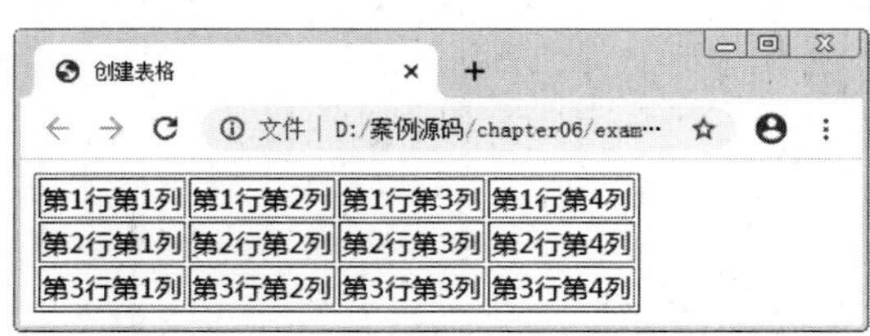

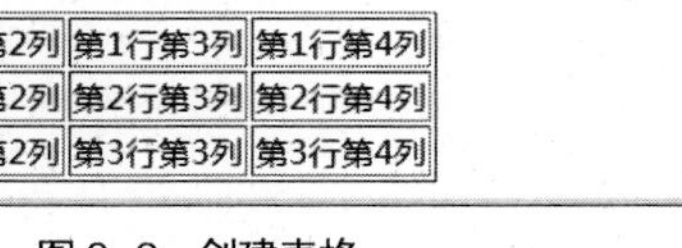

图 6-2 创建表格

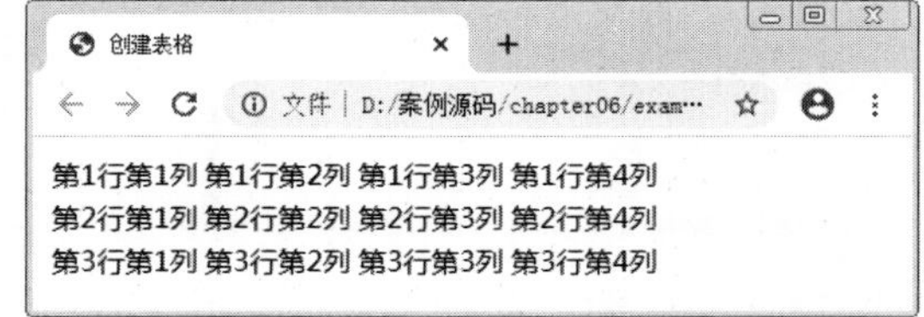

图 6-3 删除表格 border 属性后的效果

从图 6-3 可以看出，表格中内容的排列顺序并没有发生变化，但是边框消失了。

2. <table>标签的属性

在网页设计中，为<table>标签添加相关属性可以使表格的样式更加丰富。HTML 提供了一系列的属性，用于控制表格的显示样式，如 border、align 等。<table>标签的常用属性如表 6-1 所示。

表 6-1 <table>标签的常用属性

属性	含义	常用属性值
border	设置表格的边框（默认 border="0"，即无边框）	像素值
cellspacing	设置单元格与单元格之间的空白间距	像素值（默认为 2px）
cellpadding	设置单元格内容与该单元格边框之间的空白间距	像素值（默认为 1px）
width	设置表格的宽度	像素值

（续表）

属性	含义	常用属性值
height	设置表格的高度	像素值
align	设置表格在网页中的水平对齐方式	关键字，包括 left、center、right
bgcolor	设置表格的背景颜色	颜色的英文单词，十六进制颜色值（#r,g,b）、rgb(r,g,b)
background	设置表格的背景图像	图像的 URL

表 6–1 中列举了<table>标签的常用属性，下面对这些属性进行详细讲解。

（1）border 属性

在<table>标签中，border 属性会为每个单元格添加边框（称之为内边框），也会为表格添加一个大边框（称之为外边框）。如果 border 属性的属性值发生改变，只有外边框的尺寸会发生变化，内边框尺寸不变，仍保持为默认的 1px。默认情况下 border 属性的属性值为 0，即表格既不显示内边框，也不显示外边框。

为了使读者更好地理解 border 属性的用法，将例 6–1 中<table>标签的 border 属性的属性值设置为 10px，即将例 6–1 中的第 8 行代码更改为

```
<table border="10">
```

保存 HTML 文件，刷新页面，设置 border="10"后的表格边框效果如图 6–4 所示。

从图 6–4 可以看出，表格的外边框变宽了，内边框没有发生变化。

（2）cellspacing 属性

cellspacing 属性用于设置单元格与单元格之间的空白间距，该属性默认属性值为 2px。将例 6–1 中<table>标签的 cellspacing 属性的属性值设置为 20px，即将第 8 行代码更改为

```
<table border="10" cellspacing="20">
```

保存 HTML 文件，刷新页面，设置 cellspacing="20"后的表格边框效果如图 6–5 所示。

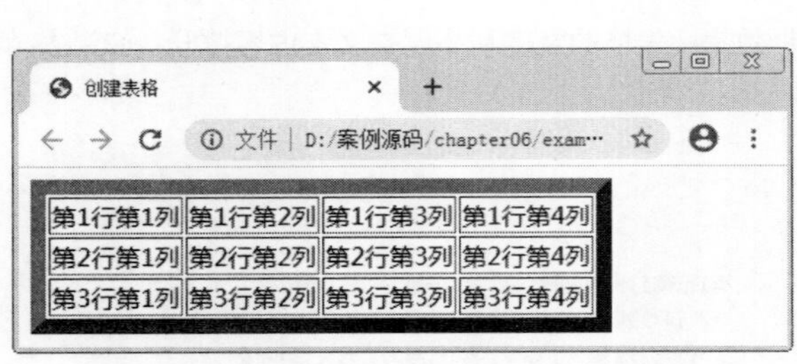

图 6–4　设置 border="10"后的表格边框效果

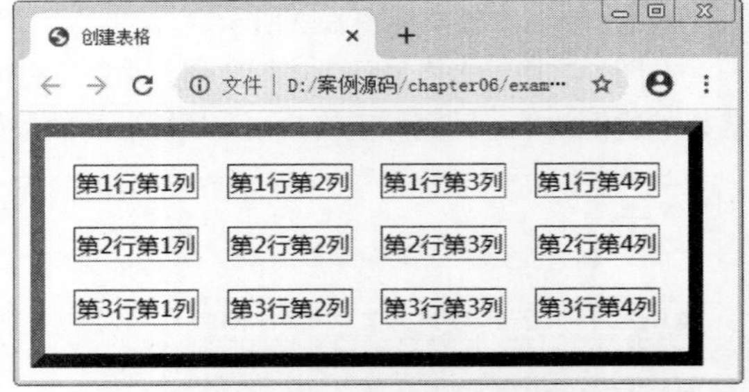

图 6–5　设置 cellspacing="20"后的表格边框效果

从图 6–5 可以看出，单元格与单元格及单元格与表格外边框之间都拉开了 20px 的距离。

（3）cellpadding 属性

cellpadding 属性用于设置单元格内容与单元格边框之间的空白间距，该属性默认属性值为 1px。将例 6–1 中<table>标签的 cellpadding 属性的属性值设置为 10px，即将第 8 行代码更改为

```
<table border="20" cellspacing="20" cellpadding="10">
```

保存 HTML 文件，刷新页面，设置 cellpadding="10"后的表格效果如图 6–6 所示。

从图 6–6 可以看出，单元格内容与单元格边框之间出现了空白间距。

Cellpadding 属性类似于盒子模型的内边距属性 padding，是指单元格内部的距离，而另一个属性 cellspacing 则是指外部单元格与单元格之间的距离。可以结合盒子模型的内边距和外边距理解 cellpadding 属性与 cellspacing 属性的不同。

（4）width 属性和 height 属性

默认情况下，表格的宽度和高度都是靠表格中的内容撑开的，如果想要更改表格的尺寸，就需要为该表

格设置宽度和高度。在表格属性中，width 属性用于设置表格宽度，height 属性用于设置表格高度。下面为例 6-1 中的表格设置宽度和高度，即将第 8 行代码更改为

```
<table border="20" cellspacing="20" cellpadding="10" width="600" height="300">
```

保存 HTML 文件，刷新页面，设置宽度和高度后的表格效果如图 6-7 所示。

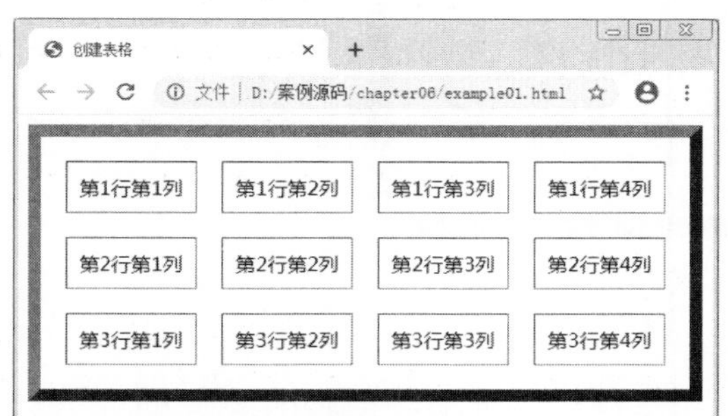

图 6-6 设置 cellpadding="10"后的表格效果

图 6-7 设置宽度和高度后的表格效果

对比图 6-6 和图 6-7 可知，表格的宽度和高度发生了明显的变化，通过测量工具测量后发现表格的总宽度为 600px，总高度为 300px。需要说明的是，为表格添加宽度和高度的同时，每一个单元格的宽度和高度均会等比例发生变化。

注意：

当为表格标签<table>同时设置 width、height 和 cellpadding 属性时，cellpadding 属性的显示效果不会太明显，所以一般在未给表格设置 width 和 height 属性的情况下测试 cellpadding 属性。

（5）align 属性

align 属性用于定义元素的水平对齐方式，当对<table>标签应用 align 属性时，可以控制表格在页面中的水平对齐方式，但单元格中的内容不受 align 属性的影响。align 属性的属性值为 left、center、right。

下面为例 6-1 中的<table>标签添加 align 属性，即将第 8 行代码更改为

```
<table border="20" cellspacing="20" cellpadding="10" width="600" height="300" align="center">
```

保存 HTML 文件，刷新页面，设置 align 属性后的表格效果如图 6-8 所示。

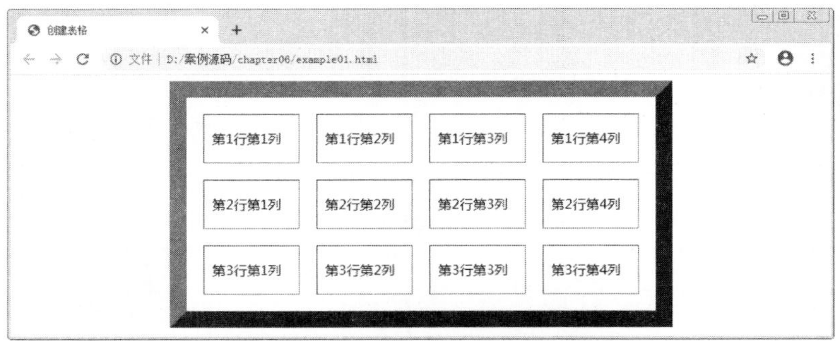

图 6-8 设置 align 属性后的表格效果

从图 6-8 可以看出，表格位于浏览器水平居中的位置，但单元格中的内容不受影响，仍靠左显示。

（6）bgcolor 属性

bgcolor 属性用于为表格指定一个背景颜色。下面为例 6-1 中的表格添加背景颜色，可以将第 8 行代码更改为

```
<table border="20" cellspacing="20" cellpadding="10" width="600" height="300" align="center"
bgcolor="yellow">
```

保存 HTML 文件，刷新页面，添加背景颜色后的表格效果如图 6-9 所示。

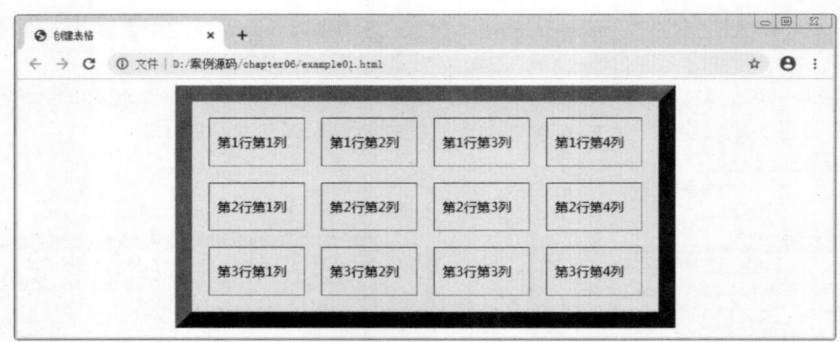

图 6-9　添加背景颜色后的表格效果

（7）background 属性

background 属性用于为表格指定一个背景图像。下面为例 6-1 中的表格添加背景图像，可以将第 8 行代码更改为

```
<table border="20" cellspacing="20" cellpadding="10" width="600" height="300" align="center" bgcolor="red" background="images/pic01.jpg">
```

保存 HTML 文件，刷新页面，添加背景图像后的表格效果如图 6-10 所示。

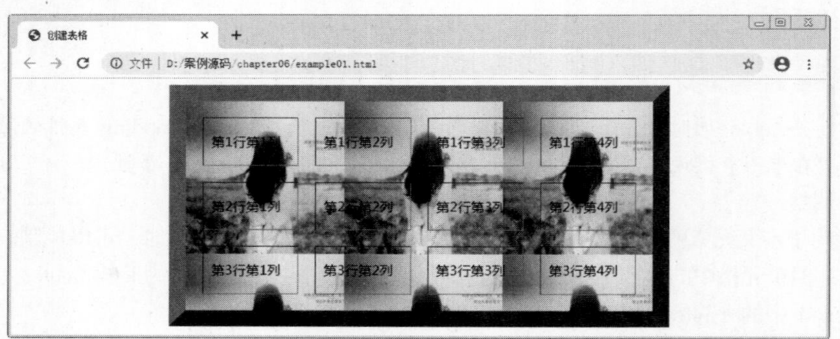

图 6-10　添加背景图像后的表格效果

在图 6-10 中，图像在表格中沿水平方向和垂直方向平铺，填满表格。在<table>标签的各种属性中，需要重点掌握 cellspacing 属性和 cellpadding 属性，其他的属性均可用 CSS 样式属性替代。

3. <tr>标签的属性

通过对<table>标签的各种属性进行设置，可以控制表格的整体显示样式。如果想单独设置表格中某一行的显示效果，就需要为行标签<tr>定义属性。<tr>标签的常用属性如表 6-2 所示。

表 6-2　<tr>标签的常用属性

属性名	含义	常用属性值
height	设置行高	像素值
align	设置一行内容的水平对齐方式	关键字，包括 left、center、right
valign	设置一行内容的垂直对齐方式	关键字，包括 top、middle、bottom
bgcolor	设置行背景颜色	颜色的英文单词，十六进制颜色值（# r,g,b）、rgb(r,g,b)
background	设置行背景图像	图像的 URL

表 6-2 中列举了<tr>标签的常用属性，其中大部分属性与<table>标签的属性相同，用法也类似。为了使读者加深对这些属性的理解，下面通过一个案例来演示<tr>标签的常用属性效果，如例 6-2 所示。

例 6-2　example02.html

```
1  <!doctype html>
2  <html>
3  <head>
4  <meta charset="utf-8">
5  <title>行标签 tr 的属性</title>
6  </head>
7  <body>
8  <table border="1" width="300" height="200" align="center">
9       <tr height="60" align="center" valign="middle" bgcolor="yellow">
10         <td>姓名</td>
11         <td>语文</td>
12         <td>数学</td>
13         <td>英语</td>
14      </tr>
15      <tr>
16         <td>小王</td>
17         <td>89</td>
18         <td>90</td>
19         <td>78</td>
20      </tr>
21      <tr>
22         <td>小李</td>
23         <td>90</td>
24         <td>87</td>
25         <td>99</td>
26      </tr>
27      <tr>
28         <td>小张</td>
29         <td>82</td>
30         <td>98</td>
31         <td>96</td>
32      </tr>
33 </table>
34 </body>
35 </html>
```

在例 6-2 中，第 9 行代码用于为<tr>标签设置相应的属性，从而改变第一行表格内容的显示样式。

运行例 6-2，效果如图 6-11 所示。

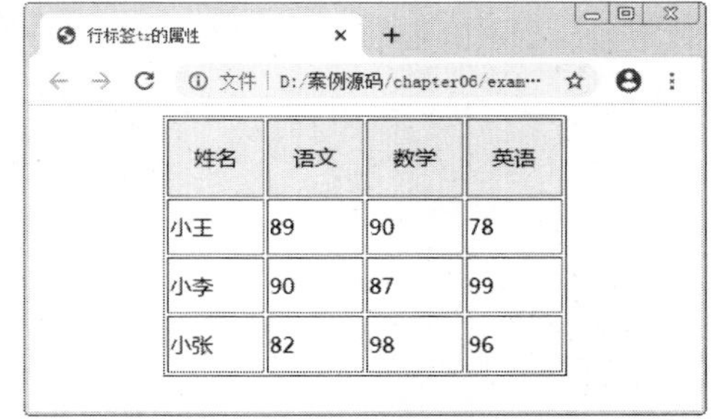

图 6-11　为<tr>标签设置相应的属性

从图 6-11 可以看出，表格中的第一行内容按照设置的高度显示、文本内容水平垂直居中，并且添加了黄色背景颜色。

注意：

① <tr>标签无宽度属性 width，其宽度取决于表格标签<table>。

② 可以对<tr>标签应用 valign 属性，用于设置一行内容的垂直对齐方式。

③ 不建议对<tr>标签应用 background 属性，以免出现兼容问题。

4. <td>标签的属性

通过定义单元格标签<td>的属性，可以单独控制某个单元格的样式。<td>标签的常用属性如表 6-3 所示。

表 6-3　<td>标签的常用属性

属性名	含义	常用属性值
width	设置单元格的宽度	像素值
height	设置单元格的高度	像素值
align	设置单元格内容的水平对齐方式	关键字，包括 left、center、right

（续表）

属性名	含义	常用属性值
valign	设置单元格内容的垂直对齐方式	关键字，包括 top、middle、bottom
bgcolor	设置单元格的背景颜色	颜色的英文单词，十六进制颜色值（#r,g,b）、rgb(r,g,b)
background	设置单元格的背景图像	图像 URL
colspan	设置单元格横跨的列数（用于合并水平方向的单元格）	正整数
rowspan	设置单元格竖跨的行数（用于合并垂直方向的单元格）	正整数

表 6–3 中列出了<td>标签的常用属性，其中大部分属性与<tr>标签的属性相同，用法也类似。与<tr>标签不同的是，<td>标签增加了 width 属性，用于指定单元格的宽度。同时<td>标签还拥有 colspan 属性和 rowspan 属性，这两个属性是<td>标签的专有属性，也是<td>标签的重要属性，主要用于对单元格进行合并。下面通过一个案例对 colspan 属性和 rowspan 属性的用法做具体演示，如例 6–3 所示。

例 6–3 example03.html

```
1  <!doctype html>
2  <html>
3  <head>
4  <meta charset="utf-8">
5  <title>合并单元格</title>
6  </head>
7  <body>
8  <table border="1" width="300" height="200" align="center">
9       <tr height="60" align="center" valign="middle" bgcolor="yellow">
10        <td>学校名称</td>
11        <td colspan="2">希望小学</td>
12     </tr>
13     <tr align="center">
14        <td>年级</td>
15        <td>科目</td>
16        <td>平均分数</td>
17     </tr>
18     <tr align="center">
19        <td rowspan="3">一年级</td>
20        <td>语文</td>
21        <td>80</td>
22     </tr>
23     <tr align="center">
24        <td>数学</td>
25        <td>89</td>
26     </tr>
27     <tr align="center">
28        <td>英语</td>
29        <td>86</td>
30     </tr>
31 </table>
32 </body>
33 </html>
```

在例 6–3 中，第 11 行代码通过将<td>标签的 colspan 属性设置为 2，使当前单元格横跨 2 列；第 19 行代码将<td>标签的 rowspan 属性设置为 3，使当前单元格竖跨 3 行。

运行例 6–3，效果如图 6–12 所示。

从图 6–12 可以看出，第 1 行第 2 个单元格横跨了 2 列，第 3 行第 1 个单元格竖跨了 3 行，实现了单元格合并效果。

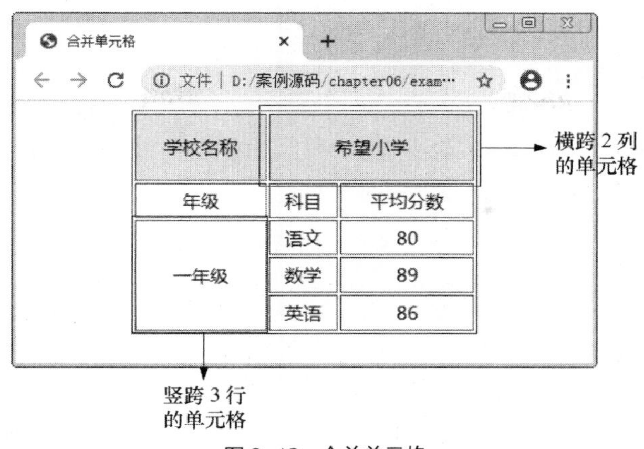

图 6-12 合并单元格

注意：

当对某一个<td>标签应用 width 属性设置宽度时，该列中的所有单元格均会以设置的宽度显示。当对某一个<td>标签应用 height 属性设置高度时，该行中的所有单元格均会以设置的高度显示。

5. <th>标签的属性

<th>标签用于设置表格表头。表头一般位于表格的第一行或第一列，使用<th>标签控制的表头文本显示为粗体。下面在例 6-3 的基础上对代码进行修改，演示<th>标签的使用方法，将第 10 行和第 11 行代码更改为

```
<th>学校名称</th>
<th colspan="2">希望小学</th>
```

保存 HTML 文件，刷新页面，设置表头后的表格效果如图 6-13 所示。

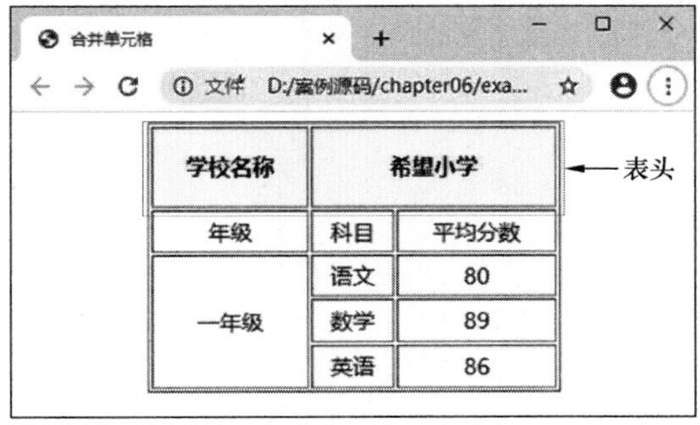

图 6-13 设置表头后的表格效果

【任务 6-2】使用 CSS 控制表格样式

需求分析

虽然表格布局逐渐被 DIV+CSS 布局所替代，但是作为传统的 HTML 元素，表格在网页制作中的作用是不可取代的，它不仅是实现数据显示的好方式，而且还可以通过 CSS 控制，轻松地对网页元素进行排版。下面将对使用 CSS 控制表格样式的方法进行详细讲解。

知识储备

1. 使用 CSS 控制表格边框

通过表格属性可以在 HTML 结构中直接控制表格的边框，但这种书写方式不符合结构与表现分离的网页设计原则。为了方便技术人员操作和修改网页代码，可以使用 CSS 控制表格的边框。下面通过一个案例来演示使用 CSS 控制表格边框的方法，如例 6–4 所示。

例 6–4　example04.html

```
1  <!doctype html>
2  <html>
3  <head>
4  <meta charset="utf-8">
5  <title>CSS 控制表格边框</title>
6  <style type="text/css">
7  table{
8     width:280px;
9     height:280px;
10    border:1px solid #F00;    /*设置 table 的边框*/
11    text-align: center;
12    margin:0 auto;
13 }
14 </style>
15 </head>
16 <body>
17 <table>
18    <tr>
19        <th>姓名</th>
20        <th>性别</th>
21        <th>年龄</th>
22        <th>身高</th>
23    </tr>
24    <tr>
25        <th>小丽</th>
26        <td>女</td>
27        <td>18</td>
28        <td>160cm</td>
29    </tr>
30    <tr>
31        <th>小红</th>
32        <td>女</td>
33        <td>16</td>
34        <td>163cm</td>
35    </tr>
36    <tr>
37        <th>小明</th>
38        <td>男</td>
39        <td>17</td>
40        <td>170cm</td>
41    </tr>
42 </table>
43 </body>
44 </html>
```

在例 6–4 中，第 7～13 行代码用于设置表格的宽度、高度、边框样式。

运行例 6–4，效果如图 6–14 所示。

从图 6–14 可以看出，虽然通过 CSS 设置了表格的边框样式，但是单元格并没有添加任何边框效果。所以，在使用 CSS 设置表格的边框时，还要为单元格单独设置相应的边框样式。在例 6–4 的 CSS 样式代码中添加如下代码：

```
td,th{border:1px solid #F00;}    /*为单元格单独设置边框*/
```

保存 HTML 文件，刷新网页，效果如图 6–15 所示。

图 6-14 使用 CSS 控制表格边框 1

图 6-15 使用 CSS 控制表格边框 2

2. 使用 CSS 控制单元格边距

使用<table>标签的属性美化表格时，可以通过 cellpadding 属性和 cellspacing 属性分别控制单元格内容与边框之间的距离，以及单元格之间的距离。这种方式与在盒子模型中设置内边距、外边距的方式非常类似。那么为单元格添加内边距属性 padding 和外边距属性 margin 能不能实现这种效果呢？下面做一个测试，新建一个 3 行 2 列的表格，并用<table>标签的 border 属性为表格添加 1px 的边框，如例 6-5 所示。

例 6-5 example05.html

```
<!doctype html>
<html>
<head>
<meta charset="utf-8">
<title>CSS 控制单元格边距</title>
</head>
<body>
<table border="1">
    <tr>
        <td>第 1 行第 1 列</td><td>第 1 行第 2 列</td>
    </tr>
    <tr>
        <td>第 2 行第 1 列</td><td>第 2 行第 2 列</td>
      </tr>
      <tr>
        <td>第 3 行第 1 列</td><td>第 3 行第 2 列</td>
      </tr>
</table>
</body>
</html>
```

运行例 6-5，效果如图 6-16 所示。

图 6-16 所示的单元格内容紧贴边框，相邻单元格之间的距离也比较小。为了拉开单元格内容与边框之间的距离，以及相邻单元格之间的距离，可以为单元格标签<td>应用内边距属性 padding 和外边距属性 margin。具体的 CSS 样式代码如下：

```
<style type="text/css">
td{
     padding:10px;
     margin:10px;
}
</style>
```

保存 HTML 文件，刷新网页，设置内边距和外边距后的表格效果如图 6-17 所示。

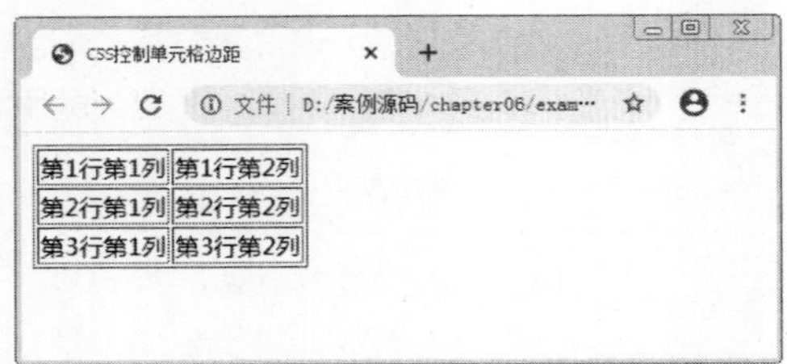

图 6–16　使用 CSS 控制单元格边距

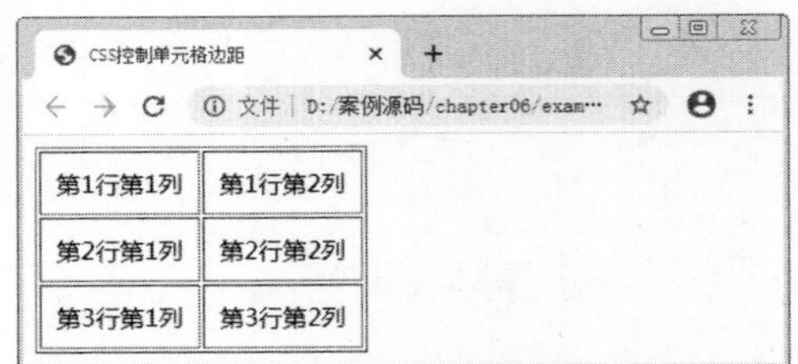

图 6–17　设置内边距和外边距后的表格效果

从图 6–17 可以看出，单元格内容与边框之间出现间距，但是相邻单元格的间距没有任何变化，即对单元格设置的外边距属性 margin 没有生效。由此可见，对<td>标签应用内边距属性 padding，可以设置单元格内容与边框的间距。但<td>标签无外边距属性 margin，只能通过 cellspacing 属性来设置相邻单元格的间距。

3. 使用 CSS 控制单元格的宽度和高度

<td>标签的 width 属性和 height 属性可以用于设置单元格的宽度和高度。同样，使用 CSS 也可以控制单元格的宽度和高度。下面通过一个案例对使用 CSS 控制单元格宽度和高度的方法进行演示，如例 6–6 所示。

例 6–6　example06.html

```
<!doctype html>
<html>
<head>
<meta charset="utf-8">
<title>CSS 控制单元格的宽度与高度</title>
<style type="text/css">
table{border:1px solid blue;}
td{border:1px solid blue;}
.one{
     width:150px;
   height:100px;
}
.two{
   width:100px;
   height:50px;
}
.three{
   width:100px;
   height:50px;
}
</style>
</head>
<body>
<table>
   <tr>
      <td class="one">one</td><td class="two">two</td>
   </tr>
   <tr>
      <td class="three">three</td><td class="four">four</td>
    </tr>
</table>
</body>
</html>
```

在例 6–6 中，首先，定义了一个 2 行 2 列的表格；然后，将第 1 个单元格的宽度设为“150px”，高度设为“100px”；最后，将第 2 个和第 3 个单元格的宽度均设为“100px”，高度均设为“50px”。

运行例 6–6，效果如图 6–18 所示。

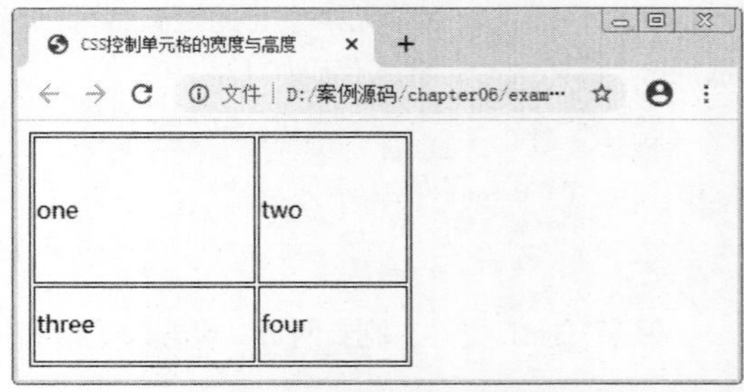

图 6–18　使用 CSS 控制单元格的宽度与高度

从图 6–18 可以看出，第 1 个和第 2 个单元格的高度相同，第 1 个和第 3 个单元格的宽度相同。由此可知，为同一行中的单元格定义不同的高度，或为同一列中的单元格定义不同的宽度时，同一行中高度会统一，同一列中宽度会统一，并且宽度值和高度值都取其中的较大者。

【任务 6-3】表单概述

需求分析

表单是可以通过网络接收其他用户数据的平台。例如，注册页面的账户密码输入、网上订单页面等，都以表单的形式来收集用户信息，并将这些信息传递给后台服务器，实现网页与用户间的对话。下面将对表单进行详细讲解，引领读者认识表单。

知识储备

1. 初识表单

对于表单读者可能比较陌生，其实表单在互联网上随处可见。在 HTML 中，一个完整的表单通常由表单控件（也称为表单元素）、提示信息和表单域 3 个部分构成，表单的基本结构如图 6-19 所示。

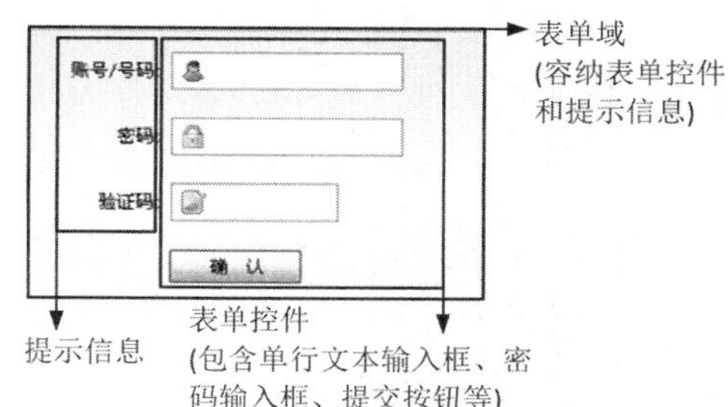

图 6-19 表单的基本结构

为了使读者更好地理解表单的构成，下面通过创建一个完整的表单来具体介绍表单结构，如例 6-7 所示。

例 6-7 example07.html

```
<!doctype html>
<html>
<head>
<meta charset="utf-8">
<title>创建一个完整的表单</title>
</head>
<body>
<form>   <!--表单域-->
     用户名:                                                   <!--提示信息-->
   <input type="text" name="yonghuming" />                   <!--表单控件-->
   密码:                                                      <!--提示信息-->
   <input type="password" name="mima" />                     <!--表单控件-->
   <input type="submit" value="确认"/>                        <!--表单控件-->
</form>
</body>
</html>
```

例 6-7 为一个完整的表单结构。在该表单结构中用到了一些陌生的标签和标签属性，此处只需了解即可，后面会进行具体讲解。

运行例 6-7，效果如图 6-20 所示。

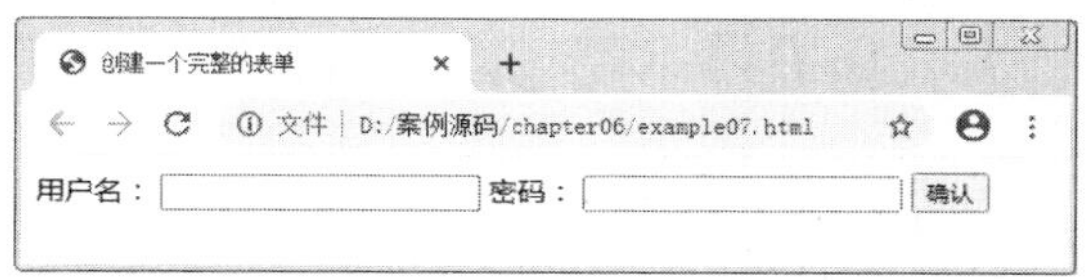

图 6-20 创建一个完整的表单

2. 创建表单

创建表单非常简单，只需把表单控件放置在表单域即可。表单域是指表单的开始位置和结束位置，所有的表单控件只有嵌套在表单域中才会生效。在 HTML 中，<form>标签被用于定义表单域。创建表单的基本语法格式如下：

```
<form action="url 地址" method="提交方式" name="表单名称">
     各种表单控件
</form>
```

在上述语法格式中，action、method和name为<form>标签的常用属性，其具体解释如表6-4所示。

表6-4 <form>标签的常用属性

属性	解释
action	用于指定接收、处理表单数据的服务器程序的URL
method	method属性用于设置表单数据的提交方式，其取值为get或post。其中，get为默认值，这种方式提交的数据将显示在浏览器的地址栏中，保密性差，且有数据量的限制；而post方式的保密性好，并且无数据量的限制
name	用于指定表单的名称，以区分同一个页面中的多个表单

需要注意的是，<form>标签的属性并不会让表单具有实质的功能。如果要想让一个表单有意义，就必须在<form>开始标签与</form>结束标签之间添加相应的表单控件。

【任务6-4】基础表单控件

需求分析

基础表单控件是指网页设计中经常用到的表单控件，是表单的核心部分。只有掌握了这些基础表单控件的使用方法，才能创建功能多样的表单。下面将对这些基础表单控件进行详细讲解。

知识储备

1. input控件

input控件是表单控件中最常用的控件。通常网页中的单行文本输入框、单选按钮、复选框、提交按钮、重置按钮等都是通过input控件定义的。input控件的基本语法格式如下：

```
<input type="控件类型"/>
```

在上述语法格式中，<input />标签为单标签，type属性为<input />标签最基本的属性。根据type属性的取值不同，可以在表单中输入、提交不同的数据。除了type属性外，<input />标签还可以定义其他的属性。<input />标签的常用属性如表6-5所示。

表6-5 <input />标签的常用属性

属性	属性值	描述
type	text	单行文本输入框
	password	密码输入框
	radio	单选按钮
	checkbox	复选框
	button	普通按钮
	submit	提交按钮
	reset	重置按钮
	image	图像形式的提交按钮
	hidden	隐藏域
	file	文件域
name	由用户自定义	控件的名称
value	由用户自定义	input控件中的默认文本值

（续表）

属性	属性值	描述
size	正整数	input 控件在页面中的显示宽度
readonly	readonly	该控件内容为只读（不能编辑修改）
disabled	disabled	第一次加载页面时禁用该控件（显示为灰色）
checked	checked	定义选择控件默认被选中的项
maxlength	正整数	控件允许输入的最多字符数

表 6-5 列出了 input 控件的常用属性，下面通过一个案例来帮助读者理解这些属性的用法和效果，如例 6-8 所示。

例 6-8 example08.html

```
 1  <!doctype html>
 2  <html>
 3  <head>
 4  <meta charset="utf-8">
 5  <title>input 控件</title>
 6  </head>
 7  <body>
 8  <form action="#" method="post">
 9      用户名:                                        <!--text 单行文本输入框-->
10      <input type="text" value="小明" maxlength="6" /><br /><br />
11     密码:                                          <!--password 密码输入框-->
12     <input type="password" size="20" /><br /><br />
13     性别:                                          <!--radio 单选按钮-->
14     <input type="radio" name="sex"/>男<input type="radio" name="sex" checked="checked" />女<br /><br />
15     兴趣爱好:                                      <!--checkbox 复选框-->
16     <input type="checkbox" />旅游
17     <input type="checkbox" />读书
18     <input type="checkbox" />摄影<br /><br />
19     上传照片:
20     <input type="file" /><br /><br />              <!--file 文件域-->
21     <input type="submit" />                         <!--submit 提交按钮-->
22     <input type="reset" />                          <!--reset 重置按钮-->
23     <input type="button" value="普通按钮" />        <!--button 普通按钮-->
24     <input type="image" src="images/enter.jpg" />   <!--image 图像形式的提交按钮-->
25     <input type="hidden" />                         <!--hidden 隐藏域-->
26  </form>
27  </body>
28  </html>
```

在例 6-8 中，通过对<input />标签应用 type 属性的不同属性值来定义不同类型的 input 控件，并且对一些控件应用<input />标签的其他可选属性。其中，第 10 行代码通过 value 和 maxlength 属性定义单行文本输入框中允许输入的最多字符数和默认显示文本；第 12 行代码通过 size 属性定义密码输入框的宽度；在第 14 行代码通过 name 和 checked 属性定义单选按钮的名称和默认选中项。

运行例 6-8，效果如图 6-21 所示。

在图 6-21 中，不同类型的 input 控件显示的样式不同。例如，当密码输入框中输入内容时，内容将以圆点或者“*”的形式显示，用于防止密码泄露。

为了使初学者更好地理解不同类型的 input 控件，下面对这些控件做具体解释。

（1）单行文本输入框<input type="text" />

单行文本输入框常用于输入简短的信息，如用户名、账号、证件号码等，常用的属性有 name、value、maxlength。

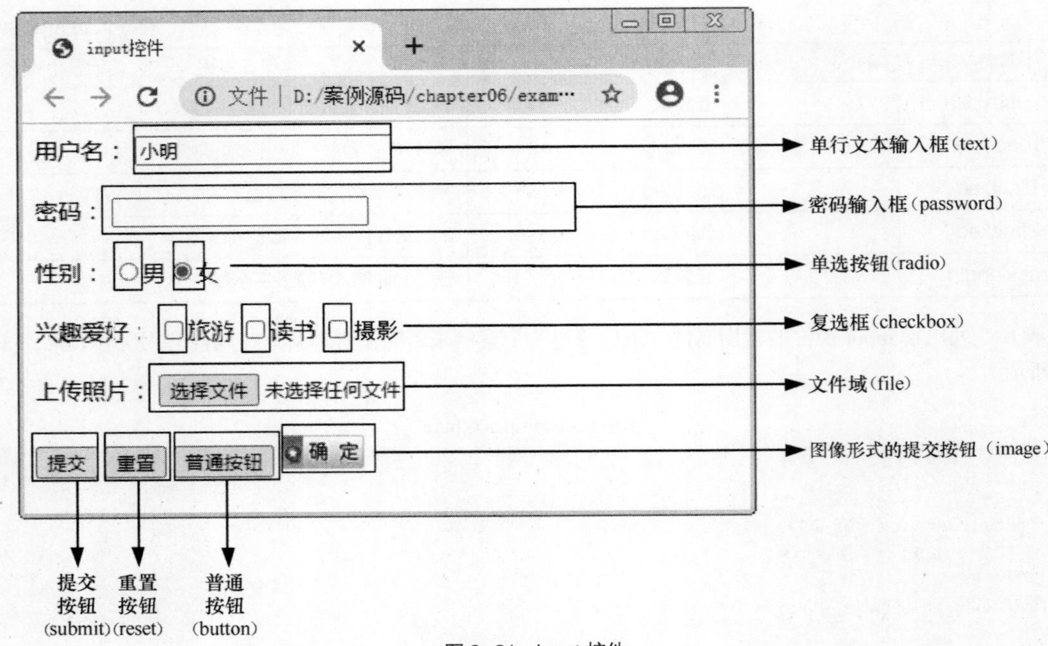

图 6-21　input 控件

（2）密码输入框<input type="password" />

密码输入框用于输入密码，其内容将以圆点的形式显示。

（3）单选按钮<input type="radio" />

单选按钮用于单项选择，如选择性别、判断操作等。需要注意的是，在定义单选按钮时，必须为同一组中的选项指定相同的 name 值，这样“单选”才会生效。此外，可以对单选按钮应用 checked 属性，用于指定默认选中项。

（4）复选框<input type="checkbox" />

复选框常用于多项选择，如兴趣、爱好等。此外，可对复选框应用 checked 属性，用于指定默认选中项。

（5）文件域<input type="file" />

当定义文件域时，页面中会出现一个文本框和一个“浏览”按钮，用户可以通过填写文件路径或直接选择文件的方式将文件提交给后台服务器。

（6）提交按钮<input type="submit" />

提交按钮是表单中的核心控件，用户完成信息的输入后，一般都需要单击提交按钮才能完成表单数据的传输。可以对提交按钮应用 value 属性，从而改变提交按钮上的默认文本。

（7）重置按钮<input type="reset" />

当用户输入的信息有误时，可单击重置按钮取消已输入的所有表单信息。可以对重置按钮应用 value 属性，从而改变重置按钮上的默认文本。

（8）普通按钮<input type="button" />

普通按钮常常与 JavaScript 配合使用，从而为用户提供单击响应事件，此处了解即可。

（9）图像形式的提交按钮<input type="image" />

图像形式的提交按钮与普通的提交按钮在功能上基本相同，只是用图像替代了默认的按钮样式。图像按钮外观更美观。需要注意的是，必须要为图像按钮定义 src 属性指定图像的 URL。

（10）隐藏域<input type=" hidden" />

隐藏域对于用户是不可见的，简单来说，隐藏域可以用于存放和上传一些网页信息。在搭建 HTML 页面时应用不多，初学者了解即可。

需要说明的是，在实际运用中，常常需要将<input />标签与<label>标签配合使用，以扩大控件的选择范围，为用户提供更好的操作体验。例如，在选择性别时，希望实现单击提示文字“男”或者“女”也可以选中相应的单选按钮的效果。

下面通过一个案例来演示<label>标签在 input 控件中的用法，如例 6-9 所示。

例 6-9　example09.html

```
<!doctype html>
<html>
<head>
<meta charset="utf-8">
<title>label 的使用</title>
</head>
<body>
<form action="#" method="post">
    <label for="name">用户名：</label>
     <input type="text" maxlength="6" id="name" /><br /><br />
    性别：
    <input type="radio" name="sex" checked="checked" id="man" /><label for="man">男</label>
    <input type="radio" name="sex" id="woman" /><label for="woman">女</label>
</form>
</body>
</html>
```

在例 6-9 中，使用<label>标签嵌套表单中的提示信息，并且将<label>标签的 for 属性取值设置为对应表单控件的 id，这样<label>标签标注的内容就绑定到了指定 id 的表单控件上。当单击<label>标签中的内容时，对应的表单控件就会处于选中状态。

运行例 6-9，效果如图 6-22 所示。

在图 6-22 所示的页面中，单击“用户名：”时，光标会自动移动到用户名输入框中，同样单击“男”或“女”时，相应的单选按钮就会处于选中状态。

图 6-22　<label>标签的使用

2. textarea 控件

当定义 input 控件 type 属性的属性值为 text 时，会创建一个单行文本输入框。如果需要输入大量的信息，单行文本输入框就不适用了，为此 HTML 提供了<textarea>标签。通过<textarea>标签可以创建多行文本输入框。<textarea>标签的基本语法格式如下：

```
<textarea cols="每行中的字符数" rows="显示的行数">
     文本内容
</textarea>
```

在上述语法格式中，cols 和 rows 为<textarea>标签的必备属性，其中，cols 属性用于定义多行文本输入框每行中的字符数，rows 属性用于定义多行文本输入框显示的行数，它们的取值均为正整数。

下面通过一个案例来帮助读者理解 textarea 控件的用法和效果，如例 6-10 所示。

例 6-10　example10.html

```
<!doctype html>
<html>
<head>
<meta charset="utf-8">
<title>textarea 控件</title>
</head>
<body>
<form action="#" method="post">
留言：<br />
     <textarea cols="60" rows="8">
请将咨询的相关问题留言给我们，我们会及时给您答复。
    </textarea><br /><br />
    <input type="submit" value="提交"/>
</form>
```

```
</body>
</html>
```

在例 6-10 中，通过<textarea>标签定义一个多行文本输入框，并对该多行文本输入框应用 clos 和 rows 属性来设置每行中的字符数和显示的行数。在多行文本输入框下方，通过 input 控件定义了一个提交按钮。

运行例 6-10，效果如图 6-23 所示。

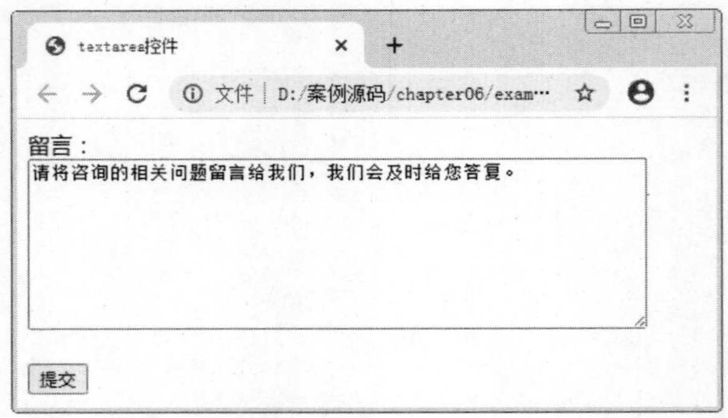

图 6-23　textarea 控件

在图 6-23 中，出现了一个多行文本输入框，用户可以对文本框中的内容进行编辑和修改。

需要说明的是，除了 cols 和 rows 属性外，<textarea>标签还拥有几个可选属性，分别为 disabled、name 和 readonly，它们的含义和用法与<input />标签中相应的属性相同。对于这几个属性，本书不再做具体的演示，读者可以自己测试，以加深理解。

各浏览器对 cols 和 rows 属性的解析不同，当对 textarea 控件应用 cols 和 rows 属性时，多行文本输入框在各浏览器中的显示效果可能会有差异。所以，在实际工作中更常用的方法是使用 CSS 的 width 属性和 height 属性来控制多行文本输入框的宽度和高度。

3. select 控件

浏览网页时，经常会看到包含多个选项的下拉菜单。例如，选择所在的城市、出生年月、兴趣爱好等。图 6-24 所示为下拉菜单，

当单击下拉符号时，会弹出一个选择列表，如图 6-25 所示。在 HTML 中，要想制作如图 6-25 所示的选择列表，就需要使用 select 控件。

图 6-24　下拉菜单

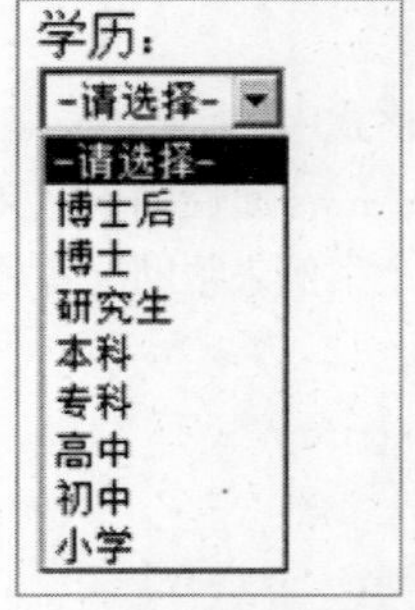

图 6-25　选择列表

使用 select 控件定义下拉菜单的基本语法格式如下：

```
<select>
    <option>选项 1</option>
    <option>选项 2</option>
    <option>选项 3</option>
    ...
</select>
```

在上述语法格式中，<select>标签用于在表单中添加一个下拉菜单，<option>标签嵌套在<select>标签中，用于定义下拉菜单中的具体选项，每对<select></select>标签中至少应包含一对<option></option>标签。

需要说明的是，在 HTML 中，可以为<select>标签和<option>标签定义属性，以改变下拉菜单的外观显示效果。<select>标签和<option>标签的常用属性如表 6–6 所示。

表 6–6 <select>标签和<option>标签的常用属性

标签名	常用属性	描述
<select>	size	指定下拉菜单的可见选项数（取值为正整数）
	multiple	定义 multiple="multiple"时，下拉菜单将具有多项选择的功能。选择方法为按住“Ctrl”键的同时选择其他选项
<option>	selected	定义 selected ="selected"时，当前项即为默认选中项

下面通过一个案例来演示几种不同的下拉菜单的用法和效果，如例 6–11 所示。

例 6–11 example11.html

```
<!doctype html>
<html>
<head>
<meta charset="utf-8">
<title>select 控件</title>
</head>
<body>
<form action="#" method="post">
学历：<br />
     <select>                                         <!--最基本的下拉菜单-->
     <option>-请选择-</option>
       <option>博士研究生</option>
       <option>硕士研究生</option>
       <option>本科</option>
       <option>专科</option>
       <option>高中</option>
   </select><br /><br />
特长（单选）:<br />
   <select>
     <option>美术</option>
       <option selected="selected">体育</option>   <!--设置默认选中项-->
       <option>音乐</option>
   </select><br /><br />
爱好（多选）:<br />
   <select multiple="multiple" size="4">           <!--设置多选和可见选项数-->
     <option>摄影</option>
       <option selected="selected">读书</option>   <!--设置默认选中项-->
       <option>唱歌</option>
       <option selected="selected">写作</option>   <!--设置默认选中项-->
       <option>运动</option>
   </select><br /><br />
   <input type="submit" value="提交"/>
</form>
</body>
</html>
```

在例 6–11 中，通过<select>标签、<option>标签及相关属性创建了 3 个下拉菜单。其中，第 1 个下拉菜单为最基础的下拉菜单；第 2 个下拉菜单为设置了默认选项的单选下拉菜单；第 3 个下拉菜单为设置了两个默认选项的多选下拉菜单。在下拉菜单下方，通过 input 控件定义了一个“提交”按钮。

运行例 6–11，效果如图 6–26 所示。

在图 6–26 中，第 1 个下拉菜单中的默认选项为内部所有选项中的第 1 项；第 2 个下拉菜单中的默认选项为设置了 selected 属性的选项；第 3 个下拉菜单显示为列表形式，有 2 个默认选项，按住“Ctrl”键可同时选择多项。

对于选项较多的下拉菜单，可以将菜单中的选项分组展示。这样既方便用户查找选项，也让菜单选项的排列更有条理。图 6–27 所示为选项分组后的下拉菜单效果。

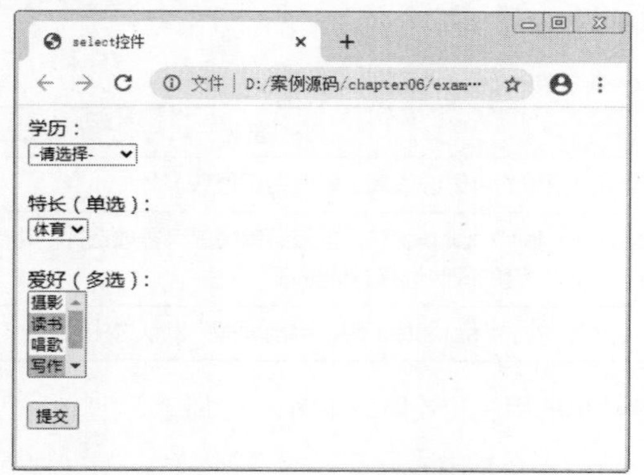

图 6–26　select 控件

图 6–27　选项分组后的下拉菜单效果

要想实现图 6–27 所示的效果，可以在下拉菜单中使用<optgroup>标签。下面通过一个案例来演示为下拉菜单中的选项进行分组的具体方法，如例 6–12 所示。

例 6–12　example12.html

```
<!doctype html>
<html>
<head>
<meta charset="utf-8">
<title>为下拉菜单中的选项分组</title>
</head>
<body>
<form action="#" method="post">
所在地区：<br/>
     <select>
       <optgroup label="北京">
           <option>昌平区</option>
           <option>海淀区</option>
           <option>朝阳区</option>
           <option>东城区</option>
       </optgroup>
       <optgroup label="天津">
           <option>河东区</option>
           <option>河西区</option>
           <option>武清区</option>
       </optgroup>
   </select>
</form>
</body>
</html>
```

在例 6–12 中，<optgroup>标签用于定义选项组，必须嵌套在<select>标签中，一个<select>标签中可包含多个<optgroup>标签。在<optgroup>开始标签与</optgroup>结束标签之间可包含多个菜单选项。<optgroup>标签的属性 label 用于定义具体的组名。

运行例 6–12，会出现图 6–28 所示的下拉菜单，当单击下拉符号时，会展开菜单选项，如图 6–29 所示。

图 6-28　下拉菜单

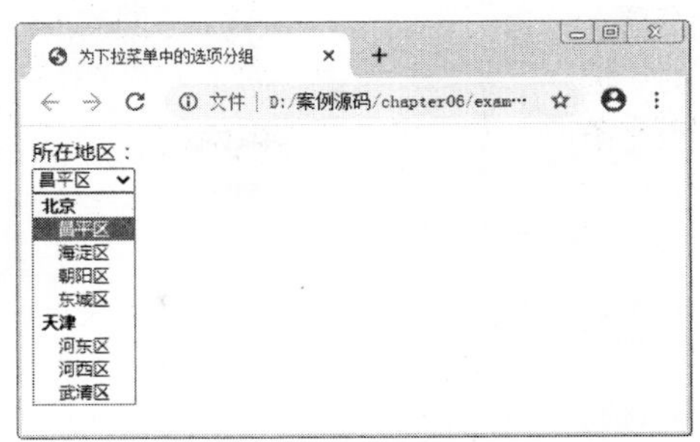

图 6-29　展开菜单选项

【任务 6-5】新增表单控件类型和属性

需求分析

HTML5 中增加了许多新的表单控件类型和属性。通过这些新的表单控件类型和属性，可以丰富表单功能，从而更好地对表单进行控制和验证。下面将对 HTML5 新增的表单控件类型和属性做详细讲解。

知识储备

1. 新增 input 控件类型

HTML5 中增加了许多新的 input 控件类型，例如，email 类型、url 类型等，这些新增控件类型可以帮助设计人员更加高效且省力地制作出标准的表单。

（1）email 类型<input type="email" />

email 类型的 input 控件是一种用于输入 E-mail 地址的输入框，用于验证 email 类型输入框的内容是否符合 E-mail 地址格式。如果输入内容不符合，表单将弹出错误信息提示。

（2）url 类型<input type="url" />

url 类型的 input 控件是一种用于输入 URL 的输入框。如果所输入的内容是 URL 格式的文本，则表单会提交数据到服务器；如果输入的内容不符合URL格式，则表单不允许提交，并且会显示提示信息。

（3）tel 类型<input type="tel" />

tel 类型的 input 控件是一种用于输入电话号码的输入框。tel 类型的 input 控件通常会与 pattern 属性配合使用，验证输入的电话号码是否正确，关于 pattern 属性将在“新增 input 控件属性”中进行讲解。

（4）search 类型<input type="search" />

search 类型的 input 控件是一种专门用于输入搜索关键词的输入框，它能自动记录一些字符。在用户输入内容后，search 类型的文本框右侧会附带一个删除按钮，单击这个按钮可以快速清除输入的内容。

（5）color 类型<input type="color" />

color 类型的 input 控件用于提供设置颜色的选项，用于实现 RGB 颜色的输入。color 类型的 input 控件颜色取值的基本形式是#RRGGBB，默认值为#000000。通过 value 属性的属性值可以更改默认颜色。单击 color 类型的输入框，可以快速打开拾色器面板，方便用户可视化选取颜色。

下面通过设置 input 控件的 type 属性来演示不同类型输入框的用法，如例 6-13 所示。

例 6-13　example13.html

```
<!doctype html>
<html>
<head>
<meta charset="utf-8">
<title>新增 input 控件类型体验 1</title>
```

```
6  </head>
7  <body>
8  <form action="#" method="get">
9  请输入您的邮箱：<input type="email" name="formmail"/><br/>
10 请输入个人网址：<input type="url" name="user_url"/><br/>
11 请输入电话号码：<input type="tel" name="telphone" pattern="^\d{11}$"/><br/>
12 输入搜索关键词：<input type="search" name="searchinfo"/><br/>
13 请选取一种颜色：<input type="color" name="color1"/>
14 <input type="color" name="color2" value="#FF3E96"/>
15 <input type="submit" value="提交"/>
16 </form>
17 </body>
18 </html>
```

在例 6–13 中，通过 input 控件的 type 属性将输入框的类型分别设置为 email 类型、url 类型、tel 类型、search 类型和 color 类型。其中，第 11 行代码通过 pattern 属性设置 tel 类型的输入框的输入长度为 11 位。读者可输入一个简单的手机号码进行验证。

运行例 6–13，效果如图 6–30 所示。

在图 6–30 所示的页面中，分别在前 3 个输入框中输入不符合格式要求的文本内容，依次单击“提交”按钮，效果分别如图 6–31 至图 6–33 所示。

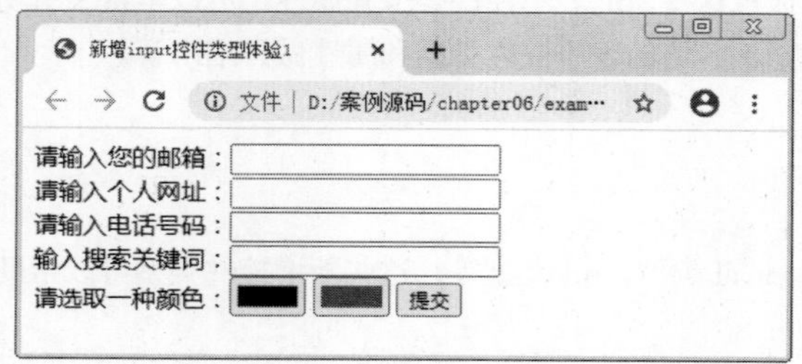

图 6–30　新增 input 控件类型体验

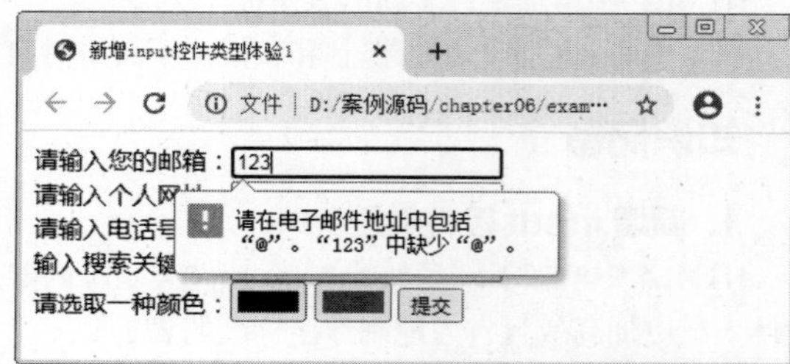

图 6–31　email 类型输入框的验证提示效果

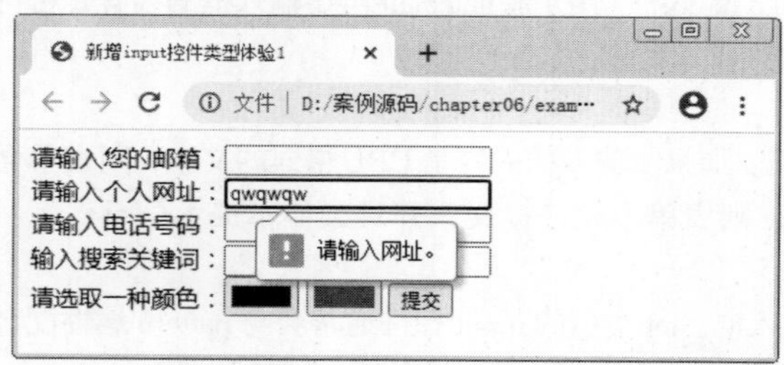

图 6–32　url 类型输入框的验证提示效果

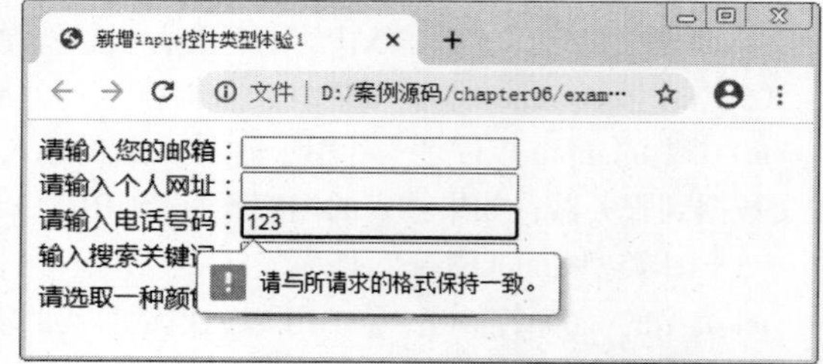

图 6–33　tel 类型验证输入框的提示效果

在第 4 个输入框中输入要搜索的关键词，搜索框右侧会出现一个“×”按钮，如图 6–34 所示。单击该按钮，可以清除已经输入的内容。

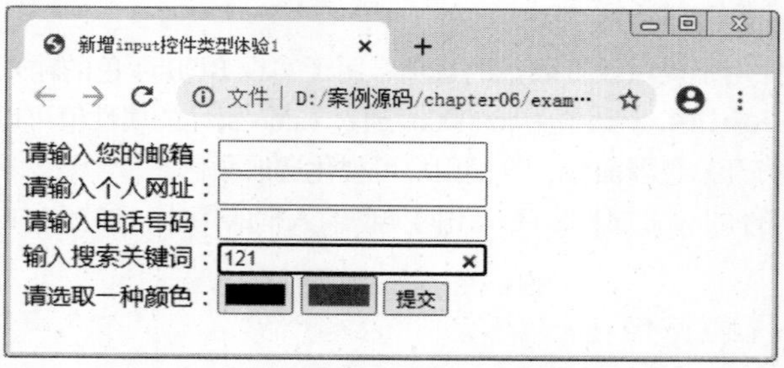

图 6–34　输入搜索关键词效果

单击第 5 个表单控件中的颜色按钮，弹出图 6-35 所示的颜色拾取器。在颜色拾取器中，用户可以选择一种颜色，也可以选择颜色后单击“添加到自定义颜色”按钮，将选择的颜色添加到自定义颜色中。

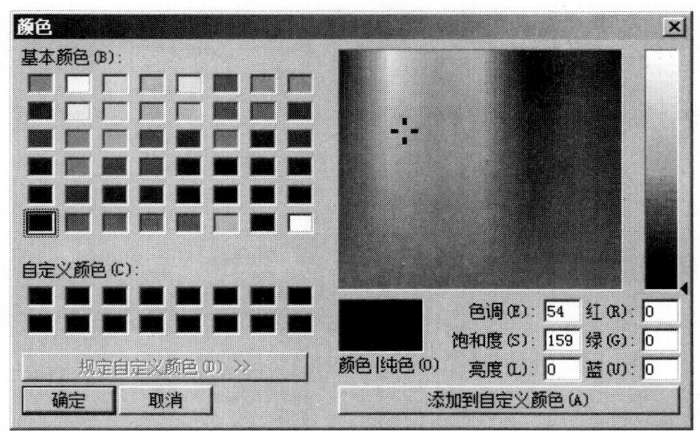

图 6-35 颜色拾取器

如果输入框中输入的内容均符合要求的格式，则单击“提交”按钮后，输入的内容会提交到服务器。

注意:

不同的浏览器对 url 类型输入框的要求不同，在多数浏览器中，要求用户必须输入完整的 URL，但允许 URL 前有空格。

（6）number 类型<input type="number" />

number 类型的 input 控件用于提供输入数值的输入框。在提交表单时，会自动检查该输入框中的内容是否为数字。如果输入的内容不是数字或者数字不在限定范围内，则会出现错误提示。

number 类型的输入框可以通过设置属性对输入的数字进行限制，如规定允许的最大值和最小值、合法的数字间隔或默认值等，具体属性说明如下。

- value 属性：指定输入框的默认值。
- max 属性：指定输入框可以接受的最大的输入值。
- min 属性：指定输入框可以接受的最小的输入值。
- step 属性：指定输入域合法的间隔，如果不设置，默认值是 1。

下面通过一个案例来演示 number 类型 input 控件的用法，如例 6-14 所示。

例 6-14 example14.html

```
<!doctype html>
<html>
<head>
<meta charset="utf-8">
<title>number 类型的使用</title>
</head>
<body>
<form action="#" method="get">
请输入数值: <input type="number" name="number1" value="1" min="1" max="20" step="4"/><br/>
<input type="submit" value="提交"/>
</form>
</body>
</html>
```

在例 6-14 中，将 input 控件的 type 属性设置为 number 类型，并且分别设置 min 属性、max 属性和 step 属性的值。

运行例6–14，效果如图6–36所示。

从图6–36可以看出，number类型输入框中的默认值为“1”。用户可以手动在输入框中输入数据或者通过单击输入框的控制按钮来控制数据。例如，当单击输入框中向上的小三角按钮时，效果如图6–37所示。

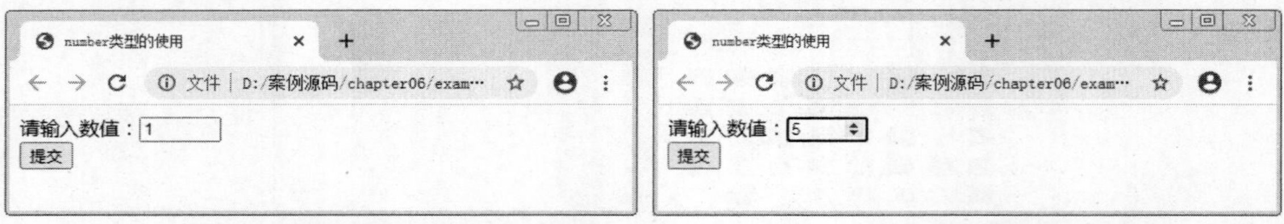

图6–36 number类型input控件的使用　　图6–37 单击输入框中向上的小三角按钮

从图6–37可以看到，number类型输入框中的数据变为了“5”。这是因为第9行代码将step属性的属性值设置为“4”。另外，当在输入框中输入“25”时，由于max属性的属性值为“20”，所以将出现提示信息，如图6–38所示。

需要注意的是，如果在number类型输入框中输入一个不符合number格式的文本“eee”，单击“提交”按钮，也将会出现提示信息，如图6–39所示。

图6–38 出现提示信息1

图6–39 出现提示信息2

（7）range类型<input type="range" />

range类型的input控件用于提供数值的输入范围，在网页中显示样式为滑动条。range类型input控件的常用属性与number类型input控件一样，通过min属性和max属性，可以设置最小值和最大值；通过step属性可指定每次滑动的幅度。

（8）date pickers类型<input type= date, month, week…" />

date pickers类型是指时间日期类型，HTML5中提供了多种可供选取日期和时间的输入类型，用于验证输入的日期，具体如表6–7所示。

表6–7 时间日期类型

时间日期类型	说明
date	选取日、月、年
month	选取月、年
week	选取周和年
time	选取时间（小时和分钟）
datetime	选取时间、日、月、年（UTC时间）
datetime-local	选取时间、日、月、年（本地时间）

在表6–7中，协调世界时（Universal Time Coordinated，UTC），又称为世界标准时间。简单地说，UTC时间就是0时区的时间。例如，北京时间为早上8点，则UTC时间为0点，即UTC和北京的时差为8小时。

下面在HTML5中添加多个input控件，分别指定这些控件type属性的属性值为时间日期类型，如例6–15所示。

例 6-15 example15.html

```
<!doctype html>
<html>
<head>
<meta charset="utf-8">
<title>时间日期类型的使用</title>
</head>
<body>
<form action="#" method="get">
  <input type="date"/> 
  <input type="month"/> 
  <input type="week"/> 
  <input type="time"/> 
  <input type="datetime"/> 
  <input type="datetime-local"/>
  <input type="submit" value="提交"/>
</form>
</body>
</html>
```

运行例 6-15，效果如图 6-40 所示。

图 6-40 时间日期类型的使用

用户可以直接向输入框中输入内容，也可以单击输入框右侧的按钮进行选择。

注意:

对当遇到浏览器不支持的 input 控件输入类型时，该类型 input 控件将会在网页中显示为一个普通的输入框。

2. 新增 input 控件属性

在 HTML5 中，还增加了一些新的 input 控件属性，用于指定输入类型的行为和限制，如 autofocus、min、max、pattern 等，下面将对一些新增的 input 控件属性做具体讲解。

（1）autofocus 属性

在 HTML5 中，autofocus 属性用于指定页面加载后是否自动获取焦点，将标签属性的属性值指定为 true 时，表示页面加载完毕后会自动获取该焦点。

下面通过一个案例来演示 autofocus 属性的用法，如例 6-16 所示。

例 6-16 example16.html

```
<!doctype html>
<html>
<head>
<meta charset="utf-8">
<title>autofocus 属性的使用</title>
</head>
<body>
<form action="#" method="get">
请输入搜索关键词：<input type="text" name="user_name" autocomplete="off" autofocus="true"/><br/>
<input type="submit" value="提交" />
</form>
</body>
</html>
```

在例 6-16 中，首先，向表单中添加一个<input />标签；然后，通过“autocomplete="off"”语句将自动完成功能设置为关闭状态。最后，将 autofocus 属性的属性值设置为 true，指定在页面加载完毕后会自动获取焦点。

运行例 6–16，效果如图 6–41 所示。

图 6–41　autofocus 属性的使用

从图 6–41 可以看出，<input />标签输入框在页面加载后自动获取焦点，并且关闭了自动完成功能。

（2）form 属性

在 HTML5 之前，如果用户要提交一个表单，必须把相关的控件都放在表单内部，即<form>和</form>标签之间。在提交表单时，会将页面中不是表单子元素的控件直接忽略掉。

HTML5 中的 form 属性可以把表单内的子元素写在页面中的任一位置，只需为这个元素指定 form 属性并设置属性值为该表单的 id 即可。此外，form 属性还允许一个表单控件从属于多个表单。

下面通过一个案例来演示 HTML5 中 form 属性的用法，如例 6–17 所示。

例 6–17　example17.html

```
1  <!doctype html>
2  <html>
3  <head>
4  <meta charset="utf-8">
5  <title>form 属性</title>
6  </head>
7  <body>
8  <form action="#" method="get" id="user_form">
9  请输入您的姓名：<input type="text" name="first_name"/>
10 <input type="submit" value="提交" />
11 </form>
12 <p>下面的输入框在 form 元素外，但因为指定了 form 属性为表单的 id，所以该输入框仍然属于表单的一部分。</p>
13 请输入您的昵称：<input type="text" name="last_name" form="user_form"/><br/>
14 </body>
15 </html>
```

在例 6–17 中，第 13 行代码的<input />标签不在<form>标签中。但指定该标签 form 属性的属性值为<form>标签的 id。

此时，如果在输入框中分别输入姓名和昵称，则 first_name 和 last_name 将分别被赋值为输入的内容。例如，在姓名处输入“张三”，昵称处输入“小张”，效果如图 6–42 所示。

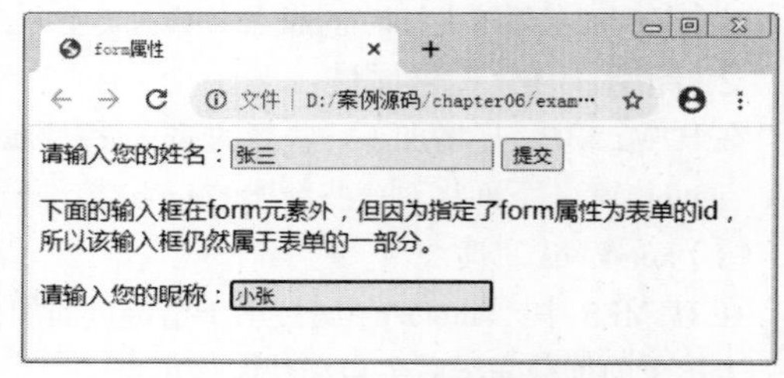

图 6–42　form 属性的使用

单击“提交”按钮，在浏览器的地址栏中可以看到“first_name=张三&last_name=小张#”字样，表示服务器端接收到“name="张三"”和“name="小张"”的数据，如图 6–43 所示。

图 6–43　服务器端接收到“name="张三"”和“name="小张"”的数据

注意：

form 属性适用于所有的 input 控件输入类型，在使用时只需引用所属表单的 id 即可。

（3）list 属性

在前文中已经学习了如何通过 datalist 元素实现数据列表的下拉效果。而 list 属性用于指定输入框所绑定的 datalist 元素，其值是对应 datalist 元素的 id。

下面通过一个案例来进一步学习 list 属性的用法，如例 6-18 所示。

例 6-18 example18.html

```
<!doctype html>
<html>
<head>
<meta charset="utf-8">
<title>list 属性的使用</title>
</head>
<body>
<form action="#" method="get">
请输入网址：<input type="url" list="url_list" name="weburl"/>
<datalist id="url_list">
      <option label="新浪" value="http://www.sina.com.cn"></option>
    <option label="搜狐" value="http://www.sohu.com"></option>
    <option label="传智" value="http://www.itcast.cn/"></option>
</datalist>
<input type="submit" value="提交"/>
</form>
</body>
</html>
```

在例 6-18 中，分别向表单中添加 input 控件和 datalist 元素，并且将<input />标签的 list 属性指定为 datalist 元素的 id。

运行例 6-18，单击输入框，就会弹出已定义的网址列表，效果如图 6-44 所示。

图 6-44 list 属性的使用

（4）multiple 属性

multiple 属性用于指定输入框可以选择多个值，该属性适用于 email 和 file 类型的 input 控件。multiple 属性用于 email 类型的 input 控件时，表示可以向输入框中输入多个 E-mail 地址，多个地址之间通过英文逗号隔开。multiple 属性用于 file 类型的 input 控件时，表示可以选择多个文件。

下面通过一个案例来进一步演示 multiple 属性的用法，如例 6-19 所示。

例 6-19 example19.html

```
<!doctype html>
<html>
<head>
<meta charset="utf-8">
<title>multiple 属性的使用</title>
```

```
</head>
<body>
<form action="#" method="get">
电子邮箱：<input type="email" name="myemail" multiple="true"/>  （如果电子邮箱有多个，请使用逗号分隔）<br/><br/>
上传照片：<input type="file" name="selfile" multiple="true"/><br/><br/>
<input type="submit" value="提交"/>
</form>
</body>
</html>
```

在例 6–19 中，分别添加 email 类型和 file 类型的 input 控件，并且使用 multiple 属性指定输入框可以选择多个值。

运行例 6–19，效果如图 6–45 所示。

如果想向文本框中输入多个 E–mail 地址，可以将多个地址之间通过英文逗号分隔。如果想选择多张照片，可以按“Shift”键的同时进行选择。输入多个 E–mail 地址和文件的效果如图 6–46 所示。

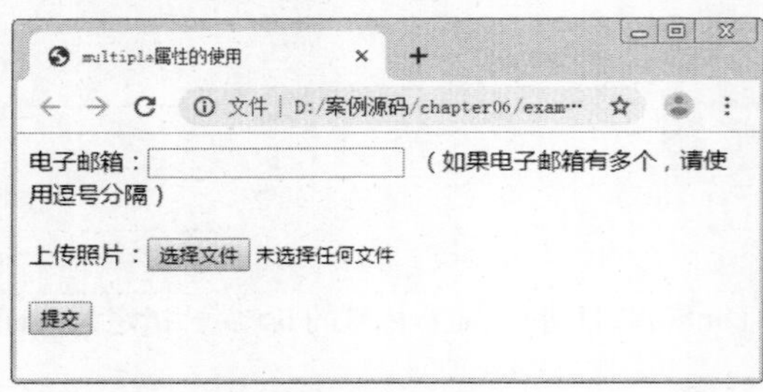

图 6–45　multiple 属性的使用

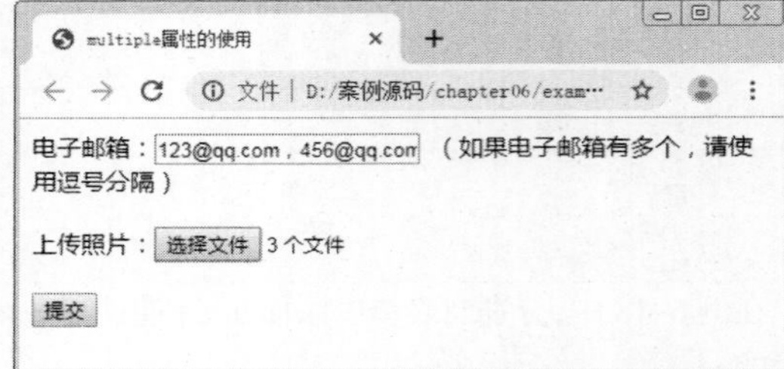

图 6–46　输入多个 E–mail 地址和文件的效果

（5）min 属性、max 属性和 step 属性

HTML5 中的 min 属性、max 属性和 step 属性用于为包含数字或日期的 input 控件输入类型规定限值，即为这些类型的输入框加一个数值的约束。min、max 和 step 属性适用于 date pickers、number 和 range 类型，这些属性的具体说明如下。

- max 属性：规定输入框所允许的最大输入值。
- min 属性：规定输入框所允许的最小输入值。
- step 属性：为输入框规定合法的数字间隔，如果不设置，默认值是 1。

由于前面介绍 input 控件的 number 类型时，已经讲解过 min 属性、max 属性和 step 属性的使用，这里就不再举例说明。

（6）pattern 属性

pattern 属性用于验证 input 控件中用户输入的内容是否与所定义的正则表达式相匹配（可以理解为验证表单中输入的内容是否符合规范）。pattern 属性适用于 type 属性的属性值是 text、search、url、tel、email 和 password 的<input/>标签。pattern 属性常用的正则表达式如表 6–8 所示。

表 6–8　pattern 属性常用的正则表达式

正则表达式	说明
^[0–9]*$	数字
^\d{n}$	*n* 位的数字
^\d{n,}$	至少 *n* 位的数字
^\d{m,n}$	*m*～*n* 位的数字
^(0|[1–9][0–9]*)$	零和非零开头的数字
^([1–9][0–9]*)+(.[0–9]{1,2})?$	非零开头的最多带两位小数的数字

（续表）

<table>
<tr><th>正则表达式</th><th>说明</th></tr>
<tr><td>^(\-|\+)?\d+(\.\d+)?$</td><td>正数、负数和小数</td></tr>
<tr><td>^\d+$ 或 ^[1-9]\d*|0$</td><td>非负整数</td></tr>
<tr><td>^-[1-9]\d*|0$ 或 ^((-\d+)|(0+))$</td><td>非正整数</td></tr>
<tr><td>^[\u4e00-\u9fa5]{0,}$</td><td>汉字</td></tr>
<tr><td>^[A-Za-z0-9]+$ 或 ^[A-Za-z0-9]{4,40}$</td><td>英文和数字</td></tr>
<tr><td>^[A-Za-z]+$</td><td>由 26 个英文字母组成的字符串</td></tr>
<tr><td>^[A-Za-z0-9]+$</td><td>由数字和 26 个英文字母组成的字符串</td></tr>
<tr><td>^\w+$ 或 ^\w{3,20}$</td><td>由数字、26 个英文字母或者下画线组成的字符串</td></tr>
<tr><td>^[\u4E00-\u9FA5A-Za-z0-9_]+$</td><td>中文、英文、数字包括下画线</td></tr>
<tr><td>^\w+([-+.]\w+)*@\w+([-.]\w+)*\.\w+([-.]\w+)*$</td><td>E-mail 地址</td></tr>
<tr><td>[a-zA-z]+://[^\s]* 或 ^http://([\w-]+\.)+[\w-]+(/[\w-./?%&=]*)?$</td><td>URL</td></tr>
<tr><td>^\d{15}|\d{18}$</td><td>身份证号(15 位、18 位数字)</td></tr>
<tr><td>^([0-9]){7,18}(x|X)?$ 或 ^\d{8,18}|[0-9x]{8,18}|[0-9X] {8,18}?$</td><td>以数字、字母 x 和 X 结尾的短身份证号码</td></tr>
<tr><td>^[a-zA-Z][a-zA-Z0-9_]{4,15}$</td><td>账号是否合法（字母开头，允许 5～16 字节，允许字母、数字和下画线）</td></tr>
<tr><td>^[a-zA-Z]\w{5,17}$</td><td>密码（以字母开头，长度在 6～18 之间，只能包含字母、数字和下画线）</td></tr>
</table>

了解了 pattern 属性及其常用的正则表达式后，下面通过一个案例进行演示，如例 6-20 所示。

例 6-20　example20.html

```
1  <!doctype html>
2  <html>
3  <head>
4  <meta charset="utf-8">
5  <title>pattern 属性</title>
6  </head>
7  <body>
8  <form action="#" method="get">
9  账    号：<input type="text" name="username" pattern="^[a-zA-Z][a-zA-Z0-9_]{4,15}$" />（以字母开头，允许 5～16 字节，允许字母、数字和下画线）<br/>
10 密    码：<input type="password" name="pwd" pattern="^[a-zA-Z]\w{5,17}$" />（以字母开头，长度在 6～18 之间，只能包含字母、数字和下画线）<br/>
11 身份证号：<input type="text" name="mycard" pattern="^\d{15}|\d{18}$" />（15 位、18 位数字）<br/>
12 E-mail 地址：<input type="email" name="myemail" pattern="^\w+([-+.]\w+)*@\w+([-.]\w+)*\.\w+([-.]\w+)*$"/>
13 <input type="submit" value="提交"/>
14 </form>
15 </body>
16 </html>
```

在例 6-20 中，第 9～12 行代码分别用于插入“账号”“密码”“身份证号”“E-mail 地址”的输入框，并通过 pattern 属性来验证输入的内容是否与所定义的正则表达式相匹配。

运行例 6-20，效果如图 6-47 所示。

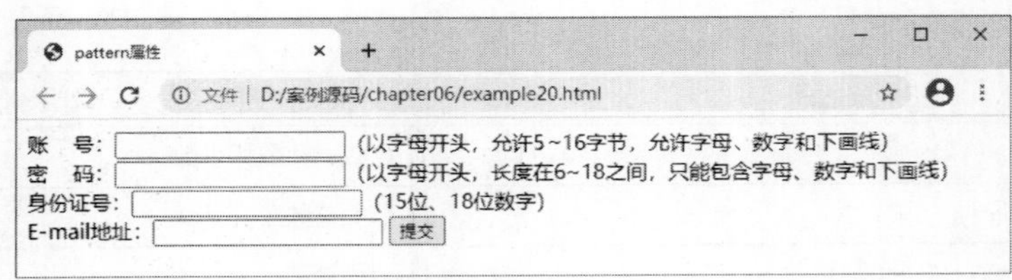

图 6–47　pattern 属性的使用

当输入的内容与所定义的正则表达式格式不相匹配时，单击“提交”按钮，会弹出验证信息提示。

（7）placeholder 属性

placeholder 属性用于为 input 控件的输入框设置相关提示信息，以告知用户输入什么内容。在输入框为空时显示提示信息，而当输入框获得焦点时，提示信息消失。

下面通过一个案例来演示 placeholder 属性的使用，如例 6–21 所示。

例 6–21　example21.html

```
<!doctype html>
<html>
<head>
<meta charset="utf-8">
<title>placeholder 属性</title>
</head>
<body>
<form action="#" method="get">
请输入邮政编码：<input type="text" name="code" pattern="[0-9]{6}" placeholder="请输入 6 位数的邮政编码" />
<input type="submit" value="提交"/>
</form>
</body>
</html>
```

在例 6–21 中，使用 pattern 属性来验证输入的邮政编码是否为 6 位数的数字，使用 placeholder 属性来提示输入框中需要输入的内容。

运行例 6–21，效果如图 6–48 所示。

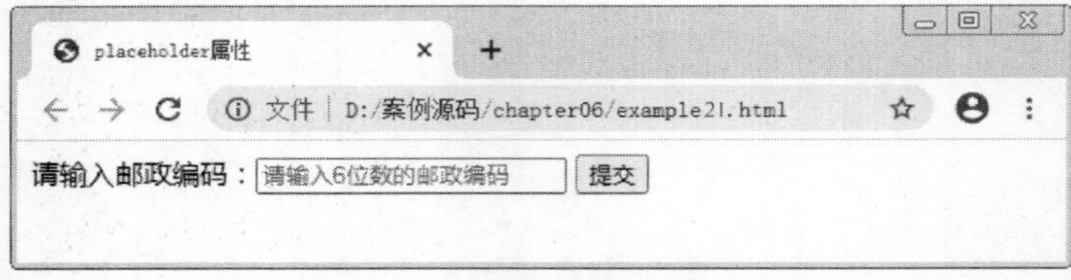

图 6–48　placeholder 属性的使用

placeholder 属性适用于 type 属性的属性值为 text、search、url、tel、email 及 password 的<input/>标签。

（8）required 属性

required 属性用于判断用户是否在表单输入框中输入内容，当表单内容为空时，则不允许用户提交表单。下面通过一个案例来演示 required 属性的使用，如例 6–22 所示。

例 6–22　example22.html

```
<!doctype html>
<html>
<head>
<meta charset="utf-8">
<title>required 属性</title>
</head>
<body>
<form action="#" method="get">
请输入姓名：<input type="text" name="user_name" required="required"/>
```

```
<input type="submit" value="提交"/>
</form>
</body>
</html>
```

在例 6–22 中，为<input/>标签指定了 required 属性。当输入框中内容为空时，单击“提交”按钮，将会出现提示信息，效果如图 6–49 所示。用户必须在输入内容后，才允许提交表单。

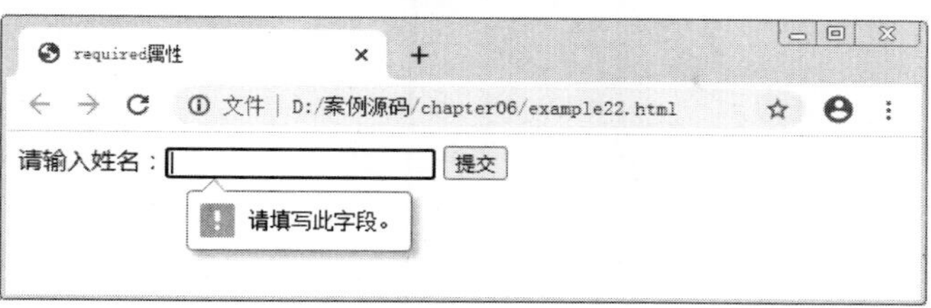

图 6–49 required 属性的使用

【任务 6–6】使用 CSS 控制表单样式

需求分析

在制作表单时，既要注重表单的功能，也要注重表单的美观度。一个设计精美的表单能给用户带来良好的使用体验。使用 CSS 可以轻松地控制表单控件的样式，让表单更加美观。使用 CSS 控制表单样式主要体现在控制表单控件的字体、边框、背景和内边距等，本任务将对此做具体介绍。

知识储备

下面通过一个登录表单案例来讲解使用 CSS 对表单样式的控制。登录表单案例效果如图 6–50 所示。

图 6–50 所示的登录表单可以通过在<form>标签内嵌套<input>标签来定义，其 HTML 结构代码如例 6–23 所示。

例 6–23 example23.html

```
<!doctype html>
<html>
<head>
<meta charset="utf-8">
<title>CSS 控制表单样式</title>
</head>
<body>
<form action="#" method="post">
    <div class="content">
        <img src="images/pic03.png"/>
        <p><input class="name" type="text" maxlength="6"/></p>
        <p><input class="pass" type="password" size="20" /></p>
        <input class="left" type="button" value="注册"/>
        <input class="right" type="button" value="登录"/>
    </div>
</form>
</body>
</html>
```

在例 6–23 中，表单部分均通过<input/>标签定义。

运行例 6–23，效果如图 6–51 所示。

图6-50　登录表单案例效果

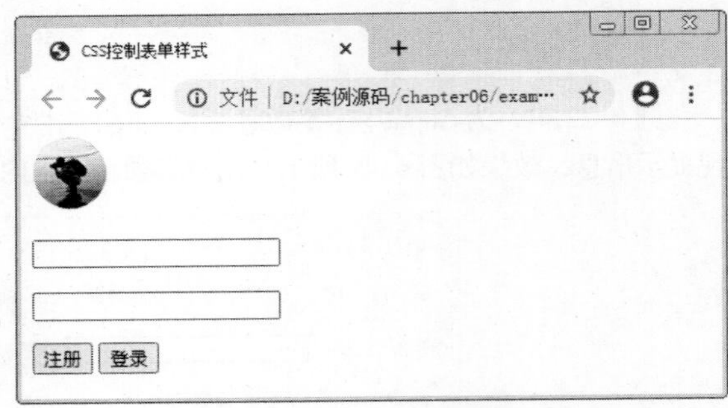

图6-51　使用CSS控制表单样式1

图6-51中出现了具有相应功能的表单控件。为了使表单界面更加美观，下面使用CSS对表单样式进行修饰，这里使用内嵌式CSS样式表，具体代码如下：

```
<style type="text/css">
body,form,input{ padding:0; margin:0; border:0;}        /*重置浏览器的默认样式*/
form{
    width:327px;
    height:215px;
    margin:10px auto;                                   /*使表单在页面水平居中显示*/
    padding-top:30px;
    background: url(images/pic02.jpg) no-repeat;        /*添加背景图像*/
}
.content{
    width:250px;
    height:180px;
    margin:5px auto;
    background: rgba(255,255,255,0.5);                  /*为表单内容部分添加白色半透明背景*/
}
.content img{padding:10px 0 0 98px;}
.content p{
    width:160px;
    height:19px;
    background:#fff;
    margin:10px 0 0 45px;
    padding:2px;
}
.content input{
    color:#757575;
    font-size: 16px;
    font-family: "微软雅黑";
}
.name{
    padding-left: 20px;
    background:url(images/pic04.png) no-repeat;         /*添加用户名小图标*/
}
.pass{
    padding-left: 20px;
    background:url(images/pic05.png) no-repeat;         /*添加密码小图标*/
}
.left{
    margin:10px 0 0 65px;
    background:rgba(0,0,0,0);                           /*将按钮背景颜色设为透明*/
    cursor: pointer;
}
.right{
    margin:10px 0 0 35px;
    background:rgba(0,0,0,0);
    cursor: pointer;
}
```

```
47 </style>
```

保存 HTML 文件，刷新页面，效果如图 6-52 所示。

图 6-52 使用 CSS 控制表单样式 2

从图 6-52 可以看出，使用 CSS 轻松实现了对表单控件的边框、背景和内边距等样式的控制。

注意：

① 由于 form 是块元素，重置浏览器的默认样式时，需要清除 form 元素的内边距属性 padding 和外边距属性 margin。

② input 控件默认有边框效果，当使用<input />标签定义各种按钮时，通常需要清除其边框。

③ 一般需要为文本框和密码框设置 2～3px 的内边距，使用户输入的内容不会紧贴输入框。

【任务 6-7】页面建设准备工作

学习完上面的理论知识，小思准备着手制作“千年之恋”注册页面。先要进行的是页面建设的准备工作，主要包括网站素材整理、页面结构分析、定义基础样式，具体介绍如下。

网站素材整理

1. 建立站点

（1）创建网站根目录

在计算机本地磁盘任意盘符下创建网站根目录。本书在“D 盘:\案例源码\chapter06”文件夹中新建一个文件夹作为网站根目录，并命名为“Marriage network”。

（2）在根目录下新建文件

打开网站根目录“Marriage network”，在根目录下新建“images”和“css”文件夹，分别用于存放网站所需的图像和 CSS 样式表文件。

（3）新建站点

打开 Dreamweaver，在菜单栏中选择“站点→新建站点”选项，在弹出的对话框中输入站点名称“Marriage network”。然后，浏览并选择站点根目录的存储位置。单击“保存”按钮，站点即建立成功。

2. 切图

使用 Fireworks CS6 的“切片”工具，导出“千年之恋”注册页中的素材图像，并存储在站点中的“images”文件夹中。导出后的图像素材如图 6-53 所示。

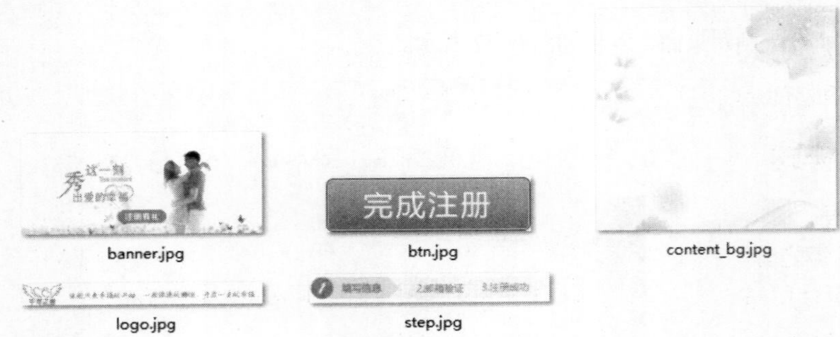

图6–53　导出后的图像素材

页面结构分析

1. HTML 结构分析

“千年之恋”注册页面从上到下可以分为5个模块，如图6–54所示。

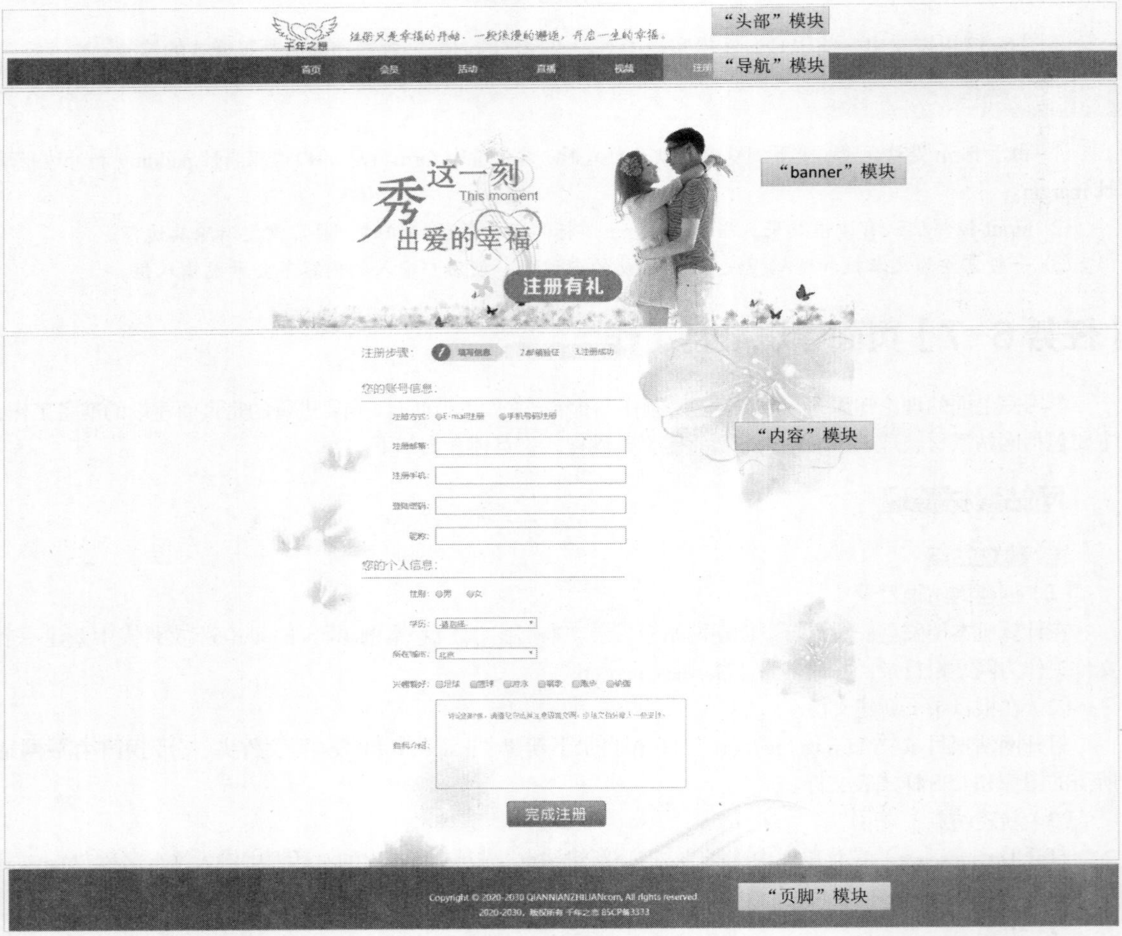

图6–54　“千年之恋”注册页面的结构

2. CSS 样式分析

页面各模块居中显示，页面的版心为 980px。页面中的大部分字体均设置为“微软雅黑”，字号为 14px，超链接未访问时和访问后的字号为 16px，文字颜色为“#fff”，这些可以通过 CSS 样式进行定义。

定义基础样式

1. 页面布局

下面对“千年之恋”注册页面进行整体布局：在站点根目录下新建一个 HTML 文件，并命名为“project06”，然后使用<div>标签对页面进行布局，具体代码如 project06.html 所示。

project06.html

```
<!doctype html>
<html>
<head>
<meta charset="utf-8">
<title>千年之恋</title>
</head>
<body>
<!--head begin-->
<div id="head"></div>
<!--head end-->
<!--nav begin-->
<div id="nav_bg"></div>
<!--nav end-->
<!--banner begin-->
<div id="banner"></div>
<!--banner end-->
<!--content begin-->
<div id="content"></div>
<!--content end-->
<!--footer begin-->
<div id="footer"></div>
<!--footer end-->
</body>
</html>
```

在上述代码中，id 为 head 的<div>标签用于搭建“头部”模块；另外，通过定义 id 为 nav_bg 和 banner 的两个<div>标签分别用于搭建“导航”和“banner”模块；“内容”模块则通过 id 为 content 的<div>标签搭建；“版权信息”模块则通过 id 为 footer 的<div>标签搭建。

2. 定义基础样式

在站点根目录下的 CSS 文件夹内新建样式表文件 style06.css，使用外链式在 project06.html 文件中引入样式表文件。然后，定义页面的基础样式，具体代码如下：

```
1  /*重置浏览器的默认样式*/
2  *{margin:0; padding:0; list-style:none; outline:none; border:0; background:none;}
3  /*全局控制*/
4  body{font-family:"微软雅黑"; font-size:14px;}
5  a:link,a:visited{ text-decoration:none; color:#fff; font-size:16px;}
```

在上述代码中，第 2 行代码用于清除浏览器的默认样式；第 4 行和第 5 行代码用于定义页面公共样式。

【任务 6-8】制作“头部”和“导航”模块

效果分析

1. 结构分析

“头部”和“导航”模块分别由两个<div>标签定义，其中，“导航”模块由无序列表搭建。“头部”和“导航”模块的结构如图 6-55 所示。

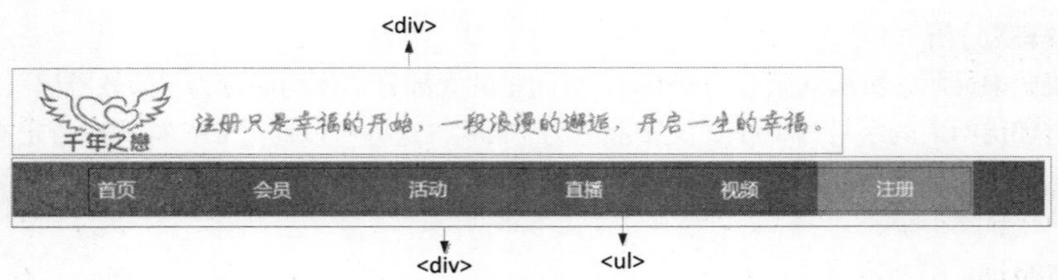

图6-55 “头部”和“导航”模块的结构

2. 样式分析

“头部”模块需要添加宽度和高度样式，并设置其在页面中居中显示。由于“导航”模块的背景颜色通栏显示，所以同样需要设置宽度和高度样式，且导航内容在页面中居中显示。当鼠标指针悬停到导航内容上时，当前内容的背景颜色会发生变化。

模块制作

1. 搭建结构

在project06.html文件内书写“头部”和“导航”模块的HTML结构代码，具体如下：

```
<div id="head">
   <img src="images/logo.jpg" />
</div>
<div id="nav_bg">
     <ul class="nav">
        <li><a href="#">首页</a></li>
       <li><a href="#">会员</a></li>
       <li><a href="#">活动</a></li>
       <li><a href="#">直播</a></li>
       <li><a href="#">视频</a></li>
       <li><a href="#" class="bg">注册</a></li>
   </ul>
</div>
```

在上述代码中，id为head和nav_bg的2个<div>标签分别用于定义网页的“头部”和“导航”模块。<ul>标签用于搭建“导航”模块结构，并为导航列表中最后一个元素单独添加类名，用于为该导航元素设置不同的背景颜色。

2. 控制样式

在样式表文件style06.css中书写“头部”和“导航”模块对应的CSS样式代码，具体如下：

```
#head{
     width:980px;
     height:70px;
     margin:0 auto;
     padding-top:20px;
}
#nav_bg{
     width:100%;
     height:48px;
     background:#fe668f;
}
.nav{
     width:980px;
     margin:0 auto;
}
.nav li{float: left;}
a{
     display:inline-block;
     height:48px;
     padding:0 50px;
     line-height:48px;
```

```
22 }
23 .bg{background:#fe9ab5;}
24 a:hover{background:#fe9ab5;}
```

在上述代码中，第 4 行代码用于定义“头部”模块在页面中居中显示；第 8 行代码将“导航”模块的宽度设置为 100%，实现导航背景颜色通栏显示；第 14 行代码用于设置导航内容部分在页面中居中显示；第 16 行代码为所有导航元素添加了左浮动效果；第 24 行代码用于设置鼠标指针悬浮到导航元素上时背景颜色。

保存 project06.html 和 style06.css 文件，刷新页面，“头部”和“导航”模块的效果如图 6–56 所示。

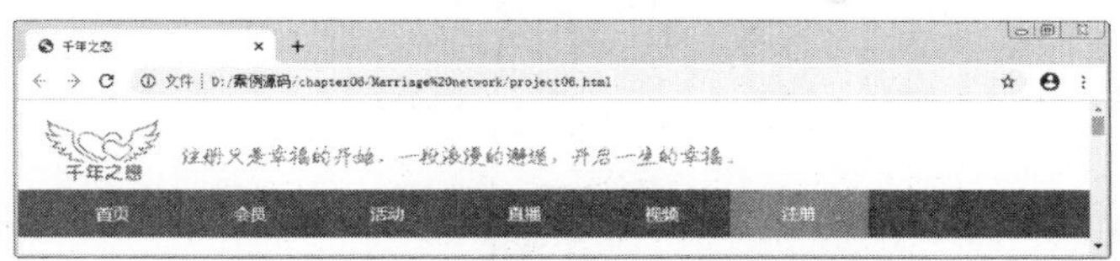

图 6–56　“头部”和“导航”模块效果

【任务 6–9】制作“banner”和“内容”模块

效果分析

1. 结构分析

“banner”和“内容”模块分别用两个<div>标签定义，其中，“内容”模块的“注册步骤”由<h2>标题标签定义，其余内容嵌套在<form>表单标签内。“banner”和“内容”模块除标题外的主体结构由表格搭建，并根据页面需求嵌套部分表单控件。“banner”和“内容”模块的结构如图 6–57 所示。

图 6–57　“banner”和“内容”模块的结构

2. 样式分析

首先，需定义“banner”模块的宽度，并使其在页面中居中显示。然后，设置“内容”模块的宽度和高度，并为其添加背景图像，且在页面中居中显示，设置标题部分的文字样式及背景。最后，定义下拉列表、输入框和按钮等样式。

模块制作

1. 搭建结构

继续在 project06.html 文件内书写“banner”和“内容”模块的 HTML 结构代码，具体代码如下：

```
<!--banner begin-->
<div id="banner">
    <img src="images/banner.jpg" />
</div>
<!--banner end-->
<!--content begin-->
<div id="content">
    <h2 class="step">注册步骤：</h2>
    <form action="#" method="post" class="one">
        <h3>您的账号信息：</h3>
        <table class="content">
            <tr>
                <td class="left">注册方式：</td>
                <td>
                <label for="one"><input type="radio" name="sex" id="one" />E-mail 注册
</label>    
                <label for="two"><input type="radio" name="sex" id="two" />手机号码注册</label>
                </td>
            </tr>
            <tr>
                <td class="left">注册邮箱：</td>
                <td><input type="text" class="right" /></td>
            </tr>
            <tr>
                <td class="left">注册手机：</td>
                <td><input type="text" class="right" /></td>
            </tr>
            <tr>
                <td class="left">登录密码：</td>
                <td><input type="password" maxlength="8" class="right" /></td>
            </tr>
            <tr>
                <td class="left">昵称：</td>
                <td><input type="text"  class="right" /></td>
            </tr>
        [illegible]/table>
        [illegible]您的个人信息：</h3>
        [illegible]e class="content">
            <tr>
                <td class="left">性别：</td>
                <td>
                <label for="boy"><input type="radio" name="sex" id="boy" />男
</label>    
                <label for="girl"><input type="radio" name="sex" id="girl" />女</label>
                </td>
            </tr>
            <tr>
                <td class="left">学历：</td>
                <td>
                    <select>
```

```
                        <option>-请选择-</option>
                        <option>中职/高中</option>
                        <option>专科/本科</option>
                        <option>硕士研究生</option>
                        <option>博士研究生</option>
                    </select>
                </td>
            </tr>
            <tr>
                <td class="left">所在城市：</td>
                <td>
                    <select>
                        <option>-请选择-</option>
                        <option selected="selected">北京</option>
                        <option>上海</option>
                        <option>广州</option>
                        <option>深圳</option>
                    </select>
                </td>
            </tr>
            <tr>
                <td class="left">兴趣爱好：</td>
                <td>
                    <input type="checkbox" />足球   
                    <input type="checkbox" />篮球   
                    <input type="checkbox" />游泳   
                    <input type="checkbox" />唱歌   
                    <input type="checkbox" />跑步   
                    <input type="checkbox" />瑜伽
                </td>
            </tr>
            <tr>
                <td class="left">自我介绍：</td>
                <td>
                    <textarea cols="60" rows="8">评论的时候，请遵纪守法并注意语言文明，多给文档分享人一些支持。</textarea>
                </td>
            </tr>
            <tr>
                <td colspan="2"><input type="button"  class="btn" /></td>
            </tr>
        </table>
    </form>
</div>
<!--content end-->
```

在上述代码中，id 为 banner 和 content 的 2 个<div>标签分别用于定义网页的“banner”模块和“内容”模块。2 个类名为 content 的<table>标签用于搭建“账号信息”和“个人信息”部分。表格内部嵌套<input>标签用于定义单行文本输入框、单选按钮、复选框等，<select>标签用于定义下拉菜单，<textarea>标签用于定义多行文本输入框。

2. 控制样式

在样式表文件 style06.css 中书写“banner”和“内容”模块对应的 CSS 样式代码，具体如下：

```
#banner{
    width:980px;
    margin:0 auto;
}
#content{
    width:830px;
    height:934px;
    background:url(images/content_bg.jpg) no-repeat;
```

```
9       margin:0 auto;
10      padding-left:150px;
11 }
12 .step{
13      width:454px;
14      height:80px;
15      font-size:20px;
16      font-weight:100;
17      color:#dd8787;
18      background:url(images/step.jpg) center right no-repeat;
19      line-height:80px;
20 }
21 h3{
22      width:444px;
23      height:45px;
24      font-size:20px;
25      font-weight:100;
26      color:#dd8787;
27      line-height:45px;
28      border-bottom:1px solid #dd8787;
29 }
30 td{
31      height:50px;
32      color:#dd8787;
33 }
34 .left{
35      width:120px;
36      text-align:right;
37 }
38 .right{
39      width:320px;
40      height:28px;
41      border:1px solid #dd8787;
42 }
43 input{vertical-align:middle;}
44 select{
45      width:171px;
46      border:1px solid #dd8787;
47      color:#dd8787;
48 }
49 textarea{
50      width:380px;
51      border:1px solid #dd8787;
52      resize:none;
53      font-size:12px;
54      color:#aaa;
55      padding:20px;
56 }
57 .btn{
58      width:408px;
59      height:76px;
60      background:url(images/btn.jpg) right center no-repeat;
61 }
```

在上述代码中，第 3 行和第 9 行代码分别用于设置“banner”模块和“内容”模块在页面中水平居中显示；第 43 行代码将<input>标签内的元素设置为垂直居中显示；第 52 行代码用于固定多行文本输入框的大小，使多行文本输入框不能被调节。

保存 project06.html 和 style06.css 文件，刷新页面，效果如图 6-58 所示。

图 6-58 “banner”和“内容”模块效果图

【任务 6-10】制作“页脚”模块

效果分析

1. 结构分析

“页脚”模块较为简单，可以通过在<div>标签中嵌套<p>标签实现。“页脚”模块的结构如图 6-59 所示。

图 6-59 “页脚”模块的结构

2. 样式分析

由于“页脚”模块的背景颜色通栏显示，所以需设置<div>的标签宽度的值为 100%。此外，“页脚”模块的文字样式也需要设置。

模块制作

1. 搭建结构

继续在 project06.html 文件内书写"页脚"模块的 HTML 结构代码，具体如下：

```
<!--footer begin-->
<div id="footer">
    <p>Copyright © 2020-2030 QIANNIANZHILIANcom, All rights reserved.<br />2020-2030，版权所有
千年之恋 85CP 备 3333</p>
</div>
<!--footer end-->
```

2. 控制样式

在样式表文件 style06.css 中书写"页脚"模块对应的 CSS 样式代码，具体如下：

```
1 #footer{
2     width:100%;
3     height:68px;
4     line-height:26px;
5     background:#fe668f;
6     color:#fff;
7     text-align:center;
8     padding-top:40px;
9 }
```

在上述代码中，第 7 行代码用于设置该部分的文本在页面中水平居中显示。

保存 project06.html 和 style06.css 文件，刷新页面，"页脚"模块效果图如图 6–60 所示。

图 6–60 "页脚"模块效果图

【项目总结】

1. 建议读者在完成本项目前先掌握表格和表单的创建方法，能够使用 CSS 熟练控制表格和表单的样式。

2. 在学习表单时，读者要注意 input 控件属于行内元素，但可以为其设置宽度、高度和对齐属性。

3. 在制作项目编辑代码时，需整体把控页面的结构，每完成一部分需通过浏览器进行检测，测试通过后再进行下面的部分。

【课后练习】

一、填空题

1. 在 HTML 中可以应用<tr>标签中的________属性来设置一行内容的垂直对齐方式。

2. 在 HTML 中，________标签用于设置表格的表头。

3. 在 HTML 中，一个完整的表单通常由表单控件、提示信息和________3 部分构成。

4. <input />标签有多个属性，其中________属性为其最基本的属性，用于指定不同的控件类型。

5. <form>与</form>标签之间的表单控件是由用户自定义的，________、________和 name 为表单标签<form>的常用属性。

二、判断题

1. 在表格标签中，<table>标签用于创建一个表格。(   )

2. 代码"<td rowspan="3">海淀区</td>"表示的意思是将三行合并为一行。(   )

3. 在<textarea>标签中，rows 属性用于定义多行文本输入框每行中的字符数。(   )
4. 在表单控件中，对复选框应用 checked 属性可指定默认选中项。(   )
5. 对<textarea>标签应用 cols 和 rows 属性时，在各浏览器中的显示效果可能会有差异。(   )
6. 在表格中，<td>标签用于定义单元格，且必须嵌套在<tr>标签中。(   )
7. 在表格中，cellpadding 属性用于控制单元格内容与边框之间的距离。(   )
8. 在表单提交方式中，get 方式的保密性好，并且无数据量的限制。(   )
9. 在表单控件中，input 控件默认有边框效果。(   )
10. 在定义下拉列表时，<optgroup>标签用于定义选项组，必须嵌套在<select>标签中。(   )

三、选择题

1. 下列选项中，属于创建表格的标签的是（   ）。

A. <table></table>　B. <tr></tr>　C. <td></td>　D. <title></title>

2. 下列选项中，属于<table>标签属性的是（   ）。

A. border　B. cellspacing　C. cellpadding　D. background

3. 下列选项中，不属于表单标签<form>属性的是（   ）。

A. action　B. size　C. method　D. name

4. 在表格中，用于设置表格背景颜色的属性是（   ）。

A. border　B. cellspacing　C. cellpadding　D. background

5. 下列选项中，属于<td>标签属性的是（   ）。

A. width　B. height　C. colspan　D. rowspan

6. 下列选项中，属于 input 控件的是（   ）。

A. 单行文本输入框　B. 单选按钮　C. 复选框　D. 提交按钮

7. 下列选项中，属于 input 控件属性的是（   ）。

A. type　B. name　C. value　D. size

8. 下列选项中，属于单行文本输入框属性的是（   ）。

A. maxlength　B. name　C. value　D. size

9. 下列选项中，属于<textarea>标签必备属性的是（   ）。

A. cols　B. rows　C. value　D. size

10. 下列选项中，用于定义下拉列表的是（   ）。

A. <input />　B. <textarea></textarea>

C. <select></select>　D. <form>

项目 7

“视频8”首页制作

知识目标

★ 了解网页中常见的视频和音频格式，以及不同视频和音频格式的兼容性。

技能目标

★ 掌握网页中视频和音频的嵌入技术，能够在网页中嵌入视频和音频。

★ 掌握网页中添加过渡的方法，能够在网页中设置过渡效果。

★ 掌握网页中添加变形的方法，能够在网页中设置变形效果。

★ 掌握网页中添加动画的方法，能够在网页中设置动画效果。

【项目描述】

随着互联网的不断发展，以短视频、网络电视剧、网络电影为代表的网络视频高速增长，市场需求日益旺盛。为了契合市场机遇，“视频 8”负责人致电 HC 公司王经理，计划制作一个网站。接到王经理安排的任务后，小思制订了近期的项目计划：首先，了解网站视频、音频的嵌入方式；然后，学习 CSS3 新增的过渡、变形、动画等属性；最后，运用所学知识，制作一个带有视频和过渡效果的网站。本书只演示“视频 8”首页的制作过程。“视频 8”首页效果如图 7-1 所示。

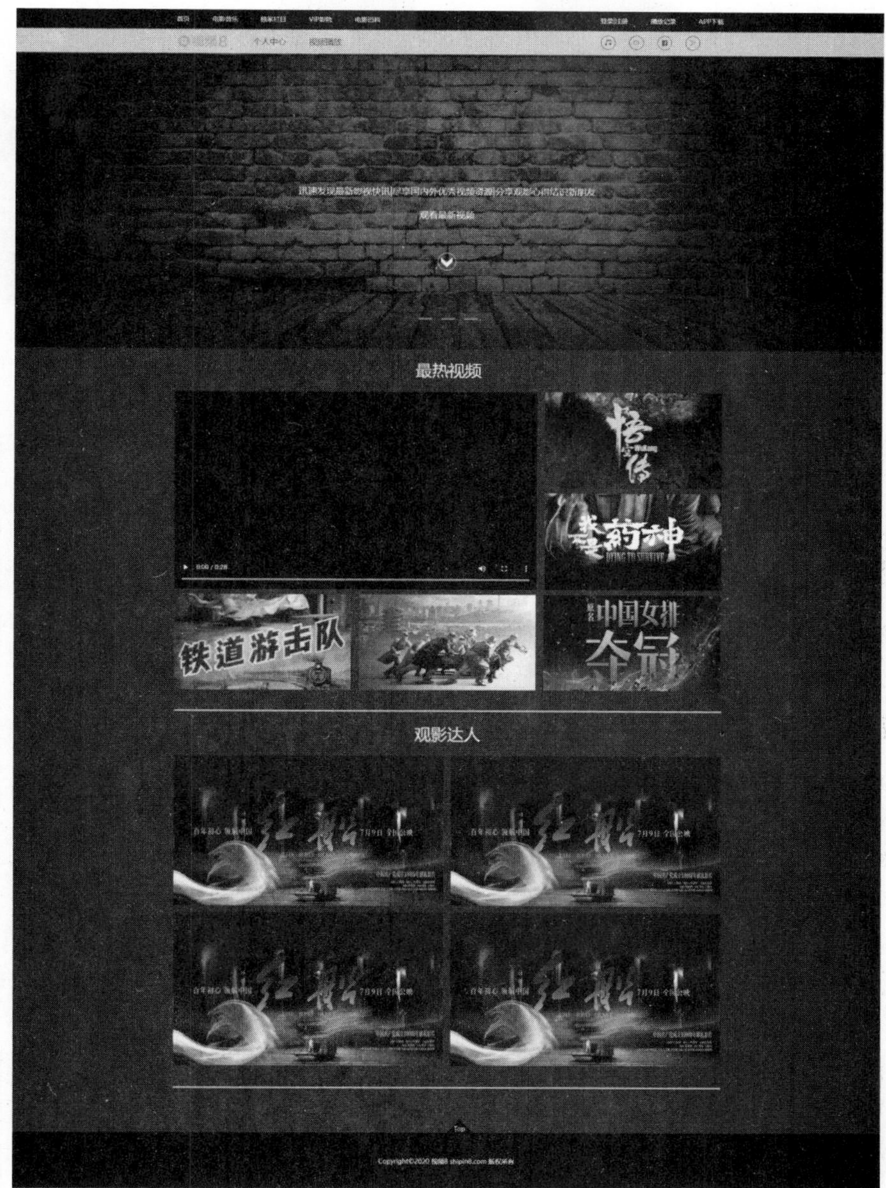

图 7-1 “视频 8”首页效果

【任务 7-1】在网页中嵌入视频和音频

需求分析

在网络传输速度越来越快的今天，视频和音频嵌入技术已经被越来越广泛地应用在网页设计中，与静态的图片和文字相比，视频和音频可以为用户提供更直观、丰富的信息。下面将详细讲解在网页中嵌入视频和音频的相关知识。

知识储备

1．视频、音频嵌入技术概述

在全新的视频标签和音频标签出现之前，W3C 并没有提出将视频和音频嵌入到页面的标准方式，视频、音频在大多数情况下都是通过第三方插件或浏览器的应用程序嵌入到页面中的。例如，可以运用 Adobe 公司的 FlashPlayer 插件将视频和音频嵌入到网页中。图 7-2 所示为网页中 FlashPlayer 插件的标志。

图 7-2　网页中 FlashPlayer 插件的标志

通过插件或浏览器的应用程序嵌入视频和音频，这种方式不仅需要借助第三方插件，而且实现的代码复杂冗长。图 7-3 所示为运用插件嵌入视频的代码截图。

```
<!DOCTYPE html PUBLIC "-//W3C//DTD XHTML 1.0 Transitional//EN"
"http://www.w3.org/TR/xhtml1/DTD/xhtml1-transitional.dtd">
<html xmlns="http://www.w3.org/1999/xhtml">
<head>
<meta http-equiv="Content-Type" content="text/html; charset=utf-8" />
<title>插入视频文件</title>
<script src="Scripts/swfobject_modified.js" type="text/javascript"></script>
</head>
<body>
<object classid="clsid:D27CDB6E-AE6D-11cf-96B8-444553540000" width="600" height=
"256" id="FLVPlayer">
  <param name="movie" value="FLVPlayer_Progressive.swf" />
  <param name="quality" value="high" />
  <param name="wmode" value="opaque" />
  <param name="scale" value="noscale" />
  <param name="salign" value="lt" />
  <param name="FlashVars" value=
"&amp;MM_ComponentVersion=1&amp;skinName=Clear_Skin_1&amp;streamName=video/pian&amp;
autoPlay=true&amp;autoRewind=false" />
  <param name="swfversion" value="8,0,0,0" />
  <!-- 此 param 标签提示使用 Flash Player 6.0 r65 和更高版本的用户下载最新版本的
Flash Player。如果您不想让用户看到该提示，请将其删除。 -->
  <param name="expressinstall" value="Scripts/expressInstall.swf" />
  <!-- 下一个对象标签用于非 IE 浏览器。所以使用 IECC 将其从 IE 隐藏。 -->
```

图 7-3　运用插件嵌入视频的代码截图

从图 7-3 所示的代码截图中可以看出，该代码不仅包含 HTML 代码，还包含 JavaScript 代码，整体代码复杂冗长，不利于初学者学习和掌握。那么该如何化繁为简呢？可以运用 HTML5 中新增的<video>标签和<audio>标签来嵌入视频或音频。例如，运用<video>标签嵌入视频的示例代码截图如图 7-4 所示。

```
<!doctype html>
<html>
<head>
<meta charset="utf-8">
<title>在HTML5中嵌入视频</title>
</head>
<body>
<video src="video/pian.mp4" controls="controls">浏览器不支持video标签</video>
</body>
</html>
```

图 7-4　运用<video>标签嵌入视频的示例代码截图

图 7-4 所示为运用<video>标签嵌入视频的代码，在这段代码中仅需要 1 行代码就可以实现视频的嵌入，使网页的代码结构变得简单。

在 HTML5 提供的标签中，<video>标签用于为页面添加视频，<audio>标签用于为页面添加音频。到目前为止，绝大多数的浏览器可以支持 HTML5 中的<video>标签和<audio>标签。浏览器对<video>标签和<audio>标签的支持情况如表 7-1 所示。

表 7-1　浏览器对<video>标签和<audio>标签的支持情况

浏览器	支持版本
IE 浏览器	9.0 及以上版本
火狐浏览器（Firefox）	3.5 及以上版本
欧朋浏览器（Opera）	10.5 及以上版本
谷歌浏览器（Chrome）	3.0 及以上版本
苹果浏览器（Safari）	3.2 及以上版本

表 7-1 列举了主流浏览器对<video>标签和<audio>标签的支持情况。需要注意的是，在不同的浏览器中运用<video>标签和<audio>标签时，浏览器显示视频、音频的界面样式略有不同。图 7-5 和图 7-6 所示分别为视频在火狐浏览器和谷歌浏览器中的播放效果。

图 7-5　火狐浏览器视频播放效果

图 7-6　谷歌浏览器视频播放效果

对比图 7-5 和图 7-6 可以发现，在不同的浏览器中，对于同样的视频文件，其播放控件的显示样式却不同。例如，调整音量的按钮、全屏播放按钮等。控件显示不同样式是因为每个浏览器对内置视频控件样式的定义不同。

2. 嵌入视频

在 HTML5 中，<video>标签用于定义视频文件，它支持 3 种视频格式，分别为 OGG、WEBM 和 MPEG4。使用<video>标签嵌入视频的基本语法格式如下：

```
<video src="视频文件路径" controls="controls"></video>
```

在上述语法格式中，src 属性用于设置视频文件的路径；controls 属性用于控制是否显示播放控件。这两个属性是<video>标签的基本属性。需要说明的是，在<video>和</video>标签之间还可以插入文字，当浏览器不支持<video>标签时，就会在浏览器中显示该文字。

了解了定义视频的基本语法格式后，下面通过一个案例来演示嵌入视频的方法，如例 7-1 所示。

例 7-1　example01.html

```
1  <!doctype html>
2  <html>
3  <head>
4  <meta charset="utf-8">
5  <title>在 HTML5 中嵌入视频</title>
6  </head>
7  <body>
8  <video src="video/pian.mp4" controls="controls">浏览器不支持<video>标签</video>
9  </body>
10 </html>
```

在例 7-1 中，第 8 行代码使用<video>标签嵌入视频文件。

运行例 7-1，效果如图 7-7 所示。

图 7-7 显示的是视频未播放的状态，视频界面底部是浏览器默认添加的视频控件，用于控制视频播放的状态，当单击“播放”▶按钮时，网页开始播放视频，如图 7-8 所示。

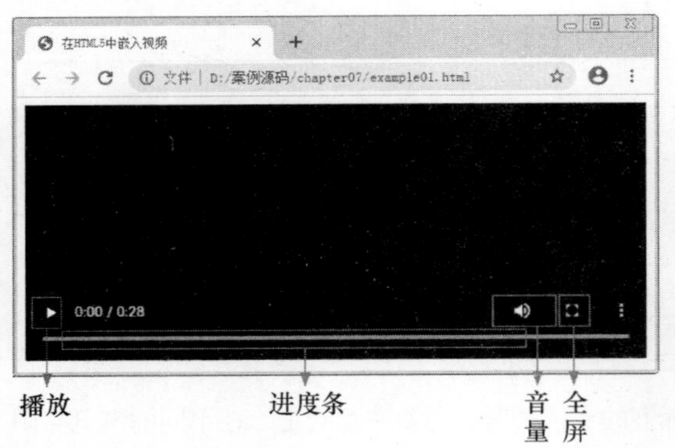

图 7–7　在 HTML5 中嵌入视频

图 7–8　网页开始播放视频

需要说明的是，在<video>标签中还可以添加其他属性，从而进一步优化视频的播放效果。<video>标签的其他属性如表 7–2 所示。

表 7–2　<video>标签的其他属性

属性	属性值	描述
autoplay	autoplay	当页面载入完成后自动播放视频
loop	loop	视频结束时重新开始播放
preload	auto/meta/none	如果使用该属性，则视频在页面加载时进行加载，并预备播放；如果使用了 autoplay 属性，则忽略该属性
poster	url	当视频缓冲不足时，该属性值链接一个图像，并将该图像按照一定的比例显示出来

了解了表 7–2 所示的<video>标签属性后，下面在例 7–1 的基础上对<video>标签应用部分新属性，进一步优化视频播放效果，修改后的代码如下：

```
<video src="video/pian.mp4" controls="controls" autoplay="autoplay" loop="loop">浏览器不支持<video>标签</video>
```

在上述代码中，为<video>标签增加了“autoplay="autoplay"”和“loop="loop"”两个样式。其中，“autoplay="autoplay"”样式可以让视频自动播放，“loop="loop"”样式让视频具有循环播放功能。

保存 HTML 文件，刷新页面，视频播放效果如图 7–9 所示。

图 7–9　自动和循环播放视频

需要注意的是，在 2018 年 1 月谷歌浏览器增加了对自动播放功能的限制。在正常情况下加载页面，视频是无法进行自动播放的。如果想要自动播放视频，就需要为<video>标签添加 muted 属性，该属性用于设置视频静音。当设置 muted 属性后，嵌入的视频才具有 autoplay 属性，可以自动静音播放。

3. 嵌入音频

在 HTML5 中，<audio>标签用于定义音频文件，它支持 3 种音频格式，分别为 OGG、MP3 和 WAV。使用<audio>标签嵌入音频的基本语法格式如下：

```
<audio src="音频文件路径" controls="controls"></audio>
```

从上述语法格式可以看出，使用<audio>标签嵌入音频的语法格式与<video>标签类似，在使用<audio>标签嵌入音频的语法格式中，src 属性用于设置音频文件的路径；controls 属性用于为音频提供播放控件。在<audio>和</audio>标签之间同样可以插入文字，当浏览器不支持<audio>标签时，就会在浏览器中显示该文字。

下面通过一个案例来演示嵌入音频的方法，如例 7–2 所示。

例 7–2 example02.html

```
1  <!doctype html>
2  <html>
3  <head>
4  <meta charset="utf-8">
5  <title>在 HTML5 中嵌入音频</title>
6  </head>
7  <body>
8  <audio src="music/1.mp3" controls="controls">浏览器不支持<audio>标签</audio>
9  </body>
10 </html>
```

在例 7–2 中，第 8 行代码的<audio>标签用于嵌入音频。

运行例 7–2，效果如图 7–10 所示。

图 7–10 为谷歌浏览器中默认的音频控件样式，当单击“播放”▶按钮时，就可以在页面中播放音频。需要说明的是，在<audio>标签中还可以添加其他属性，从而进一步优化音频的播放效果，具体如表 7–3 所示。

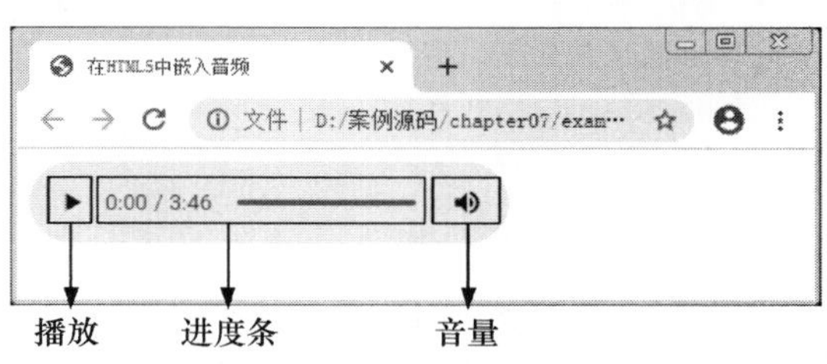

图 7–10 在 HTML5 中嵌入音频

表 7–3 <audio>标签的其他属性

属性	属性值	描述
autoplay	autoplay	当页面载入完成后自动播放音频
loop	loop	音频结束时重新开始播放
preload	auto/meta/none	如果使用该属性，则音频在页面加载时进行加载，并预备播放；如果使用了 autoplay 属性，浏览器会忽略 preload 属性

表 7–3 列举的<audio>标签的其他属性<video>标签也有，这些相同的属性在嵌入音频、视频时是通用的。

4. 浏览器对视频和音频格式的兼容性

虽然 HTML5 支持 OGG、MPEG4 和 WEBM 这 3 种视频格式，以及 OGG、MP3 和 WAV 这 3 种音频格式，但并不是所有的浏览器都支持这些格式，因此在嵌入视频和音频时，要考虑浏览器的兼容性问题。表 7–4 列举了各浏览器对视频和音频格式的兼容情况。

表 7–4 各浏览器对视频和音频格式的兼容情况

文件格式		IE 9.0 及以上	Firefox 3.5 及以上	Opera 10.5 及以上	Chrome 3.0 及以上	Safari 3.2 及以上
视频	OGG	×	支持	支持	支持	×
	MPEG4	支持	支持	支持	支持	支持
	WEBM	×	支持	支持	支持	×

（续表）

文件格式		IE 9.0 及以上	Firefox 3.5 及以上	Opera 10.5 及以上	Chrome 3.0 及以上	Safari 3.2 及以上
音频	OGG	×	支持	支持	支持	×
	MP3	支持	支持	支持	支持	支持
	WAV	×	支持	支持	支持	支持

从表 7–4 可以看出，除了 MPEG4 和 MP3 格式外，各浏览器都会有一些不兼容的视频、音频格式。为了保证不同格式的视频、音频能够在各浏览器中正常播放，往往需要提供多种格式的视频、音频供浏览器选择。

在 HTML5 中，运用<source>标签可以为<video>标签或<audio>标签提供多个备用文件。使用<source>标签添加视频的基本语法格式如下：

```
<video controls="controls">
    <source src="视频文件地址" type="媒体文件类型/格式">
    <source src="视频文件地址" type="媒体文件类型/格式">
    ……
</video>
```

在上述语法格式中，可以指定多个<source>标签为浏览器提供备用的视频文件。<source>标签一般需设置 src 属性和 type 属性，对它们的具体介绍如下。

- src 属性：用于指定媒体文件的 URL。
- type 属性：用于指定媒体文件的类型和格式。其中，“媒体文件类型”可以为“video”或“audio”，“格式”为视频或音频的格式。

例如，将 OGG 格式和 MP4 格式视频同时嵌入页面中，示例代码如下：

```
<video controls="controls">
     <source src="video/1.ogg" type="video/ogg">
     <source src="video/1.mp4" type="video/mp4">
</video>
```

运用<source>标签添加音频的方法与添加视频的方法基本相同，只需要把<video>标签换成<audio>标签即可。使用<source>标签添加音频的语法格式如下：

```
<audio controls="controls">
     <source src="音频文件地址" type="媒体文件类型/格式">
     <source src="音频文件地址" type="媒体文件类型/格式">
     ……
</audio>
```

例如，将 MP3 格式和 WAV 格式音频同时嵌入页面中，示例代码如下：

```
<audio controls="controls">
     <source src="music/1.mp3" type="audio/mp3">
     <source src="music/1.wav" type="audio/wav">
</audio>
```

5. 控制视频的宽度和高度

在网页中嵌入视频时，经常会为<video>标签添加宽度和高度，以给视频预留一定的空间。给视频设置宽度和高度属性后，浏览器在加载页面时就会预先确定视频的尺寸，为视频保留合适的空间，保证页面布局的统一。为<video>标签添加宽度、高度的方法十分简单，可以运用 width 属性和 height 属性直接为<video>标签设置宽度和高度。

下面将通过一个案例来演示如何为<video>标签设置宽度和高度，如例 7–3 所示。

例 7–3　example03.html

```
<!doctype html>
<html>
<head>
<meta charset="utf-8">
<title>CSS 控制视频的宽度和高度</title>
<style type="text/css">
*{
```

```
8        margin:0;
9        padding:0;
10 }
11 div{
12       width:600px;
13       height:300px;
14       border:1px solid #000;
15 }
16 video{
17       width:200px;
18       height:300px;
19       background:#9CCDCD;
20       float:left;
21 }
22 p{
23       width:200px;
24       height:300px;
25       background:#999;
26       float:left;
27 }
28 </style>
29 </head>
30 <body>
31 <div>
32 <p>占位色块</p>
33 <video src="video/pian.mp4" controls="controls">浏览器不支持 video 元素</video>
34 <p>占位色块</p>
35 </div>
36 </body>
37 </html>
```

在例 7-3 中，第 11～15 行代码设置<div>标签的宽度为“600px”、高度为“300px”。在<div>标签内部嵌套一个<video>标签和 2 个<p>标签，设置宽度均为“200px”、高度均为“300px”，并使用浮动让它们排列在一行显示。

运行例 7-3，效果如图 7-11 所示。

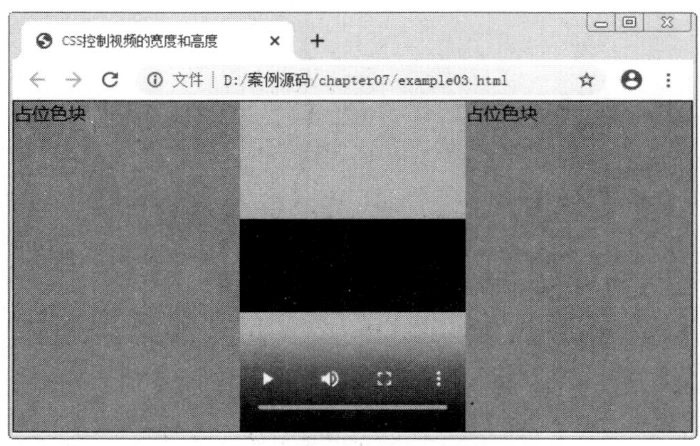

图 7-11 控制视频的宽度和高度 1

从图 7-11 中可以看出，视频和段落文本排成一行，页面布局没有变化。这是因为定义了视频的宽度和高度，浏览器在加载时会为视频预留合适的空间。此时可以更改例 7-3 中的代码，删除视频的宽度和高度属性，修改后的代码如下：

```
video{
     background:#F90;
     float:left;
}
```

保存 HTML 文件，刷新页面，效果如图 7-12 所示。

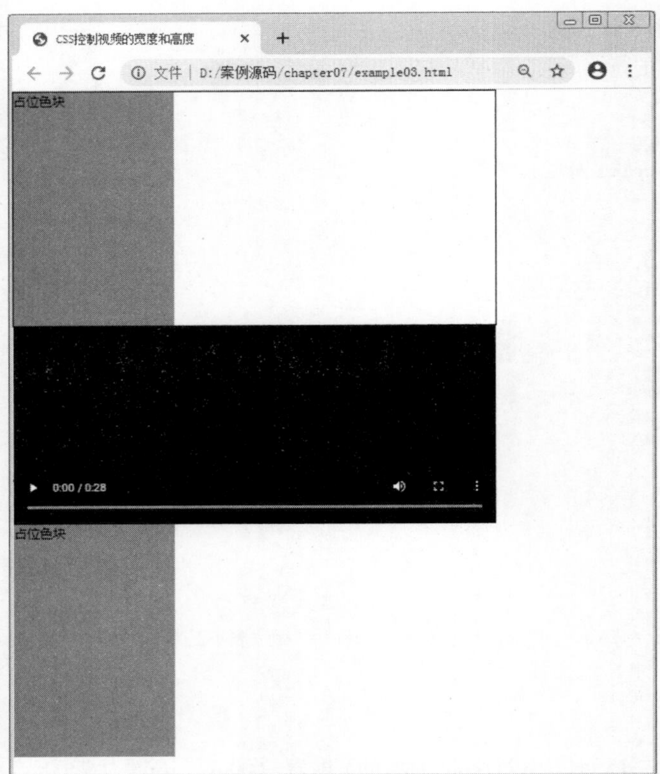

图 7-12　控制视频的宽度和高度 2

从图 7-12 可以看出，视频和其中一个灰色文本模块被挤到了大盒子下面。这是因为未定义视频宽度和高度时，视频会按原始大小显示，此时浏览器因为没有办法控制视频尺寸，只能按照视频默认尺寸加载视频，从而导致页面布局混乱。

注意：

通过 width 属性和 height 属性来缩放视频，虽然可使视频在页面上看起来很小，但它的原始大小依然没变，因此在实际工作中要运用视频处理软件（如“格式工厂”）对视频进行压缩。

【任务 7-2】在网页中添加过渡效果

需求分析

CSS 提供了强大的过渡属性（CSS3 属性），它可以在不使用 Flash 动画或者 JavaScript 脚本的情况下，为元素从一种样式转变为另一种样式时添加效果。例如，渐显、渐隐、速度的变化等。下面将详细讲解在网页中添加过渡效果的方法。

知识储备

1. transition-property 属性

transition-property 属性用于指定应用过渡效果的 CSS 属性的名称，例如，宽度属性、背景属性等。transition-property 属性的基本语法格式如下：

```
transition-property: none | all | property;
```

在上述语法格式中，transition-property 属性的取值包括 none、all 和 property（代指 CSS 各类属性名称）。transition-property 属性的属性值及其说明如表 7-5 所示。

表 7-5 transition-property 属性的属性值及其说明

属性值	说明
none	没有属性获得过渡效果
all	所有属性都将获得过渡效果
property	定义应用过渡效果的 CSS 属性名称，多个属性名称之间以英文逗号分隔

下面通过一个案例来演示 transition-property 属性的用法，如例 7-4 所示。

例 7-4 example04.html

```
1  <!doctype html>
2  <html>
3  <head>
4  <meta charset="utf-8">
5  <title>transition-property 属性</title>
6  <style type="text/css">
7  div{
8       width:400px;
9       height:100px;
10      background-color:red;
11      font-weight:bold;
12      color:#FFF;
13      }
14 div:hover{
15      background-color:blue;
16      transition-property:background-color;   /*指定动画过渡的 CSS 属性*/
17      }
18 </style>
19 </head>
20 <body>
21 <div>使用 transition-property 属性改变元素背景色</div>
22 </body>
23 </html>
```

在例 7-4 中，第 15 行和 16 行代码通过 transition-property 属性指定产生过渡效果的 CSS 属性为 background-color，并设置了鼠标指针移至时其背景颜色变为蓝色。

运行例 7-4，默认效果如图 7-13 所示。

当鼠标指针悬浮到图 7-13 所示网页中的色块区域上时，背景颜色立刻由红色变为蓝色，如图 7-14 所示。

图 7-13 transition-property 属性

图 7-14 背景颜色立刻由红色变为蓝色

通过对比图 7-13 和图 7-14 的变化可知，背景颜色并不会产生过渡。这是因为在设置过渡效果时，必须设置过渡时间，否则不会产生过渡效果。

多学一招：浏览器私有前缀

浏览器私有前缀是区分不同内核浏览器的标识。由于 W3C 每提出一个新属性，都需要经过耗时且复杂的标准制定流程，在标准还未确定时，部分浏览器已经根据最初草案实现了新属性的功能，为了与之后确定的标准进行兼容，各浏览器使用了自己的私有前缀与标准进行区分，当标准确立后，各大浏览器再逐步支持不带前缀的 CSS3 新属性。表 7-6 列举了主流浏览器的私有前缀，具体如下。

表 7-6 浏览器私有前缀

属性值	浏览器
-webkit-	谷歌浏览器、Safari 浏览器
-moz-	火狐浏览器
-ms-	IE 浏览器
-o-	欧朋浏览器

现在很多新版本的浏览器都可以很好地兼容 CSS3 的新属性，故很多私有前缀可以不写，但为了兼容老版本的浏览器，仍可以使用私有前缀。例如，如果希望例 7-4 中的 transition-property 属性可以兼容老版本的浏览器，应将代码进行如下修改：

```
-webkit-transition-property:background-color;  /*Safari 浏览器和谷歌浏览器兼容代码*/
-moz-transition-property:background-color;     /*火狐浏览器兼容代码*/
-ms-transition-property:background-color;      /*IE 浏览器兼容代码*/
-o-transition-property:background-color;       /*欧朋浏览器兼容代码*/
```

2. transition-duration 属性

transition-duration 属性用于指定过渡效果持续的时间，其基本语法格式如下：

```
transition-duration:time;
```

在上述语法格式中，transition-duration 属性取值为时间，常用单位是秒（s）或者毫秒（ms），默认属性值为 0。例如，用下面的示例代码替换例 7-4 的 div:hover 样式。

```
div:hover{
     background-color:blue;
     /*指定动画过渡的 CSS 属性*/
     transition-property:background-color;
     /*指定动画过渡的 CSS 属性*/
     transition-duration:5s;
}
```

在上述示例代码中，使用 transition-duration 属性来设置完成过渡效果需要耗时 5s。

运行案例代码，当鼠标指针悬浮到网页中的<div>区域上时，盒子的颜色经过 5s 会变成蓝色。

3. transition-timing-function 属性

transition-timing-function 属性用于指定过渡效果的速度曲线，其基本语法格式如下：

```
transition-timing-function:linear|ease|ease-in|ease-out|ease-in-out|cubic-bezier(n,n,n,n);
```

在上述语法格式中，transition-timing-function 属性的取值有很多种，其默认值为 ease。transition-timing-function 属性常见属性值及其说明如表 7-7 所示。

表 7-7 transition-timing-function 属性常见属性值及其说明

属性值	说明
linear	开始至结束均保持相同速度的过渡效果，等同于 cubic-bezier(0,0,1,1)
ease	以慢速开始，然后加快，最后慢慢结束的过渡效果，等同于 cubic-bezier(0.25,0.1,0.25,1)
ease-in	以慢速开始，然后逐渐加快的过渡效果，等同于 cubic-bezier(0.42,0,1,1)
ease-out	指定以慢速结束的过渡效果，等同于 cubic-bezier(0,0,0.58,1)
ease-in-out	指定以慢速开始和结束的过渡效果，等同于 cubic-bezier(0.42,0,0.58,1)
cubic-bezier(n,n,n,n)	定义用于加速或者减速的贝塞尔曲线的形状，它们的值为 0～1

在表 7-7 中，最后一个属性值“cubic-bezier(n,n,n,n)”中文译为“贝塞尔曲线”，使用贝塞尔曲线可以精确控制速度的变化。但在 CSS3 中不要求掌握贝塞尔曲线的核心内容，使用前面几个属性值可以满足大部分

动画的要求。

下面通过一个案例来演示 transition-timing-function 属性的用法，如例 7-5 所示。

例 7-5 example05.html

```
1  <!doctype html>
2  <html>
3  <head>
4  <meta charset="utf-8">
5  <title>transition-timing-function 属性</title>
6  <style type="text/css">
7  div{
8       width:424px;
9       height:406px;
10      margin:0 auto;
11      background:url(images/HTML5.png) center center no-repeat;
12      border:5px solid #333;
13      border-radius:0px;
14      }
15 div:hover{
16      border-radius:50%;
17      transition-property:border-radius;        /*指定动画过渡的 CSS 属性*/
18      transition-duration:2s;                   /*指定动画过渡的时间*/
19      transition-timing-function:ease-in-out;  /*指定动画过以慢速开始和结束的过渡效果*/
20      }
21 </style>
22 </head>
23 <body>
24 <div></div>
25 </body>
26 </html>
```

在例 7-5 中，先通过 transition-property 属性指定产生过渡效果的 CSS 属性为“border-radius”，并指定过渡动画由方形变为圆形。然后，使用 transition-duration 属性定义过渡效果需要耗时 2s，同时使用 transition-timing-function 属性规定过渡效果以慢速开始和结束。

运行例 7-5，当鼠标指针悬浮到网页中的<div>区域上时，过渡的动作将会被触发，方形将慢速开始变化，然后逐渐加速，最后慢速变为圆形，效果如图 7-15 所示。

图 7-15 使用 transition-timing-function 属性后的过滤过程

4. transition-delay 属性

transition-delay 属性用于指定过渡效果的开始时间，其基本语法格式如下：

```
transition-delay:time;
```

在上述语法格式中，transition-delay 属性默认值为 0，常用单位是秒（s）或者毫秒（ms）。transition-delay 属性的属性值可以为正整数、负整数和 0。当设置为负数时，过渡动作会从该时间点开始，之前的动作将被截断；设置为正数时，过渡动作会延迟触发。

下面在例 7-5 的基础上演示 transition-delay 属性的用法，在第 19 行代码后增加的代码如下：

```
transition-delay:2s;    /*指定动画延迟触发*/
```

上述代码使用 transition-delay 属性指定过渡的动作会延迟 2s 触发。

保存例 7-5，刷新页面，当鼠标指针悬浮到网页中的<div>区域上时，经过 2s 后过渡的动作会被触发，方形慢速开始变化，然后逐渐加速，随后慢速变为圆形。

5. transition 属性

transition 属性是一个复合属性，用于在一个属性中设置 transition-property、transition-duration、transition-timing-function、transition-delay 这 4 个过渡属性，其基本语法格式如下：

```
transition: property duration timing-function delay;
```

在使用 transition 属性设置多个过渡效果时，它的各个参数必须按顺序定义，不能颠倒。例如，例 7-5 中设置的 4 个过渡属性，可以直接通过以下代码实现。

```
transition:border-radius 5s ease-in-out 2s;
```

注意：

当使用 transition 属性设置多种过渡效果时，需要为每个过渡属性集中指定所有的值，并且用英文逗号进行分隔。

【任务 7-3】在网页中添加变形效果

需求分析

在 CSS3 中，通过变形可以对元素进行平移、缩放、倾斜和旋转等操作。同时，变形可以与过渡属性结合，实现一些绚丽网页动画效果。网页中添加的变形效果主要包括 2D 变形和 3D 变形两种，下面将对这两种变形效果进行详细讲解。

知识储备

1. 2D 变形

在 CSS3 中，2D 变形主要包括 4 种变形效果，分别是平移、缩放、倾斜、旋转。在进行 2D 变形时，还可以改变变形对象的中心点，从而实现不同的变形效果。下面将详细讲解 2D 变形的技巧。

（1）平移

平移是指元素位置的变化，包括水平移动和垂直移动。在 CSS3 中，使用 translate()方法可以实现元素的平移效果，其基本语法格式如下：

```
transform:translate(x-value,y-value);
```

在上述语法格式中，参数 x-value 和 y-value 分别用于定义水平（x 轴）和垂直（y 轴）坐标。参数值常用单位为像素（px）和百分比（%）。当参数值为负数时，表示反方向移动元素（向左和向上移动）。如果省略了第 2 个参数，则取默认值 0，即在 y 轴方向不移动。

在使用 translate( )方法移动元素时，坐标点默认为元素中心点，然后根据指定的水平坐标和垂直坐标进行移动，效果如图 7-16 所示。

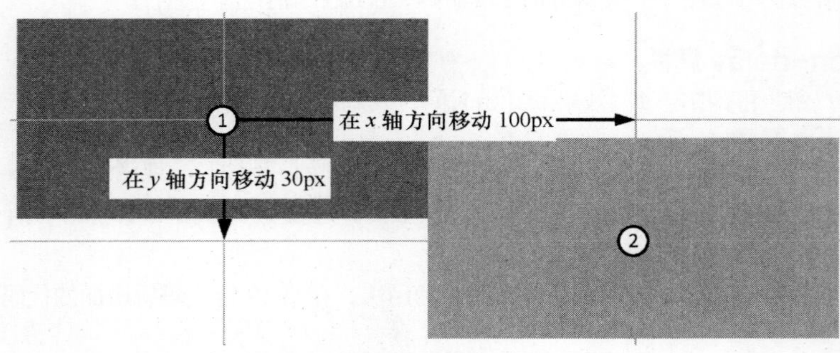

图 7-16　使用 translate( )方法移动元素

在图 7–16 中，“①”表示平移前的元素，“②”表示平移后的元素。下面通过一个案例来演示 translate( ) 方法的用法，如例 7–6 所示。

例 7–6 example06.html

```
<!doctype html>
<html>
<head>
<meta charset="utf-8">
<title>translate()方法</title>
<style type="text/css">
div{
     width:100px;
     height:50px;
     background-color:#0CC;
}
#div2{transform:translate(100px,30px);}
</style>
</head>
<body>
<div>盒子 1 未平移</div>
<div id="div2">盒子 2 平移</div>
</body>
</html>
```

在例 7–6 中，使用<div>标签定义两个样式完全相同的盒子。然后，通过 translate( )方法将第 2 个盒子沿 x 轴向右移动 100px，沿 y 轴向下移动 30px。

运行例 7–6，效果如图 7–17 所示。

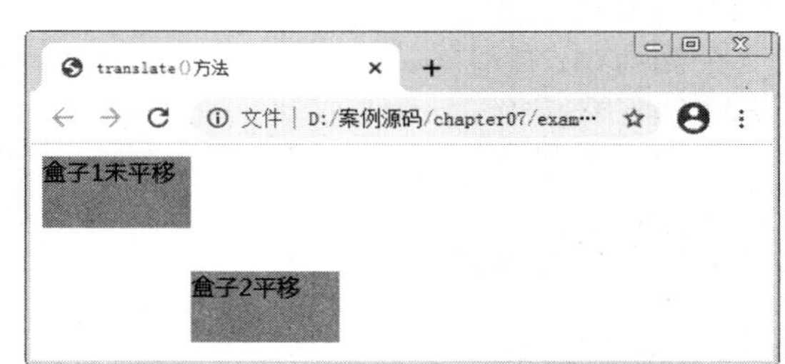

图 7–17 translate()方法

注意:

translate( )方法中参数值的单位不可以省略，否则平移命令将不起作用。

（2）缩放

在 CSS3 中，使用 scale( )方法可以实现元素缩放效果，其基本语法格式如下：

```
transform:scale(x-value,y-value);
```

在上述语法格式中，参数 x–value 和 y–value 分别用于定义水平（x 轴）和垂直（y 轴）方向的缩放倍数。参数值可以为正数、负数和小数，不需要加单位。其中，正数用于放大元素，负数用于翻转缩放元素，小于 1 的小数用于缩小元素。如果第 2 个参数省略，则第 2 个参数默认等于第 1 个参数值。scale( )方法缩放示意图如图 7–18 所示。其中，实线表示放大前的元素，虚线表示放大后的元素。

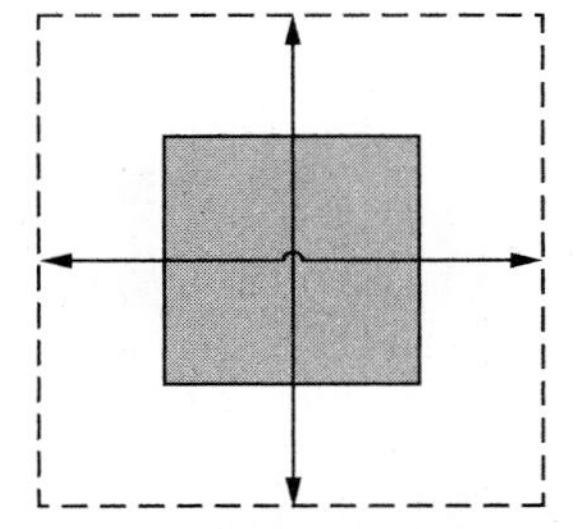

图 7–18 scale()方法缩放示意图

下面通过一个案例来演示 scale( )方法的用法，如例 7–7 所示。

例 7–7 example07.html

```
<!doctype html>
<html>
<head>
<meta charset="utf-8">
<title>scale()方法</title>
<style type="text/css">
div{
     width:100px;
     height:50px;
     background-color:#FF0;
     border:1px solid black;
}
```

```
#div2{
     margin:100px;
     transform:scale(2,3);
}
</style>
</head>
<body>
<div>我是原来的元素</div>
<div id="div2">我是放大后的元素</div>
</body>
</html>
```

在例 7-7 中，使用<div>标签定义两个样式相同的盒子，并且通过 scale( )方法将第 2 个<div>标签的宽度放大 2 倍、高度放大 3 倍。

运行例 7-7，效果如图 7-19 所示。

（3）倾斜

在 CSS3 中，使用 skew( )方法可以实现元素倾斜效果，其基本语法格式如下：

```
transform:skew(x-value,y-value);
```

在上述语法格式中，参数 x-value 和 y-value 分别用于定义水平（x 轴）和垂直（y 轴）的倾斜角度。参数值为角度数值，单位为 deg，取值可以为正值或者负值，表示不同的倾斜方向。如果省略了第 2 个参数，则取默认值 0。skew( )方法倾斜示意图如图 7-20 所示。其中，实线表示倾斜前的元素，虚线表示倾斜后的元素。

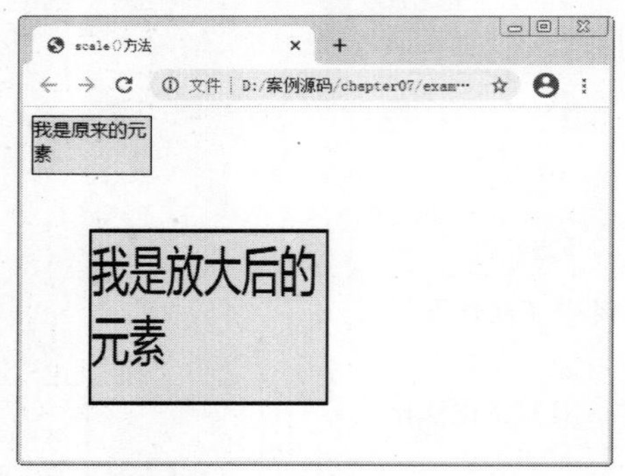

图 7-19　scale( )方法

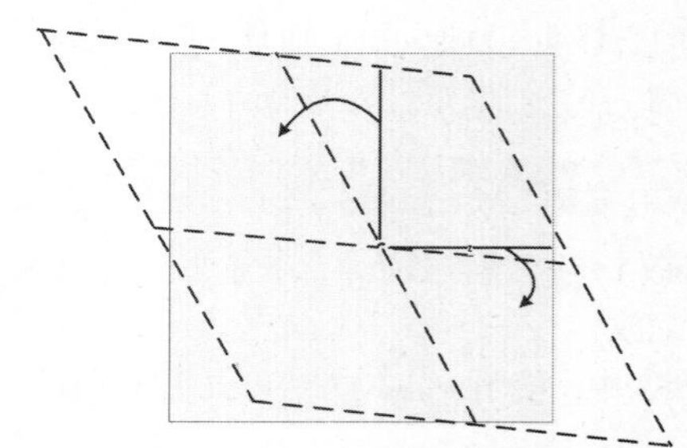

图 7-20　skew( )方法倾斜示意图

下面通过一个案例来演示 skew( )方法的用法，如例 7-8 所示。

例 7-8　example08.html

```
<!doctype html>
<html>
<head>
<meta charset="utf-8">
<title>skew()方法</title>
<style type="text/css">
div{
     width:100px;
     height:50px;
     margin:0 auto;
     background-color:#F90;
     border:1px solid black;
}
#div2{transform:skew(30deg,10deg);}
</style>
</head>
<body>
<div>我是原来的元素</div>
<div id="div2">我是倾斜后的元素</div>
</body>
</html>
```

在例 7-8 中，使用<div>标签定义了两个样式相同的盒子，并且通过 skew( )方法将第 2 个<div>标签沿 x 轴倾斜 30deg、沿 y 轴倾斜 10deg。

运行例 7-8，效果如图 7-21 所示。

（4）旋转

在 CSS3 中，使用 rotate( )方法可以旋转指定的元素对象，其基本语法格式如下：

```
transform:rotate(angle);
```

在上述语法格式中，参数 angle 表示要旋转的角度值，单位为 deg。如果角度为正数，则按顺时针方向旋转，否则按逆时针方向旋转。rotate( )方法旋转示意图如图 7-22 所示。

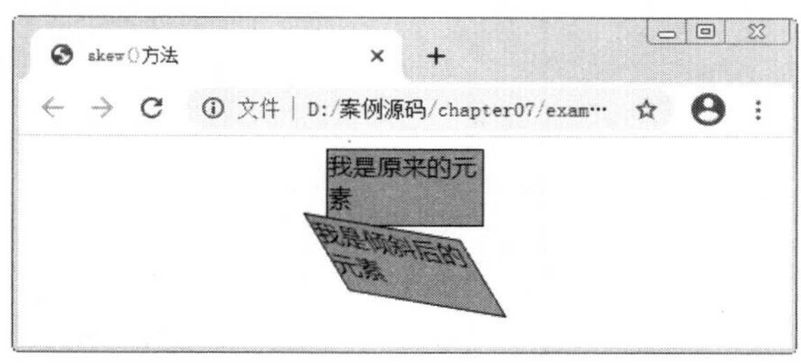

图 7-21 skew( )方法

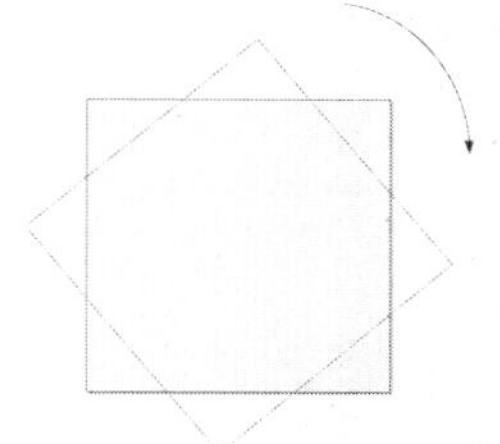

图 7-22 rotate( )方法旋转示意图

在图 7-22 中，实线表示旋转前的元素，虚线表示旋转后的元素。例如，设置某个<div>标签按顺时针方向旋转 30°，具体示例代码如下：

```
div{transform:rotate(30deg);}
```

注意：

如果一个元素需要设置多种变形效果，可以用空格把多个变形属性值隔开。

（5）变换元素的中心点

通过 transform 属性可以实现元素的平移、缩放、倾斜和旋转效果，这些变形操作都是以元素的中心点为参照实现的。默认情况下，元素的中心点在 x 轴和 y 轴的 50%位置。如果需要变换元素的中心点，可以使用 transform-origin 属性，其基本语法格式如下：

```
transform-origin: x-axis y-axis z-axis;
```

在上述语法格式中，transform-origin 属性包含 3 个参数，其默认值分别为 50%、50%、0px。transform-origin 各参数说明如表 7-8 所示。

表 7-8 transform-origin 各参数说明

参数	描述
x-axis	定义视图被置于 x 轴的何处。属性值可以是百分比数值、倍率、像素值等具体的值，也可以是 top、right、bottom、left 和 center 等关键词
y-axis	定义视图被置于 y 轴的何处。属性值可以是百分比数值、倍率、像素值等具体的值，也可以是 top、right、bottom、left 和 center 等关键词
z-axis	定义视图被置于 z 轴的何处。需要注意的是，该值不能是一个百分比数值，否则将会视为无效值，一般单位为像素（px）

在表 7-8 中，参数 x-axis 和 y-axis 表示水平和垂直位置的坐标，用于 2D 变形；参数 z-axis 表示空间纵深坐标位置，用于 3D 变形。

下面通过一个案例来演示 transform-origin 属性的用法，如例 7-9 所示。

例 7-9 example09.html

```
<!doctype html>
<html>
```

```
<head>
<meta charset="utf-8">
<title>transform-origin 属性</title>
<style>
#div1{
     position:relative;
     width: 200px;
     height: 200px;
     margin: 100px auto;
     padding:10px;
     border: 1px solid black;
}
#box02{
     padding:20px;
     position:absolute;
     border:1px solid black;
     background-color: red;
     transform:rotate(45deg);                 /*旋转 45° */
     transform-origin:20% 40%;                /*更改中心点坐标的位置*/
}
#box03{
     padding:20px;
     position:absolute;
     border:1px solid black;
     background-color:#FF0;
     transform:rotate(45deg);                 /*旋转 45° */
}
</style>
</head>
<body>
<div id="div1">
   <div id="box02">box02 更改基点位置</div>
   <div id="box03">box03 未更改基点位置</div>
</div>
</body>
</html>
```

在例 7–9 中，通过 transform 属性的 rotate()方法将 box02、box03 盒子分别旋转 45deg，然后通过 transform-origin 属性来更改 box02 的中心点的位置。

运行例 7–9，效果如图 7–23 所示。

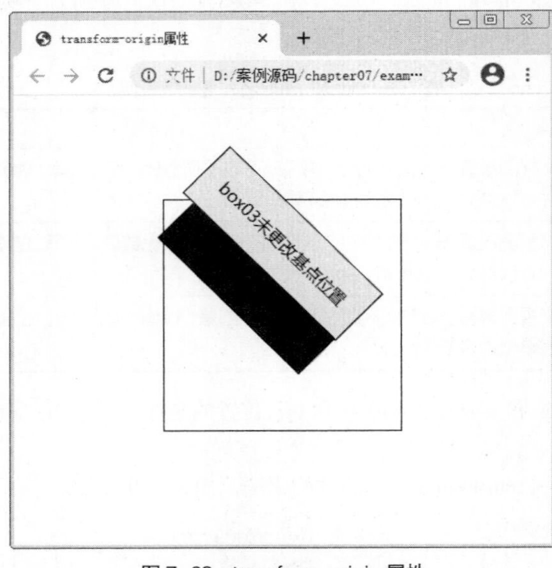

图 7–23　transform–origin 属性

通过图 7–23 可以看出，box02、box03 发生了错位。两个盒子的初始位置相同，并且旋转角度相同，发生错位的原因是 transform–origin 属性改变了 box02 的中心点。

2. 3D 变形

2D 变形是元素在 x 轴和 y 轴的变化，而 3D 变形是元素绕 x 轴、y 轴、z 轴的变化。相比于平面化的 2D 变形，3D 变形更注重空间位置的变化。下面将对网页中一些常用的制作 3D 变形效果的方法做具体介绍。

（1）rotateX()方法

在 CSS3 中，rotateX()方法可以让指定元素绕 x 轴旋转，其基本语法格式如下：

```
transform:rotateX(a);
```

在上述语法格式中，参数 a 用于定义旋转的角度值，单位为 deg。旋转的角度值可以是正数也可以是负数。如果角度值为正数，元素将绕 x 轴顺时针旋转；如果角度值为负数，元素将绕 x 轴逆时针旋转。

下面通过一个案例来演示 rotateX()方法的用法，如例 7–10 所示。

例 7–10　example10.html

```
1  <!doctype html>
2  <html>
3  <head>
4  <meta charset="utf-8">
5  <title>rotateX()方法</title>
6  <style type="text/css">
7  div{
8       width:250px;
9       height:50px;
10      background-color:#FF0;
11      border:1px solid black;
12 }
13 div:hover{
14      transition:all 1s ease 2s;              /*设置过渡效果*/
15      transform:rotateX(60deg);
16 }
17 </style>
18 </head>
19 <body>
20 <div>元素旋转后的位置</div>
21 </body>
22 </html>
```

在例 7–10 中，第 15 行代码用于设置<div>标签绕 x 轴旋转 60°。

运行例 7–10，效果如图 7–24 所示。

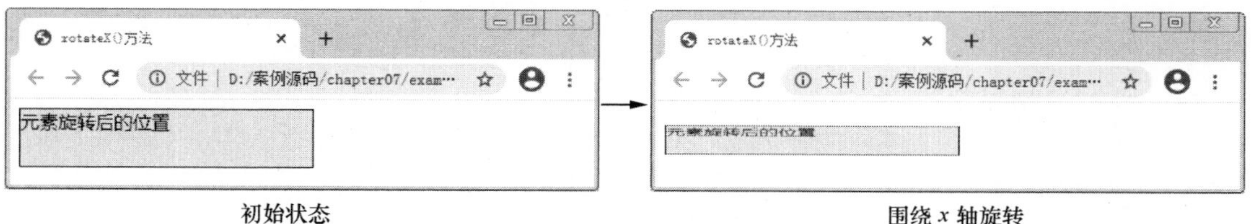

初始状态　　围绕 x 轴旋转

图 7–24　rotateX( )方法

当鼠标指针悬浮于初始状态时，盒子将绕 x 轴旋转。

（2）rotateY()方法

在 CSS3 中，rotateY()方法可以让指定元素绕 y 轴旋转，其基本语法格式如下：

```
transform:rotateY(a);
```

在上述语法格式中，参数 a 与 rotateX(a)中的参数 a 含义相同，用于定义旋转的角度。如果角度值为正数，元素绕 y 轴顺时针旋转；如果角度值为负数，元素绕 y 轴逆时针旋转。

下面在例 7–10 的基础上演示元素绕 y 轴旋转的效果。将例 7–10 中的第 15 行代码进行如下更改：

```
transform:rotateY(60deg);
```

此时，刷新浏览器页面，元素将绕 y 轴顺时针旋转 60deg，效果如图 7-25 所示。

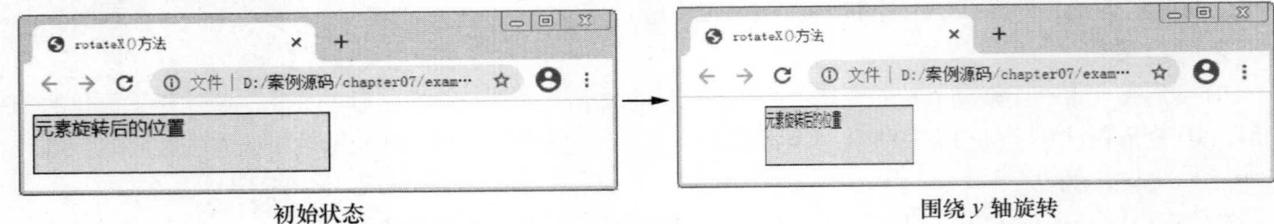

图 7-25 rotateY( )方法

注意:

rotateZ()方法与 rotateX()方法、rotateY()方法功能一样，区别在于 rotateZ()方法用于指定元素绕 z 轴旋转。如果仅从视觉角度上看，rotateZ( )方法让元素按顺时针或逆时针方向旋转，与 rotate( )方法效果等同，但 rotateZ()方法不是在 2D 平面上的旋转。

（3）rotated3d()方法

rotated3d( )方法是 rotateX( )方法、rotateY( )方法和 rotateZ( )方法演变的综合属性，用于设置多个方向的 3D 旋转。例如，要同时设置元素绕 x 轴和 y 轴旋转，就可以使用 rotated3d( )方法，其基本语法格式如下：

```
rotate3d(x,y,z,angle);
```

在上述语法格式中，x、y、z 可以取 0 或 1，当要沿着某一轴旋转，就将该轴的值设置为 1，否则设置为 0；angle 为要旋转的角度。例如，设置元素绕 x 轴和 y 轴均旋转 45deg，则示例代码如下：

```
transform:rotate3d(1,1,0,45deg);
```

（4）perspective 属性

perspective 属性对于 3D 变形来说至关重要，该属性主要用于呈现良好的 3D 透视效果。例如，前面设置的 3D 环绕效果并不明显，原因在于没有设置 perspective 属性。其实，可以简单地将 perspective 属性理解为视距，用于设置透视效果。perspective 属性的透视效果由属性值来决定，属性值越小，透视效果越突出。perspective 属性包括两个属性值：none 和具有单位（通常为像素）的数值。

下面通过一个透视旋转的案例演示 perspective 属性的使用方法，如例 7-11 所示。

例 7-11 example11.html

```
<!doctype html>
<html>
<head>
<meta charset="utf-8">
<title>perspective 属性</title>
<style type="text/css">
div{
     width:250px;
     height:50px;
     border:1px solid #666;
     perspective:250px;                    /*设置透视效果*/
     margin:0 auto;
     }
.div1{
     width:250px;
     height:50px;
     background-color:#0CC;
}
.div1:hover{
     transition:all 1s ease 2s;
     transform:rotateX(60deg);
}
</style>
</head>
<body>
<div>
```

```
27       <div class="div1">元素透视</div>
28 </div>
29 </body>
30 </html>
```

在例 7-11 中，第 26～28 行代码定义了一个大<div>标签，其内部嵌套了一个小<div>标签；第 11 行代码为大<div>标签添加 perspective 属性。

运行例 7-11，效果如图 7-26 所示。当鼠标指针悬浮在盒子上时，小<div>标签将绕 *x* 轴旋转，并出现透视效果，如图 7-27 所示。

图 7-26 perspective 属性初始状态

图 7-27 perspective 属性透视效果

需要说明的是，在 CSS3 中还包含很多转换的属性，通过这些属性可以设置不同的转换效果，表 7-9 列举了一些转换的常见属性。

表 7-9 转换的常见属性

属性名称	描述	属性值
transform-style	规定被嵌套元素如何在 3D 空间中显示	flat：子元素将不保留其 3D 位置
		preserve-3d：子元素将保留其 3D 位置
backface-visibility	定义元素在不面对屏幕时是否可见	visible：背面是可见的
		hidden：背面是不可见的

除了前面提到的旋转，3D 变形还包括移动和缩放，运用表 7-10 中的方法可以实现不同的变形效果。

表 7-10 转换的方法

方法名称	描述
translate3D(x,y,z)	定义 3D 位移
translateX(x)	定义 3D 位移，仅使用 *x* 轴的值
translateY(y)	定义 3D 位移，仅使用 *y* 轴的值
translateZ(z)	定义 3D 位移，仅使用 *z* 轴的值
scale3D(x,y,z)	定义 3D 缩放
scaleX(x)	定义 3D 缩放，通过给定一个 *x* 轴的值
scaleY(y)	定义 3D 缩放，通过给定一个 *y* 轴的值
scaleZ(z)	定义 3D 缩放，通过给定一个 *z* 轴的值

下面通过一个综合案例演示 3D 变形属性和其使用方法，如例 7-12 所示。

例 7-12 example12.html

```
<!doctype html>
<html>
<head>
<meta charset="utf-8">
<title>translate3D()方法</title>
<style type="text/css">
div{
    width:200px;
    height:200px;
```

```
10      border:2px solid #000;
11      position:relative;
12      transition:all 1s ease 0s;          /*设置过渡效果*/
13      transform-style:preserve-3d;        /*规定被嵌套元素如何在 3D 空间中显示*/
14 }
15 img{
16      position:absolute;
17      top:0;
18      left:0;
19      transform:translateZ(100px);
20 }
21 .no2{
22      transform:rotateX(90deg) translateZ(100px);
23 }
24 div:hover{
25      transform:rotateX(-90deg);          /*设置旋转角度*/
26 }
27 div:visited{
28      transform:rotateX(-90deg);          /*设置旋转角度*/
29      transition:all 1s ease 0s;          /*设置过渡效果*/
30      transform-style:preserve-3d;        /*规定被嵌套元素如何在 3D 空间中显示*/
31 }
32 </style>
33 </head>
34 <body>
35 <div>
36      <img class="no1" src="images/1.png" alt="1">
37      <img class="no2" src="images/2.png" alt="2">
38 </div>
39 </body>
40 </html>
```

在例 7-12 中，第 13 行代码通过 transform-style 属性指定元素在 3D 空间中的显示方式；同时，在整个案例中分别为<div>和<img>标签设置不同的旋转轴和旋转角度。

运行例 7-12，移出时的动画过程和鼠标指针悬浮时的效果如图 7-28 所示。

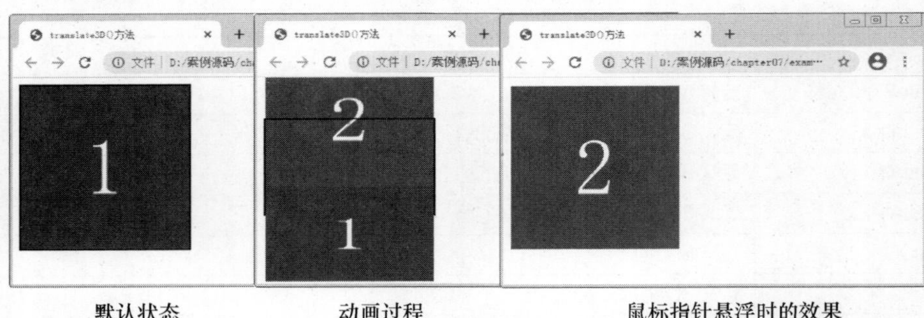

图 7-28 移出时的动画过程和鼠标指针悬浮时的效果

【任务 7-4】在网页中添加动画效果

需求分析

过渡和变形只能设置元素的变换过程，并不能对过程中的某一环节进行精确控制。例如，过渡和变形实现的动态效果不能重复播放。为了实现更加丰富的动画效果，CSS3 提供了 animation 属性，使用 animation 属性可以定义复杂的动画效果。下面将详细讲解在网页中添加动画效果的方法。

知识储备

1. @keyframes 规则

@keyframes 规则用于创建动画，animation 属性只有配合@keyframes 规则才能实现动画效果，因此在学习 animation 属性之前，先要学习@keyframes 规则。@keyframes 规则的基本语法格式如下：

```
@keyframes animationname {
    keyframes-selector{css-styles;}
}
```

在上述语法格式中，@keyframes 属性包含的参数的具体含义如下。

- animationname：表示当前动画的名称（即后面讲解的 animation-name 属性定义的名称），它将作为引用时的唯一标识，因此不能为空。
- keyframes-selector：关键帧选择器，即指定当前关键帧要应用到整个动画过程中的位置，值可以是一个百分比数值、from 或者 to。其中，from 和 0%效果相同，表示动画的开始；to 和 100%效果相同，表示动画的结束。当两个位置应用同一个效果时，这两个位置使用英文逗号隔开，写在一起即可。例如，“20%,80%{opacity:0.5;}”。
- css-styles：定义执行到当前关键帧时对应的动画状态，由 CSS 样式属性定义，多个属性之间用英文分号分隔，不能为空。

例如，使用@keyframes 规则可以定义一个淡入动画，示例代码如下：

```
@keyframes appear
{
    0%{opacity:0;}        /*动画开始时的状态，完全透明*/
    100%{opacity:1;}      /*动画结束时的状态，完全不透明*/
}
```

上述代码创建了一个名称为 appear 的动画，该动画在开始时 opacity 为 0（透明），动画结束时 opacity 为 1（不透明）。该动画效果还可以使用等效代码来实现，具体如下：

```
@keyframes appear
{
    from{opacity:0;}       /*动画开始时的状态，完全透明*/
    to{opacity:1;}         /*动画结束时的状态，完全不透明*/
}
```

另外，如果需要创建一个淡入淡出的动画效果，其示例代码如下：

```
@keyframes appear
{
    from,to{opacity:0;}        /*动画开始和结束时的状态，完全透明*/
    20%,80%{opacity:1;}        /*动画的中间状态，完全不透明*/
}
```

在上述代码中，为了实现淡入淡出的效果，需要定义在动画开始和结束时元素不可见，然后渐渐淡入，在动画的 20%处变得可见，然后动画效果持续到 80%处，再慢慢淡出。

注意：

版本低于 IE 9.0 的 IE 浏览器不支持@keyframes 规则和 animation 属性。

2. animation-name 属性

animation-name 属性用于定义要应用的动画名称，该动画名称会被@keyframes 规则引用，其基本语法格式如下：

```
animation-name:keyframename|none;
```

在上述语法格式中，animation-name 属性初始值为 none，适用于所有块元素和行内元素；keyframename 参数用于规定需要绑定到@keyframes 规则的名称，如果值为 none，则表示不应用任何动画。

3. animation-duration 属性

animation-duration 属性用于定义整个动画效果完成所需要的时间，其基本语法格式如下：

```
animation-duration: time;
```

在上述语法格式中，animation-duration 属性初始值为 0；time 参数是以秒（s）或者毫秒（ms）为单位的时间，当设置为 0 时，表示没有任何动画效果；当取值为负数时会被视为 0。

下面通过一个小人奔跑案例来演示 animation-name 属性和 animation-duration 属性的用法，如例 7-13 所示。

例 7-13　example13.html

```
1  <!doctype html>
2  <html>
3  <head>
4  <meta charset="utf-8">
5  <title>animation-duration 属性</title>
6  <style type="text/css">
7  img{
8       width:200px;
9       animation-name:mymove;              /*定义动画名称*/
10      animation-duration:10s;             /*定义动画时间*/
11      }
12 @keyframes mymove{
13      from {transform:translate(0) rotateY(180deg);}
14      50% {transform:translate(1000px) rotateY(180deg);}
15      51% {transform:translate(1000px) rotateY(0deg);}
16      to {transform:translate(0) rotateY(0deg);}
17      }
18 </style>
19 </head>
20 <body>
21 <img src="images/people.gif" >
22 </body>
23 </html>
```

在例 7-13 中，第 9 行代码使用 animation-name 属性定义要应用的动画名称；第 10 行代码使用 animation-duration 属性定义完成整个动画效果所需要的时间；第 13～16 行代码使用 form、to 和百分比数值指定当前关键帧要应用的动画效果。

运行例 7-13，卡通人物会从左到右进行一次折返跑，效果如图 7-29 所示。

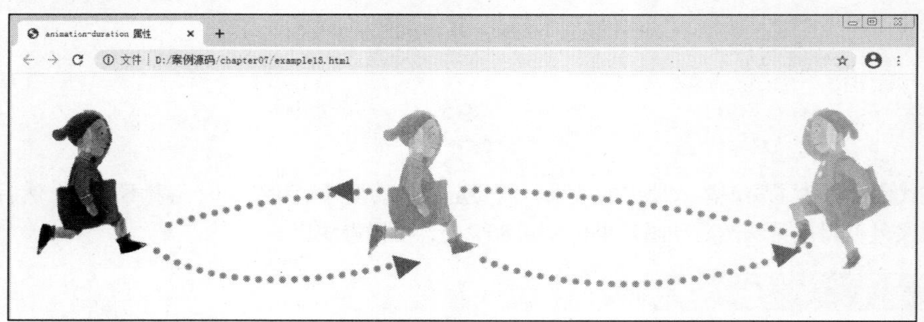

图 7-29　animation-name 属性和 animation-duration 属性

需要说明的是，还可以通过定位属性设置元素位置的移动，效果与平移效果一致。

4. animation-timing-function 属性

animation-timing-function 属性用于规定动画的速度曲线，决定了动画将以什么样的速度执行。animation-timing-function 属性的基本语法格式如下：

```
animation-timing-function:value;
```

在上述语法格式中，animation-timing-function 属性的默认属性值为 ease。另外，animation-timing-function 属性的常用属性值还包括 linear、ease-in、ease-out、ease-in-out、cubic-bezier(n,n,n,n)等，具体如表 7-11 所示。

表 7-11 animation-timing-function 属性的常用属性值

属性值	描述
linear	动画从头到尾的速度是相同的
ease	默认属性值，动画以低速开始，然后加快，在结束前变慢
ease-in	动画以低速开始
ease-out	动画以低速结束
ease-in-out	动画以低速开始和结束
cubic-bezier(n,n,n,n)	在 cubic-bezier 函数中参数 *n* 的取值一般为 0～1

例如，若想让元素匀速运动，则为元素添加的示例代码如下：

```
animation-timing-function:linear; /*定义匀速运动*/
```

5. animation-delay 属性

animation-delay 属性用于定义执行动画效果延迟的时间，即规定动画什么时候开始，其基本语法格式如下：

```
animation-delay:time;
```

在上述语法格式中，参数 time 用于定义动画开始前等待的时间，其单位是秒（s）或毫秒（ms），默认属性值为 0。animation-delay 属性适用于所有的块元素和行内元素。

例如，要想让添加动画的元素在 2s 后播放动画效果，可以在该元素中添加如下代码：

```
animation-delay:2s;
```

此时，刷新浏览器页面，动画会先延迟 2s，然后才开始执行动画。需要说明的是，animation-delay 属性的属性值也可以设置为负值，当设置为负值后，动画会跳过该时间播放。

6. animation-iteration-count 属性

animation-iteration-count 属性用于定义动画的播放次数，其基本语法格式如下：

```
animation-iteration-count: number|infinite;
```

在上述语法格式中，animation-iteration-count 属性初始值为 1。如果其属性值为数字（number），则表示播放动画的次数；如果为 infinite，则指定动画循环播放。示例代码如下：

```
animation-iteration-count:3;
```

在上述代码中，使用 animation-iteration-count 属性定义动画效果需要连续播放 3 次。

7. animation-direction 属性

animation-direction 属性用于定义当前动画播放的方向，即动画播放完成后是否逆向交替循环。其基本语法格式如下：

```
animation-direction: normal|alternate;
```

在上述语法格式中，animation-direction 属性包括 normal 和 alternate 两个属性值。其中，normal 为默认属性值，动画会正常播放；alternate 会使动画在奇数次（1、3、5 等）时正常播放，而在偶数次（2、4、6 等）时逆向播放。因此，要想使 animation-direction 属性生效，先要定义 animation-iteration-count 属性（播放次数），只有动画播放次数不少于 2 次时，animation-direction 属性才会生效。

下面通过一个小球滚动案例来演示 animation-direction 属性的用法，如例 7-14 所示。

例 7-14 example14.html

```
<!doctype html>
<html>
<head>
<meta charset="utf-8">
<title>animation-direction 属性</title>
<style type="text/css">
div{
    width:200px;
    height:150px;
    border-radius:50%;
```

```
11        background:#F60;
12        animation-name:mymove;           /*定义动画名称*/
13        animation-duration:8s;           /*定义动画时间*/
14        animation-iteration-count:2;     /*定义动画播放次数*/
15        animation-direction:alternate;  /*定义动画逆向播放*/
16        }
17  @keyframes mymove{
18        from {transform:translate(0) rotateZ(0deg);}
19        to {transform:translate(1000px) rotateZ(1080deg);}
20  </style>
21  </head>
22  <body>
23  <div></div>
24  </body>
25  </html>
```

在例 7–14 中，第 14 行和第 15 行代码设置了动画的播放次数和逆向播放，此时图形第 2 次的动画效果就会逆向播放。

运行例 7–14，效果如图 7–30 所示。

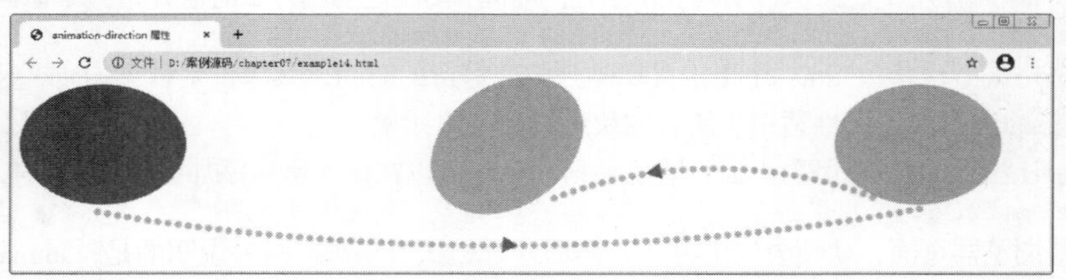

图 7–30　animation–direction 属性

8. animation 属性

animation 属性是一个简写属性，用于在一个属性中设置 animation–name、animation–duration、animation–timing–function、animation–delay、animation–iteration–count 和 animation–direction 这 6 个动画属性。其基本语法格式如下：

```
animation: animation-name animation-duration animation-timing-function animation-delay animation-iteration-count animation-direction;
```

在上述语法格式中，使用 animation 属性时必须指定 animation–name 属性和 animation–duration 属性，否则动画效果将不会播放。下面的示例代码是一个简写后的动画效果代码。

```
animation:mymove 5s linear 2s 3 alternate;
```

上述代码也可以拆解为如下内容：

```
animation-name:mymove;                  /*定义动画名称*/
animation-duration:5s;                  /*定义动画时间*/
animation-timing-function:linear;       /*定义动画速率*/
animation-delay:2s;                     /*定义动画延迟时间*/
animation-iteration-count:3;            /*定义动画播放次数*/
animation-direction:alternate;          /*定义动画逆向播放*/
```

【任务 7–5】页面建设准备工作

学习完前文介绍的理论知识后，小思准备着手制作“视频 8”首页。先进行页面建设的准备工作，主要包括网站素材整理、页面结构分析、定义基础样式，具体介绍如下。

网站素材整理

1. 建立站点

（1）创建网站根目录

在计算机本地磁盘任意盘符下创建网站根目录。本书在“D 盘:\案例源码\chapter07”文件夹中新建一个文件夹作为网站根目录，并命名为“shipin8”。

（2）在根目录下新建文件

打开网站根目录“shipin8”，在根目录下新建“images”文件夹用于存放图像，新建“fonts”文件夹用于存放字体，新建“css”文件夹用于存放 CSS 样式表文档，新建“video”文件夹用于存放视频素材。

（3）新建站点

打开 Dreamweaver 工具，在菜单栏中选择“站点→新建站点”选项，在弹出的对话框中输入站点名称“shipin8”。浏览并选择站点根目录的存储位置，单击“保存”按钮，站点即创建成功。

2. 切图

使用 Fireworks CS6 的切片工具，导出“视频 8”首页中的图像，并存储在站点中的“images”文件夹中。导出后的图像素材如图 7–31 所示。

图 7–31 导出后的图像素材

效果分析

1. HTML 结构分析

“视频 8”首页从上到下可以分为 5 个模块，分别为“引导栏”模块、“导航”模块、“banner”模块、“内容”模块、“页脚”模块。“视频 8”首页的结构如图 7–32 所示。

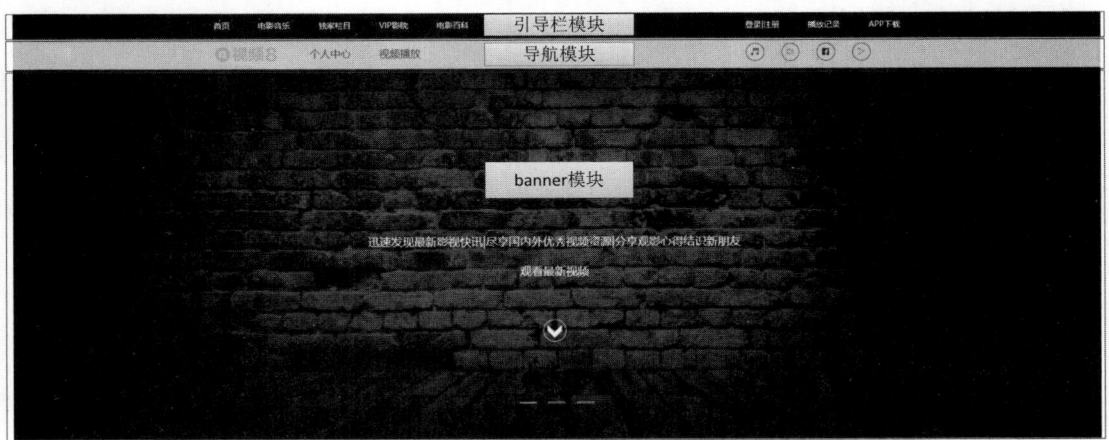

图 7–32 “视频 8”首页的结构

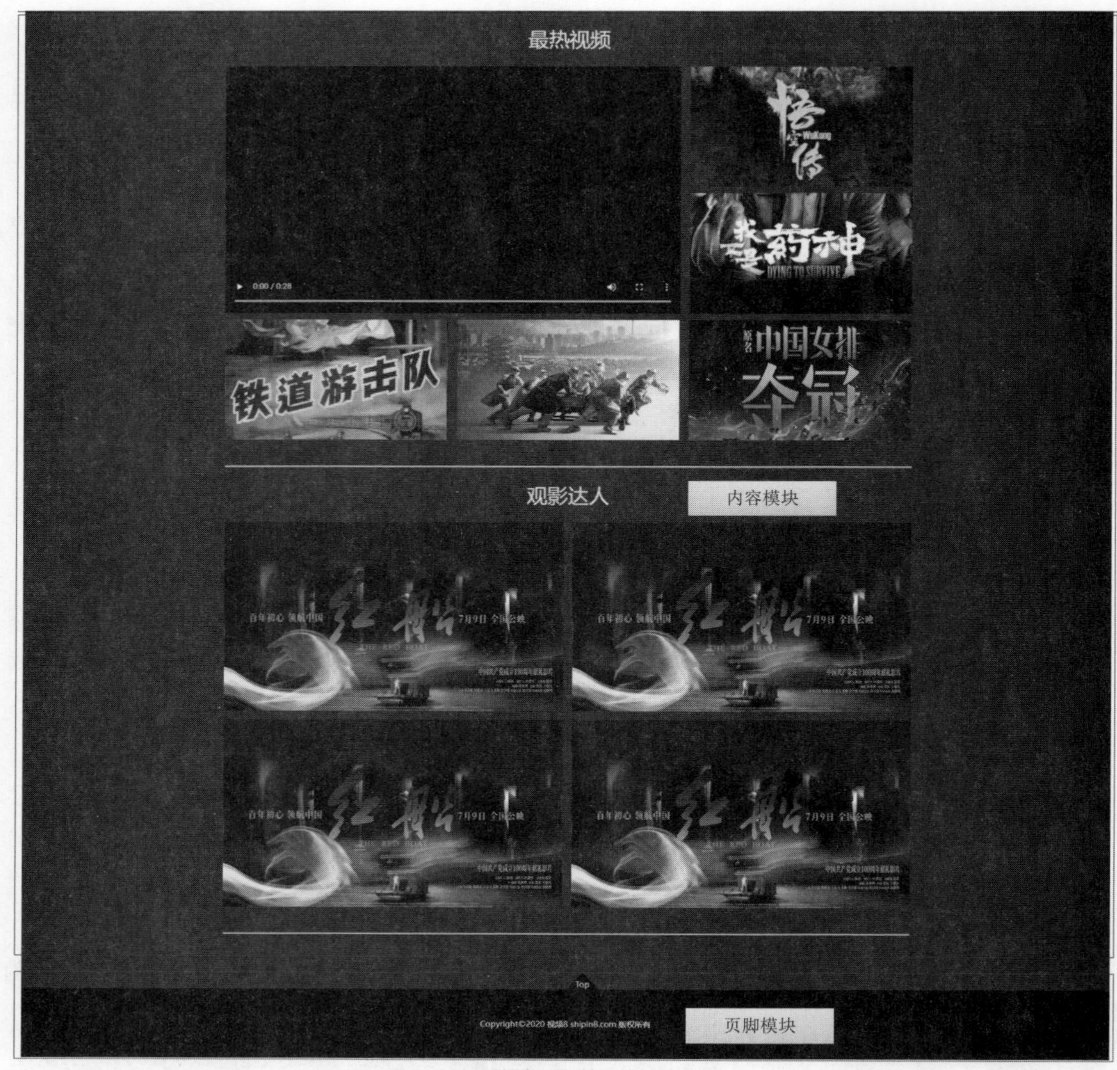

图 7–32 “视频 8”首页的结构（续）

2. CSS 样式分析

仔细观察首页的各个模块，其中“引导栏”模块、“导航”模块、“banner”模块和“页脚”模块需要通栏显示，可以将最外层的盒子宽度设置为 100%。经过测量效果图发现，“内容”模块宽度为 1200px 且居中显示，因此可以将首页的版心设置为 1200px。首页的其他样式细节可以参照各模块的 CSS 样式分析和案例源码，根据前面学习的静态网页制作的知识分别进行制作。

定义基础样式

1. 页面布局

下面对“视频 8”首页进行整体布局。在站点根目录下新建一个 HTML 文件，并命名为“project07”，然后使用<div>标签对页面进行布局，具体代码如 project07.html 所示。

project07.html

```
<!doctype html>
<html>
<head>
```

```
<meta charset="utf-8">
<title>视频8</title>
</head>
<body>
<!--head begin-->
<div id="head">
     <div class="con"></div>
</div>
<!--head end-->
<!--nav begin-->
<div id="nav">
     <div class="nav_in"></div>
</div>
<!--nav end-->
<!--banner begin-->
<div class="banner">
     <div class="banner_pic"></div>
</div>
<!--banner end-->
<!--content begin-->
<div class="hot"></div>
<div class="share"></div>
<!--content end-->
<!--footer begin-->
<div id="footer">
     <div class="foot"></div>
</div>
<!--footer end-->
</body>
</html>
```

在上述代码中，id 为 head 的<div>标签用于控制“引导栏”模块的结构；id 为 nav 的<div>标签用于控制“导航”模块的结构；class 为 banner 的<div>标签用于控制“banner”模块的结构；class 为 hot 和 share 的两个<div>标签，分别用于控制“内容”模块的“最热视频”和“观影达人”的结构；id 为 footer 的<div>标签用于控制“页脚”模块的结构。

2. 定义基础样式

在站点根目录下的 CSS 文件夹内新建样式表文件 style07.css，先使用外链式在 project07.html 文件中引入样式表文件。然后，定义页面的基础样式，具体 CSS 代码如下：

```
1  /*重置浏览器的默认样式*/
2  body,ul,li,ol,dl,dd,dt,p,h1,h2,h3,h4,h5,h6,form,img,video{margin:0;padding:0;border:0;
list-style: none; outline:none;}
3  /*全局控制样式*/
4  body{font-family:"微软雅黑",Arial, Helvetica, sans-serif; font-size:14px; background:#282828;}
5  a{color:#333;text-decoration: none;}
6  @font-face{
7       font-family: 'freshskin';
8     src:url('../fonts/iconfont.ttf');
9  }
```

在上述代码中，第 6～9 行代码用于为网页添加自定义字体“iconfont.ttf”。当使用该字体时，直接引入 font-family 属性定义的字体名称即可。

【任务 7-6】制作“引导栏”模块

效果分析

1. 结构分析

“引导栏”模块分别由两个<div>标签定义，其中，最外层的大<div>标签用于控制“引导栏”模块通栏显示，内部的小<div>标签用于设置版心的宽度。“引导栏”模块内部的导航分为左右两个部分，可以使用<ul>

标签搭建。“引导栏”模块的结构如图 7-33 所示。

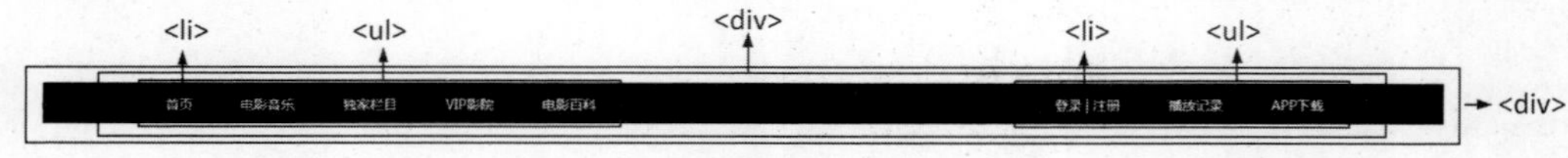

图 7-33 “引导栏”模块的结构

2. 样式分析

“引导栏”模块通栏显示，因此需要将最外层的<div>标签宽度设置为 100%。“引导栏”模块的版心宽度为1200px，需要居中对齐显示，可以将次外层的<div>标签宽度设置为 1200px，通过“margin:0 auto;”设置居中效果。“引导栏”模块内部的导航可以通过浮动属性让导航分为左右两个部分。

模块制作

1. 搭建结构

在 project07.html 文件内书写“引导栏”模块的 HTML 结构代码，具体代码如下：

```
<div id="head">
     <div class="con">
          <ul class="left">
               <li>首页</li>
               <li>电影音乐</li>
               <li>独家栏目</li>
               <li>VIP 影院</li>
               <li>电影百科</li>
          </ul>
          <ul class="right">
               <li>APP 下载</li>
               <li>播放记录</li>
               <li>登录|注册</li>
          </ul>
     </div>
</div>
```

在上述代码中，id 为 head 的<div>标签用于设置“引导栏”模块通栏显示，class 为 con 的<div>标签用于控制版心宽度。

2. 控制样式

在样式表文件 style07.css 中书写“引导栏”模块对应的 CSS 样式代码，具体如下：

```
#head{
     width:100%;
     height:46px;
     background:#000;
}
#head .con{
     width:1200px;
     margin:0 auto;
}
#head .con .left{float:left;}
#head .con .right{float:right;}
#head .con .left li{
     float:left;
     height:46px;
     line-height:46px;
     margin-right:50px;
     color:#fff;
     cursor:pointer;
}
#head .con .right li{
     float: right;
     height:46px;
```

```
23      line-height: 46px;
24      margin-left:50px;
25      color: #fff;
26      cursor: pointer;
27 }
28 #head .con .right li a{color:#fff;}
```

在上述代码中，第 1～5 行代码用于设置“引导栏”模块通栏显示；第 6～9 行代码用于设置版心居中显示。

保存 project07.html 与 style07.css 文件，刷新页面，“引导栏”模块的效果如图 7-34 所示。

图 7-34　“引导栏”模块的效果

【任务 7-7】制作“导航”模块

效果分析

1. 结构分析

“导航”模块的结构与“引导栏”模块类似，同样由两个<div>标签定义。其中，最外层的大<div>标签用于控制导航通栏显示，内部的小<div>标签用于设置版心的宽度。导航内部分为左右两个部分，其中左侧使用<ul>标签搭建，右侧使用<ol>标签搭建。“导航”模块的结构如图 7-35 所示。

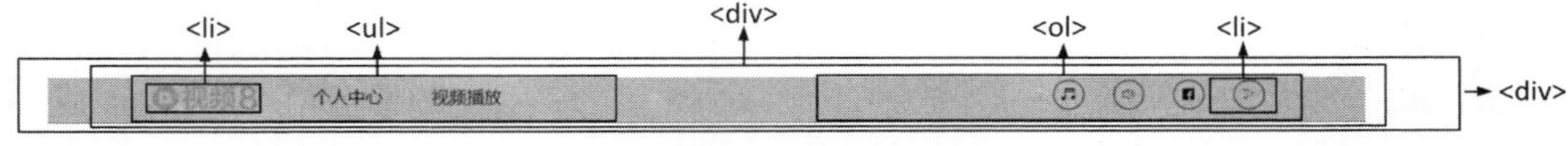

图 7-35　“导航”模块的结构

2. 样式分析

“导航”模块通栏显示，因此需要将最外层的<div>标签宽度设置为 100%。引导栏的版心宽度为 1200px，需要居中对齐显示，可以将内部的<div>标签宽度设置为 1200px，通过“margin:0 auto;”设置居中效果。导航内部右侧的<ol>标签用于定义字体图标，当鼠标指针悬浮到图标上时，会有阴影过渡效果，可以使用 transition 属性和 box-shadow 属性进行设置。

模块制作

1. 搭建结构

继续在 project07.html 文件内书写“导航”模块的 HTML 结构代码，具体如下：

```
<div id="nav">
    <div class="nav_in">
        <ul>
            <li><a href="#"></a></li>
            <li><a href="#">个人中心</a></li>
            <li><a href="#">视频播放</a></li>
        </ul>
        <ol>
            <li>&#xe65e;</li>
            <li>&#xe608;</li>
            <li>&#xf012a;</li>
            <li>&#xe68e;</li>
        </ol>
    </div>
</div>
```

在上述代码中，第 8～13 行代码用于设置字体图标，<li>标签中的特殊字符为图标对应的编码。

2. 控制样式

在样式表文件 style07.css 中书写“导航”模块对应的 CSS 样式代码，具体如下：

```
1  #nav{
2      width:100%;
3      height:55px;
4      position:absolute;
5      background:rgba(255,255,255,0.8);     /*设置背景颜色半透明*/
6      z-index:10;
7  }
8  #nav .nav_in{
9      width:1200px;
10     margin:0 auto;
11 }
12 #nav ul{float: left;}
13 #nav ul li{
14     float: left;
15     margin-right: 50px;
16     font-size: 18px;
17     height:55px;
18     line-height: 55px;
19 }
20 #nav ul li:first-child a{
21     display:inline-block;
22     height:55px;
23     width:118px;
24     background:url(../images/LOGO.png) no-repeat center left;
25     }
26 #nav .nav_in ol{
27     float: right;
28     width:300px;
29     height: 55px;
30     font-family:"freshskin";
31 }
32 #nav .nav_in ol li{
33     float: left;
34     width:32px;
35     height:32px;
36     line-height: 32px;
37     text-align: center;
38     color:#333;
39     box-shadow: 0 0 0 1px #333 inset;
40     transition:box-shadow 0.5s ease 0s;
41     border-radius: 16px;
42     margin:10px 0 0 30px;
43     cursor: pointer;
44 }
45 #nav .nav_in ol li:hover{
46     box-shadow: 0 0 0 16px #fff inset;
47     color:#333;
48 }
```

在上面的代码中，第 20 行代码通过“:first-child”来控制<ul>标签中第一个<a>标签的显示样式；第 32～48 行代码用于设置字体图标默认样式和鼠标指针悬浮到字体图标上时的过渡样式。

保存 project07.html 与 style07.css 文件，刷新页面，“导航”模块的效果如图 7-36 所示。

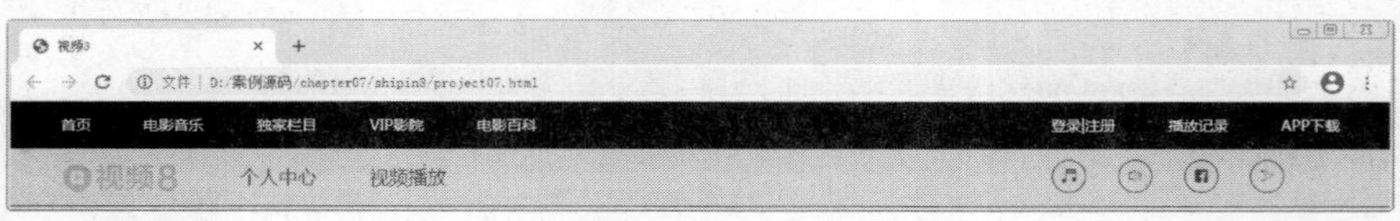

图 7-36 “导航”模块的效果

【任务 7–8】制作“banner”模块

效果分析

1. 结构分析

“banner”模块的结构主要由图片、文本和按钮 3 部分构成。其中，图片可以通过在<div>标签中嵌套<img>标签来实现；文本可以使用<p>标签定义；按钮为 3 个，排成一排显示，可以使用<ol>标签定义。此外，模块中还有一个向下的三角图标，可以使用<a>标签定义。“banner”模块的结构如图 7–37 所示。

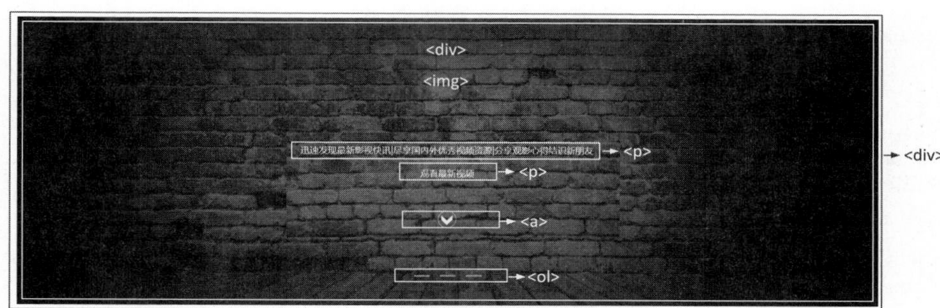

图 7–37 “banner”模块的结构

2. 样式分析

“banner”模块同样需要通栏显示。因此，可以将最外层<div>标签的宽度设置为 100%，内部嵌套的<div>标签可以通过绝对定位的方式设置图片的位置。当鼠标指针进入到“banner”模块区域时，文本和三角图标会显示动画效果，可以通过 transform 属性和 transition 属性设置不同样式的过渡动画。按钮部分可以通过 float 属性来实现，将它们制作排列成一行的显示样式。

模块制作

1. 搭建结构

继续在 project07.html 文件内书写“banner”模块的 HTML 结构代码，具体如下：

```
<div class="banner">
     <div class="banner_pic">
          <div class="current"><img class="ban" src="images/banner01.jpg"></div>
     </div>
     <p>迅速发现最新影视快讯|尽享国内外优秀视频资源|分享观影心得结识新朋友</p>
     <p class="ty2">观看最新视频</p>
     <ol id="button">
      <li class="current"></li>
      <li class="but"></li>
      <li class="but"></li>
     </ol>
     <a href="#con" class="sanjiao">
       <img src="images/jiantou.png" alt="">
     </a>
</div>
```

2. 控制样式

在样式表 style07.css 中书写“banner”模块对应的 CSS 样式代码，具体如下：

```
.banner{
     width:100%;
     height:720px;
```

```
    position: relative;
    color:#fff;
    overflow: hidden;
    text-align: center;
}
.banner .ban{
    position: absolute;
    top:0;
    left:50%;
    transform:translate(-50%,0);  /*设置图片水平 50%的偏移位置*/
}
.banner .current{display: block;}
 #button{
    position:absolute;
    left:50%;
    top:90%;
    margin-left:-62px;
    z-index:9999;                  /*设置按钮的层叠等级为最高*/

}
 #button .but{
    float:left;
    width:28px;
    height:1px;
    border:1px solid #d6d6d6;
    margin-right:20px;
}
 #button li{cursor:pointer;}
 #button .current{
    background:#F90;
    float:left;
    width:28px;
    height:1px;
    border:1px solid #F90;
    margin-right:20px;
}
body:hover .banner h3{
    padding-top:200px;
    opacity: 1;
}
.banner p{
    width:715px;
    position: absolute;
    top:50%;
    left:50%;
    font-size: 20px;
    opacity: 0;
    transform:translate(-50%,-50%);
    transition:all 0.8s ease-in 0s;
}
body:hover .banner p{opacity: 1;}
.banner .ty2{
    position: absolute;
    top:1000px;
    left:50%;
    font-size: 20px;
    opacity: 0;
    transform:translate(-50%,0);
    transition:all 0.8s ease-in 0s;
}
body:hover .banner .ty2{
    position: absolute;
    top:400px;
    opacity: 1;
}
```

```
69 .sanjiao{
70      width:40px;
71      height: 30px;
72      padding-top: 10px;
73      border-radius: 20px;
74      box-shadow: 0 0 0 1px #fff inset;
75      text-align: center;
76      position: absolute;
77      top:1000px;
78      left:50%;
79      z-index: 99999;
80      opacity: 0;
81      transform:translate(-50%,0);
82      transition:all 0.8s ease-in 0s;
83 }
84 body:hover .sanjiao{
85      position: absolute;
86      top:500px;
87      opacity:1;
88 }
89 .sanjiao:hover{box-shadow:0 0 0 20px #2fade7 inset;}
```

在上述 CSS 代码中，第 9～14 行代码通过定位属性设置图片水平居中；第 69～83 行代码用于设置三角图标默认的显示样式和过渡动画；第 84～88 行代码用于设置鼠标指针悬浮到三角图标上时，三角图标的悬浮效果。

保存 project07.html 与 style07.css 文件，刷新页面，“banner”模块的效果如图 7-38 所示。

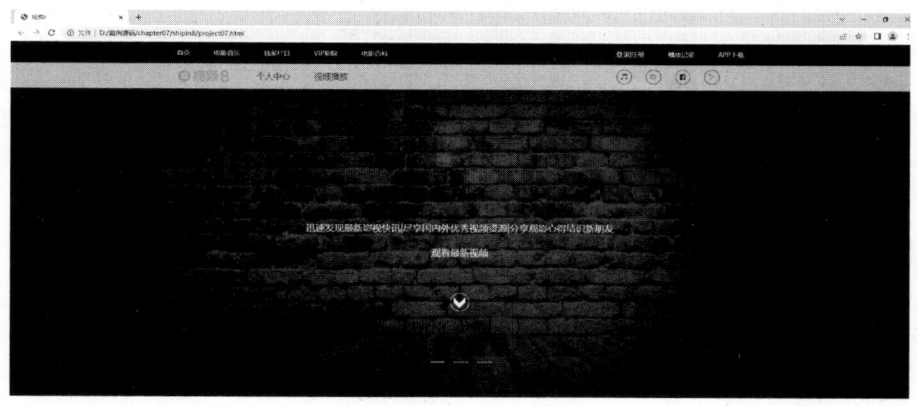

图 7-38 “banner”模块的效果

【任务 7-9】制作“内容”模块

效果分析

1. 结构分析

“内容”模块包括两个部分——“最热视频”和“观影达人”，这两部分可以使用两个<div>标签定义。“最热视频”中的视频可以使用<video>标签定义，图片可以使用<a>标签嵌套<img>标签定义。“观影达人”中的图片同样可以使用<a>标签嵌套<img>标签定义。此外，“观影达人”部分的鼠标指针悬浮效果可以使用<div>标签定义。“内容”模块的结构如图 7-39 所示。

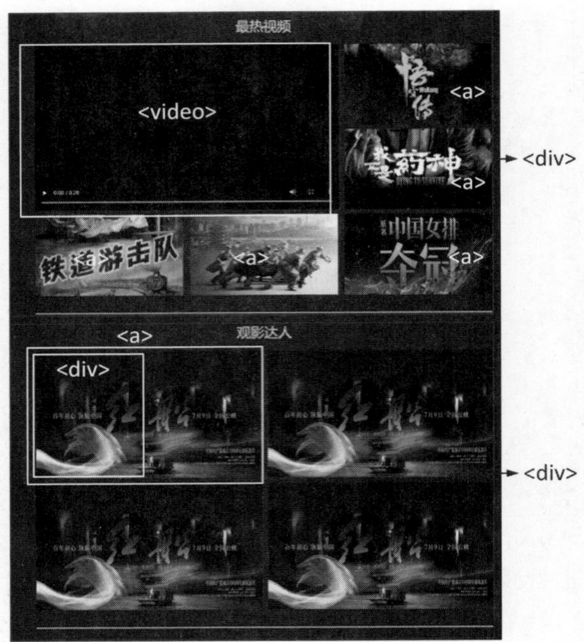

图 7-39 “内容”模块的结构

2. 样式分析

“内容”模块不需要通栏显示，因此只需要将控制内容模块的两个<div>标签宽度设置为 1200px，居中显示即可。在“最热视频”部分，当鼠标指针悬浮到图片时，会有图片放大的动画效果，可以通过 transform 属性来设置。在“观影达人”部分，当鼠标指针悬浮到图片时，会有图片移出的动画效果，可以通过 transition 属性和 position 属性来实现。

模块制作

1. 搭建结构

继续在 project07.html 文件内书写“内容”模块的 HTML 结构代码，具体如下：

```
<div class="hot">
     <h2>最热视频</h2>
     <video src="video/pian.mp4" controls></video>
   <a href="#"><img src="images/pic02.jpg" ></a>
     <a href="#"><img src="images/pic03.jpg" ></a>
     <a href="#"><img src="images/pic04.jpg" ></a>
     <a href="#"><img src="images/pic05.jpg" ></a>
     <a href="#"><img src="images/pic06.jpg" ></a>
</div>
<div class="share">
     <h2>观影达人</h2>
     <a href="#">
          <img src="images/pic07.jpg" >
          <div class="cur">
               <img src="images/pic01.png" >
               <h3>nosay</h3>
               <p>视频: 34 订阅粉丝: 30112</p>
               <span>订阅</span>
          </div>
     </a>
     <a href="#">
          <img src="images/pic07.jpg" >
          <div class="cur">
```

```
24                <img src="images/pic02.png" >
25                <h3>nosay</h3>
26                <p>视频: 34 订阅粉丝: 30112</p>
27                <span>订阅</span>
28            </div>
29        </a>
30        <a href="#">
31            <img src="images/pic07.jpg" >
32            <div class="cur">
33                <img src="images/pic03.png" >
34                <h3>nosay</h3>
35                <p>视频: 34 订阅粉丝: 30112</p>
36                <span>订阅</span>
37            </div>
38        </a>
39        <a href="#">
40            <img src="images/pic07.jpg" >
41            <div class="cur">
42                <img src="images/pic04.png" >
43                <h3>nosay</h3>
44                <p>视频: 34 订阅粉丝: 30112</p>
45                <span>订阅</span>
46            </div>
47        </a>
48 </div>
```

在上述代码中，第 3 行代码中的<video>标签用于在网页中插入视频。

2. 控制样式

在样式表文件 style07.css 中书写“内容”模块对应的 CSS 样式代码，具体如下：

```
.hot{
    width:1200px;
    height:825px;
    margin:0px auto;
    border-bottom: 3px solid #ccc;
}
.hot h2,.share h2{
    text-align: center;
    color:#eee;
    font-size: 36px;
    font-weight: normal;
    line-height: 100px;
}
.hot video{
    float: left;
    width:792px;
    height:448px;
    margin:0 0 12px 17px;
    overflow: hidden;
    background:#000;
    }
.hot a{
    float: left;
    width:388px;
    height:218px;
    overflow: hidden;
    margin:0 0 12px 17px;
}
.hot video,.hot a:nth-of-type(3),.share a:nth-of-type(1),.share a:nth-of-type(3){margin-left:0;}
.hot a img,.share a img{display: block;}
.hot a img{transition:all 0.5s ease-in 0s;}
.hot a:hover img{transform: scale(1.1,1.1);}
.hot video{
    width:795px;
    height:448px;
```

```
    overflow: hidden;
}
.share{
    width:1200px;
    height:850px;
    margin:0 auto;
    border-bottom: 3px solid #ccc;
}
.share a{
    float: left;
    position: relative;
    width:592px;
    height:343px;
    margin:0 0 16px 16px;
    overflow: hidden;
}
.share a .cur{
    width:296px;
    height:345px;
    background: rgba(255,255,255,0);
    position: absolute;
    left:-296px;
    top:0;
    text-align: center;
    transition:all 0.5s ease-in 0s;
}

.share a:hover .cur{
    position: absolute;
    left:0;
    top:0;
    background: rgba(255,255,255,0.5);
}
.share a:nth-of-type(2) .cur,.share a:nth-of-type(3) .cur{
    position: absolute;
    left:592px;
    top:0;
}
.share a:nth-of-type(2):hover .cur,.share a:nth-of-type(3):hover .cur{
    position: absolute;
    left:296px;
    top:0;
}
.share a .cur img{ padding:70px 0 15px 125px;}
.share a .cur p{padding:10px 0 15px 0;}
.share a .cur span{
    display: block;
    width:75px;
    height:30px;
    background: #2fade7;
    border-radius: 5px;
    margin:30px 0 0 110px;
    color:#fff;
    line-height: 30px;
}
```

在上述代码中，nth-of-type( )方法用于选择同级中的某个元素。括号中设置某个数字，即表示选择第几个元素。

保存 project07.html 与 style07.css 文件，刷新页面，“内容”模块的效果如图 7-40 所示。

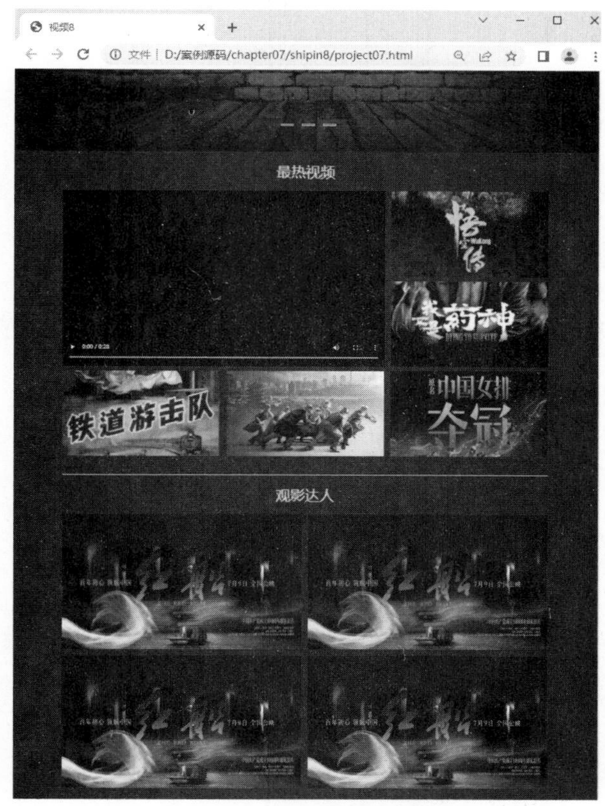

图 7–40 “内容”模块的效果

【任务 7–10】制作“页脚”模块

效果分析

1. 结构分析

“页脚”模块较为简单，只需通过<div>标签嵌套<p>标签和<a>标签即可实现。“页脚”模块的结构如图 7–41 所示。

图 7–41 “页脚”模块的结构

2. 样式分析

“页脚”模块需要通栏显示，因此可以将最外层<div>标签的宽度设置为 100%；内部嵌套的<div>标签的宽度设置为 1200px，并在页面中居中显示作为版心。“Top”按钮是一个可以跳转到顶部的锚点链接，可以通过定位的方式设置“Top”按钮的位置。

模块制作

1. 搭建结构

继续在 project07.html 文件内书写“页脚”模块的 HTML 结构代码，具体如下：

```
1  <div id="footer">
2      <div class="foot">
3          <a href="#head"><span>Top</span></a>
4          <p>Copyright©2020 视频 8 shipin8.com 版权所有</p>
5      </div>
6  </div>
```

在上述代码中，第 3 行代码中“href="#head"”用于设置一个锚点链接，当单击设置了锚点链接的按钮后，页面会跳转到“id="head"”的锚记位置。

2. 控制样式

在样式表文件 style07.css 中书写“页脚”模块对应的 CSS 样式代码，具体如下：

```
1  #footer{
2      width:100%;
3      height:127px;
4      margin-top:100px;
5      background: #000;
6      color:#fff;
7      text-align: center;
8  }
9  #footer .foot{
10     width:1200px;
11     height:127px;
12     margin:0 auto;
13     position: relative;
14 }
15 #footer span{
16     width:58px;
17     height:32px;
18     line-height:43px;
19     text-align:center;
20     color:#fff;
21     position: absolute;
22     top:-31px;
23     left:600px;
24     background:url(../images/sanjiao.png);
25 }
26 #footer p{
27     line-height: 127px;
28 }
```

在上述代码中，第 21～23 行代码通过绝对定位设置“Top”按钮在页面中的显示位置。

保存 project07.html 与 style07.css 文件，刷新页面，“页脚”模块效果如图 7-42 所示。

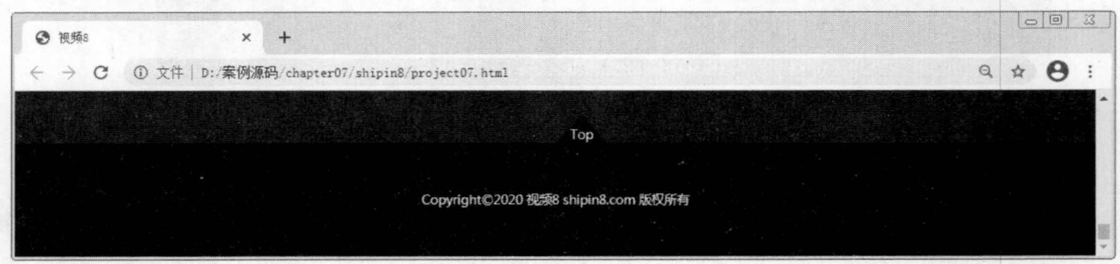

图 7-42　“页脚”模块效果

【项目总结】

1. 建议读者在完成本项目前先掌握网页中过渡、变形和动画的使用技巧，能够将这些效果熟练应用到网站页面中。

2. 读者还需要掌握为网页添加视频和音频的方法，熟悉浏览器对视频格式和音频格式的支持情况。

3. 在制作项目时编辑代码的过程中，需整体把控页面的结构，每完成一部分需通过浏览器进行检测，测试通过后再进行后续模块的制作。

【课后练习】

一、填空题

1. 在<video>标签的语法格式中，________属性用于设置视频文件的路径。

2. ________标签用于为页面添加音频。

3. 在网页中插入音频时，________属性可以让音频具有循环播放功能。

4. 为网页添加过渡效果时，________属性用于定义过渡效果持续的时间。

5. 在网页中，运用________属性可以为<video>标签设置高度。

二、判断题

1. 在不同的浏览器上运用<audio>标签时，浏览器显示音频界面样式相同。(　)

2. transition-timing-function 属性规定过渡效果中速度的变化。(　)

3. transition-property 属性用于指定应用过渡效果的 HTML 标签的名称。(　)

4. 在网页中，为视频定义宽度和高度会导致页面混乱。(　)

5. transition-delay 属性的属性值只能为正整数。(　)

6. transform 属性可以实现网页中元素的动画效果。(　)

7. perspective 属性的透视效应由属性值决定，属性值越大，透视效果越突出。(　)

8. animation-duration 属性用于定义整个动画效果完成所需的时间。(　)

9. animation-delay 属性用于定义执行动画效果延迟的时间。(　)

10. 在网页中，使用 animation 属性时必须指定 animation-name 和 animation-duration 属性，否则动画效果将不会播放。(　)

三、选择题

1. 关于<video>标签的描述，下列说法正确的是（　）。

A. <video>标签是一个视频标签　　B. < video>标签是一个音频标签

C. <video>标签中可以添加 autoplay 属性　　D. 在<video>和</video>标签之间可以插入文字

2. 下列选项中，属于<video>标签属性的是（　）。

A. autoplay　　B. loop　　C. src　　D. controls

3. 当页面载入完成后，可以自动播放视频的属性是（　）。

A. autoplay　　B. loop　　C. preload　　D. poster

4. 下列选项中，属于 transition-property 属性值的是（　）。

A. none　　B. all　　C. both　　D. property

5. 下列关于 transition 属性的描述，正确的是（　）。

A. transition 属性是一个复合属性

B. 设置多个过渡效果时，各个参数必须按顺序定义

C. 设置多个过渡效果时，各个参数不必按顺序定义

D. 设置多个过渡效果时，各个参数用英文逗号进行分隔

6. 在 CSS3 中，可以实现平移效果的属性是（　）。

A. translate()　B. scale()　C. skew()　D. rotate()

7. 在 CSS3 中，可以实现旋转效果的属性是（　）。

A. translate()　B. scale()　C. skew()　D. rotate()

8. 下列选项中，可以同时设置 x 轴和 y 轴旋转的属性是（　）。

A. rotateXY()　B. rotate3d()　C. perspective　D. rotate()

9. 下列选项中，用于定义动画播放次数的属性是（　）。

A. animation-direction　B. animation-iteration-count

C. animation　D. animation-duration

10. 下列选项中，用于定义当前动画播放方向的属性是（　）。

A. animation-direction　B. animation-iteration-count

C. animation　D. animation-duration

项目 8

“甜蜜约会”首页制作

知识目标

★ 熟悉 JavaScript 的基础知识，包括 JavaScript 的基本语法和引入方式。

★ 了解常用的数据类型和运算符种类。

★ 了解流程控制语句的语法格式和判定逻辑。

★ 熟悉数组的常用属性和方法。

拓展阅读

技能目标

★ 掌握变量的用法，能够声明变量，并为变量赋值。

★ 认识函数，掌握调用函数的方法。

★ 认识对象，掌握创建对象和删除对象的方法。

★ 掌握调用 JavaScript 事件的方法。

【项目描述】

如今，甜品店及茶餐厅成为潮流，消费者已不再受缚于传统餐饮，开始追求更好的生活品质。甜品对于消费者来说不仅是一种休闲食品，更是一种生活态度。“甜蜜约会”是一家售卖各类甜点的连锁店，为了契合市场需求，更好地宣传店铺甜品，该店店长致电 HC 公司王经理，计划制作一个甜品网站。接到王经理安排的任务后，小思制订了近期的项目计划：首先，学习 JavaScript 编程基础、变量、函数、对象等知识；然后，学习 BOM 对象、DOM 对象、事件等知识；最后，运用所学的 JavaScript 知识，制作一个带有互动效果的网站。本书只演示“甜蜜约会”首页的制作过程。“甜蜜约会”首页效果如图 8-1 所示。

图 8-1 "甜蜜约会"首页效果

【任务 8-1】JavaScript 基础知识

需求分析

JavaScript 是一种功能强大的网页脚本语言，主要用于开发交互式的网站页面。要想使用 JavaScript，先要了解 JavaScript 的基础知识。下面将从 JavaScript 简介、JavaScript 引入方式和 JavaScript 基本语法这 3 个方面详细讲解 JavaScript 基础知识，并通过一个简单的 JavaScript 程序进行演习。

知识储备

1. JavaScript 简介

说起 JavaScript，其实大家并不陌生，大家浏览的网页中或多或少都有 JavaScript 的影子。例如，淘宝网中的焦点图，每隔一段时间焦点图就会自动切换。再如，单击网站导航时会弹出一个列表菜单。这些都可以使用 JavaScript 来实现。下面将从 JavaScript 的起源、JavaScript 的特点、JavaScript 的应用 3 个方面对 JavaScript 进行简单介绍。

（1）JavaScript 的起源

JavaScript 是一种被广泛用于 Web 开发的脚本语言。JavaScript 的前身是 LiveScript，是由网景（Netscape）公司开发的脚本语言。后来在 Sun 公司推出著名的 Java 之后，网景公司和 Sun 公司于 1995 年一起重新设计了 LiveScript，并把它改名为 JavaScript。

在概念和设计方面，Java 和 JavaScript 是两种完全不同的语言。Java 是面向对象的程序设计语言，用于开发企业应用程序；而 JavaScript 则是在浏览器中执行，用于开发客户端浏览器的应用程序，能够实现用户与浏览器的动态交互。

（2）JavaScript 的特点

JavaScript 是一种基于对象（Object）和事件驱动（Event-Driven）并具有安全性的脚本语言，它具有以下几个主要特点。

- 解释性：JavaScript 不同于一些编译性的程序语言（如 C、C++等），它是一种脚本语言。因此，JavaScript 的源代码不需要进行编译，而是直接在浏览器中执行。
- 基于对象：JavaScript 是一种基于对象的语言，它的许多功能来自于脚本环境中对象的方法与脚本的相互作用。在 JavaScript 中，既可以使用预定义对象，也可以使用自定义对象。
- 事件驱动：JavaScript 可以直接对用户的输入做出响应，无须经过 Web 服务程序，而是以事件驱动的方式进行。例如，单击鼠标、移动窗口、选择菜单等事件发生后，可以引起事件的响应。
- 跨平台性：在 HTML 页面中，JavaScript 依赖于浏览器本身，与操作环境无关。用户只要在计算机上安装了支持 JavaScript 的浏览器，程序就可以正确执行。
- 安全性：JavaScript 具有安全性，它不允许访问本地硬盘，也不能对网络文档进行修改和删除，只能通过浏览器实现信息浏览或者动态交互。

（3）JavaScript 的应用

JavaScript 功能十分强大，其最主流的应用是创建网页特效。使用 JavaScript 实现的具有动态交互效果的页面在网页上随处可见。下面将介绍 JavaScript 的几种常见应用。

① 验证用户输入的内容：使用 JavaScript 可以在客户端对用户输入的内容进行验证。例如，用户注册页面通常会验证用户输入的手机号、昵称和密码是否正确，如图 8–2 所示。如果用户在注册信息文本框中输入的信息不符合要求，页面将弹出相应的提示信息，如图 8–3 所示。

图 8–2　用户注册页面

图 8–3　提示信息

② 添加图片动画特效：在浏览网页时，经常会看到一些图片动画特效，让页面看起来更炫酷。使用 JavaScript 也可以实现图片动画特效。例如，网页中常见的焦点图切换动画特效，如图 8–4 所示。

图 8–4　网页中常见的焦点图切换动画特效

③ 弹出广告窗口：在打开网页时，经常会弹出一些广告窗口，这些广告窗口是网站最主要的盈利手段。广告窗口也可以通过 JavaScript 来实现，如图 8-5 所示。

④ 添加文字动画特效：使用 JavaScript 可以给文字添加多种动画特效。例如，文字旋转特效，如图 8-6 所示。

图 8-5 广告窗口

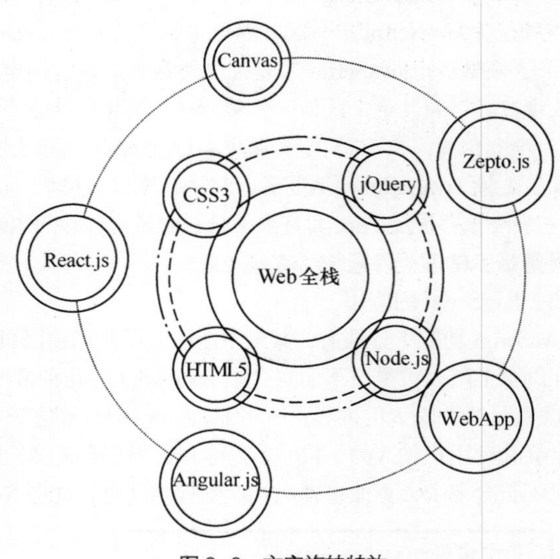

图 8-6 文字旋转特效

2. JavaScript 引入方式

JavaScript 的引入方式与 CSS 类似。在 HTML 文档中引入 JavaScript 的方式主要有 3 种，即行内式、嵌入式和外链式，具体介绍如下。

（1）行内式

行内式是将 JavaScript 代码作为 HTML 标签属性的属性值使用。例如，单击“test”时弹出一个警告框提示“Happy”，具体示例代码如下：

```
<a href="javascript:alert('Happy');">test</a>
```

JavaScript 代码还可以写在 HTML 标签的事件属性中（关于事件属性这里了解即可）。例如，单击网页中的某个按钮时会触发按钮的单击事件，具体示例代码如下：

```
<input type="button" onclick="alert('Happy');" value="test">
```

上述代码实现了单击“test”按钮时弹出一个警告框提示“Happy”。

（2）嵌入式

在 HTML 中，运用<script>标签及其相关属性可以嵌入 JavaScript 代码。嵌入 JavaScript 代码的基本语法格式如下：

```
<script type="text/javascript">
    JavaScript 语句;
</script>
```

在上述语法格式中，type 是<script>标签的常用属性，用于指定 HTML 中使用的脚本语言类型。“type="text/javascript"”就是为了告诉浏览器嵌入的代码为 JavaScript 代码。但是随着 Web 技术的发展（HTML5 的普及、浏览器性能的提升），嵌入 JavaScript 代码的基本语法格式又有了新的写法，具体如下：

```
<script>
    JavaScript 语句;
</script>
```

在上述语法格式中，省略了 type="text/javascript"语句，这是因为新版本的浏览器一般将嵌入的脚本语言默认为 JavaScript，所以在编写 JavaScript 代码时可以省略 type 属性。

需要说明的是，通过嵌入式引入的 JavaScript 代码可以放在 HTML 文档中的任何位置，但放置的位置会对 JavaScript 代码的执行顺序有一定影响。在实际工作中，一般将 JavaScript 代码放置在<head></head>标签之间或者</body>标签之前，二者的差异如下。

① 放置在<head></head>标签之间。放置在<head></head>标签之间的 JavaScript 代码会在页面加载完成之前就被优先载入。但是当通过 JavaScript 代码控制 body 中的元素时，由于 body 中的元素还未载入，此时系统就会报错。所以需要绑定一个监听事件，通过事件触发 JavaScript 代码，示例代码如下：

```
windows.onload=function(){
    //这里放入执行代码
}
```

② 放置在</body>标签之前。放置在</body>标签之前的 JavaScript 代码会在页面加载完成之后载入并执行，这样网页就不会报错，但这种方式不适用于一些只加载暂时不执行的 JavaScript 代码。

下面展示的就是一段放置在</body>标签之前的 JavaScript 代码。

```
<!doctype html>
<html>
<head>
<meta charset="utf-8">
<title>嵌入式</title>
</head>
<body>
<script type=" text/javascript">
     alert("我是 JavaScript 脚本代码！")
</script>
</body>
</html>
```

在上述示例代码中，<script>标签内嵌套的就是 JavaScript 代码。

（3）外链式

外链式是将所有的 JavaScript 代码放在一个或多个以“.js”为扩展名的外部 JavaScript 文件中，通过 src 属性将这些 JavaScript 文件链接到 HTML 文档中。外链式引入 JavaScript 的语法格式如下：

```
<script type="text/javascript" src="脚本文件路径" >
</script>
```

在上述语法格式中，src 是<script>标签的属性，用于指定外部 JavaScript 文件的路径。同样，在外链式的语法格式中也可以省略 type 属性，将外链式的语法简写：

```
<script src="脚本文件路径 " >
</script>
```

需要注意的是，调用外部 JavaScript 文件时，外部的 JavaScript 文件中可以直接书写 JavaScript 代码，不需要书写<script>标签。

在实际开发中，当需要编写大量、逻辑复杂的 JavaScript 代码时，推荐使用外链式。相比于行内式、嵌入式，外链式的优势可以总结为以下两点。

① 利于代码后期修改和维护。行内式和嵌入式会导致 HTML 代码与 JavaScript 代码混在一起，不利于代码的修改和维护；外链式会将 HTML、CSS、JavaScript 这 3 部分的代码分离，利于代码后期的修改和维护。

② 减轻文件体积、加快页面加载速度。行内式和嵌入式会将使用的 JavaScript 代码全部嵌入到 HTML 页面中，这就会增加 HTML 文件的体积，影响网页本身的加载速度；而外链式可以利用浏览器缓存，将需要多次用到的 JavaScript 代码重复利用，这样既减轻了文件的体积，也加快了页面的加载速度。例如，在多个页面中引入了相同的 JavaScript 文件时，打开第 1 个页面后，浏览器就将 JavaScript 文件缓存下来，下次打开其他引用该 JavaScript 文件的页面时，浏览器就不用重新加载 JavaScript 文件了。

3. JavaScript 基本语法

每一种计算机语言都有自己的基本语法，学好语法是学好 JavaScript 的基础。下面将对 JavaScript 基本语法进行讲解。

（1）代码执行顺序

JavaScript 代码按照在 HTML 文件中出现的顺序逐行执行。如果某些 JavaScript 代码（如函数、全局变量等）需要在整个 HTML 文件中使用，最好将这些 JavaScript 代码放在 HTML 文件的<head></head>标签中。

（2）字母书写要求

JavaScript 严格区分字母大小写。在书写关键字、函数名、变量及其他标识符时，都必须采用正确的大写、小写形式。例如，变量 username 与变量 userName 是两个不同的变量。

（3）结尾分号书写要求

JavaScript 并不要求必须以分号（;）作为语句的结束标签。如果语句的结束处没有分号，JavaScript 会自动将该行代码的结尾作为结束语句。但是，通常习惯在每行 JavaScript 代码的结尾处加上分号，让代码更严谨、更准确。

（4）注释使用技巧

在编写程序时，为了使代码易于阅读，通常需要为代码添加一些注释。注释是对程序中某个功能或者某行代码的解释、说明，并且不会被 JavaScript 当成代码执行。JavaScript 中主要包括两种注释：单行注释和多行注释，具体介绍如下。

① 单行注释使用双斜线“//”作为注释标签。将“//”放在一行代码的开头，注释标签后面的内容就是注释文本内容。

② 多行注释是指可以包含任意行数的注释文本内容。多行注释以“/*”开始，以“*/”结束，中间的所有内容都为注释文本。多行注释可以跨行书写，但不能嵌套。

下面的示例代码都是合法的 JavaScript 注释。

```
//这里是单行注释
/*这里是一段注释*/    //这里是另一段注释
/*这里是多行注释
这里是多行注释*/
```

4. 简单的 JavaScript 程序

Adobe 公司的 Dreamweaver 是建立 Web 站点和应用程序的专业工具。下面将继续使用 Dreamweaver 创建一个简单的 JavaScript 程序。启动 Dreamweaver 编辑器，新建一个 HTML 默认文档。在 HTML 代码中嵌入 JavaScript 代码，如例 8-1 所示。

例 8-1　example01.html

```
1  <!doctype html>
2  <html>
3  <head>
4  <meta charset="utf-8">
5  <title>第一个简单的 JavaScript 程序</title>
6  </head>
7  <body>
8  <div style="font-size:18px;">
9  <script type="text/javascript">
10    alert("Hello,JavaScript! ");   //弹出信息警告框
11    prompt("请输入您的密码! ");        //弹出输入提示框
12 </script>
13 </div>
14 </body>
15 </html>
```

在例 8-1 中，第 10 行代码中的 alert()方法用于弹出一个信息警告框，用于对用户进行提示；第 11 行代码中的 prompt()方法用于弹出一个输入提示框，用于引导用户输入相关内容。

保存文件后，在浏览器中运行案例代码，将弹出一个信息警告框，如图 8-7 所示。单击“确定”按钮后，将会继续弹出一个输入提示框，如图 8-8 所示。

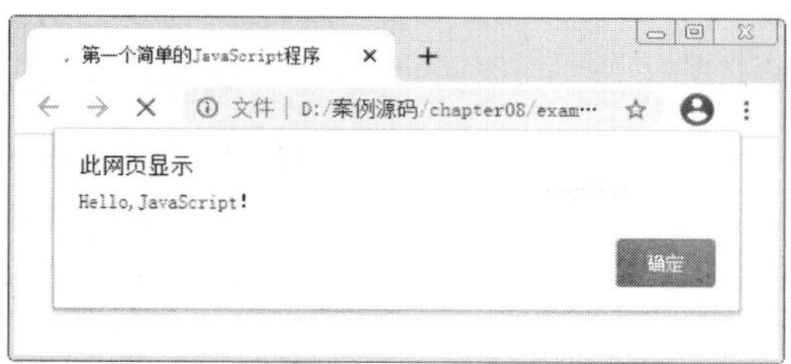

图 8-7 弹出一个信息警告框

图 8-8 弹出一个输入提示框

【任务 8-2】变量

需求分析

当一个数据需要多次使用时，可以利用变量将数据保存起来。变量是指程序中一个已经命名的存储单元。在进行数据操作时，变量可以作为存放数据信息的容器。类似于生活中盛水的杯子，如果将杯子看作变量，那么杯中盛放的水可以看作保存在变量中的数据信息。下面将讲解变量的声明和变量的赋值涉及的相关知识。

知识储备

1. 变量的声明

想要使用变量，先要声明变量。在 JavaScript 中使用“var”关键字声明变量，这种直接使用“var”关键字声明变量的方法，称为“显式声明变量”。显式声明变量的基本语法格式如下：

```
var 变量名;
```

在上述语法格式中，变量名需要自行定义，多个变量名之间可以使用英文逗号分隔。变量名在命名时有一些注意事项，具体如下。

- 必须以字母、美元符号（$）或下画线开头，中间可以是数字、字母、美元符号（$）或下画线。
- 变量名不能包含空格、加号、减号等符号。
- 不能使用 JavaScript 中的关键字作为变量名，如 var、int。
- 变量名严格区分大小写。

例如，number、_it123 均为合法的变量名，而 88shout、&num 为非法变量名。为了让初学者掌握声明变量的方法，现在通过以下示例代码进行说明。

```
1  var sales;
2  var hits, hot, NEWS;
3  var room_101, room102;
4  var $name, $age;
```

在上述示例代码中，利用关键字“var”声明变量。其中，第 2～4 行代码的变量名之间用英文逗号分隔，实现一条语句同时声明多个变量的目的。

2. 变量的赋值

可以在声明变量的同时为变量赋值，也可以在声明后为变量赋值，示例代码如下：

```
1  var unit, room;                        // 声明变量
2  var unit = 3;                          // 为变量赋值
3  var room = 1001;                       // 为变量赋值
4  var fname = 'Tom', age = 12;           // 声明变量的同时赋值
```

在上述示例代码中，均通过关键字“var”声明变量。其中，第 1 行代码同时声明了“unit”“room”两个变量；第 2 行和第 3 行代码为这两个变量赋值；第 4 行代码声明了“fname”“age”两个变量，并在声明变量的同时为这两个变量赋值。

需要说明的是，在声明变量时，也可以省略关键字“var”，通过赋值的方式声明变量，这种方式称为“隐

式声明变量”，示例代码如下：

```
flag = false;                    // 声明变量 flag 并为其赋值 false
a = 1, b = 2;                    // 声明变量 a 和 b 并分别为其赋值 1 和 2
```

在上述示例代码中，直接省略掉关键字“var”，通过赋值的方式声明变量。需要注意的是，由于JavaScript采用的是动态编译，程序运行时不容易发现代码中的错误，所以本书推荐读者使用显式声明变量的方法。

注意：

如果重复声明的变量已经有一个初始值，那么再次声明就相当于对变量重新赋值。

【任务8-3】数据类型和运算符

需求分析

任何一种计算机程序设计语言，都离不开对数据的操作处理，对数据进行操作前必须要确定数据的类型，而数据之间可以通过运算符确认关系状态。下面将对数据类型和运算符进行详细讲解。

知识储备

1. 数据类型

JavaScript 采用的是弱类型的方式，即一个数据可以不事先声明，而是在使用或赋值时再说明其数据类型。JavaScript 支持多种数据类型，具体介绍如下。

（1）数值型

数值型（Number）是最基本的数据类型。JavaScript 与其他程序设计语言（如 C 语言和 Java）的不同之处在于它并不区分整型数值和浮点型数值。在 JavaScript 中，所有数字都是数值型。JavaScript 采用 IEEE 754 标准定义的 64 位浮点格式表示数字。

当一个数字直接出现在 JavaScript 程序中时，则称它为数值直接量。JavaScript 支持的数值直接量主要包括整型数据、十六进制数据、八进制数据和浮点型数据，示例如下。

整型数据：123

十六进制数据：0X5C

八进制数据：023

浮点型数据：3.14

（2）字符串型

字符串型（String）数据是由 Unicode 字符、数字、标点符号等组成的序列，字符串型是 JavaScript 用来表示文本的数据类型。JavaScript 中的字符串型数据包含在英文单引号或双引号中，由英文单引号定界的字符串中可以包含英文双引号，由英文双引号定界的字符串中也可以包含英文单引号，具体示例如下。

- 英文单引号括起来的一个或多个字符，代码如下：

```
'啊'
'网页设计学院'
```

- 英文双引号括起来的一个或多个字符，代码如下：

```
"快"
"我要学习 JavaScript"
```

- 由英文单引号定界的字符串中可以包含英文双引号，代码如下：

```
'name="myname"'
```

- 由英文双引号定界的字符串中可以包含英文单引号，代码如下：

```
"You can call me'Tom'!"
```

（3）布尔型

布尔型（Boolean）是 JavaScript 中较常用的数据类型之一，通常用于逻辑判断。布尔型只有 true 和 false

两个值，表示事物的“真”和“假”。

在 JavaScript 程序中，布尔值通常用于比较所得的结果，示例代码如下：

```
n==1
```

上述代码测试了变量 *n* 的值是否和数值 1 相等。如果相等，比较的结果就是布尔值 true，否则结果就是布尔值 false。

布尔值通常用于 JavaScript 的控制结构，例如，JavaScript 的 if…else 语句就是在布尔值为 true 时执行一个动作，而在布尔值为 false 时执行另一个动作，示例代码如下：

```
if (n==1)
m=n+1;
else
n=n+1;
```

上述代码检测了 *n* 是否等于 1，如果相等，则 *m*=*n*+1，否则 *n*=*n*+1。关于 if…else 语句，这里了解即可，将在后面详细介绍。

（4）特殊数据类型

除了上面介绍的几种数据类型，JavaScript 还包括一些特殊类型的数据。例如，转义字符、未定义值、空值，具体介绍如下。

① 转义字符。转义字符也称为控制字符，指以反斜杠开头、不可显示的字符。通过转义字符可以在字符串中添加特殊字符，还可以避免引号匹配引起的混乱。JavaScript 常用的转义字符如表 8-1 所示。

表 8-1　JavaScript 常用的转义字符

转义字符	描述	转义字符	描述
\b	退格	\v	垂直跳格
\n	换行	\r	回车
\t	水平跳格	\\	反斜杠
\f	换页	\ooo	八进制整数，取值 000～777
\'	单引号	\xHH	十六进制整数，取值 00～FF
\"	双引号	\uhhhh	十六进制编码的 Unicode 字符

② 未定义值。未定义值（Undefined）也只有一个特殊的 Undefined 值，用于声明的变量还未被初始化时，变量的默认值为 Undefined。与 Null 不同的是，Undefined 表示没有为变量设置值，而 Null 则表示变量（对象或地址）不存在或无效。需要注意的是，Null 和 Undefined 与空字符串（''）和 0 都不相等。

③ 空值。空值（Null）用于定义空的或不存在的引用。在程序中，如果引用一个没有定义的变量，则返回一个 Null。需要注意的是，Null 不等于空字符串（""）和 0。

由此可见，Null 与 Undefined 的区别是，Null 表示一个变量被赋予了一个空值，而 Undefined 则表示该变量尚未被赋值。

2. 运算符

在程序中，经常会对数据进行运算。为此，JavaScript 提供了多种类型的运算符，所谓运算符就是专门用于告诉程序执行特定运算或逻辑操作的符号。根据运算符的作用，可以将运算符大致分为 5 种，分别为算术运算符、比较运算符、逻辑运算符、赋值运算符和条件运算符，具体介绍如下。

（1）算术运算符

算术运算符用于连接运算表达式，主要包括加（+）、减（-）、乘（*）、除（/）、自增（++）、自减（--）等。常用的算术运算符如表 8-2 所示。

表 8-2 常用的算术运算符

算术运算符	描述
+	加运算符
-	减运算符
*	乘运算符
/	除运算符
++	自增运算符，该运算符有 i++（在使用 *i* 之后，使 *i* 的值加 1）和++i（在使用 *i* 之前，先使 *i* 的值加 1）两种
--	自减运算符，该运算符有 i--（在使用 *i* 之后，使 *i* 的值减 1）和--i（在使用 *i* 之前，先使 *i* 的值减 1）两种

下面使用算术运算符来完成一个简单的数字计算，如例 8-2 所示。

例 8-2 example02.html

```
<!doctype html>
<html>
<head>
<meta charset="utf-8">
<title>算术运算符</title>
</head>
<body>
<script type="text/javascript">
    var num1=100,num2=25;
    document.write("100+25="+(num1+num2)+"<br>");
    document.write("100-25="+(num1-num2)+"<br>");
    document.write("100*25="+(num1*num2)+"<br>");
    document.write("100/25="+(num1/num2)+"<br>");
    document.write("(100++)="+(num1++)+"<br>");
    document.write("(++100)="+(++num1)+"<br>");
</script>
</body>
</html>
```

在例 8-2 中，分别定义了两个变量 num1、num2，并且通过不同的算术运算符来进行简单的计算。

运行例 8-2，效果如图 8-9 所示。

图 8-9 算术运算符

（2）比较运算符

比较运算符主要用于在逻辑语句中判断变量或值是否相等。比较运算符的运算过程需要先对操作数据进行比较，然后返回一个布尔值 true 或 false。常用的比较运算符如表 8-3 所示。

表 8-3 常用的比较运算符

比较运算符	描述
<	小于
>	大于
<=	小于等于
>=	大于等于
= =	等于，只根据表面值进行判断，不涉及数据类型。例如，" 27 " = =27 的值为 true
= = =	全等于，同时根据表面值和数据类型进行判断。例如，" 27 " = = =27 的值为 false
!=	不等于，只根据表面值进行判断，不涉及数据类型。例如，" 27 " !=27 的值为 false
!= =	不全等于，同时根据表面值和数据类型进行判断。例如，" 27 " != =27 的值为 true

了解了比较运算符的用法后，下面通过一个比较年龄的案例来进行演示，如例 8–3 所示。

例 8–3 example03.html

```
<!doctype html>
<html>
<head>
<meta charset="utf-8">
<title>比较运算符</title>
</head>
<body>
<script type="text/javascript">
    var age=25;                                              //定义变量
    document.write("age 变量的值为: "+age+"<br>");           //输出变量值
    document.write("age>=20:"+(age>=20)+"<br>");             //变量值比较
    document.write("age<20:"+(age<20)+"<br>");
    document.write("age!=20:"+(age!=20)+"<br>");
    document.write("age>20:"+(age>20)+"<br>");
</script>
</body>
</html>
```

在例 8–3 中，分别使用不同的比较运算符来比较两个数值的大小。

运行例 8–3，效果如图 8–10 所示。

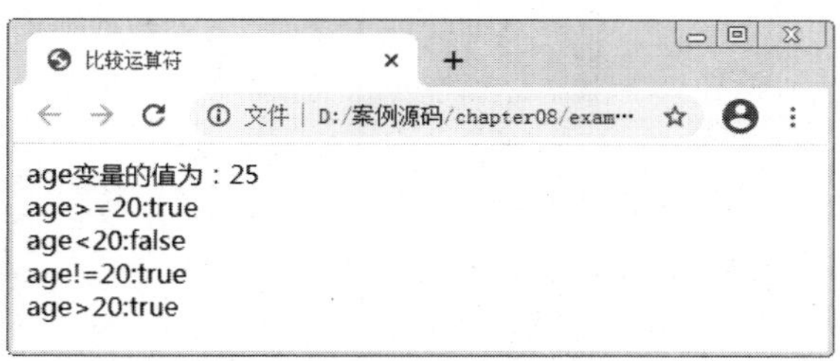

图 8–10 比较运算符

（3）逻辑运算符

逻辑运算符是根据表达式的值来返回“真”（true）值或“假”（false）值。逻辑运算符如表 8–4 所示。

表 8–4 逻辑运算符

<table>
<tr><th>逻辑运算符</th><th>描述</th></tr>
<tr><td>&&</td><td>逻辑与，只有当两个操作数 a、b 的值都为 true 时，a&&b 的值才为 true，否则为 false</td></tr>
<tr><td>||</td><td>逻辑或，只有当两个操作数 a、b 的值都为 false 时，a||b 的值才为 false，否则为 true</td></tr>
<tr><td>!</td><td>逻辑非，!true 的值为 false，而!false 的值为 true</td></tr>
</table>

下面通过一个案例演示逻辑运算符的使用，如例 8–4 所示。

例 8–4 example04.html

```
<!doctype html>
<html>
<head>
<meta charset="utf-8">
<title>逻辑运算符</title>
</head>
<body>
<pre>
<script type="text/javascript">
    var a=2,b=3,result;
    document.writeln("a=2,b=3");
    document.write("a&lt;b&&a&lt;=b:");result=a<b&&a<=b;document.writeln(result);
    document.write("a&lt;b&&a&gt;b:");result=a<b&&a>b;document.writeln(result);
```

```
14      document.write("a&lt;b||a&gt;b:");result=a<b||a>b;document.writeln(result);
15      document.write("a&gt;b&&a&gt;=b:");result=a>b||a>=b;document.writeln(result);
16      document.write("!(a&lt;b):");result=!(a<b);document.writeln(result);
17      document.write("!(a&gt;b):");result=!(a>b);document.writeln(result);
18  </script>
19  </pre>
20  </body>
21  </html>
```

在例 8–4 中，使用不同的逻辑运算符进行运算，根据表达式的值返回 true 或 false。其中，document.writeln 用于输出结果，并添加一个换行符。第 8 行和第 19 行代码，即<script>标签外的<pre>标签用于定义预格式化的文本，嵌套在<pre>标签中的文本会保留空格和换行符，保证输出文本中的换行符能够起作用。

运行例 8–4，效果如图 8–11 所示。

图 8–11 逻辑运算符

（4）赋值运算符

赋值运算符用于将运算符右边的值赋给左边的变量。其中，“=”是最基本的赋值运算符，而非数学意义上相等的关系。常用的赋值运算符如表 8–5 所示。

表 8–5 常用的赋值运算符

赋值运算符	描述
=	将右边表达式的值赋给左边的变量。例如，username= " name "
+ =	将运算符左边的变量加上右边表达式的值赋给左边的变量。例如，a+=b，相当于 a=a+b
– =	将运算符左边的变量减去右边表达式的值赋给左边的变量。例如，a–=b，相当于 a=a–b
*=	将运算符左边的变量乘以右边表达式的值赋给左边的变量。例如，a*=b，相当于 a=a*b
/ =	将运算符左边的变量除以右边表达式的值赋给左边的变量。例如，a/=b，相当于 a=a/b
% =	将运算符左边的变量用右边表达式的值求模，并将结果赋给左边的变量。例如，a%=b，相当于 a=a%b

了解了赋值运算符后，下面通过一个案例来对赋值运算符的用法进行演示，如例 8–5 所示。

例 8–5 example05.html

```
<!doctype html>
<html>
<head>
<meta charset="utf-8">
<title>赋值运算符</title>
</head>
<body>
<pre>
<script type="text/javascript">
    var a=3,b=2;
    document.writeln("a=3,b=2");
    document.write("a+=b=");a+=b;document.writeln(a);
    document.write("a-=b=");a-=b;document.writeln(a);
    document.write("a*=b=");a*=b;document.writeln(a);
    document.write("a/=b=");a/=b;document.writeln(a);
    document.write("a%=b=");a%=b;document.writeln(a);
</script>
</pre>
</body>
</html>
```

在例 8–5 中，变量 a 的值不断随赋值语句发生变化，而 b 的值始终不变。

运行例 8–5，效果如图 8–12 所示。

（5）条件运算符

条件运算符主要用于对第一个表达式做真 / 假检测，然后根据结果返回另外两个表达式中的一个。条件运算符是 JavaScript 中的一种特殊的三目运算符（即有 3 个操作数的运算符），其基本语法格式如下：

```
操作数？结果 1：结果 2
```

在上述语法格式中，若操作数的值为 true，则整个表达式的结果为“结果 1”，否则为“结果 2”。

下面通过一个案例对条件运算符的用法进行演示，如例 8–6 所示。

例 8–6　example06.html

```
<!doctype html>
<html>
<head>
<meta charset="utf-8">
<title>条件运算符</title>
</head>
<body>
<script type="text/javascript">
    var i=3, j=4;
    alert((++i==j++)?true:false);
</script>
</body>
</html>
```

在例 8–6 中，先定义两个变量 i 和 j，然后判断这两个变量是否相等，如果相等则返回“true”，否则返回“false”。

运行例 8–6，效果如图 8–13 所示。

图 8–12　赋值运算符

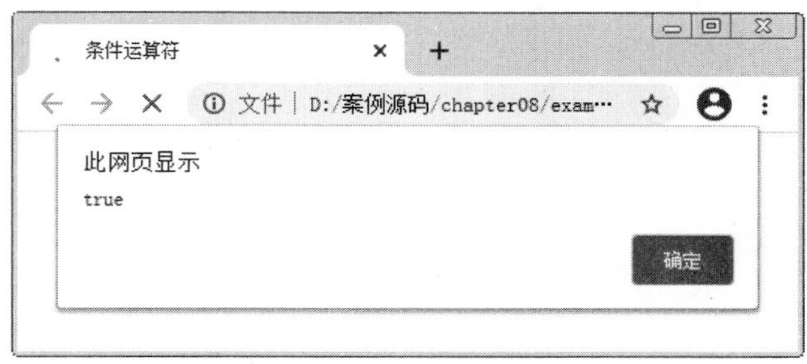

图 8–13　条件运算符

【任务 8–4】流程控制语句

需求分析

现实生活中人们可根据大脑对事物的逻辑判断来支配自身行为。同样，在程序中可以通过流程控制语句来判断程序的逻辑，并控制程序的执行流程。JavaScript 中的流程控制语句包括条件语句、循环语句和跳转语句。下面将对这几种流程控制语句进行详细讲解。

知识储备

1. 条件语句

在实际生活中经常需要对某一事件做出判断。例如，开车来到一个十字路口，这时需要对红绿灯进行判断，如果前面是红灯，就等候；如果是绿灯，就通行。JavaScript 中的条件语句（也称为“分支语句”）也可以对一些事件做出判断，从而决定执行哪一段程序代码。条件语句包括 if 条件语句、switch 条件语句两种，具体介绍如下。

（1）if 条件语句

if 条件语句是最基本、最常用的条件语句，该条件语句通过判断条件表达式的值为 true 或 false，来确定是否运行执行语句。if 条件语句主要包括单向判断语句、双向判断语句和多向判断语句，具体介绍如下。

① 单向判断语句。单向判断语句是结构最简单的条件语句，如果程序中存在绝对不执行某些指令的情况，就可以使用单向判断语句。其基本语法格式如下：

```
if（执行条件）{
    执行语句
}
```

在上述语法格式中，if 可以理解为“如果”，“()”用于指定 if 条件语句中的执行条件，“{}”用于指定满足执行条件后执行的相关事件。

单向判断语句的执行流程如图 8–14 所示。

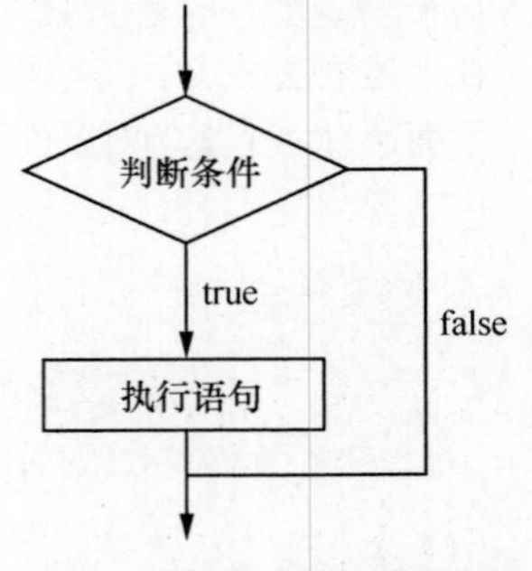

图 8–14 单向判断语句的执行流程

下面通过一个比较数字大小的案例来学习单向判断语句的用法，如例 8–7 所示。

例 8–7 example07.html

```
1  <!doctype html>
2  <html>
3  <head>
4  <meta charset="utf-8">
5  <title>单向判断语句</title>
6  </head>
7  <body>
8  <script type="text/javascript">
9  var num1=100;                    //定义一个变量并为其赋值 100
10 var num2=150;                    //定义一个变量并为其赋值 150
11 if(num1>num2){
12     alert('你好，条件成立');        //如果条件成立，则弹出“你好，条件成立”
13 }
14 alert('对不起，条件不成立')          //如果条件不成立，则弹出“对不起，条件不成立”
15 </script>
16 </body>
17 </html>
```

在例 8–7 中，第 9 行和第 10 行代码定义了两个变量，并为它们赋值；第 11～13 行代码应用单向判断语句指定执行条件“num1>num2”，如果条件成立则优先弹出“你好，条件成立”的提示信息，否则弹出“对不起，条件不成立”的提示信息。

运行例 8–7，运行结果如图 8–15 所示。

② 双向判断语句。双向判断语句只是在单向判断语句基础上增加了一个从句，其基本语法格式如下：

```
if（执行条件）{
执行语句 1
}else{
执行语句 2
}
```

双向判断语句的语法格式与单向判断语句类似，只是在单向判断语句的基础上增加了一个 else 从句。如果条件成立则运行“执行语句 1”，否则运行“执行语句 2”。

双向判断语句的执行流程如图 8–16 所示。

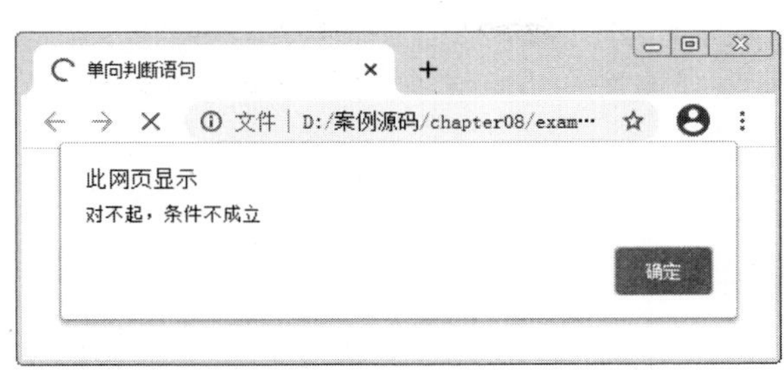

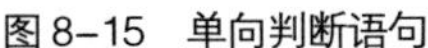

图 8-15 单向判断语句

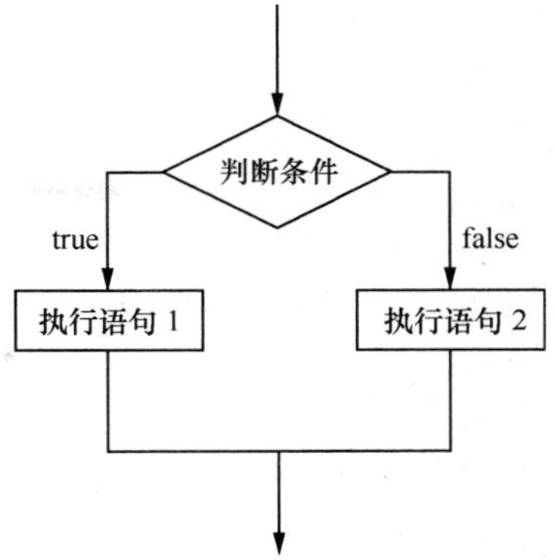

图 8-16 双向判断语句的执行流程

了解了双向判断语句的基本语法格式和执行流程后，下面对例 8-7 中第 8～15 行代码进行简单修改，使其变成一个双向判断语句，具体代码如下：

```
<script type="text/javascript">
var num1=100;
var num2=150;
if(num1<num2){
    alert('你好，条件成立');            //如果条件成立，则弹出“你好，条件成立”
}else{
    alert('对不起，条件不成立');        //如果条件不成立，则弹出“对不起，条件不成立”
}
alert('演示完成');                      //无论成立与否最后弹出“演示完成”
</script>
```

在上述示例中，如果条件成立则弹出“你好，条件成立”的提示信息，否则弹出“对不起，条件不成立”的提示信息，最后弹出“演示完成”的提示信息。

运行上述代码，结果如图 8-17 和图 8-18 所示。

图 8-17 双向判断语句 1

图 8-18 双向判断语句 2

③ 多向判断语句。多向判断语句可以根据表达式的结果判断一个条件，然后根据返回值做进一步的判断，其基本语法格式如下：

```
if (执行条件 1) {
执行语句 1
}else if (执行条件 2) {
执行语句 2
}
else if (执行条件 3) {
执行语句 3
}
...
```

在上述语法格式中，通过 else if 语句可以对多个条件进行判断，并且根据判断的结果执行相关事件。

多向判断语句的执行流程如图 8-19 所示。

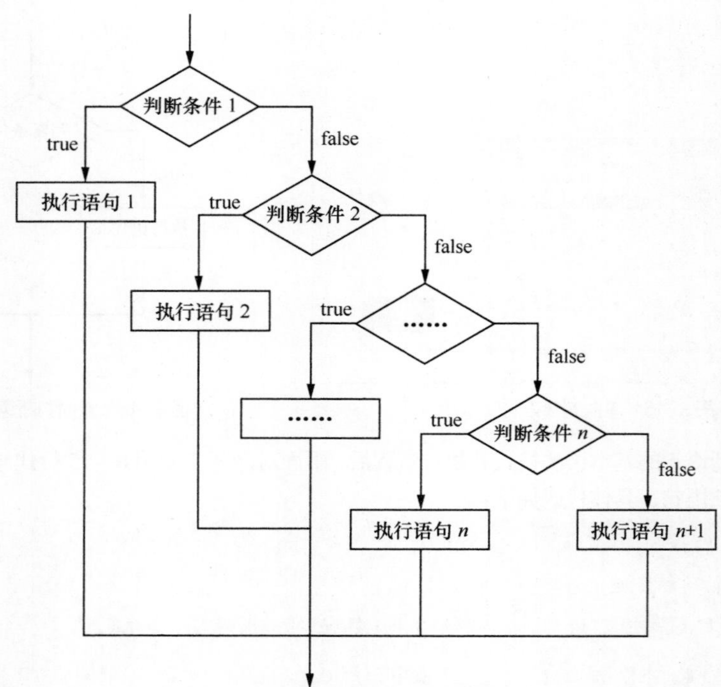

图 8-19　多向判断语句的执行流程

下面通过一个案例对多向判断语句的用法做具体演示，如例 8-8 所示。

例 8-8　example08.html

```
<!doctype html>
<html>
<head>
<meta charset="utf-8">
<title>多向判断语句</title>
</head>
<body>
<script type="text/javascript">
     var jiangpin='二等奖';                              //定义了一个变量，并对其赋值
     if(jiangpin =='一等奖'){                            //判断如果赋值为一等奖，则弹出下面内容
          alert('恭喜获得一辆跑车');
     }else if(jiangpin =='二等奖'){                      //判断如果赋值为二等奖，则弹出下面内容
          alert('恭喜获得一部手机');
     }else if(jiangpin =='三等奖'){                      //判断如果赋值为三等奖，则弹出下面内容
          alert('恭喜获得一台空气净化器');
     }
</script>
</body>
</html>
```

在例 8-8 中，先定义了一个变量 jiangpin，并对其赋值为“二等奖”，然后应用多向判断语句指定了 3 个执行条件，最后根据执行条件依次进行判断，如果条件不成立则略过，如果条件成立，则执行花括号内的执行语句。

运行例 8-8，运行结果如图 8-20 所示。

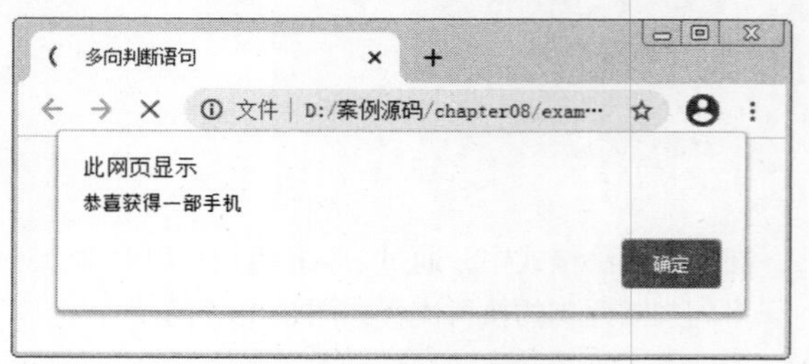

图 8-20　多向判断语句

（2）switch 条件语句

switch 条件语句功能与 if 条件语句类似，不

同的是 switch 条件语句只能对某个表达式的值进行判断，从而决定执行哪一段代码。相比于 if 条件语句，使用 switch 条件语句的代码更加清晰简洁、便于阅读。switch 条件语句的基本语法格式如下：

```
switch (表达式){
     case 目标值 1:
          执行语句 1
          break;
     case 目标值 2:
          执行语句 2
          break;
          ……
     case 目标值 n:
          执行语句 n
          break;
     default:
          执行语句 n+1
          break;
}
```

在上述语法格式中，switch 条件语句将表达式的值与每个 case 中的目标值进行匹配，如果找到了匹配的值，就执行对应 case 后的执行语句，如果没找到任何匹配的值，就会执行 default 后的执行语句。语法中关键字 break 的作用是跳出 switch 条件语句，其用法将在后文中做具体介绍。

下面通过一个案例来演示 switch 条件语句的用法，如例 8-9 所示。

例 8-9　example09.html

```
<!doctype html>
<html>
<head>
<meta charset="utf-8">
<title>switch 条件语句</title>
</head>
<body>
<script type="text/javascript">
var day=5;
switch(day){
     case 1:
          document.write("星期一");
          break;
     case 2:
          document.write("星期二");
          break;
     case 3:
          document.write("星期三");
          break;
     case 4:
          document.write("星期四");
          break;
     case 5:
          document.write("星期五");
          break;
     case 6:
          document.write("星期六");
          break;
     default:
          document.write("星期日");
          break;
     }
</script>
</body>
</html>
```

在例 8-9 中，先定义了一个变量，并为其赋值，然后应用 switch 条件语句获取变量值，并判断变量值与 case 的目标值是否匹配，匹配则输出相应的执行语句并跳出循环，否则继续判断下一个 case 的目标值。最后，如果 case 的目标值均不匹配，则执行 default 下的语句。

运行例 8-9，运行结果如图 8-21 所示。

2. 循环语句

在现实生活中经常会将同一件事情重复做很多次。例如，每天吃饭、每天起床、定期洗澡等。在 JavaScript 中，有时也需要将某个功能模块重复执行。例如，循环打印 100 位学生的考试成绩，这时可以使用循环语句。循环语句可以实现一段代码的重复执行，主要包括 while 循环语句、do…while 循环语句和 for 循环语句 3 种。下面将对这 3 种循环语句做具体讲解。

（1）while 循环语句

while 循环语句是最基本的循环语句，其基本语法格式如下：

```
while(循环条件){
      执行语句
      ...
}
```

在上述语法格式中，{}中的执行语句被称作循环体，循环体是否执行取决于循环条件。当循环条件为 true 时，循环体就会执行。循环体执行完毕时会继续判断循环条件，如条件仍为 true 则会继续执行，直到循环条件为 false 时，整个循环过程才会结束。

while 循环语句的执行流程如图 8-22 所示。

图 8-21　switch 条件语句

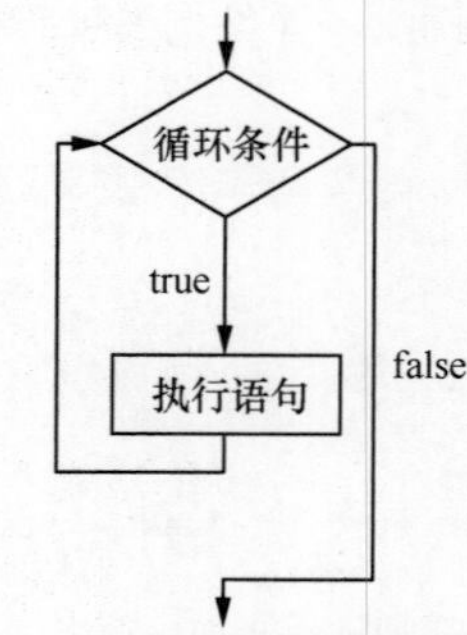

图 8-22　while 循环语句的执行流程

下面通过一个案例来演示 while 循环语句的具体用法，如例 8-10 所示。

例 8-10　example10.html

```
<!doctype html>
<html>
<head>
<meta charset="utf-8">
<title>while 循环语句</title>
</head>
<body>
<script type="text/javascript">
     var i=1;                          //定义一个变量 i，设置初始值为 1
     var sum=0;
     document.write("累加和不大于 10 的所有自然数：<br>");
     while(sum<10){
          sum=sum+i;                   //累加 i 的值
          document.write(i+'<br>');   //输出符合条件的自然数
          i++;
          }
</script>
</body>
</html>
```

在例 8-10 中，先定义了变量 i 和 sum，并设置变量 i 的初始值为 1，然后指定循环条件“sum<10”，当变量 sum 的值小于 10 时，就会执行{}中的执行语句，最后让变量 i 自增，当变量 sum 的取值大于等于 10 时，循环结束。

运行例 8-10，运行结果如图 8-23 所示。

（2）do…while 循环语句

do…while 循环语句也称为后测试循环语句，它也是利用一个条件来控制是否要继续执行该语句，其基本语法格式如下：

```
do {
    执行语句
    ...
} while(循环条件);
```

在上述语法格式中，关键字 do 后面{}中的执行语句是循环体。do…while 循环语句将循环条件放在了循环体的后面。这也就意味着循环体会先全部执行一次，然后再根据循环条件来决定是否继续执行。

do…while 循环语句的执行流程如图 8-24 所示。

图 8-23 while 循环语句

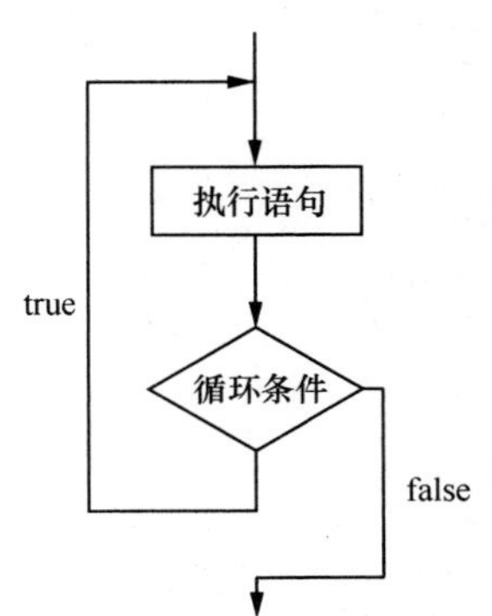

图 8-24 do…while 循环语句的执行流程

下面通过一个案例来演示 do…while 循环语句的用法，如例 8-11 所示。

例 8-11 example11.html

```
<!doctype html>
<html>
<head>
<meta charset="utf-8">
<title>do...while 循环语句</title>
</head>
<body>
<script type="text/javascript">
    var i =99;                          //定义一个变量 i，设置初始值为 99
    do{
        i++;                            //变量 i 进行自增
        document.write(i);              //指定执行语句
    }while(i < 100);                    //指定循环条件
</script>
</body>
</html>
```

在例 8-11 中，先定义了一个变量，设置初始值为 99，然后让变量 *i* 进行自增，此时 *i*=100；然后，执行语句“document.write(i);”。最后，根据循环条件进行判断，因为 *i* < 100 不成立，所以循环体只执行一次。

运行例 8-11，运行结果如图 8-25 所示。

图 8-25 do…while 循环语句

注意:

do…while 循环语句结尾处的 while 语句括号后面有一个英文分号“;”，在书写过程中一定不要漏掉，否则 JavaScript 会认为该循环语句是一个空语句。

（3）for 循环语句

for 循环语句也称为计次循环语句，一般在循环次数已知的情况下会使用该循环语句。for 循环语句的基本语法格式如下：

```
for (初始化表达式; 循环条件; 操作表达式) {
    执行语句
    ...
}
```

在上述语法格式中，for 后面的()中包含 3 部分内容：初始化表达式、循环条件和操作表达式，这 3 部分内容之间用“;”分隔，{}中的执行语句为循环体。

下面分别用①表示初始化表达式，②表示循环条件，③表示操作表达式，④表示循环体，通过序号来具体分析 for 循环的执行流程，具体如下。

```
for (① ; ② ; ③) {
    ④
}
```

第一步，执行①。

第二步，执行②，如果判断结果为 true，执行第三步，如果判断结果为 false，执行第五步。

第三步，执行④。

第四步，执行③，然后重复执行第二步。

第五步，退出循环。

下面通过一个计算 100 以内所有奇数和的案例来演示 for 循环语句的用法，如例 8-12 所示。

例 8-12　example12.html

```
<!doctype html>
<html>
<head>
<meta charset="utf-8">
<title>for 循环语句</title>
</head>
<body>
<script type="text/javascript">
    var sum = 0                              //定义变量 sum，用于记住累加的和
    for(var i = 1; i < 100; i+=2){           //i 的值以加 2 的方式自增
        sum=sum+i;                           //实现 sum 与 i 的累加
    }
    alert("100 以内所有奇数和："+sum);        //输出计算结果
</script>
</body>
</html>
```

在例 8-12 中，先定义变量 sum，用于记住累加的数值，然后，设置 for 循环的初始化表达式为“var i=1”，循环条件为“i<100”，并让变量 *i* 以加 2 的方式自增，这样就可以得到 100 以内的所有奇数。最后，通过“sum=sum+i”累加求和，并输出计算结果。

运行例 8-12，运行结果如图 8-26 所示。

图 8-26　for 循环语句

3. 跳转语句

跳转语句用于实现循环执行过程中程序流程的跳出。在 JavaScript 中，跳转语句包括 break 语句和 continue 语句，对它们的具体讲解如下。

（1）break 语句

break 语句可应用在 switch 条件语句和循环语句中，其作用是终止当前语句的执行，跳出 switch 选择结构或循环语句。break 语句的基本语法格式如下：

```
break;
```

下面通过一个自然数求和案例来演示 break 语句的用法，如例 8-13 所示。

例 8-13 example13.html

```
<!doctype html>
<html>
<head>
<meta charset="utf-8">
<title>break 语句</title>
</head>
<body>
<script type="text/javascript">
     var sum = 0
     for(var i = 0; i < 100; i++){
          sum=sum+i;
        if(sum>10)break;          //如果自然数之和大于 10 则跳出循环
     }
     alert("求 0-99 的自然数之和: "+sum);
</script>
</body>
</html>
```

在例 8-13 中，通过“sum=sum+i”对求和值进行累加，当自然数之和大于 10 时，通过“if(sum>10) break;”语句自动跳出循环。

运行例 8-13，运行结果如图 8-27 所示。

（2）continue 语句

continue 语句的作用是终止本次循环，执行下一次循环，其基本语法格式如下：

```
continue;
```

下面通过一个输出数字的案例来演示 continue 语句的用法，如例 8-14 所示。

例 8-14 example14.html

```
<!doctype html>
<html>
<head>
<meta charset="utf-8">
<title>continue 语句</title>
</head>
<body>
<script type="text/javascript">
for(var i=1;i<10;i++){               //应用 for 循环语句判断，如果 i<10 就执行 i++
     if(i==3||i==5)                   //应用 if 条件语句判断，如果 i 值等于 3、5 就跳出该次循环
     continue;
     document.write(i+"<br />")
}
</script>
</body>
</html>
```

在例 8-14 中，先应用 for 循环语句判断，如果 *i*<10 就执行“i++”，然后应用 if 条件语句判断，如果 *i* 值等于 3、5 就通过 continue 语句跳出本次循环。

运行例 8-14，运行结果如图 8-28 所示。

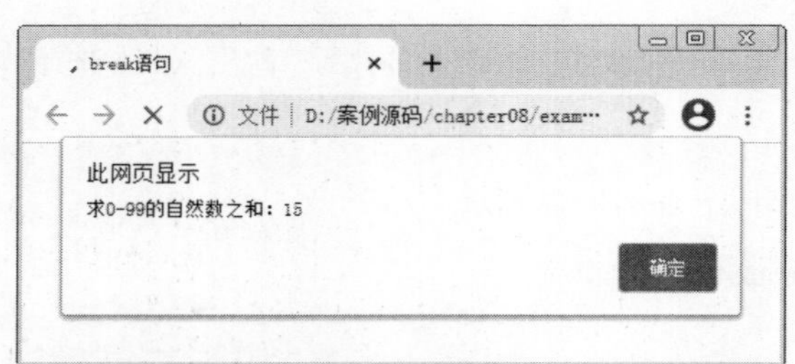

图 8-27　break 语句

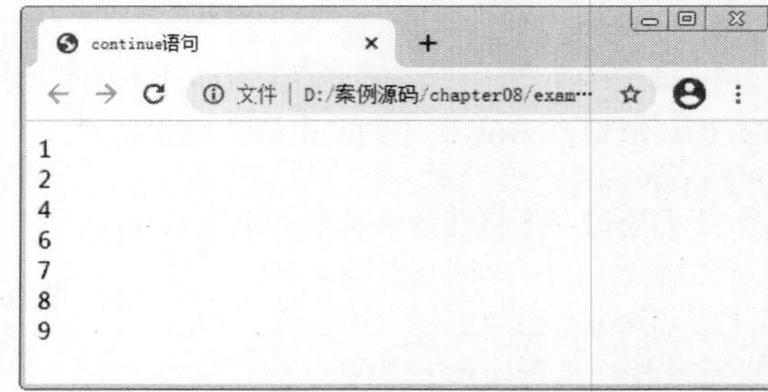

图 8-28　continue 语句

注意:

continue 语句只是结束本次循环，而不是终止整个循环语句的执行。而 break 语句则是结束整个循环过程，不再判断执行循环的条件是否成立。

【任务 8-5】函数

需求分析

在 JavaScript 中，经常会遇到程序需要多次重复操作的情况，这时就需要重复书写相同的代码，这样不仅加重了开发人员的工作量，而且也使代码的后期维护十分困难。为此，JavaScript 提供了函数，它可以使程序中重复的代码模块化，通过调用函数达到复用代码的目的，这样就提高了程序的可读性，并且便于后期维护。下面将对函数的相关知识进行讲解。

知识储备

1. 函数的定义

在 JavaScript 程序设计中，为了使代码更为简洁并可以重复使用，通常会将某段实现特定功能的代码定义成一个函数。所谓函数就是在计算机程序中由多条语句组成的逻辑单元，可以被重复调用。在 JavaScript 中，函数使用关键字 function 来定义，其语法格式如下：

```
function 函数名 ([参数1,参数2,……]) {
   函数体
}
```

在上述语法格式中，函数由“function”“函数名”“参数”和“函数体”这 4 个部分组成，对它们的解释如下。

- function：在声明函数时必须使用的关键字。
- 函数名：创建函数的名称，使用者自行定义，函数名是唯一的。
- 参数：外界传递给函数的值。参数是可选的，因此可以为空。当有多个参数时，各参数用英文逗号分隔。
- 函数体：函数定义的主体，用于实现特定的功能。

了解了定义函数的语法格式后，下面通过程序来定义一个函数，如例 8-15 所示。

例 8-15　example15.html

```
<!doctype html>
<html>
<head>
<meta charset="utf-8">
<title>定义函数</title>
<script type="text/javascript">
  function hello(){
```

```
8        alert("你好，欢迎学习函数！");
9     }
10 </script>
11 </head>
12 <body>
13 </body>
14 </html>
```

在例 8-15 中，<head></head>标签之间定义了一个简单的函数 hello( )，它没有定义参数，并且函数体中仅使用 alert( )方法弹出一个警告框。但是，此时运行页面，没有任何效果。因为当用 function 定义一个函数时，其效果只是相当于用一个函数名标识了一段代码，这段代码的执行需要一个被称为“函数调用”的机制来激活。

2. 函数的调用

函数定义后并不会自动执行，而是需要在特定的位置调用函数后，才能执行该函数。函数的调用非常简单，只需引用函数名，并传入相应的参数即可。函数调用的语法格式如下：

```
函数名称([参数 1,参数 2,……])
```

在上述语法格式中，“[参数 1，参数 2……]”是自定义选项，用于表示参数列表，参数可以是一个或多个。例如，若想调用例 8-15 中的函数，可以在例 8-15 第 9 行和第 10 行代码之间添加如下代码：

```
hello();
```

此时运行代码，会弹出函数定义的警告框，效果如图 8-29 所示。

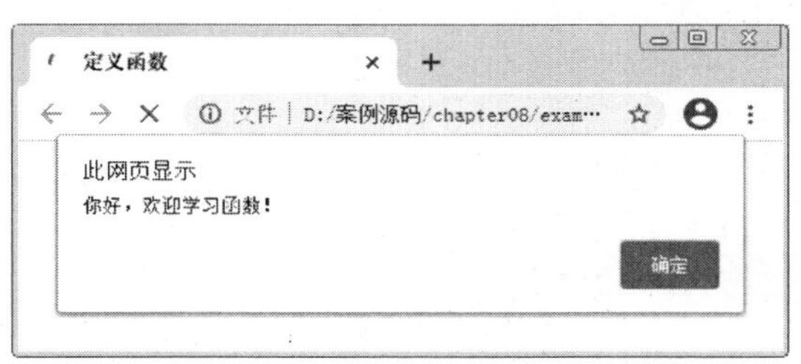

图 8-29 函数定义的警告框

3. 函数中变量的作用域

函数中的变量需要先定义后使用，但这并不意味着定义变量后就可以随时使用。变量需要在它的作用范围内才可以被使用，这个作用范围称为变量的作用域。变量的作用域取决于这个变量是哪一种变量，在 JavaScript 中，变量分为全局变量和局部变量两种，具体解释如下。

- 全局变量：定义在所有函数之外，作用于整个程序的变量。
- 局部变量：定义在函数体之内，作用于函数体的变量。

为了让大家进一步了解全局变量和局部变量的用法，下面通过一个警告框案例来进行具体演示，如例 8-16 所示。

例 8-16 example16.html

```
<!doctype html>
<html>
<head>
<meta charset="utf-8">
<title>变量的作用域</title>
<script type="text/javascript">
     function send1(){
          var a="欢迎来到"   //该变量在函数内声明，只作用于该函数体
          var b="芭提雅";   //该变量在函数内声明，只作用于该函数体
          alert(a+b);
     }
     function send2(){
          var c="曼谷";     //该变量在函数内声明，只作用于该函数体
          alert(a+c);
     }
</script>
</head>
<body>
<script type="text/javascript">
  send1();
  send2();
```

```
22 </script>
23 </body>
24 </html>
```

在例 8-16 中，定义了两个函数 send1( )和send2( )。其中，变量 *a* 和变量 *b* 是函数 send1( )的局部变量，变量 *c* 是函数 send2()的局部变量。第 7～11 行代码用于弹出“欢迎来到芭提雅”的警告框；第 12～15 行代码用于弹出“欢迎来到曼谷”的警告框。

运行例 8-16，效果如图 8-30 所示。

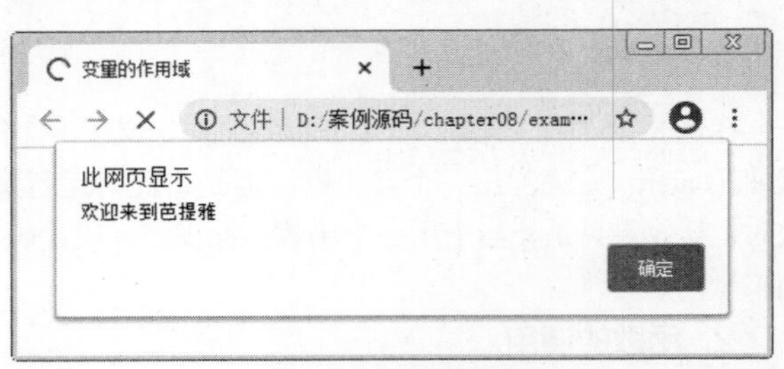

图 8-30 变量的作用域

在图 8-30 所示的案例效果中，当单击“确定”按钮后，并没有弹出预期的第 2 个警告框。这是因为变量 *a* 属于局部变量，只能对 send1()函数起作用。可以将变量 *a* 放置到例 8-16 的第 6 行代码和第 7 行代码之间，此时变量 *a* 属于全局变量对整个程序起作用，修改后的代码如下：

```
<script type="text/javascript">
     var a="欢迎来到"        //该变量在函数外声明，作用于整个程序
     function send1(){
          var b="芭提雅";
          alert(a+b);
     }
```

保存并刷新例 8-16 所在的页面，此时两个警告框均可正常显示。

【任务 8-6】对象

需求分析

在 JavaScript 中，面向对象是一种重要的编程思想。使用面向对象的方式编写程序，可以使代码更易于维护和扩展。然而什么是对象？该如何使用对象？下面将围绕 JavaScript 中的面向对象设计思想，详细讲解对象的相关知识。

知识储备

1. 认识对象

在现实世界中，任何实体都可称作对象。例如，“人”可看作一个对象。“人”具有姓名、性别、年龄、身高、体重等特性，“人”可以做吃饭、开车、运动等动作。

在计算机世界中，不仅包括来自于客观世界的对象，还包括为解决问题而引入的抽象对象。例如，一个用户可以看作一个对象，它既包括用户名、用户密码等特性，也包括注册、注销等动作；一个Web 页面也可以看作一个对象，它包括背景颜色、段落文本、标题等特性，同时又包括打开、关闭和写入等动作。简单来讲，对象就是一组属性与方法的集合。属性作为对象成员的变量，表明对象的状态；方法作为对象成员的函数，表明对象所具有的行为，具体解释如下。

- 属性：用于描述对象特性的数据，即若干变量。
- 方法：用于操作对象的若干动作，即若干函数。

通过访问或设置对象的属性，以及调用对象的方法，就可以对对象进行各种操作，从而获得需要的功能。

在程序中若要调用对象的属性或方法，就需要在对象后面加上一个英文句号“.”（即点格式），继而在英文句号后加上属性名或方法名。例如，screen.width 表示通过 screen 对象的 width 属性获取屏幕宽度；Math.sqrt(x)表示通过 Math 对象的 sqrt( )方法获取 *x* 的平方根。

2. 创建对象和删除对象属性

如果对象一开始并不存在，就需要手动创建一个对象，并将过程代码封装到对象中。对于创建好的对象，也可以将其属性删除。创建对象和删除对象属性的方法如下。

（1）创建对象

在 JavaScript 中，使用 new 关键字可以创建对象，将创建的对象赋值给一个变量后，就可以通过这个变量访问对象的属性和方法。使用 new 关键字创建对象的语法格式如下：

```
变量名=new 对象名()
```

下面通过一个案例来演示使用 new 关键字创建对象的方法，如例 8-17 所示。

例 8-17　example17.html

```
1  <!doctype html>
2  <html>
3  <head>
4  <meta charset="utf-8">
5  <title>创建对象</title>
6  </head>
7  <body>
8  <script type="text/javascript">
9  var date;
10 date=new Date();
11 document.write("现在是："+date.getHours()+"时"+date.getMinutes()+"分"+date.getSeconds()+"秒");
12 </script>
13 </body>
14 </html>
```

在例 8-17 中，第 10 行代码使用 new 关键字创建了一个 Date 对象（关于 Date 对象的用法会在后面详细介绍），并把这个对象赋值给变量 date。通过变量 date 就可调用 Date 对象的方法以获取当前系统的时间。

运行例 8-17，效果如图 8-31 所示。

图 8-31　创建对象

（2）删除对象属性

使用 delete 关键字可以删除对象的属性，它的操作数应为一个属性访问表达式。需要注意的是，内置对象的属性和方法多数不能使用 delete 关键字删除，对象继承于原型的属性和方法也不能使用 delete 关键字删除。需要说明的是，delete 关键字只是断开属性和对象之间的联系，从而使对象不能操作属性。

下面通过一个简单的案例来演示 delete 关键字的用法，如例 8-18 所示。

例 8-18　example18.html

```
<!doctype html>
<html>
<head>
<meta charset="utf-8">
<title>删除属性</title>
</head>
<body>
<script type="text/javascript">
var box;
box=new Object();
box.name="小王";
box.age = 18;
document.write("删除前："+box.name+"的年龄是<b>"+box.age+"</b>");
document.write("<br>删除 box 对象的 age 属性成功返回："+delete box.age);
document.write("<br>删除后："+box.name+"的年龄是<b>"+box.age+"</b>");
</script>
</body>
```

```
</html>
```

运行例 8-18，效果如图 8-32 所示。

图 8-32　删除对象属性

从图 8-32 可见，成功删除对象的属性时返回 true，当再次调用时，则显示 undefined。需要说明的是，当删除不存在的属性和属性访问表达式时，返回值同样为 true。

3. 内置对象

为了方便程序开发，JavaScript 提供了很多内置对象，包括与日期相关的 Date 对象、与数学相关的 Math 对象、与字符串相关的 String 对象、与数组相关的 Array 对象和与数值相关的 Number 对象等。这里只对网页设计中常用的 Date 对象、Math 对象和 String 对象分别进行介绍。

（1）Date 对象

Date 对象主要提供获取和设置日期与时间的方法。Date 对象的常用方法如表 8-6 所示。

表 8-6　Date 对象的常用方法

方法	说明
getYear( )	返回日期的年份值，是 2 位或 4 位整数
setYear(x)	设置年份值 *x*
getFullYear( )	返回日期的完整年份值，如 2013
setFullYear(x)	设置完整的年份值 *x*
getMonth( )	返回日期的月份值，介于 0～11，分别表示 1 月、2 月……12 月
setMonth(x)	设置月份值 *x*
getDate( )	返回日期值，介于 1～31
setDate(x)	设置日期值 *x*
getDay( )	返回值是一个 0～6 的整数，代表一周中的某一天（即 0 表示星期天，1 表示星期一，以此类推）
getHours( )	返回时间的小时值，介于 0～23
setHours(x)	设置小时值 *x*
getMinutes( )	返回时间的分钟值，介于 0～59
setMinutes(x)	设置分钟值 *x*
getSeconds( )	返回时间的秒数值，介于 0～59
setSeconds(x)	设置秒数值 *x*
getMilliseconds( )	返回时间的毫秒数值，介于 0～999
setMilliseconds(x)	设置毫秒数值 *x*
getTime( )	返回 1970 年 1 月 1 日至今的毫秒数，负数代表 1970 年之前的日期
setTime(x)	使用毫秒数 *x* 设置日期和时间

要使用 Date 对象，必须先使用 new 关键字创建该对象。创建 Date 对象的常见方式有以下 3 种。

- 不带参数，其创建方式如下：

```
var d = new Date();
```

在上述代码中，创建了一个含有系统当前日期和时间的 Date 对象。

- 创建一个指定日期的 Date 对象，其创建方式如下：

```
var d = new Date(2016,1,1);
```

在上述代码中，创建了一个日期是 2016 年 2 月 1 日的 Date 对象，而且这个对象中的小时、分钟、秒、毫秒的值都为 0。需要注意的是，月份的返回值是 0～11，即 0 表示 1 月、11 代表 12 月。

- 创建一个指定时间的 Date 对象，其创建方式如下：

```
var d = new Date(2016,7,3,10,20,30,50);
```

在上述代码中，创建了一个包含确切日期和时间的 Date 对象，即 2016 年 8 月 3 日 10 点 20 分 30 秒 50 毫秒。

下面通过一个案例来演示如何获取当前系统的日期，如例 8-19 所示。

例 8-19　example19.html

```
1 <!doctype html>
2 <html>
3 <head>
4 <meta charset="utf-8">
5 <title>Date 对象的应用</title>
6 </head>
7 <body>
8 <script type="text/javascript">
9 var date=new Date();
10 var year=date.getFullYear();
11 year=year;
12 var month=date.getMonth();
13 month=month+1;
14 var day=date.getDate();
15 document.write("当前日期为:"+year+"年"+month+"月"+day+"日");
16 </script>
17 </body>
18 </html>
```

在例 8-19 中，第 13 行代码将获取的月份多加了 1，原因是 getMonth( )方法返回日期的月份值，其值为 0～11，分别表示 1～12 月。

运行例 8-19，效果如图 8-33 所示。

图 8-33　Date 对象的应用

（2）Math 对象

Math 对象的属性是数学中常用的常量，方法是一些数学函数。Math 对象的常用属性和方法如表 8-7 所示。

表 8-7　Math 对象的常用属性和方法

类型	名称	说明
属性	E	返回算术常量 e，对应值为 2.718281828459045
	LN10	返回 10 的自然对数
	LN2	返回 2 的自然对数
	PI	返回圆周率 π
方法	abs(x)	返回 x 的绝对值
	ceil(x)	返回大于等于 x 的最小整数
	floor(x)	返回小于等于 x 的最大整数
	max(x,y)	返回 x 和 y 中的最大值
	min(x,y)	返回 x 和 y 中的最小值
	pow(x,y)	返回 x 的 y 次幂

（续表）

类型	名称	说明
方法	random( )	返回一个 0～1 的随机数
	round(x)	返回 *x* 四舍五入的取整数
	sqrt(x)	返回 *x* 的平方根

表 8-7 列出了 Math 对象的常用属性和方法，下面通过一个随机获取 1～20 之间的随机数的案例来演示 Math 对象属性和方法的使用，如例 8-20 所示。

例 8-20　example20.html

```
1  <!doctype html>
2  <html>
3  <head>
4  <meta charset="utf-8">
5  <title>随机获取 1～20 之间的随机数</title>
6  <style type="text/css">
7  body{
8       padding:10px;
9       background:pink;
10      color:#0000FF;
11      font-size:20px;
12 }
13 </style>
14 <script type="text/javascript">
15 function getRandom(min,max)
16      {
17           var num = Math.random();          //取得 0 到 1 之间的随机小数
18           num = num*(max-min)+min;          //取得 min 到 max 之间的随机小数
19           num = Math.floor(num);            //向下取整
20           return num;
21      }
22 document.write("<b>获取 1～20 之间的随机数是：</b>"+getRandom(1,20));
23 </script>
24 </head>
25 <body>
26 </body>
27 </html>
```

在例 8-20 中，先通过 getRandom( )方法传递随机数的最大值和最小值，然后通过 Math 对象的 random( )方法获取 0～1 的随机数 num，继而通过第 18 行的公式获取随机数，最后调用 floor( )方法对此随机数向下取整输出。

运行例 8-20，效果如图 8-34 所示。

图 8-34　随机获取 1～20 之间的随机数

（3）String 对象

String 对象是 JavaScript 提供的字符串处理对象，它提供了对字符串进行处理的属性和方法。String 对象常用属性和方法如表 8-8 所示。

表 8-8　String 对象常用属性和方法

类型	名称	说明
属性	length	返回字符串中字符的个数，一个汉字也为一个字符
方法	charAt(index)	返回指定索引（index）位置处的字符，第 1 个字符的索引为 0，第 2 个字符的索引为 1，以此类推
	indexOf(str[,startIndex])	从前向后搜索字符串

（续表）

类型	名称	说明
方法	lastIndexOf(search[,startIndex])	从后向前搜索字符串
	substr(startIndex[, length])	返回从起始索引提取字符串中指定数目的字符
	substring(startIndex [,endIndex])	返回字符串中两个指定的索引之间的字符
	split(separator [,limitInteger])	把字符串分割为字符串数组
	search(substr)	搜索字符串中指定子字符串或与正则表达式相匹配的值
	replace(substr,replacement)	替换与正则表达式匹配的子字符串
	toLowerCase( )	把字符串全部转换为小写字母
	toUpperCase( )	把字符串全部转换为大写字母
	localeCompare( )	用本地特定的顺序来比较两个字符串

表 8-8 中列举了 String 对象一些常用的属性和方法，下面对其用法进行演示，如例 8-21 所示。

例 8-21　example21.html

```
1  <!doctype html>
2  <html>
3  <head>
4  <meta charset="utf-8">
5  <title>String 对象的应用</title>
6  <script type="text/javascript">
7  var a,b,i;
8  a=prompt("请输入一行文字：","");
9  b=a.toUpperCase();
10 for(i=b.length-1;i>=0;i--)
11 document.write(b.charAt(i));
12 </script>
13 </head>
14 <body>
15 </body>
16 </html>
```

在例 8-21 中，第 8 行代码引入了一个用户输入信息对话框；第 9 行代码将对话框中输入的字母转换为大写字母；第 11 行代码将对话框中输入的字母按照索引由大到小的顺序重新排列。例如，如果输入“abcde”则输出“EDCBA”。

运行例 8-21，效果如图 8-35 所示。

在输入框中输入“abcde”后的效果如图 8-36 所示。

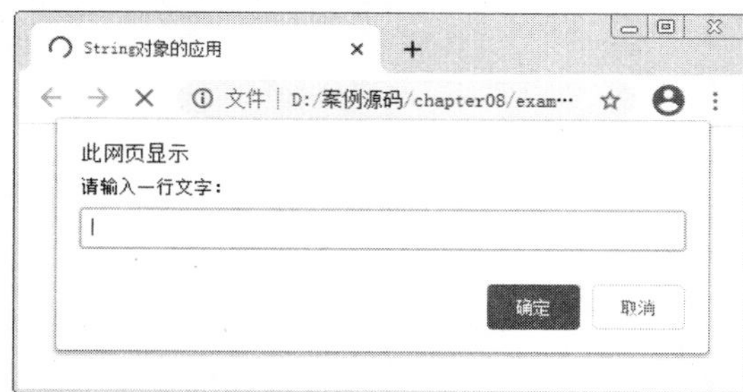

图 8-35　String 对象的应用 1

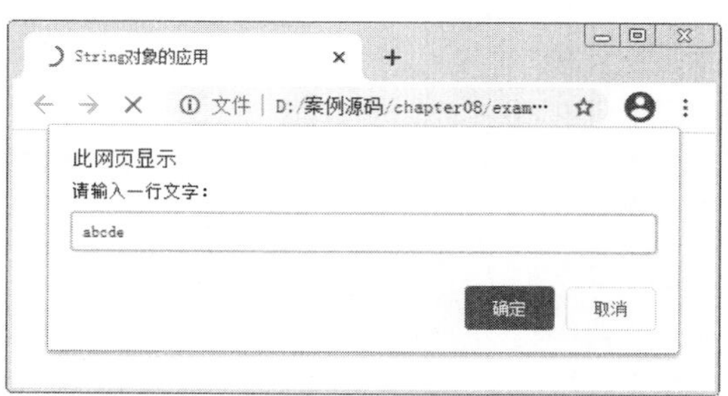

图 8-36　String 对象的应用 2

单击“确定”按钮，效果如图 8-37 所示。

图 8-37 String 对象的应用 3

【任务 8-7】数组

需求分析

数组是 JavaScript 中最常用的数据类型之一，一个数组类型的变量可以保存一批数据，并且数据可以是任意类型数据，例如，字符串、数字、数组或对象等。利用数组可以很方便地对数据进行分类和批量处理。下面将对数组的相关知识进行详细讲解。

知识储备

1. 初识数组

在 JavaScript 中，经常需要对一批数据进行操作。例如，统计 50 人的平均身高，在使用数组之前要完成这个任务就需要定义 50 个变量分别保存这 50 人的身高，再将变量相加得到总值，最后除以 50 得到平均身高。这种方法有很明显的弊端，即变量过多不便于管理，且极易出错。

使用数组可以很好地解决上述问题。数组是一组数据有序排列的集合，使用数组将 50 人的信息保存起来只需定义一个变量，并且数组可以进行循环遍历，能够十分便捷地获取保存的数据。将 50 人的身高数据保存到数组中，该数组结构示例如图 8-38 所示。

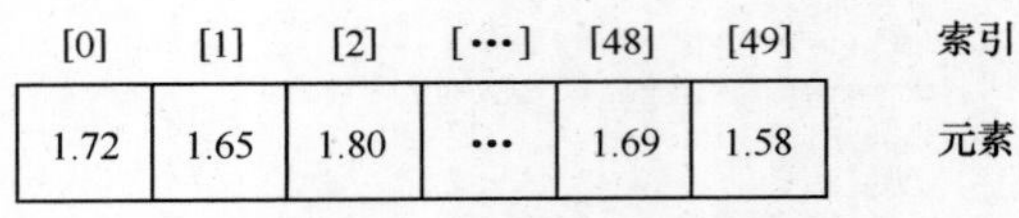

图 8-38 50 人身高数组结构示例

数组中的值称为元素，且每个元素在数组中都有一个位置，以数字表示，称为索引。例如，图 8-38 中的 1.72 就是一个元素，其在数组中的位置用索引表示就是 0。

JavaScript 中的数组是无类型的，即数组中的元素可以是任意类型，并且同一个数组中的不同元素也可以有不同的类型，甚至可以是对象或其他数组。

2. 创建数组

数组在 JavaScript 中有两种创建方式，一种是使用 Array 对象创建；另一种是使用“[]”创建，具体介绍如下。

（1）使用 Array 对象创建数组

使用 Array 对象创建数组是通过关键字 new 实现的，具体代码如下：

```
// 元素值类型为字符型
var area = new Array('Beijing', 'Shanghai', 'Shenzhen');
// 元素值类型为数值型
var score = new Array(56, 68, 98, 44);
// 元素值类型为混合型
var mix = new Array(123, 'abc', null, true, undefined);
// 空数组
var arr1 = new Array(); // 或   var arr2 = new Array;
```

上述创建的数组，索引默认都是从 0 开始，依次递增加 1。例如，area 变量中数组元素的索引依次为 0、1、2。

（2）使用“[]”创建数组

使用“[]”创建数组的方式与使用 Array 对象创建数组的方式类似，只需将 new Array()替换为[]即可，具体示例如下：

```
var weather = ['wind', 'fine',];       // 相当于：new Array('wind', 'fine',)
var empty = [ ];                       // 相当于：new Array
var mood = ['sad', , , ,'happy'];      // 控制台输出 mood：(5) ["sad", empty × 3, "happy"]
```

在创建数组时，最后一个元素后的英文逗号可以存在，也可以省略。需要注意的是，直接使用“[]”创建数组与使用 Array 对象创建数组有一定的区别，前者可以创建含有空存储位置的数组，如上述创建的 mood 中含有 3 个空存储位置，而后者则不可以。

3. 数组的常用属性和方法

数组是一组有序排列的数据对象的集合，也包含属性和方法。数组的常用属性和方法如表 8-9 所示。

表 8-9　数组的常用属性和方法

属性/方法	说明
length	返回数组中数组元素的个数，即数组长度
toString( )	返回一个字符串，该字符串包含数组中的所有元素，各个元素间用英文逗号隔开

表 8-9 列举了数组的常用属性和方法，具体介绍如下。

（1）length 属性

数组的 length 属性是数组最常用的属性，该属性的值代表了数组中元素的个数。另外，数组索引是从 0 开始的，因此 length 属性的属性值会比数组中最大的索引大 1。

下面通过一个求数组元素平均值的案例来演示 length 属性的使用方法，如例 8-22 所示。

例 8-22　example22.html

```
1  <!doctype html>
2  <html>
3  <head>
4  <meta charset="utf-8">
5  <title>求数组元素的平均值</title>
6  </head>
7  <body>
8  </body>
9  <script type="text/javascript">
10 var arr = [6, 48, 21, 35, 11];      //定义数组
11 var len = arr.length;               //获取数组元素个数
12 var sum = avg = 0;                  //声明保存总数的变量 sum 及平均值的变量 avg 并赋初始值为 0
13 for(var i = 0; i < len; i++){
14     sum = sum + arr[i];             //将每次获取到的数组元素的值与变量 sum 相加
15 }
16 avg = sum / len;
17 console.log(avg);
18 </script>
19 </html>
```

在例 8-22 中，第 13 行代码通过循环遍历的方法获取数组中的每一个元素。

运行例 8-22，效果如图 8-39 所示。

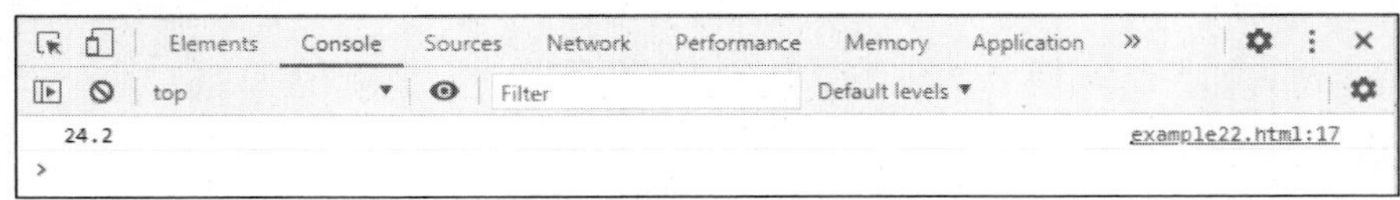

图 8-39　求数组元素的平均值

（2）toString()方法

toString()方法用于返回一个字符串，该字符串包含数组中的所有元素，各元素间用英文逗号隔开。下面

通过获取数组对象变量内容的案例来演示 toString( )方法的用法，如例 8–23 所示。

例 8–23　example23.html

```
<!doctype html>
<html>
<head>
<meta charset="utf-8">
<title>获取数组对象变量内容</title>
</head>
<body>
<script type="text/javascript">
var classmates;
classmates=new Array("小明","小红","小丽");
document.write(classmates.toString());
</script>
</body>
</html>
```

在例 8–23 中，通过 toString( )方法可以输出数组 classmates 的所有元素，各元素间用英文逗号隔开。

运行例 8–23，效果如图 8–40 所示。

图 8–40　获取数组对象变量内容

多学一招：使用 for… in 循环语句完成数组遍历

JavaScript 中数组是一种特殊的对象，因此还可以使用 for…in 循环语句像枚举对象属性一样枚举数组索引，而且使用 for…in 循环语句遍历数组不需要获取数组的 length 属性。下面修改例 8-22 中的第 13～15 行代码，使用 for…in 循环语句代替 for 循环语句求数组元素的平均值，具体代码如下：

```
for(var i in arr){
    sum = sum + arr[i];
}
```

保存后，刷新页面，实现的效果和图 8–39 完全相同。

4. 二维数组

对于复杂的业务逻辑，有时简单的一维数组不能满足需求，需要使用二维数组。当数组中的元素也是数组时，就形成了二维数组。例如，要保存一个班级所有人的姓名、数学、语文、英语成绩等数据，使用一维数组是无法完成的，而使用二维数组就可以很方便地实现。下面来演示如何创建二维数组，如例 8–24 所示。

例 8–24　example24.html

```
<!doctype html>
<html>
<head>
<meta charset="utf-8">
<title>二维数组</title>
</head>
<body>
姓名 数学 语文 英语
<hr/>
<script type="text/javascript">
var students,i,j;
students=new Array();
students[0]=new Array("张三",76,90,80);
students[1]=new Array("李四",89,97,86);
students[2]=new Array("王五",90,78,88);
for(i in students){
```

```
    for(j in students[i]){
            document.write(students[i][j] +"\t");
    }
    document.write("<br/>");
}
</script>
</body>
</html>
```

在例 8-24 中，数组 students 的每个元素都是一个数组，这些数组用于存储关于学生的信息。因此，students 是一个二维数组。其中，students[i]表示的是某个学生的信息记录，而 students[i][j]表示学生 students[i]的第 *j* 项属性（*j*=0、1、2、3，分别存储学生的姓名、数学成绩、语文成绩、英语成绩）。

运行例 8-24，效果如图 8-41 所示。

图 8-41 二维数组

【任务 8-8】BOM 对象与 DOM 对象

需求分析

BOM 对象和 DOM 对象是 JavaScript 的重要组成部分。其中，BOM 对象主要用于操作浏览器窗口的行为和特征。DOM 是处理 HTML 文档的标准技术，允许 JavaScript 程序动态访问、更新浏览页面的内容、结构和样式。下面将对 BOM 对象和 DOM 对象进行详细讲解。

知识储备

1. BOM 对象

在实际开发中，JavaScript 经常需要操作浏览器窗口及窗口上的控件，实现用户和页面的动态交互。为此，浏览器提供了一系列内置对象，统称为浏览器对象。各内置对象之间按照某种层次组织起来的模型统称为 BOM 对象。BOM 对象主要包括 window（窗口对象）、screen（屏幕对象）、location（地址栏对象）、history（历史对象）、document（文档对象）和 navigator（浏览器对象）等。BOM 对象的结构如图 8-42 所示。

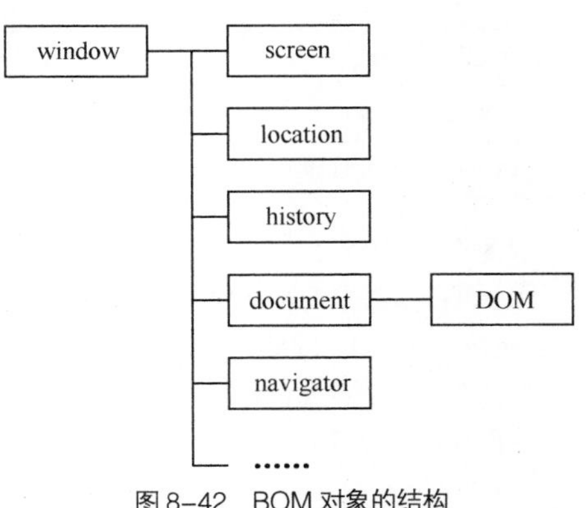

图 8-42 BOM 对象的结构

从图 8-42 可以看出，window 对象是 BOM 对象的顶层核心对象，其他的对象都是以属性的方式添加到 window 对象下，也可以称为 window 对象的子对象。例如，document 对象是 window 对象的一个属性，但是它同时也是一个对象。例如，document 对象相对于 window 对象来说，是一个属性，而 document 对象相对于 write()方法来说，是一个对象。

为了访问和操作浏览器各组件，BOM 对象的每个 window 子对象中都提供了一系列的属性和方法。下面将对 window 子对象的功能进行介绍，具体内容如下。

- screen（屏幕对象）：可获取与屏幕相关的数据，例如，屏幕的分辨率、坐标信息等。
- location（地址栏对象）：用于获取当前浏览器中 URL 栏内的相关数据。
- history（历史对象）：主要用于记录浏览器的访问历史记录，即浏览网页的前进与后退功能。
- document（文档对象）：也称为 DOM 对象，是 HTML 页面当前窗体的内容，同时它也是 JavaScript 的重要组成部分之一，其相关内容会在后文中进行详细讲解，这里不作介绍。

- navigator（浏览器对象）：用于获取浏览器的相关数据，例如，浏览器的名称、版本等，也称为浏览器的嗅探器。

由于BOM对象没有一个明确的规范，所以浏览器提供商会按照各自的想法随意去扩展BOM对象，而各浏览器之间共有的对象就成为事实上的标准。不过在利用BOM对象实现具体功能时，要根据实际的开发情况考虑浏览器之间的兼容问题。

为了便于读者的理解，下面对几个常用的BOM对象及其使用方法进行详细讲解。

（1）window对象

window对象表示整个浏览器窗口，用于获取浏览器窗口的大小、位置，以及设置定时器等。window对象的常用属性和方法如表8-10所示。

表8-10　window对象的常用属性和方法

属性/方法	说明
document、history、location、navigator、screen	返回相应对象的引用。例如，document属性返回document对象的引用
parent、self、top	分别返回父窗口、当前窗口和最顶层窗口的对象引用
screenLeft、screenTop、screenX、screenY	返回窗口的左上角在屏幕上的x、y坐标。火狐浏览器不支持screenLeft、screenTop，IE 8.0及更早版本的IE浏览器不支持screenX、screenY
innerWidth、innerHeight	分别返回窗口的文档显示区域的宽度和高度
outerWidth、outerHeight	分别返回窗口的外部宽度和高度
closed	返回当前窗口是否已被关闭的布尔值
opener	返回对创建此窗口的窗口引用
open( )、close( )	打开或关闭浏览器窗口
alert( )、confirm( )、prompt( )	分别表示弹出警告框、确认框、用户输入框
moveBy( )、moveTo( )	以窗口左上角为基准移动窗口，moveBy()表示按偏移量移动，moveTo()表示移动到指定的屏幕坐标位置
scrollBy( )、scrollTo( )	scrollBy()表示按偏移量滚动内容，scrollTo()表示滚动到指定的坐标位置
setTimeout( )、clearTimeout( )	设置或清除普通定时器
setInterval( )、clearInterval( )	设置或清除周期定时器

表8-10中列举了window对象的常用属性和方法，下面通过代码对其中的部分属性进行详细讲解。

① window对象的基本使用。在前文中多次使用alert( )方法弹出一个警告框，实际上完整的代码写法应该是window.alert( )，即调用window对象的alert( )方法。由于window对象是最顶层的对象，所以调用它的属性或方法时可以省略window。

下面通过一个案例来演示window对象的基本使用方法，如例8-25所示。

例8-25　example25.html

```
<!doctype html>
<html>
<head>
<meta charset="utf-8">
<title>window对象的使用</title>
</head>
<body>
<script type="text/javascript">
var width = window.innerWidth;          //获取文档显示区域宽度
var height = innerHeight;               //获取文档显示区域高度（省略window）
window.alert(width+"*"+height);         //调用alert()方法输出
```

```
</script>
</body>
</html>
```

在例 8–25 中，使用 window 对象属性输出文档显示区域的宽度和高度。当浏览器的窗口大小改变时，刷新页面，输出的数值也会发生改变。

运行例 8–25，效果如图 8–43 所示。

图 8–43 window 对象的使用

② 打开和关闭窗口。window.open( )方法用于打开新窗口，window. close( )方法用于关闭窗口。对应的窗口属性及其说明如表 8–11 所示。

表 8–11 窗口属性及其说明

属性	说明
width	窗口的宽度
height	窗口的高度
scrollbars	是否显示滚动条，默认为 yes
resizable	是否可调节窗口大小，默认为 yes
titlebar	是否显示标题栏，默认为 yes
location	是否显示地址栏，默认为 yes
menubar	是否显示菜单栏，默认为 yes
toolbar	是否显示工具栏，默认为 yes
status	是否显示状态栏，默认为 yes

下面通过一个案例来演示打开和关闭窗口的方法，如例 8–26 所示。

例 8–26 example26.html

```
1  <!doctype html>
2  <html>
3  <head>
4  <meta charset="utf-8">
5  <title>打开和关闭窗口的使用</title>
6  <script language="javascript">
7  var myWindow;
8  function openNewWin(){
9       //打开一个新窗口
10      myWindow=window.open("example24.html","myWindow","width=200,height=150,top=200,left=100");
11 }
12 function closeNewWin(){
13      //关闭新窗口
14      myWindow.close();
15 }
16 </script>
17 </head>
18 <body>
19 <p><a href="javascript:openNewWin()">打开新窗口</a></p>
20 <p><a href="javascript:closeNewWin()">关闭新窗口</a></p>
21 </body>
22 </html>
```

在例 8–26 中，第 10 行代码表示打开一个新窗口，并使新窗口访问 example24.html。myWindow 是全局变量，因此第 14 行代码表示关闭打开的新窗口。

运行例 8-26，效果如图 8-44 所示。

单击“打开新窗口”文本超链接，打开新窗口后的效果如图 8-45 所示。

图 8-44　打开新窗口前的效果

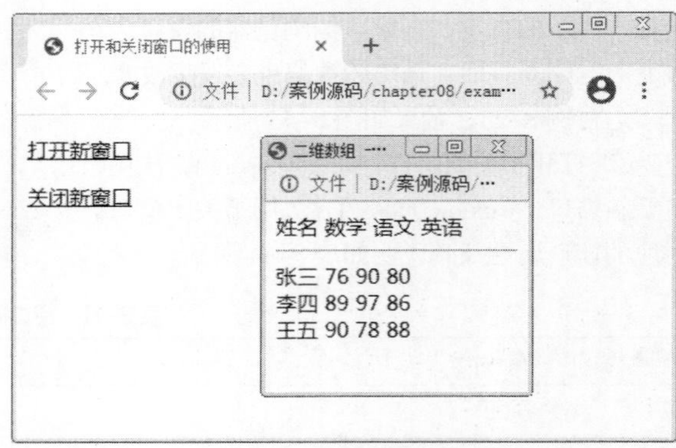

图 8-45　打开新窗口后的效果

当单击“关闭新窗口”文本超链接后，新窗口被关闭。

③ setTimeout( )定时器的使用。setTimeout( )定时器可以实现延时操作，即延时一段时间后执行指定的代码，示例代码如下：

```
function show(){                    //定义 show 函数
    alert("2 秒已经过去了");
}
setTimeout(show,2000);              //2s 后调用 show 函数
```

上述代码实现了当网页打开后，停留 2s 就会弹出 alert( )提示框。setTimeout(show,2000)的第一个参数表示要执行的代码，第二个参数表示要延时的毫秒值。

当需要清除定时器时，可以使用 clearTimeout( )方法，示例代码如下：

```
function showA(){
    alert("定时器 A");
}
function showB(){
    alert("定时器 B");
}
var t1 = setTimeout(showA,2000);    //设置定时器 t1，2s 后调用 showA 函数
var t2 = setTimeout(showB,2000);    //设置定时器 t2，2s 后调用 showB 函数
clearTimeout(t1);                   //清除定时器 t1
```

上述代码设置了两个定时器 t1 和 t2，如果没有清除定时器，则两个定时器都会执行，如果清除了定时器 t1，则只有定时器 t2 可以执行。

④ setInterval( )定时器的使用。setInterval( )定时器用于周期性执行脚本，即每隔一段时间执行指定的代码，通常用于在网页上显示时钟、实现网页动画、制作漂浮广告等。需要注意的是，如果不使用 clearInterval( )方法清除定时器，该方法会一直循环执行，直到页面关闭为止。

下面通过一个案例来演示 setInterval( )定时器的使用方法，如例 8-27 所示。

例 8-27　example27.html

```
<!doctype html>
<html>
<head>
<meta charset="utf-8">
<title>定时器的使用</title>
<script language="javascript">
function showTime(){
    var now=new Date();
    var dataTime=now.toLocaleTimeString();
    time = document.getElementById("time");
```

```
11         time.innerHTML = dataTime;
12 }
13 var timer=window.setInterval("showTime()",1000);
14 function clear(){
15         window.clearInterval(timer);
16         window.status="已取消定时器";
17 }
18 </script>
19 </head>
20 <body>
21 <div id="time"></div>
22 <p><a href="javascript:clear()">取消定时器</a></p>
23 </body>
24 </html>
```

在例 8-27 中，第 7～12 行代码用于在浏览器中显示当前时间，其中，第 10 行代码使用 document.getElementById("time")语句获取 id 属性为“time”的元素对象，第 13 行代码将定时器设置为 1s 更新一次时间；第 14～17 行代码用于清除定时器。

运行例 8-27，效果如图 8-46 所示。

图 8-46 定时器的使用

图 8-46 中的时间会随系统时间的变化 1s 更新一次，单击“取消定时器”文本超链接后，时间不再更新。

（2）screen 对象

screen 对象用于获取用户计算机的屏幕信息。例如，屏幕分辨率、颜色位数等。screen 对象的常用属性如表 8-12 所示。

表 8-12 screen 对象的常用属性

属性	说明
width、height	屏幕的宽度和高度
availWidth、availHeight	屏幕的可用宽度和可用高度（不包括 Windows 任务栏）
colorDepth	屏幕的颜色位数

表 8-12 中列举了 screen 对象的常用属性。在使用时，可以通过“screen”或“window.screen”表示该对象。下面通过一段示例代码对 screen 对象的使用方法做具体演示。

```
//获取屏幕分辨率
var width = screen.width;
var height = screen.height;
//判断屏幕分辨率
if(width<800 || height<600){
     alert("您的屏幕分辨率不足 800×600，不适合浏览本页面");
}
```

上述代码实现了当用户的屏幕分辨率低于 800 × 600 时，弹出警告框以提醒用户的交互效果。

（3）location 对象

location 对象用于获取和设置当前网页的 URL，其常用属性和方法如表 8-13 所示。

表 8-13 location 对象的常用属性和方法

属性/方法	说明
hash	获取或设置 URL 中的锚点，如“#top”
host	获取或设置 URL 中的主机名，如“itcast.cn”

（续表）

属性/方法	说明
port	获取或设置 URL 中的端口号，如“80”
href	获取或设置整个 URL，如“http://www.itcast.cn/1.html”
pathname	获取或设置 URL 的路径部分，如“/1.html”
protocol	获取或设置 URL 的协议，如“https:”
search	获取或设置 URL 中的 GET 请求部分，如“?name=haha&age=20”
reload( )	重新加载当前文档

表 8-13 中列举了 location 对象的常用属性。在使用 location 对象时，可以通过“location”或“window. location”表示该对象。下面通过示例代码来演示 location 对象的使用方法，具体如下。

① 跳转到新地址，示例代码如下：

```
location.href = "https://www.baidu.cn";
```

上述代码执行后，当前页面将会跳转到“https://www.baidu.cn”这个 URL。

② 进入到指定的锚点，示例代码如下：

```
location.hash = "#down";
```

上述代码执行后，如果用户当前的 URL 为“http://test.com/index.html”，则代码执行后 URL 变为“http://test.com/index.html#down”。

③ 检测协议并提示用户，示例代码如下：

```
if(location.protocol == "http:"){
    if(confirm("您在使用不安全的 HTTP 协议，是否切换到更安全的 HTTPS 协议？")){
        location.href = "https://www.123.com"
    }
}
```

上述代码实现了当页面打开后自动判断当前的协议。当用户以 HTTP 访问时，会弹出一个提示框提醒用户是否切换到 HTTPS。

（4）history 对象

history 对象最初的设计和浏览器的历史记录有关，但出于隐私方面的考虑，该对象不再允许获取用户访问过的 URL 历史。history 对象主要的作用是控制浏览器的前进和后退，其常用方法如表 8-14 所示。

表 8-14 history 对象的常用方法

方法	说明
back( )	加载历史记录中的前一个 URL（相当于后退）
forward( )	加载历史记录中的后一个 URL（相当于前进）
go( )	加载历史记录中的某个页面

表 8-14 列举了 history 对象的常用方法。在使用 history 对象时，可以通过“history”或“window. history”表示该对象。下面通过一段示例代码对 history 对象的使用方法做具体演示。

```
history.back();     //后退
history.go(-1);     //后退 1 页
history.forward();  //前进
history.go(1);      //前进 1 页
history.go(0);      //重新载入当前页，相当于 location.reload()
```

上述代码实现了浏览器前进与后退的控制。其中，history.go(-1)与 history.back()的作用相同，history.go(1)与 history.forward()的作用相同。

（5）document 对象

document 对象用于处理网页文档，通过该对象可以访问文档中所有的元素。document 对象的常用属性和方法，如表 8-15 所示。

表 8-15 document 对象的常用属性和方法

属性/方法	说明
body	访问<body>标签
lastModified	获得文档最后修改的日期和时间
referrer	获得该文档的来路 URL，当文档通过超链接被访问时有效
title	获得当前文档的标题
write( )	向文档写 HTML 或 JavaScript 代码

在使用 document 对象时，通过“document”或“window. document”即可表示该对象。

2. DOM 对象

DOM 对象用于控制 HTML 文档、CSS 文档。例如，改变盒子的大小、标签栏的切换等。DOM 对象将网页中文档的对象关系规划为节点层级，构成它们之间的等级关系，这种各对象间的层次结构称为节点树。图 8-47 所示为编辑的一个网页文档结构。

浏览器进行解析时会按照层级关系构建文档对象模型，可以用一个节点树来展示图 8-47 所示的网页文档结构，如图 8-48 所示。

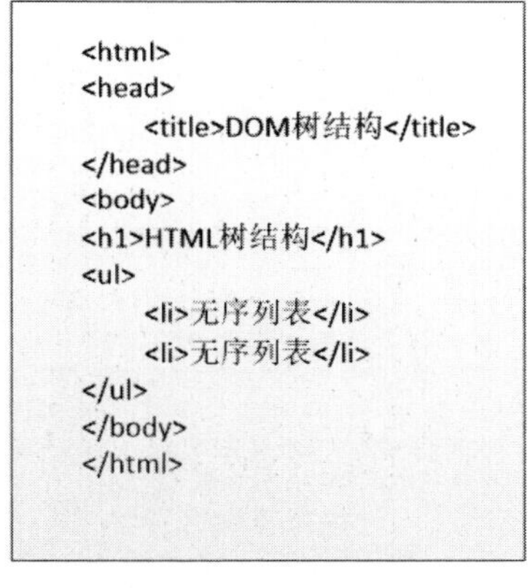

图 8-47 网页文档结构

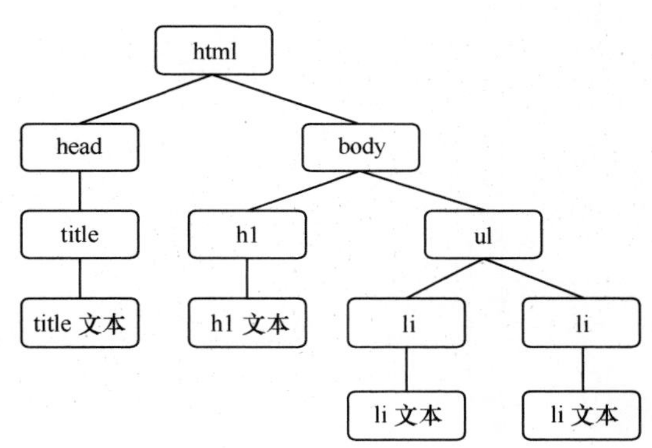

图 8-48 节点树

图 8-48 中展示了 DOM 文档的节点树，其中，“html”“head”“body”表示节点，一个文档的节点树是由各种不同的节点组成的。根据节点层级关系的不同，可以把节点分为根节点、父节点、子节点和兄弟节点，具体介绍如下。

- 根节点：位于节点树的最顶层，每个节点树有一个根节点，如图 8-48 中的“html”节点就是根节点。
- 父节点：某个节点的上一级节点统称为父节点，如图 8-48 中的“ul”节点是两个“li”节点的父节点。
- 子节点：某个节点的下一级节点统称为子节点，如图 8-48 中的“li”节点是“ul”节点的子节点。
- 兄弟节点：具有相同父节点的两个节点，被称为兄弟节点。

在节点树中，可以访问和控制每个节点对象，常见操作如下。

（1）节点的访问

在 DOM 文档中，每个节点都是一个对象，因此每个节点对象都具有一系列的属性、方法。JavaScript 通过节点的属性和方法可以访问指定元素和相关元素，从而得到文档中的各个元素对象，具体讲解如下。

① 访问指定元素节点。一个元素对象可以拥有元素节点、文本节点、子节点或其他类型的节点。访问指定元素节点的常用方法如表 8-16 所示。

表 8-16 访问指定元素节点的常用方法

方法	说明
getElementById( )	获取拥有指定 id 的第一个元素对象的引用
getElementsByName( )	获取带有指定名称的元素对象集合
getElementsByTagName( )	获取带有指定标签名的元素对象集合
getElementsByClassName( )	获取指定 class 的元素对象集合（不支持 IE 6.0～IE 8.0 浏览器）

从表 8-16 中可以看出，使用不同方法可以访问 HTML 文档中指定 id、name、class 或标签名的元素。下面通过一个案例对如何访问指定的元素节点做具体演示，如例 8-28 所示。

例 8-28 example28.html

```
1  <!doctype html>
2  <html>
3  <head>
4  <meta charset="utf-8">
5  <title>访问指定的元素节点</title>
6  <script type="text/javascript">
7  function init(){
8      var one = document.getElementById("one");        //找到<li id="one">的元素
9      one.style.fontWeight = "bold";                   //将文本加粗
10     var lis = document.getElementsByTagName("li");   //找到所有 li 元素
11     lis[3].style.color = "red";                      //将第 4 个 li 元素的字体颜色设置为红色
12 }
13 </script>
14 </head>
15  <body onload="init()">
16      <ul>
17           <li id="one">标题一</li>
18           <li id="two">标题二</li>
19           <li id="three">标题三</li>
20           <li id="four">标题四</li>
21      </ul>
22  </body>
23 </html>
```

在例 8-28 中，第 8 行和第 9 行代码通过访问 id 为 one 的元素，对元素中的字体进行加粗；第 10 行和第 11 行代码通过访问标签名的方式来获取所有的 li 元素，并将最后一个 li 元素的字体颜色设置为红色。onload 事件在页面或图像加载完成后立即执行，关于事件后面会做详细讲解，这里了解即可。

图 8-49 访问指定的元素节点

运行例 8-28，效果如图 8-49 所示。

② 访问相关元素。引用完成一个页面元素对象后，可以使用 DOM 对象的 parentNode、childNodes、firstChild、lastChild、previousSibling 或 nextSibling 属性访问相对于该页面元素的父、子或兄弟元素。节点对象常用的节点访问属性如表 8-17 所示。

表 8-17 节点对象常用的节点访问属性

属性	说明
parentNode	元素节点的父节点
childNodes	元素节点的子节点数组
firstChild	第一个子节点
lastChild	最后一个子节点
previousSibling	前一个兄弟节点
nextSibling	后一个兄弟节点

表 8-17 列举了节点对象常用的节点访问属性。需要注意的是，document 对象是所有 DOM 对象的访问入口，当进行节点访问时需要从 document 对象开始。

下面通过一个案例对相关元素节点的访问方法做具体演示，如例 8-29 所示。

例 8-29 example29.html

```
<!doctype html>
<html>
<head>
<meta charset="utf-8">
<title>相关元素节点的访问方法</title>
<script type="text/javascript">
function init(){
      var a = document.lastChild;         //找到 html 元素
      a = a.lastChild;                    //找到 body 元素
      a = a.childNodes[1];                //找到 ul 元素
      a = a.childNodes[1];                //找到第一个 li 元素
      a.style.color = "red";              //将字体颜色设为红色
}
</script>
</head>
<body onload="init()">
      <ul>
            <li id="one">标题一</li>
            <li id="two">标题二</li>
            <li id="three">标题三</li>
            <li id="four">标题四</li>
      </ul>
</body>
</html>
```

在例 8-29 中，通过节点的访问属性，从 document 对象一直找到第一个 li 元素，并将该元素中的字体颜色设为红色。

运行例 8-29，效果如图 8-50 所示。

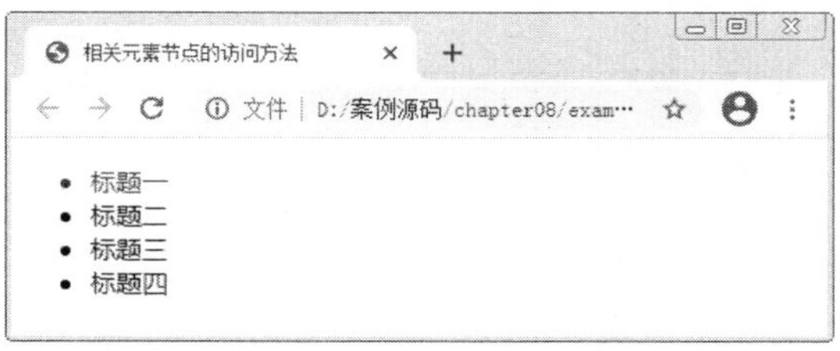

图 8-50 相关元素节点的访问方法

（2）元素对象的操作

DOM 将 HTML 文档表示为一棵 DOM 对象节点树，每个节点对象表示文档的特定部分，因此通过修改这些对象就可以动态改变页面元素的属性。元素对象的常用操作方法如表 8-18 所示。

表 8-18　元素对象的常用操作方法

类型	方法	说明
创建节点	createElement( )	创建元素节点
	createTextNode( )	创建文本节点
节点操作	appendChild( )	为当前节点追加一个子节点（作为最后一个子节点）
	insertBefore( )	为当前节点追加一个子节点（插入到指定子节点之前）
	removeChild( )	删除当前节点的某个子节点

在表 8-18 中，通过元素对象的 createElement( )、createTextNode( )、appendChild( )方法可以实现节点的创建和追加操作。

下面通过一个案例来对如何动态改变页面元素的属性做具体演示，如例 8-30 所示。

例 8-30　example30.html

```
1  <!doctype html>
2  <html>
3  <head>
4  <meta charset="utf-8">
5  <title>动态改变页面元素的属性</title>
6  <script type="text/javascript">
7  function init(){
8       var text = document.createTextNode("赶快学习网页制作!");   //创建一个文本节点
9       var p = document.createElement("p");                       //创建一个p元素节点
10      p.appendChild(text);                                        //为p元素追加文本节点
11      document.body.appendChild(p);                               //为body追加p元素
12 }
13 </script>
14 </head>
15 <body onload="init()">
16 </body>
17 </html>
```

在例 8-30 中，实现了使用 document 对象创建一个元素并为该元素追加节点的操作。其中，第 8 行和第 9 行代码创建了文本节点和 p 元素节点；第 10 行代码将文本节点追加到 p 元素中。

运行例 8-30，效果如图 8-51 所示。

图 8-51　动态改变页面元素的属性

（3）元素属性与内容操作

元素对象除了可对节点进行操作外，还可对一些属性和内容进行操作。元素属性和内容的常用操作方法如表 8-19 所示。

表 8-19　元素属性和内容的常用操作方法

类型	属性/方法	说明
元素内容	innerHTML	获取或设置元素的 HTML 内容
样式属性	className	获取或设置元素的 class 属性
	style	获取或设置元素的 style 属性
位置属性	offsetWidth、offsetHeight	获取或设置元素的宽和高（不含滚动条）
	scrollWidth、scrollHeight	获取或设置元素的完整的宽和高（含滚动条）
	offsetTop、offsetLeft	获取或设置包含滚动条，距离上边或左边滚动过的距离
	scrollTop、scrollLeft	获取或设置元素在网页中的坐标

（续表）

类型	属性/方法	说明
属性操作	getAttribute( )	获得元素指定属性的值
	setAttribute( )	为元素设置新的属性
	removeAttribute( )	为元素删除指定的属性

下面通过一个案例来对元素属性与内容操作做具体演示，如例 8-31 所示。

例 8-31 example31.html

```
1  <!doctype html>
2  <html>
3  <head>
4  <meta charset="utf-8">
5  <title>元素属性与内容操作</title>
6  <style type="text/css">
7  .top{color:red;}
8  </style>
9  <script type="text/javascript">
10 function init() {
11     var test = document.getElementById("test");          //获取 test 元素对象
12     test.innerHTML = "<p>打造会代码的全能设计师!</p>";        //元素内容操作
13     test.setAttribute("style","font-weight:bold;font-size:18px;");  //设置元素的属性
14     test.className="top";
15 }
16 </script>
17 </head>
18 <body onload="init()">
19 <div id="test">test</div>
20 </body>
21 </html>
```

在例 8-31 中，实现了获取 id 为 test 的元素，并修改该元素的内容和属性的操作。其中，第 12 行代码用于定义元素的内容；第 13 行和第 14 行代码用于设置文字的样式。

运行例 8-31，效果如图 8-52 所示。

图 8-52 元素属性与内容操作

（4）元素样式操作

在操作元素属性时，style 属性可以修改元素的样式，className 属性可以修改元素的类名，通过这两个属性即可完成元素的样式操作。下面对 style 属性和 className 属性进行详细讲解。

① style 属性。每个元素对象都有一个 style 属性，使用这个属性可以动态调整元素的内嵌样式，从而获得所需要的效果，示例代码如下：

```
var test = document.getElementById("test");//获得待操作的元素对象
test.style.width = "200px";    //设置样式，相当于：#test{width:200px; }
test.style.height = "100px";   //设置样式，相当于：#test{height:100px;}
test.style.backgroundColor = "#ff0000";//设置样式，相当于：#test{background-color:#ff0000;}
var testWidth = test.style.width;  //获得 width 样式
alert(testWidth);    //输出结果为“200px”
```

从上述代码中可以看出，在用 style 属性操作样式时，样式名与 CSS 基本相同，区别在于，CSS 中带有“-”的样式（如 background-color）在 style 属性操作中需要修改为“驼峰式”（如 backgroundColor），即将第 2 个及后续单词的首字母改为大写形式。例如，对象属性 style.fontFamily 表示 CSS 样式属性 font-family。

② className 属性。元素对象的 className 属性用于切换元素的类名或为元素追加类名，示例代码如下：

```
var test = document.getElementById("test");//获取元素对象 <div id="test">
test.className = "aa";   //添加样式，执行后：<div id="test" class="aa">
test.className = "bb";   //切换样式，执行后：<div id="test" class="bb">
alert(test.className);   //获取样式，执行后输出：bb
test.className += "cc";  //追加样式，执行后：<div id="test" class="bb cc">
test.className = test.className.replace("cc","dd");//替换样式，执行后：<div id="test" class="bb dd">
test.className = test.className.replace("dd","");//删除 dd 样式，执行后：<div id="test" class="bb">
test.className = "";     //删除所有样式
```

上述代码实现了元素的样式操作，包括添加样式、切换样式、替换样式、删除样式等操作，使用方法较为灵活。

【任务 8-9】事件处理

需求分析

事件被看作 JavaScript 与网页之间交互的桥梁，当事件发生时，可以通过 JavaScript 代码执行相关的操作。例如，用户可以通过鼠标拖动登录框，改变登录框的显示位置；或者在阅读文章时，选中文本后自动弹出分享、复制等选项。下面将对 JavaScript 中的事件进行详细讲解。

知识储备

1. 事件和事件调用

事件指可以被 JavaScript 侦测到的交互行为。例如，在网页中滑动鼠标、单击鼠标、滚动屏幕、单击键盘等。当发生事件后，可以利用 JavaScript 执行一些特定的代码，从而实现网页的交互效果。

当事件发生后，要想事件处理程序能够启动，就需要调用事件处理程序。在 JavaScript 中调用事件处理程序，先要获得处理对象的引用，然后将要执行的处理函数赋值给对应的事件。为了便于初学者理解和掌握，下面通过一个案例来做具体演示，如例 8-32 所示。

例 8-32 example32.html

```
1  <!doctype html>
2  <html>
3  <head>
4  <meta charset="utf-8">
5  <title>事件和事件调用</title>
6  </head>
7  <body>
8  <button id="save">单击按钮</button>
9  <script type="text/javascript">
10     var btn=document.getElementById("save");
11     btn.onclick=function(){
12         alert("轻松学习 JavaScript 事件");
13     }
14 </script>
15 </body>
16 </html>
```

在例 8-32 中，第 11～13 行代码为调用程序的示例代码，用于单击“单击按钮”按钮弹出“轻松学习 JavaScript 事件”警告框。

运行例 8-32，运行结果如图 8-53 所示。

单击图 8-53 所示的“单击按钮”按钮，将弹出警告框，如图 8-54 所示。

图 8-53　事件和事件的调用

图 8-54　弹出的警告框

2. 常用的 JavaScript 事件

JavaScript 中的常用事件包括鼠标事件、键盘事件、表单事件和页面事件，具体介绍如下。

（1）鼠标事件

鼠标事件是指通过鼠标动作触发的事件，鼠标事件有很多，下面列举一些常用的鼠标事件，如表 8-20 所示。

表 8-20　JavaScript 中常用的鼠标事件

事件	事件说明
onclick	鼠标单击时触发此事件
ondblclick	鼠标双击时触发此事件
onmousedown	鼠标按下时触发此事件
onmouseup	鼠标弹起时触发的事件
onmouseover	鼠标移动到某个设置了此事件的元素上时触发此事件
onmousemove	鼠标移动时触发此事件
onmouseout	鼠标从某个设置了此事件的元素上离开时触发此事件

（2）键盘事件

键盘事件是指用户在使用键盘时触发的事件。例如，用户在 Word 中按“Enter”键实现换行就是一个键盘事件。下面列举一些常用的键盘事件，如表 8-21 所示。

表 8-21　JavaScript 中常用的键盘事件

事件	事件说明
onkeydown	当键盘上的某个按键被按下时触发此事件
onkeyup	当键盘上的某个按键被按下后弹起时触发此事件
onkeypress	当输入有效的字符按键时触发此事件

（3）表单事件

表单事件是指对 Web 表单进行操作时发生的事件。例如，表单提交前对表单的验证、表单重置时的确认操作等。下面列举一些常用的表单事件，如表 8-22 所示。

表 8-22　JavaScript 中常用的表单事件

事件	事件说明
onblur	当前元素失去焦点时触发此事件
onchange	当前元素失去焦点并且元素内容发生改变时触发此事件
onfocus	当某个元素获得焦点时触发此事件
onreset	当表单被重置时触发此事件
onsubmit	当表单被提交时触发此事件

（4）页面事件

页面事件可以改变 JavaScript 代码的执行时间。表 8-23 中列举了常用的页面事件，具体如下。

表 8-23　JavaScript 中常用的页面事件

事件	事件说明
onload	当页面加载完成时触发此事件
onunload	当页面卸载时触发此事件

【任务 8-10】页面建设准备工作

学习完上面的理论知识，小思准备着手制作“甜蜜约会”首页。先要进行的是页面建设的准备工作，主要包括网站素材整理、页面结构分析、定义基础样式，具体介绍如下。

网站素材整理

1. 建立站点

（1）创建网站根目录

在计算机本地磁盘任意盘符下创建网站根目录。本书在“D 盘:\案例源码\chapter08”文件夹中新建一个文件夹作为网站根目录，并命名为“food”。

（2）在根目录下新建文件

打开网站根目录“food”，在根目录下新建“images”文件夹用于存放图片，新建“css”文件夹用于存放 CSS 样式表文档，新建“js”文件夹用于存放 JavaScript 文件。

（3）新建站点

打开 Dreamweaver，在菜单栏中选择“站点→新建站点”选项，在弹出的对话框中输入站点名称“food”。浏览并选择站点根目录的存储位置，单击“保存”按钮，站点即创建成功。

2. 切图

使用 Fireworks CS6 的“切片”工具，导出“甜蜜约会”首页中的图像，并存储在站点中的“images”文件夹中。导出后的图像素材如图 8-55 所示。

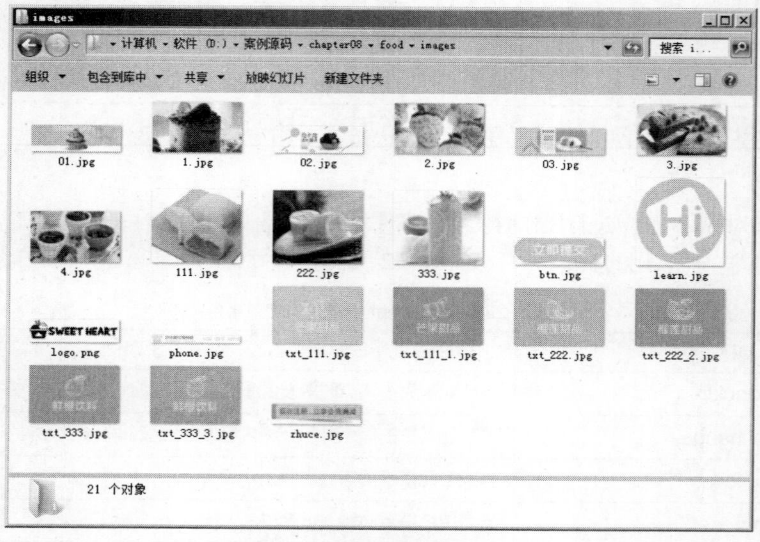

图 8-55　导出后的图像素材

页面结构分析

1. HTML 结构分析

“甜蜜约会”首页面从上到下可以分为 5 个模块。“甜蜜约会”首页结构如图 8-56 所示。

图 8-56 “甜蜜约会”首页结构

2. CSS 样式分析

页面中的各个模块居中显示，宽度为 980px，因此，页面的版心为 980px。此外，页面中的所有字体均设置为“微软雅黑”，大小为 14px，超链接访问前和访问后的文字颜色均设置为#fff，字体大小为 16px。

3. JavaScript 效果分析

“banner”模块实现了焦点图切换效果，并通过定时器控制切换的时间间隔。“简介”模块的图片通过滚动的方式展现，并定义了图片滚动的速度及滚动方向。“推荐”模块的内容则通过 tab 栏切换展示效果。

定义基础样式

1. 页面布局

下面对“甜蜜约会”首页进行整体布局。在站点根目录下新建一个 HTML 文件，并命名为“project08”，然后使用<div>标签对页面进行布局，具体代码如 project08.html 所示。

project08.html

```
<!doctype html>
<html>
```

```
<head>
<meta charset="utf-8">
<title>甜蜜约会</title>
</head>
<body>
<!-- head begin-->
<div class="head"></div>
<!-- head end-->
<!-- nav begin-->
<div id="nav"></div>
<!-- nav end-->
<!-- banner begin-->
<div class="banner"></div>
<!-- banner end-->
<!-- learn begin-->
<div id="learn"></div>
<!-- learn end-->
<!-- features begin-->
<div id="features"></div>
<!-- features end-->
<!-- footer begin-->
<div id="footer"></div>
<!-- footer end-->
</body>
</html>
```

在上述代码中，类名为 head 和 nav 的两个<div>标签用于搭建“头部及导航”模块。另外，通过定义 id 为 banner、learn、features 和 footer 的 4 个<div>标签分别用于搭建“banner”模块、“简介”模块、“推荐”模块和“页脚”模块。

2. 定义基础样式

在站点根目录下的 CSS 文件夹内新建样式表文件 style08.css，使用外链式 CSS 在 project08.html 文件中引入样式表文件。然后，定义页面的基础样式，具体代码如下：

```
1 /*重置浏览器的默认样式*/
2 *{margin:0; padding:0; list-style:none; outline:none; border:0; background:none;}
3 /*全局控制*/
4 body{font-size:14px; font-family:"微软雅黑";}
5 a:link,a:visited{color:#fff; text-decoration:none;}
6 a:hover{text-decoration:none;}
```

在上述代码中，第 2 行代码用于清除浏览器的默认样式；第 4～6 行代码用于定义页面公共样式。

3. 引入 JavaScript 文件

在站点根目录下的 JavaScript 文件夹内新建 js08.js 文件，使用外链式在 project08.html 文件中引入该文件，具体代码如下：

```
<script type="text/javascript" src="js/js08.js"></script>
```

【任务 8-11】制作“头部及导航”模块

效果分析

1. 结构分析

“头部及导航”模块中的“头部”模块和“导航”模块分别嵌套在 1 个大的<div>标签里，其中，“头部”模块内嵌套 2 个<div>标签，分别定义左右两部分内容；“导航”模块的内容用无序列表标签<ul>搭建。其具体结构如图 8-57 所示。

图 8-57 “头部及导航”模块的结构

2. 样式分析

在“头部”模块中，需要为插入图片的两个<div>标签分别设置左右浮动。“导航”模块背景颜色通栏显示，因此，需设置<div>标签的宽度为 100%，并设置<ul>标签的宽度、高度及文字样式，设置<ul>标签内的<li>标签左浮动，最后还需设置鼠标指针悬浮时<a>标签的样式。

模块制作

1. 搭建结构

在 project08.html 文件内书写“头部及导航”模块的 HTML 结构代码，具体如下：

```
1  <!--head begin-->
2  <div class="head">
3      <div class="left"><img src="images/logo.png" /></div>
4      <div class="right"><img src="images/phone.jpg" /></div>
5  </div>
6  <!--head end-->
7  <!--nav begin-->
8  <div id="nav">
9      <ul class="nav">
10         <li><a href="#" class="color_in">首页</a></li>
11         <li><a href="#">港式甜品</a></li>
12         <li><a href="#">台式甜品</a></li>
13         <li><a href="#">植物甜品</a></li>
14         <li><a href="#">广府糖水</a></li>
15         <li><a href="#">加盟我们</a></li>
16         <li><a href="#">分店地址</a></li>
17     </ul>
18 </div>
19 <!--nav end-->
```

在上述代码中，第 10 行代码为第 1 个<li>标签添加类名，用于单独控制其背景颜色。

2. 控制样式

下面在样式表文件 style08.css 中书写“头部及导航”模块对应的 CSS 样式代码，具体如下：

```
.head{
     width:980px;
     margin:0 auto;
     height:50px;
     padding-top:30px;
}
.head .left{float:left;}
.head .right{float:right;}
#nav{
     width:100%;
     background:#000;
}
.nav{
     width:980px;
     height:35px;
     line-height:35px;
     margin:0 auto;
     text-align:center;
     font-size:14px;
```

```
20 }
21 .nav li{float:left;}
22 .nav a{
23     display:inline-block;
24     padding:0 40px;
25 }
26 .nav a:hover{background:#e3da35;}
27 .nav .color_in{background:#e3da35;}
```

在上述代码中，第 10 行代码用于设置“导航”模块背景颜色通栏显示；第 21 行代码用于为所有导航元素添加左浮动效果；第 26 行代码用于设置<a>标签鼠标指针悬浮时的背景样式。

保存 project08.html 与 style08.css 文件，刷新页面，“头部及导航”模块的效果如图 8-58 所示。

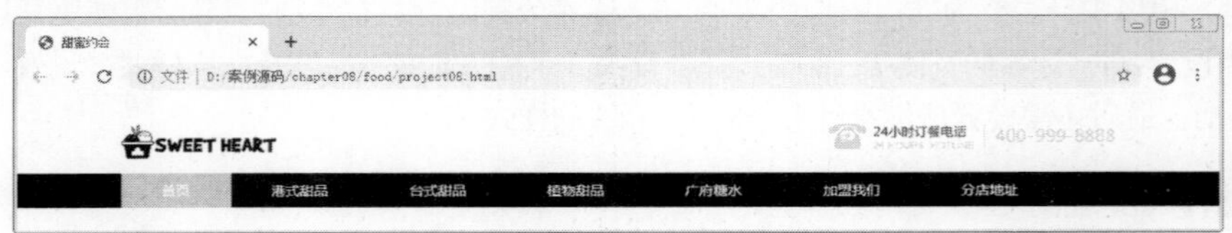

图 8-58　“头部及导航”模块的效果

【任务 8-12】制作“banner”模块

效果分析

1. 结构分析

“banner”模块整体由一个大盒子控制，其内部包含图片和按钮两部分，图片由无序列表标签<ul>定义，内部嵌套<img>标签；按钮由有序列表标签<ol>定义。“banner”模块的结构如图 8-59 所示。

图 8-59　“banner”模块的结构

2. 样式分析

首先，需设置<div>标签的宽度和高度样式，且相对于浏览器做相对定位；设置 banner 图片和按钮相对于<div>标签做绝对定位。然后，设置页面加载完成时图片的显示状态，先显示第一张图片，此时其他图片设置为隐藏。最后，设置按钮水平排列显示。

3. JavaScript 特效分析

banner 焦点图可实现自动轮播，当鼠标指针移至轮播按钮上时停止轮播，并显示当前轮播按钮所对应的焦点图，同时按钮的样式也发生改变，当鼠标指针移出时继续执行自动轮播。

模块制作

1. 搭建结构

在 project08.html 文件内书写“banner”模块的 HTML 结构代码，具体如下：

```
<!-- banner begin-->
<div class="banner">
    <ul class="banner_pic" id="banner_pic">
        <li class="current"><img class="one" src="images/01.jpg"/></li>
        <li class="pic"><img class="one" src="images/02.jpg"/></li>
        <li class="pic"><img class="one" src="images/03.jpg"/></li>
    </ul>
    <ol id="button">
        <li class="current"></li>
        <li class="but"></li>
        <li class="but"></li>
    </ol>
</div>
<!-- banner end-->
```

2. 控制样式

在样式表文件 style08.css 中书写“banner”模块对应的 CSS 样式代码，具体如下：

```
1  .banner{
2       width:100%;
3       height:580px;
4       position:relative;
5       overflow:hidden;
6  }
7  .one{
8       position:absolute;
9       left:50%;
10      top:0;
11      margin-left:-960px;
12 }
13 .banner .banner_pic .pic{display:none;}
14 .banner .banner_pic .current{display:block;}
15 .banner ol{
16      position:absolute;
17      left:50%;
18      top:90%;
19      margin-left:-62px;
20 }
21 .banner ol .but{
22      float:left;
23      width:28px;
24      height:1px;
25      border:1px solid #d6d6d6;
26      margin-right:20px;
27 }
28 .banner ol li{cursor:pointer;}
29 .banner ol .current{
30      background:#90d1d5;
31      float:left;
32      width:28px;
33      height:1px;
34      border:1px solid #90d1d5;
35      margin-right:20px;
36 }
```

在上述代码中，第 4 行代码用于设置“banner”模块相对于浏览器做相对定位；第 7～12 行代码用于设置所有的 banner 图片相对于父盒子做绝对定位，且在页面中水平居中显示；第 15～20 行代码用于设置所有的按钮相对于父盒子做绝对定位，同样在页面中水平居中显示；第 29～36 行代码用于设置当前的轮播按钮样式。

保存 project08.html 与 style08.css 文件，刷新页面，效果如图 8-60 所示。

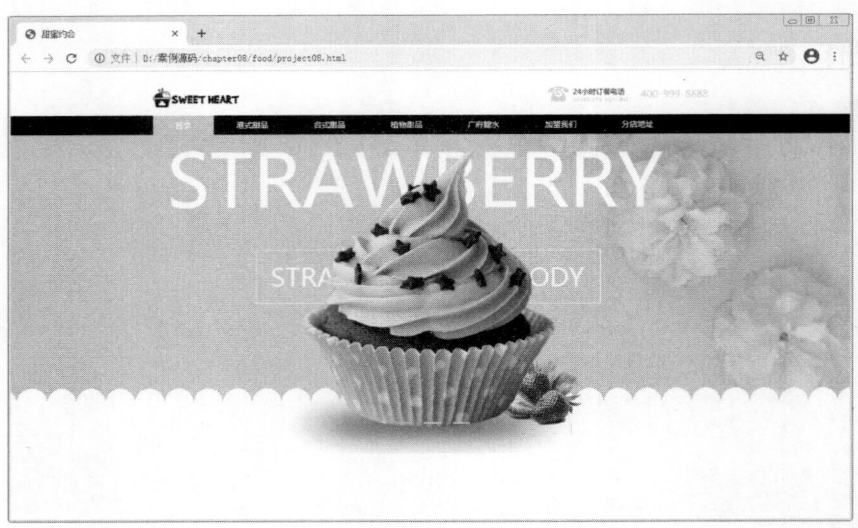

图 8-60 “banner”模块效果图 1

3. 添加 JavaScript 效果

在 js08.js 文件中书写实现焦点图自动轮播效果的 JavaScript 代码，具体如下：

```
window.onload=function(){
    //顶部的焦点图切换
    function hotChange(){
        var current_index=0;
        var timer=window.setInterval(autoChange, 3000);
        var button_li=document.getElementById("button").getElementsByTagName("li");
        var pic_li=document.getElementById("banner_pic").getElementsByTagName("li");
        for(var i=0;i<button_li.length;i++){
            button_li[i].onmouseover=function(){
                if(timer){
                    clearInterval(timer);
                }
                for(var j=0;j<pic_li.length;j++){
                    if(button_li[j]==this){
                        current_index=j;
                        button_li[j].className="current";
                        pic_li[j].className="current";
                    }else{
                        pic_li[j].className="pic";
                        button_li[j].className="but";
                    }
                }
            }
            button_li[i].onmouseout=function(){
                timer=setInterval(autoChange,3000);
            }
        }
        function autoChange(){
            ++current_index;
            if (current_index==button_li.length) {
                current_index=0;
            }
            for(var i=0;i<button_li.length;i++){
                if(i==current_index){
                    button_li[i].className="current";
                    pic_li[i].className="current";
                }else{
                    button_li[i].className="but";
                    pic_li[i].className="pic";
```

```
40                      }
41                  }
42              }
43          }
44          hotChange();
45 }
```

实现焦点图切换的第一步是实现图片的自动切换，如第 28～42 行代码所示。实现图片的自动切换需要注意以下三点。

- 正确使用自增运算符。
- 正确获取要操作的对象。
- 正确判断是否切换到了最后一张图片。

仅靠图片切换代码无法实现图片自动切换，还需要一个定时执行图片切换方法的机制。第 5 行代码使用 setInterval()方法实现了图片切换方法的周期性调用。

实现焦点图切换的第二步是获取焦点时切换到指定图片，如第 6～27 行代码所示。实现该效果的关键是正确获取鼠标指针当前停留的轮播按钮的编号值，鼠标指针移动到某个按钮上时显示相应的图片，同时按钮的样式发生改变。通过以上两个步骤就完成了焦点图自动切换效果的设置。

保存 js08.js 文件，刷新页面，即可实现焦点图自动轮播效果，当鼠标指针悬浮到某个按钮上时，显示与按钮相对应的焦点图。例如，当鼠标指针悬浮到第 2 个按钮上时，效果如图 8-61 所示。

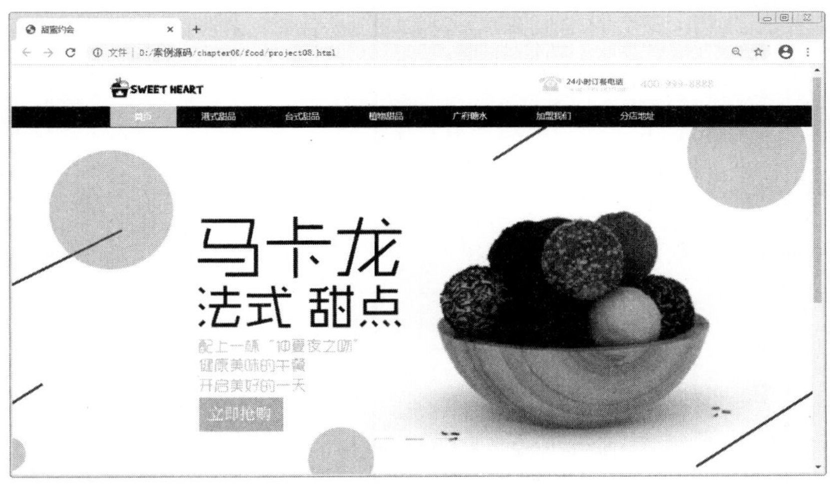

图 8-61 “banner”模块效果图 2

【任务 8-13】制作“简介”模块

效果分析

1．结构分析

“简介”模块整体由一个大盒子控制，其内部包含标题标签<h2>、定义列表标签<dl>和无缝滚动模块标签<div>。“简介”模块的结构如图 8-62 所示。

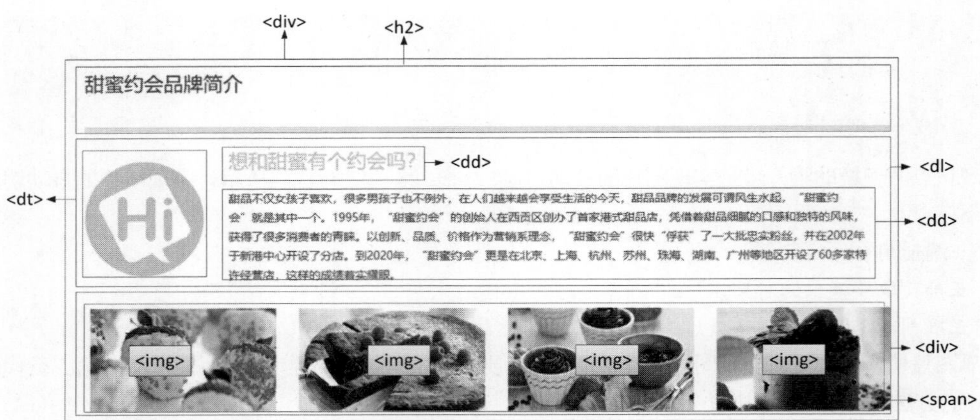

图 8–62 “简介”模块的结构

2. 样式分析

设置最外层<div>标签的宽度和外边距，使“简介”模块在页面中居中显示。设置标题和定义列表内的文字样式及无缝滚动图片的大小、外边距、溢出隐藏等样式。

3. JavaScript 特效分析

图片展示是通过无缝滚动的效果完成的，当鼠标指针移至图片上时停止滚动，当鼠标指针移出时继续滚动。

模块制作

1. 搭建结构

在 project08.html 文件内书写“简介”模块的 HTML 结构代码，具体如下：

```
<!-- learn begin-->
<div id="learn">
     <h2>甜蜜约会品牌简介</h2>
     <dl>
         <dt></dt>
         <dd class="txt1">想和甜蜜有个约会吗？</dd>
         <dd class="txt2">甜品不仅女孩子喜欢，很多男孩子也不例外，在人们越来越会享受生活的今天，甜品品牌的发展可谓风生水起，“甜蜜约会”就是其中一个。1995 年，“甜蜜约会”的创始人在西贡区创办了首家港式甜品店，凭借着甜品细腻的口感和独特的风味，获得了很多消费者的青睐。以创新、品质、价格作为营销系理念，“甜蜜约会”很快“俘获”了一大批忠实粉丝，并在 2002 年于新港中心开设了分店。到 2020 年，“甜蜜约会”更是在北京、上海、杭州、苏州、珠海、湖南、广州等地区开设了 60 多家特许经营店，这样的成绩着实耀眼。</dd>
     </dl>
     <div class="imgbox" id="imgbox">
         <span>
             <a href="#"><img src="images/1.jpg" /></a>
             <a href="#"><img src="images/2.jpg" /></a>
             <a href="#"><img src="images/3.jpg" /></a>
             <a href="#"><img src="images/4.jpg" /></a>
         </span>
     </div>
</div>
<!-- learn end-->
```

在上述代码中，定义列表中的<dt>标签用于定义图片，<dd>标签用于定义文字。无缝滚动模块通过 class 及 id 为 imgbox 的<div>标签进行定义，内部嵌套<span>标签及<img>标签搭建结构。

2. 控制样式

在样式表文件 style08.css 中书写 CSS 样式代码，用于控制“简介”模块，具体如下：

```
#learn{
     width:980px;
     margin:0 auto;
```

```
4  }
5  h2{
6       font-weight:100;
7       font-size:24px;
8       color:#585858;
9       padding:40px 0;
10      border-bottom:7px solid #ececec;
11 }
12 #learn dl{
13      width:980px;
14      height:220px;
15 }
16 #learn dt{
17      width:145px;
18      height:220px;
19      background:url(../images/learn.jpg) center center no-repeat;
20      float:left;
21 }
22 #learn dd{
23      width:780px;
24      padding:20px 0 0 30px;
25      float:left;
26 }
27 #learn .txt1{
28      font-size:24px;
29      color:#ffa800;
30 }
31 #learn .txt2{
32      color:#6b6862;
33      line-height:24px;
34 }
35 .imgbox{
36      width:940px;
37      padding:0 20px;
38      white-space:nowrap;
39      overflow:hidden;
40 }
41 .imgbox img{
42      width:226px;
43      height:129px;
44      padding:2px;
45 }
46 .imgbox a{margin-right:20px;}
```

在上述代码中，第 3 行代码用于设置整个“简介”模块在页面中水平居中显示；第 20 代码和 25 行代码为定义的列表内图像及文字添加左浮动效果；第 38 行代码用于设置无缝滚动模块的图像在同一行显示。

保存 project08.html 与 style08.css 文件，刷新页面，效果如图 8–63 所示。

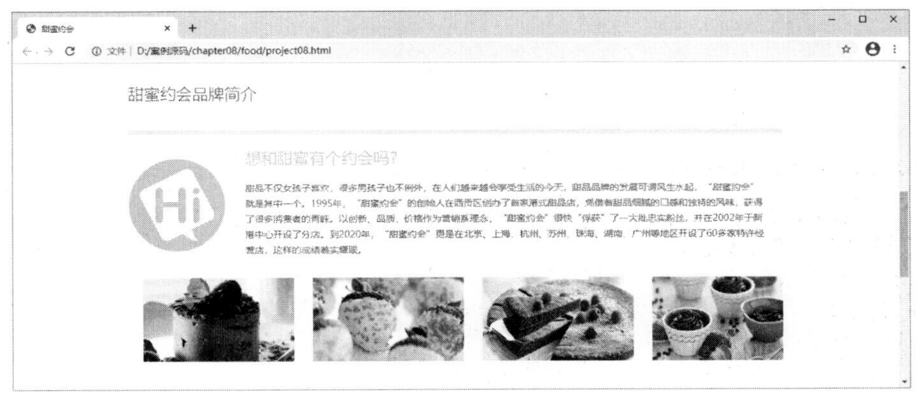

图 8–63 “简介”模块效果图

3. 添加 JavaScript 效果

在 js08.js 文件中书写实现无缝滚动效果的 JavaScript 代码，具体如下：

```
1  function school(){
2      var speed = 50;                                        //定义滚动速度
3      var imgbox = document.getElementById("imgbox");
4      imgbox.innerHTML += imgbox.innerHTML;                  //复制一个<span>标签，用于无缝滚动
5      var span = imgbox.getElementsByTagName("span");        //获取两个<span>标签
6      var timer1 = window.setInterval(marquee,speed);       //启动定时器，调用滚动函数
7      imgbox.onmouseover = function(){
8          clearInterval(timer1);
9      }
10     imgbox.onmouseout = function(){
11         timer1=setInterval(marquee,speed);
12     };
13     function marquee(){
14         if(imgbox.scrollLeft > span[0].offsetWidth){     //当第 1 个<span>标签被完全卷出时
15             imgbox.scrollLeft = 0;                         //将被卷起的内容归 0
16         }else{
17             ++imgbox.scrollLeft;                           //否则向左滚动
18         }
19     }
20 }
21 school();
```

在上述代码中，第 4 行代码通过复制一组<span>标签来实现无缝滚动效果；第 7～12 行代码用于设置鼠标指针移入时停止滚动，移出时继续开始滚动；第 13～19 行代码通过检测卷出的宽度与<span>标签的宽度进行比较来判断是否继续滚动。

保存 js08.js 文件，刷新页面，即可实现无缝滚动效果。

【任务 8-14】制作“推荐”模块

效果分析

1. 结构分析

“推荐”模块整体由一个大盒子控制，其内部包含标题部分、tab 栏切换部分和信息注册部分。其中，标题部分使用<h2>标签搭建；tab 栏切换部分和信息注册部分分别由 2 个<div>标签控制，且信息注册部分由表格元素搭建结构。“推荐”模块的结构如图 8-64 所示。

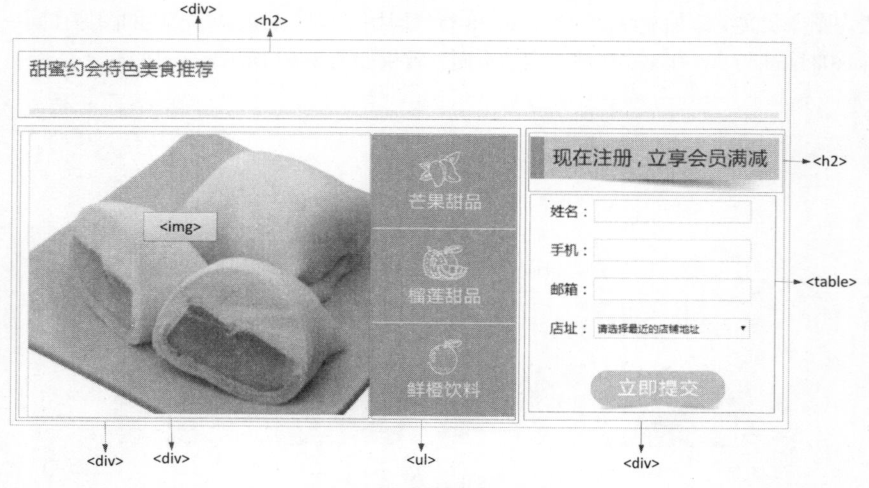

图 8-64 “推荐”模块的结构

2. 样式分析

设置最外层<div>标签的宽度、高度和外边距，使其在页面中居中显示；为 tab 栏切换部分和信息注册部分分别添加左、右浮动效果，分别设置宽度、高度及外边距等样式；将 tab 栏切换部分里的第一张图像设置为显示，其余图像设置为隐藏；为 tab 栏切换部分右侧的按钮设置宽度、高度和背景图像等样式，以及鼠标指标悬浮到按钮时变换背景图像。最后，设置信息注册部分内表单的宽度、高度、边框等相关样式。

3. JavaScript 特效分析

页面加载完成时，tab 栏切换部分的图像定时进行切换，当鼠标指针悬浮到右侧的按钮时，tab 栏切换部分的图像跟着一起切换。

模块制作

1. 搭建结构

在 project08.html 文件内书写“推荐”模块的 HTML 结构代码，具体如下：

```
<!-- features begin-->
<div id="features">
    <h2>甜蜜约会特色美食推荐</h2>
    <div class="list0">
        <div id="SwitchBigPic">
            <span class="sp"><a href="#"><img src="images/111.jpg" /></a></span>
            <span><a href="#"><img src="images/222.jpg" /></a></span>
            <span><a href="#"><img src="images/333.jpg" /></a></span>
        </div>
        <ul id="SwitchNav">
            <li><a class="txt_img1" href="#"></a></li>
            <li><a class="txt_img2" href="#"></a></li>
            <li><a class="txt_img3" href="#"></a></li>
        </ul>
    </div>
    <div class="list1">
        <h3></h3>
        <form action="#" method="post" class="biaodan">
            <table class="content">
                <tr>
                    <td class="left">姓名：</td>
                    <td><input type="text" class="txt01" /></td>
                </tr>
                <tr>
                    <td class="left">手机：</td>
                    <td><input type="text" class="txt01" /></td>
                </tr>
                <tr>
                    <td class="left">邮箱：</td>
                    <td><input type="text" class="txt01" /></td>
                </tr>
                <tr>
                    <td class="left">店址：</td>
                    <td>
                        <select class="course">
                            <option>请选择最近的店铺地址</option>
                            <option>北京三里屯 12 号</option>
                            <option>上海南京路 3 号</option>
                            <option>广州淮阳路 12 号</option>
                            <option>深圳大都会 3 号</option>
                        </select>
                        </td>
                </tr>
                <tr>
                    <td colspan="2"><input class="no_border" type="button" /></td>
                </tr>
            </table>
```

```
        </form>
    </div>
</div>
<!-- features end-->
```

在上述代码中，tab 栏切换部分和信息注册部分分别由类名为 list0 和 list1 的两个<div>标签定义。其中，tab 栏切换部分的按钮由无序列表定义，信息注册部分的内容由表格及表单控件定义。

2. 控制样式

在样式表文件 style08.css 中书写 CSS 样式代码，用于控制“推荐”模块，具体如下：

```
#features{
     width:980px;
     height:565px;
     margin:0 auto;
}
.list0{
     width:638px;
     margin-top:25px;
     float:left;
     position:relative;
}
#SwitchBigPic{border: 1px solid #ddd;}
#SwitchBigPic span{display:none;}
#SwitchBigPic img{
     width:448px;
     height:375px;
}
#SwitchBigPic .sp{display:block;}
#SwitchNav{
     width:190px;
     position:absolute;
     top:0px;
     left:447px;
}
#SwitchNav li{
     width:190px;
     height:125px;
     margin-bottom:1px;
}
#SwitchNav a{
     display:block;
     width:190px;
     height:125px;
     background:url(../images/txt_111_1.jpg) no-repeat;
}
#SwitchNav .txt_img2{background:url(../images/txt_222_2.jpg) no-repeat;}
#SwitchNav .txt_img3{background:url(../images/txt_333_3.jpg) no-repeat;}
#SwitchNav .txt_img1:hover{background:url(../images/txt_111.jpg) no-repeat ;}
#SwitchNav .txt_img2:hover{background:url(../images/txt_222.jpg) no-repeat ;}
#SwitchNav .txt_img3:hover{background:url(../images/txt_333.jpg) no-repeat ;}
.list1{
     width:326px;
     height:375px;
     float:right;
     margin-top:25px;
     }
.list1 h3{
     width:326px;
     height:74px;
     background:url(../images/zhuce.jpg) no-repeat;
}
.list1 .biaodan{
     width:326px;
     height:200px;
}
```

```
56 .left{
57       width:80px;
58       text-align:right;
59       font-size:18px;
60 }
61 tr{height:50px;}
62 td{text-align:center;}
63 input{
64       width:204px;
65       height:28px;
66       border:1px solid #d2d2d2;
67 }
68 .course{
69       width:204px;
70       height:28px;
71       border:1px solid #d2d2d2;
72       padding:3px 0;
73 }
74 .no_border{
75       border:none;
76       width:222px;
77       height:53px;
78       background:url(../images/btn.jpg) right top no-repeat;
79       margin-top:30px;
80       cursor:pointer;
81 }
```

在上述代码中，第 13 行代码将 tab 栏切换部分的图像隐藏；第 18 行代码将 tab 栏切换部分的第一张图像单独设置为显示；第 38～40 行代码用于设置鼠标指针悬浮时 tab 栏切换部分按钮的背景样式。

保存 project08.html 与 style08.css 文件，刷新页面，效果如图 8–65 所示。

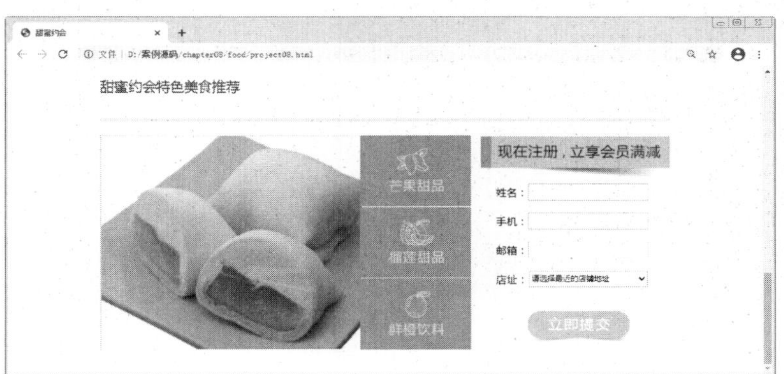

图 8–65 “推荐”模块效果图 1

3. 添加 JavaScript 效果

在 js08.js 文件中书写实现无缝滚动效果的 JavaScript 代码，具体如下：

```
function tableChange(){
      var lis = document.getElementById("SwitchNav").getElementsByTagName("li");
      var spans=document.getElementById("SwitchBigPic").getElementsByTagName("span");
      var current_index=0;                    //保存当前焦点元素的索引
      var timer = setInterval(autoChange,3000);
      for(var i=0;i<lis.length;i++){          //遍历 lis，为各 li 元素添加事件
            lis[i].onmouseover = function(){
                  if(timer){                      //定时器存在时清除定时器
                        clearInterval(timer);
                  }
                  for(var i=0;i<lis.length;i++){
                        if(lis[i]==this){
                              spans[i].className = "sp";
                              current_index = i;
```

```
15                  }else{
16                      spans[i].className = "";
17                  }
18              }
19          }
20          lis[i].onmouseout = function(){
21              timer = setInterval(autoChange,3000);   //启动定时器，恢复图片自动切换
22          }
23      }
24      function autoChange(){
25          ++current_index;
26          if (current_index == lis.length) {          //当索引自增达到上限时，索引归 0
27              current_index=0;
28          }
29          for (var i=0; i<lis.length; i++) {
30              spans[i].className = "";
31          }
32          spans[current_index].className = "sp";
33      }
34  }
35  tableChange();
```

在上述代码中，第 8～10 行代码和第 20～22 行代码分别用于定义当鼠标指针悬浮到 tab 栏切换部分的按钮上时清除定时器、鼠标指针移出时开启定时器；第 24～33 行代码为定时器周期函数，用于实现图片的自动切换效果。

保存 js08.js 文件，刷新页面，即可实现 tab 栏切换部分的切换效果。切换到第 3 部分的效果如图 8-66 所示。

图 8-66 “推荐”模块效果图 2

【任务 8-15】制作“页脚”模块

效果分析

1. 结构分析

“页脚”模块通栏显示，整体由一个大的<div>标签构成。“页脚”模块的结构如图 8-67 所示。

图 8-67 “页脚”模块的结构

2. 样式分析

“页脚”模块背景通栏显示，因此需要设置宽度为 100%。另外，还需设置“页脚”模块的字体为“微软

雅黑”，大小为 14px，文本颜色为白色且居中对齐显示。

模块制作

1. 搭建结构

在 project08.html 文件内书写“页脚”模块的 HTML 结构代码，具体如下：

```
<!-- footer begin-->
<div class="footer">甜蜜约会版权所有 2020-2036 京 ICP 备 2232333 号  京公网安备 2342434324343
</div>
<!-- footer end-->
```

2. 控制样式

在样式表文件 style08.css 中书写“页脚”模块对应的 CSS 样式代码，具体如下：

```
1 .footer{
2     width:100%;
3     height:60px;
4     line-height:60px;
5     text-align:center;
6     background:#000;
7     color:#FFF;
8 }
```

在上述代码中，第 2 行代码用于设置“页脚”模块的通栏显示效果。

保存 project08.html 与 style08.css 文件，刷新页面，效果如图 8-68 所示。

图 8-68 “页脚”模块效果图

【项目总结】

1. 掌握事件的调用方法，以及常用事件的使用。

2. 能够熟练运用 JavaScript 完成一些常见的网页特效。

3. 在制作项目编辑代码过程中，需整体把控页面的结构，每完成一部分需通过浏览器进行检测，测试通过后再进行后续模块的制作。

【课后练习】

一、填空题

1. 采用________驱动是 JavaScript 的一个最基本特征。

2. 使用 history 对象的________方法和 back()方法在网页上实现前进或后退的作用。

3. 在 JavaScript 中，鼠标事件有很多，其中 onclick 为鼠标________时触发此事件。

4. 在 JavaScript 中，使用内置对象类________可以创建数组对象。

5. 在 JavaScript 中，页面事件包括 onload 事件和 onunload 事件，其中________事件是在网页加载完毕后触发的事件。

二、判断题

1. 调用事件处理程序主要分为在 JavaScript 中调用和在 HTML 中调用两种。(　)

2. JavaScript 区分整型数值和浮点型数值。(　)

3. 字符串型的数据中，英文单引号定界的字符串中不可以包含英文双引号。(　)

4. onkeydown 表示当键盘上的某个按键被按下时触发此事件。(　)
5. 在 HTML 页面中，表单事件是指通过表单触发的事件。(　)
6. 在 JavaScript 中，setInterval()不能实现自身的循环定制。(　)
7. 在表单事件中，当前元素失去焦点时触发 onblur 事件。(　)
8. 不同的数组元素可以通过索引加以区别。(　)
9. 在 DOM 文档的节点树中，每个节点有且只有一个子节点。(　)
10. 创建一个长度为 arraysize 的数组对象 arrayname，第 1 个数组元素是 arrayname[1]。(　)

三、选择题

1. 在 JavaScript 中，事件处理的过程通常分为（　）步。

A. 2　　B. 3　　C. 4　　D. 5

2. 下列 JavaScript 语句中，能实现单击一个按钮时弹出一个消息框的代码是（　）。

A. <button value="光标响应"onClick=alert("确定")></button>
B. <input type="button" value="光标响应"onClick=alert("确定")>
C. <input type="button" value="光标响应"onChange=alert("确定")>
D. <button value="光标响应" onChange=alert("确定")></button>

3. 在 JavaScript 中，可以使用 Date 对象的（　）方法返回一个月中的每一天。

A. getDate()　　B. getYear ()　　C. getMonth()　　D. getTime()

4. 下列选项中，定义 JavaScript 数组的正确方法是（　）。

A. var txt = new Array="George","John","Thomas"
B. var txt = new Array(1:"George",2:"John",3:"Thomas")
C. var txt = new Array("George","John","Thomas")
D. var txt = new Array:1=("George")2=("John")3=("Thomas")

5. 下列选项中，属于文档对象节点的有（　）。

A. html　　B. head　　C. body　　D. DOM

6. 在 DOM 文档的节点树中，每个节点可以有（　）个子节点。

A. 1 个　　B. 2 个　　C. 有且只有一个　　D. 多个

7. JavaScript 中 onsubmit 事件的作用是（　）。

A. 当一个表单中的对象被单击时，执行的 JavaScript 事件
B. 当用户提交一个表单时，需要执行的 JavaScript 事件
C. 当鼠标指针移出对象时发生的事件
D. 对象发生改变时调用的事件

8. 在 JavaScript 中，按钮（Button）支持的事件包括（　）。

A. onClick　　B. onChange　　C. onSelect　　D. onLoad

9. 下列选项中，（　）语句能正确获取系统当前时间的小时值。

A. var date=new date( ); var hour=date.getHour( );
B. var date=new Date( ); var hour=date.gethours( );
C. var date=new date( ); var hour=date.getHours( );
D. var date=new Date( ); var hour=date.getHours( );

10. 下列选项中，（　）不是网页中的事件。

A. onclick　　B. onmouseover　　C. onsubmit　　D. onpressbutton